新概念建筑结构设计丛书

盈建科 YJK 软件从入门到提高（含实例）

庄 伟 匡亚川 编著

中国建筑工业出版社

图书在版编目（CIP）数据

盈建科 YJK 软件从入门到提高（含实例）/庄伟，匡亚川编著. —北京：中国建筑工业出版社，2018.8（2024.9重印）
（新概念建筑结构设计丛书）
ISBN 978-7-112-22240-7

Ⅰ.①盈… Ⅱ.①庄…②匡… Ⅲ.①建筑结构-结构设计-计算机辅助设计-应用软件 Ⅳ.①TU318-39

中国版本图书馆 CIP 数据核字（2018）第 105600 号

作为“新概念建筑结构设计丛书”之一，全书主要内容包括：盈建科软件操作与计算分析（以剪力墙住宅为例）；别墅案例分析；框架-剪力墙案例分析；剪力墙住宅案例分析；结构设计技术要点；盈建科软件中常见其他功能与分析；基础设计中的简化；结构设计与相关专业的联系；新地震区划图对工程造价影响；常用 CAD 命令及小插件使用。本书可供建筑结构设计人员及高等院校相关专业学生参考使用。

责任编辑：郭　栋　辛海丽
责任校对：芦欣甜

新概念建筑结构设计丛书
盈建科 YJK 软件从入门到提高（含实例）
庄　伟　匡亚川　编著

*

中国建筑工业出版社出版、发行（北京海淀三里河路 9 号）
各地新华书店、建筑书店经销
北京科地亚盟排版公司制版
建工社（河北）印刷有限公司印刷

*

开本：787×1092 毫米　1/16　印张：18¼　字数：446 千字
2018 年 7 月第一版　2024 年 9 月第九次印刷
定价：**48.00** 元
ISBN 978-7-112-22240-7
（32118）

前　言

中国是全球最大的建筑市场，以混凝土结构为主，而盈建科软件是国内目前最好的设计软件之一。本书按照这几个方面展开叙述：让一名结构设计的入门者建立起基本的结构设计思维、结构概念，学会基本的估算，学会盈建科软件上机操作，并能进行简单的分析判断，掌握设计中的一些基本要求和问题。总的思路是将理论、规范、软件应用和工程实践有机结合起来，指导初学者尽快进入结构设计师的行列，而不仅仅是一名学结构的学生或是没有概念的结构设计员，懂怎么操作，更明白其中的道理和有关要求。

全书由庄伟、匡亚川编写，书的编写过程中参考了大量的书籍、文献及所在公司的一些技术措施，并得到了戴夫聪、罗炳贵、吴建高、廖平平、刘栋、李清元、张露、余宽、黄子瑜、黄喜新、程良、姜亚鹏、陈荔枝、李刚、徐珂、唐习龙、鲁钟富、徐传亮、邓孝祥、曾宪芳、姜波、鞠小奇、李政、谢志成、莫志兵、张贤超、何义、刘远洋、李昌州、刘斌、段红蜜、黄静、汪亚、徐阳以及华阳国际设计集团田伟、吴应昊等人的帮助和鼓励，同行余宏、林求昌、刘强、谢杰光、彭汶、李子运、李佳瑶、姚松学、文艾、谢东江、郭枫、李伟、邱杰、杨志、苏霞、谭细生等参与了全书内容收集、编写及图片绘制，在此表示感谢。

由于作者理论水平和实践经验有限，时间紧迫，书中难免存在不足甚至是谬误之处，恳请读者批评指正。

目　录

1　盈建科软件操作与计算分析（以剪力墙住宅为例）

1.1　盈建科软件的设计思维与逻辑关系

对于常规的混凝土结构，用盈建科软件对其进行建模与分析的流程大同小异。首先把轴网布置好，或者导入：轴线＋柱、墙、梁；然后根据建筑图的外立面、功能需求（阳台、卫生间、厨房、走廊等处降板）、跨度，结合经验初步布置以上构件；再输入板厚、荷载（恒＋活＋梁上线荷载＋板间线荷载）、给楼板开洞，完成第一个主要的标准层（平面及结构布置一样，所有荷载也一样）布置；最后用此标准层进行楼层组装，第一次调模型。

当模型调好后，在此基础上进行标准层复制，完成其他标准层的布置，把地下室（带三跨）插入第一标准层；然后重新进行楼层组装，让整个结构的各个指标都满足规范要求；最后进行施工图绘制与基础设计。

用盈建科软件对不同的结构类型进行设计时，初学者往往都看不懂建筑图，如果没有经验，进行结构布置可能不知所措，所以需要参考相关资料、内部技术措施。对基础进行设计时，最重要的是总荷载的计算与分配、基础截面的取值与基床系数、桩抗压及抗拔刚度的填写，计算方法与原则的选取（一般程序内核有几种选择）、钢筋级别的选取、混凝土强度等级的选取。一般都是参照经验、类似的工程与计算结果去协调，构件的截面、基础系数取经验值，刚度此时已经基本协调好了，只需要进一步根据计算结果进行大致的修改。在后面的章节中，会有详细的介绍过程。

1.2　结构设计的思维与逻辑关系

所有的常规混凝土结构从组成来看，都是由梁、板、柱、墙或者类似于梁、板、柱、墙的构件组成，虽然组成的逻辑思维很简单，但不同结构类型的难点有很多，主要在于外立面的协调（梁高）、内部功能对梁高的限值、不同功能区间往往有高差（阳台、卫生间、电梯井旁的走道、露台等），不同构件在有高差时要补充大样进行搭接，并在软件中做没有高差的简化处理（把支座定为铰接、简支或不改变其连接支座属性等），结构布置时需要寻找稳定的支座关系，有时候要调整梁、柱、墙的布置，当高差比较大时，有时候结构要进行转换，需要设置宽梁等。

梁、板、柱、墙组成各种结构布置时，就是要给梁找支座：柱子或者剪力墙（平面内长度或者翼缘长度），在满足梁高的前提下，跨度不能太大。对于各种类型的民用建筑，一般都是外立面比较复杂，要结合墙身大样定梁高及梁的标高；而内部空间，主要是一些开洞处、厨房、卫生间等处降板，一些不连续的部位、拐角处要加强等。

不同构件之间的刚度协调是有规律的，如果没有经验，往往会犯很多的错误。构件截面的取值与结构布置，如果有经验，往往第一次调模型都能基本满足规范要求。刚度与配筋之间是相互影响的，但一般还是以经验刚度为准（构件的经验截面取值），配筋大点小点没有多大的关系，除非其配筋率不满足规范要求，太大或者太小，造成不安全与浪费。模型调好后，剩下的就是绘制施工图，一般构件的截面尺寸大小、标高、板厚、受力钢筋的配值，只要满足计算结果，一般都不会出现错误，出错误比较多的地方是箍筋的大小与间距取值、不连续的部位要加强（角柱、板跨板、开洞处板、大跨度的梁板、转换梁）、有高差的地方要补充大样、有些部位的梁要降标高等。

在做结构设计时，其实很多东西都已经固定了。比如外围的梁高，一般都是顶着窗户做。板跨一般不大，大部分都是100mm的板，一些跨度比较大的板（短向）或者重要部位的楼板（开洞处、电梯核心筒及周边、电梯机房、屋面板等）也要稍微做厚一点，比如120～150mm。剪力墙的长度，如果墙间距不是特别大，抗震烈度没有超过7度，100mm以下的住宅一般内部剪力墙长1700mm（200mm墙厚），但是前提是梁跨度不能太大，要满足梁高的使用要求；柱子的截面尺寸一般都是依据经验取值，参照一个类似的工程即可。混凝土强度等级，对于住宅，竖向构件混凝土强度等级一般不要超过C40～C50，每隔五层变一个强度等级，高层结构有时候轴压比不好调时，也可以采用6或7＋5N的模式。竖向构件的截面与混凝土强度等级不同时变即可；水平构件的混凝土强度等级一般C30～C25（以C30居多）。基础设计时，对于独立基础、条形基础，只要地基承载力填对了，一般都可以按照荷载值（标准组合：恒＋活）布置与归并，同时用软件自动生成归并同一类其中的一个独立基础。独立基础的底标高，一般查看地质勘察报告持力层曲线，取一个折中的标高值或者独立基础底标高采用不同的底标高值，然后加一句话：须进入持力层300mm。对于筏形基础的顶标高、桩承台的顶标高，应与地下室顶板标高（结构）一致。对于筏板厚度的取值，一般是参照经验值＋计算结果；承台厚度也是：$50n$（n为层数）。

基础设计一般是相对比较复杂的，因为土的不确定性，导致基床系数的不确定及沉降的不确定，以上直接关系到变形，反映到筏板上，直接关系到筏板的配筋（有变形或者不均匀变形差，就有力有弯矩）。筏板设计时，也可以这么理解，上部构件作为筏板的支座，土的基床系数不同即作用在筏板上的力不同，作用了多个不同的力，筏板在多个不同的力与支座作用下进行有限元计算；而对于承台的计算，可以这样理解，桩作为其支座，上部构件可以看作多个不同的力，承台在多个支座与多个力作用下进行有限元计算。对于桩基础的抗压刚度和抗拉刚度，其本质是桩与土作用时，桩土之间有个相对沉降差，但是程序计算时，往往是把承台等作为不变支座点，该相对沉降差对于防水板的面筋计算值影响比较大，所以应正确填写。对于桩如果有水必须要有抗拔桩刚度，不考虑水抗拔桩刚度可以不输入。抗拔锚杆的抗压刚度必须输入为0。

关于基础的沉降，地基规范有关于总沉降量及不均匀沉降（倾斜）的规定，一般总沉降量不会有问题，一起沉降也没什么坏处；主要在于不均匀沉降，不均匀沉降会导致很大的内力，而对于一个塔楼，一般总长度也不大，也就40～50m，2个勘测孔间段，一般同一种基础形式的不均匀沉降可能均满足要求，也能通过自身的刚度＋配筋去承受；通常说的不均匀沉降，主要在于基础形式不同时或者不同区域受力差别太大时的不均匀沉降，可以设置沉降后浇带、变刚度调平等。

荷载的取值，楼板的恒荷载、活荷载一般都是根据功能查找规范，已经定死了。而线荷载，要根据内外墙的墙体类型计算，不同的墙体其线荷载会不一样，并且每个建筑的外立面都会不一样，线荷载的取值可以用PL线画封闭图形，然后算出面积，算出线荷载大小值，一般大的项目，都会有一个技术措施，设计人员按照技术措施建模与设计即可。

对于常规的混凝土结构，都是由梁、板、柱、墙或者类似于梁、板、柱、墙的构件组成，从组从材料来看，就是：钢筋＋混凝土，出现了问题，可以改变结构布置，也是从钢筋＋混凝土着手；出现了薄弱部位，也是从钢筋＋混凝土着手；出现了裂缝，也是从钢筋＋混凝土着手；出现了事故，也是从钢筋＋混凝土着手，补强刚度及强度。看似简单，但是没有实际的工程经验，是很难把握好美观性＋适用性＋安全性＋经济性＋施工方便五者之间的平衡关系的。

结构设计的水平是有差异的，好的结构设计师和普通结构设计师差别很大，普通的结构设计师，关注的是表面的刚度与力学之间的平衡，毕竟构件也就梁、板、柱、墙，它们之间“玩”组合，组合的好与坏，只不过是多了点钢筋还是多了点混凝土；而优秀的结构设计师，不仅仅是“玩”刚度和力学的平衡，更是“玩”方案的优化、“玩”钢筋的优化、“玩”不同专业之间的配合、“玩”施工过程中的刚度形成及力学平衡过程，“玩”使用过程中的平衡，导致不会出现问题或者大的问题，比如开裂、构件破坏；更是人为地调刚度、调幅、设置防线、允许某些构件先破坏或者保证某些构件不破坏。好的结构设计师的思维是三维的、动态的、细节的，而普通结构设计师的思维一般是静态的、定性的，他们之间的本质区别在于实践的多与少及思考的多与少。不管怎样，结构设计师也只是一名技术工作者，本质是经验的传承。

1.3 从建筑图中看结构布置（以剪力墙住宅为例）

本工程位于广西南宁市，为剪力墙住宅，主体地上26层，地下1层，建筑高度77.05m。该项目抗震设防类别为丙类，建筑抗震设防烈度为6度，设计基本加速度值为0.05g，设计地震分组为第一组，场地类别为Ⅱ类，设计特征周期为0.35s，剪力墙抗震等级为三级（地下室覆土为坡地，地下室顶板不作为嵌固端）。桩端持力层为中风化泥质粉砂岩⑤，采用人工挖孔桩。

首层建筑平面图与标准层建筑平面图分别如图1-1、图1-2所示，建筑立面如图1-3所示。

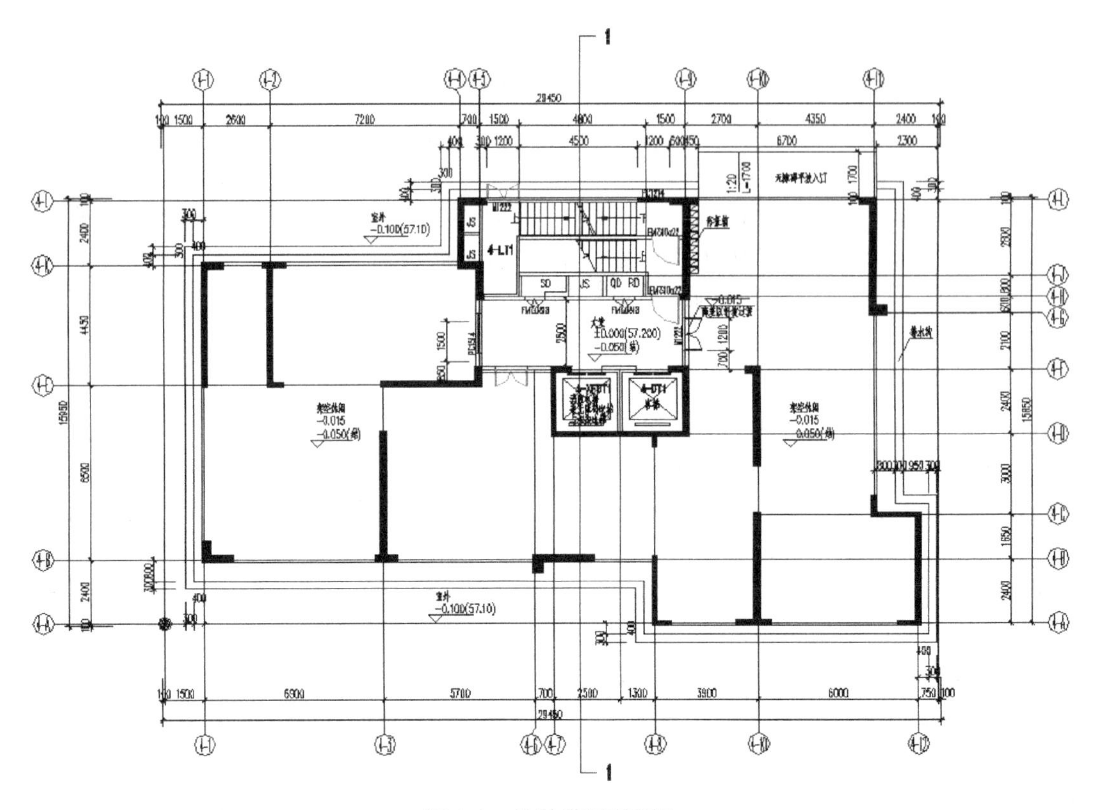

图 1-1　首层建筑平面图

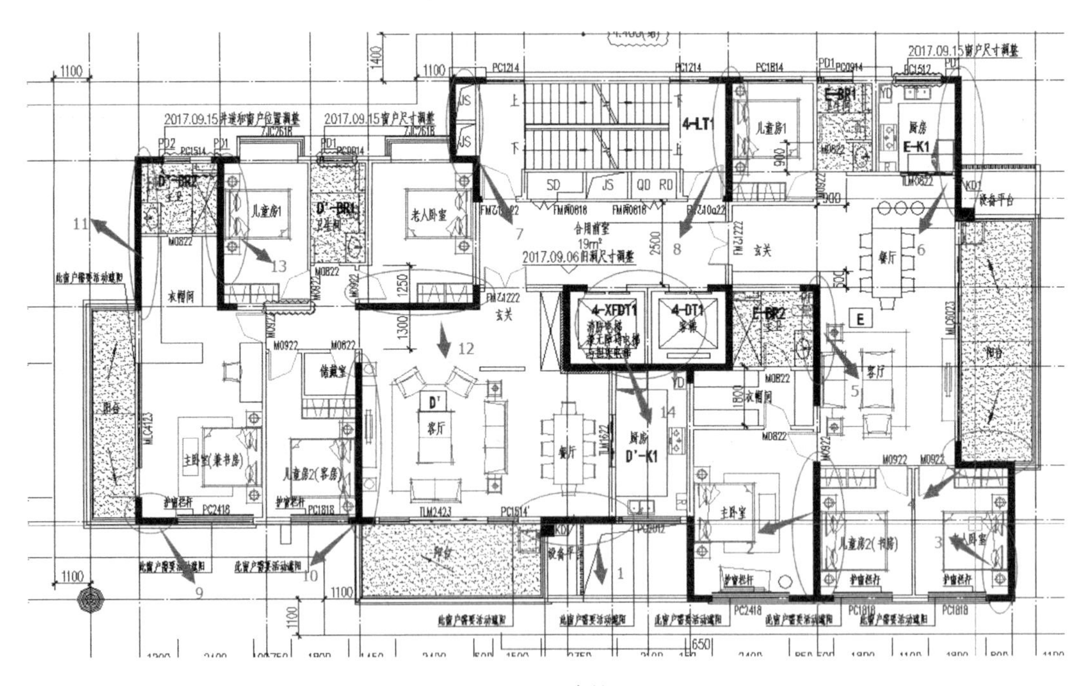

图 1-2　标准层建筑平面图

注：1. 墙 1 布置端柱，是因为要从其上挑出阳台悬挑梁，应给悬挑梁一个硬支座。一般布置 1700mm 长即可，但为了方便其附近的梁搭接，把墙 1 延长至梁搭接处。

2. 墙 2 翼缘一般布置 600mm（200mm 厚），如果沿着窗户满布，翼缘长度与 600mm 的差值小于等于 400mm，一般可以满布；本工程外墙（非受力）采用全混凝土外墙，故翼缘满布。墙 2 的长度为 4250mm，因为首层为架空层，层高比较高，稳定性不过时，可以加大墙厚，而标准层方便使用，不加大墙厚，一般加长墙长（减小竖向线荷载值，稳定性容易过点）。

3. 墙 3 和墙 4 合并，是因为墙肢稳定性过不了（单肢墙稳定和整体稳定都要满足要求）；墙 5 长度 3700mm，也是因为轴压比和稳定性过不了，其周边的板跨比较大，荷载比较大。

4. 墙 6 可以不布置那么长，但因为阳台的悬挑梁需要寻找支座关系，布置了 600mm×400mm 的端柱作为支座，如果该位置布置两片剪力墙（墙长大于等于 1700mm），隔离太近，不如拉成一片墙。

5. 墙 7 和墙 8 布置成长墙，也是因为轴压比、稳定性过不了，并且为了方便洞口处梁的搭接，且有较好的支座关系，所以拉到了洞口轴线处。

6. 墙 9 布置成短肢剪力墙，是因为建筑功能限制。在结构底部，由于稳定性与轴压比要求，把翼缘厚度变成了 400mm 厚，如图 1-4 所示。墙 1 布置成长墙，是因为两边板跨度太大，荷载大，稳定性与轴压比不满足要求。

7. 墙 11 布置成长墙，是因为从边梁上悬挑阳台不好，荷载太大。于是，把剪力墙拉到阳台处，用连续梁作为阳台的支座。墙 12 本布置 1700mm 长即可，但为了方便梁搭接，梁不超筋（垂直相交的梁与墙边距离太近），还是拉到了该位置。墙 13 布置成长墙，作为阳台悬挑梁向内的支座，减小了梁的跨度，受力会更合理。

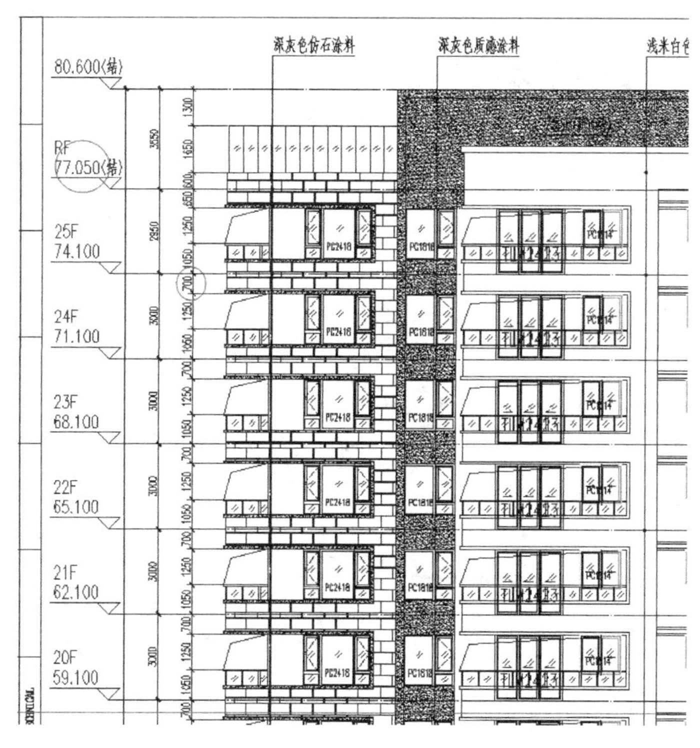

图 1-3　建筑立面图（局部）

注：从建筑立面图中，可知外边梁最大梁高限值取 650mm，飘窗处反梁做 1200mm（查节点大样）。塔楼范围内地下室顶板标高取－0.05m（局部沉板走管时再降标高），根据经验，绘制出层高表。梁板混凝土强度等级取 C30，地下室顶板处取 C35。底部墙柱混凝土强度等级为 C50，然后从地上开始，每 5 层变一次，如图 1-5 所示。标准层模板如图 1-6 所示。

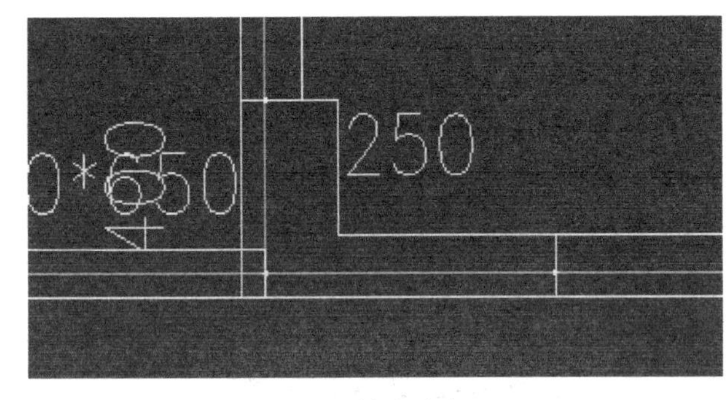

图 1-4　剪力墙布置

层号	结构标高Hs(m)	层高(m)	墙柱砼	梁板砼
机房屋顶层(27)	80.000		C30	C30
屋面层(26)	77.050	2.950	C30	C30
25	74.050	3.000	C30	C30
24	71.050	3.000	C30	C30
23	68.050	3.000	C30	C30
22	65.050	3.000	C30	C30
21	62.050	3.000	C30	C30
20	59.050	3.000	C30	C30
19	56.050	3.000	C30	C30
18	53.050	3.000	C30	C30
17	50.050	3.000	C35	C30
16	47.050	3.000	C35	C30
15	44.050	3.000	C35	C30
14	41.050	3.000	C35	C30
13	38.050	3.000	C40	C30
12	35.050	3.000	C40	C30
11	32.050	3.000	C40	C30
10	29.050	3.000	C40	C30
9	26.050	3.000	C45	C30
8	23.050	3.000	C45	C30
7	20.050	3.000	C45	C30
6	17.050	3.000	C45	C30
5	14.050	3.000	C50	C30
4	11.050	3.000	C50	C30
3	8.050	3.000	C50	C30
2	5.050	3.000	C50	C30
1	−0.050	5.100	C50	C35
−1	详地下室	详地下室	C50	

嵌固端　剪力墙约束边缘构件范围　剪力墙底部加强部位

结构标高表

图 1-5　层高表

注：地下室顶板梁板混凝土强度等级取 C35，一般是因为塔楼范围外的地下室覆土比较厚，梁构件或者加腋梁板构件抗剪需要，以减小梁板的高度或厚度。有时候，也是因为土的环境类别需要。

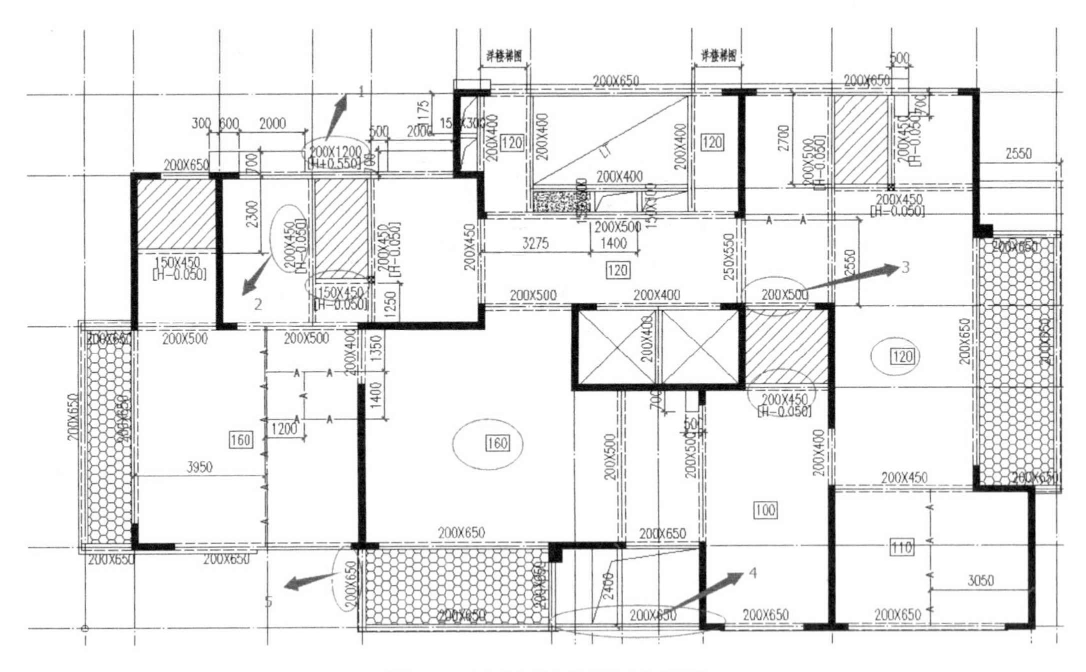

图 1-6　标准层结构平面布置图

注：1. 梁1是飘窗梁，一般参考节点，做1200mm高（550＋650）；卫生间处的梁2等，因为要把该梁露向卫生间，隔墙又是100mm厚，卫生间会有缺口梁节点（图1-7），所以梁2降标高50mm，卫生间结构沉板400mm，底板100mm厚，由于降板50mm，所以梁2最小高度取450mm。梁3也是卫生间处的梁，由于隔墙200mm厚，所以梁3没有降50mm标高。

2. 梁4拉起来，是建筑立面要求，也是为了给阳台封口梁找一个支座关系。梁5属于阳台封口梁，而且封口梁的高度一般和悬臂梁端部高度相同。封口梁的高度，应根据建筑立面确定，不同地产公司有不同的要求，有的要求不宜大于400mm。本项目取650mm。

3. 电梯井突出屋面部位，有的设计院要求按照屋面层上升上去，有的设计院习惯做翼缘长度为500mm的异形柱（200mm厚）。

4. 卫生间跨度比较小的梁截面宽度可以取150mm。

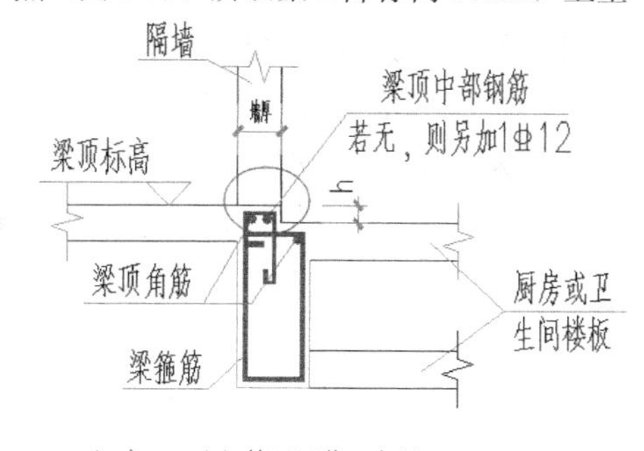

厨房、卫生间缺口梁截面大样

（包括框架梁，以上各层同）

图1-7　缺口梁大样

1.4　本项目构件布置、截面与荷载取值

1.4.1　梁

1. 截面高度

框架主梁$h=(1/8\sim1/12)L$，一般可取1/12，梁高的取值还要看荷载大小和跨度，有的地方，荷载不是很大，主梁高度可以取1/15。

连续梁$h=(1/12\sim1/20)L$，一般可取$L/15$。

简支梁$h=(1/12\sim1/15)L$，一般可取$L/15$。楼梯中平台梁，电梯吊钩梁，可按简支梁取。

悬挑梁：当荷载比较大时，$h=(1/5\sim1/6)L$；当荷载不大时，$h=(1/7\sim1/8)L$。

单向密肋梁：$h=(1/18\sim1/22)L$，一般取$L/20$。

井字梁：$h=(1/15\sim1/20)L$。跨度≤2m时，可取$L/18$；≤3m时，可取$L/17$。

转换梁：抗震时$h=L/6$；非抗震时$h=L/7$。

2. 截面宽度

一般梁高是梁宽的2～3倍，但不宜超过4倍。当梁宽比较大，比如400mm、500mm时，可以把梁高做成1～2倍梁宽。

主梁$b\geqslant200$mm，一般≥250mm，次梁$b\geqslant150$mm。

住宅、公寓、宾馆或写字楼等，当楼面活荷载不大时，8m左右跨度的梁可做到宽400mm、高500～550mm。

（1）住宅部分应注意梁高对立面的影响，建筑外圈梁高暂定为650mm。其上无同宽隔墙的阳台梁面标高同阳台板面标高，梁高650mm；其上有同宽隔墙的阳台梁面标高同楼层标高，梁高同外圈梁高。

（2）室内应尽量避免露梁，不能避免时（隔墙厚度小于梁宽），梁应露在次要房间的一侧（厅＞过道＞主卧＞次卧室＞厨房、卫生间）。

（3）卫生间沉箱小梁梁高 450mm（梁面比室内板面底 50mm，板底平梁底。图中设计时需注明该跨梁面标高为 H−0.05，且需附上缺口大样），次梁宽 150mm，主梁宽 200mm，其他外露的小梁梁高宜控制在 400mm。与剪力墙顺接的卫生间梁仍应做 200mm 宽。

（4）必要时可充分利用的梁高：梁下均是隔墙时，梁高可做到 600mm；卫生间窗户、飘窗如利用其窗台高度，请务必与建筑沟通，特别是飘窗，建筑有可能要预留改造空间。

（5）注意高差处较大处的梁高，确保支承梁底低于楼板或次梁底。特殊情况可补充主梁大于 600mm 时次梁底构造做法大样。

1.4.2 板

（1）楼板厚度的基本模数为 100～150mm（160mm）、180mm、200mm、220mm 和 250mm。墙身大样板厚不小于 60mm。混凝土栏板、女儿墙高≤600mm 做成 100mm 厚，双面配筋，女儿墙高＞600mm 取 h/10 且大于 120mm，双面配筋。

（2）一般部位的楼板厚度可参照 L/35（单向板）或 L/40（双向板）取值，或参照表 1-1 确定。

板厚取值 **表 1-1**

部位	板厚（mm）
跨度大于 5.3m（不大于 5.7m）的双向板 跨度大于 4.9m（不大于 5.3m）的单向板	150
跨度大于 4.9m 的双向板 跨度大于 4.5m 的单向板	140
跨度大于 4.5m 的双向板 跨度大于 4.2m 的单向板	130
跨度大于 4.2m 的双向板 跨度大于 3.8m 的单向板	120
跨度大于 3.8m 的双向板	110
屋面楼板	不小于 120
地下室顶板	塔楼相关范围≥180（非嵌固取 160），其余≥160
地下室中间层板	120，人防区 200
无地下室的裙楼首层板	按正常楼板设计
悬挑板	不小于悬挑长度的 1/10，且不小于 100
其他楼板	100

转角窗部位楼板不小于 120mm，框架不封闭的楼板厚度不小于 150mm。屋顶电梯机房的板厚为 150mm。

注：楼板计算跨度按支座中到中计算。

（3）住宅公共走道有大量管线埋地时板厚不小于 120mm，塔楼细腰等薄弱连接处的楼板厚取 150mm。

（4）大底盘屋面室外覆土区板厚不小于 150mm，其他区域不小于 150mm，并应双向设置板面通长钢筋。

1.4.3 墙

(1) 住宅部分竖向构件布置应避免房间竖向构件外露，标准层剪力墙厚度宜为200mm厚（稳定及强度不够时才考虑加厚），墙长一般不宜小于1700mm（200mm厚）。

(2) 尽量避免短肢剪力墙（200mm厚和250mm的墙体长度分别不小于1700mm和2100mm，或大于300mm厚墙体长度不小于4倍墙厚）。（注：广东省工程和其他地区规定不同：短肢剪力墙是指截面高度不大于1600mm，且截面厚度小于300mm的剪力墙。）

(3) 厚度为200mm或250mm的剪力墙，当只有一侧有框架梁搭在墙平面外时，只要建筑条件允许应设端柱，端柱宽度宜为400mm；无端柱时梁端支座面筋可取直径≤12mm或采取机械锚固措施。

(4) 对于长度大于5m的墙体，在强度、刚度富足的情况下，在适当楼层以上（例如顶部2/3的楼层）考虑结构开洞，以增加结构耗能机制及降低结构成本。洞口宽度1.0～1.5m，洞口上下对齐，连梁的跨高比宜小于2.5。长度大于8m的墙体，应设结构洞。

(5) 矩形（圆形）截面柱，截面宽度及高度不宜小于柱计算高度的1/15（1/13），不应小于柱计算高度的1/20（1/17）。

(6) 外围、均匀。剪力墙布置在外围，在水平力作用下，$F_1 \cdot H = F_2 \cdot D$，抗倾覆力臂$D$越大，$F_2$越小，于是竖向相对位移差越小；反之，如果竖向相对位移差越大，则可能会导致剪力墙或连梁超筋。剪力墙布置在外围，整个结构抗扭刚度很大；反之，如果不布置在外围，则可能会导致位移比、周期比等不满足规范。

拐角处，楼梯、电梯处要布墙。拐角处布墙是因为拐角处扭转变形大，楼梯、电梯处布墙是因为此位置无楼板，传力中断，一般都会有应力集中现象，布墙是让墙去承担大部分力。

多布置L形、T形剪力墙，尽量不用短肢剪力墙、一字形剪力墙、Z形剪力墙。短肢剪力墙，一字形剪力墙受力不好且配筋大，而Z形剪力墙边缘构件多，不经济。

6度、7度区剪力墙间距一般为6～8m；8度区剪力墙间距一般为4～6m。当剪力墙长度大于5m时，若刚度有富余，可设置结构洞口。设防烈度越高，地震作用越大，所需要的刚度越大，于是剪力墙间距越小。剪力墙的间距大小也可以由梁高反推，假设梁高500mm，则梁的跨度取值$L=(10 \sim 15) \times 500\text{mm}=5.0 \sim 7.5\text{m}$。

(7) 当抗震设防烈度为8度或者更大时，由于地震作用很大，一般要布置长墙，即用“强兵强将”去消耗地震作用效应。

剪力墙边缘构件的配筋率显著大于墙身，故从经济性角度，应尽量采用片数少、长度大、拐角少的墙肢；减少边缘构件数量和大小，降低用钢量。

电梯井筒一般有如下三种布置方法（图1-8中从左至右），由于电梯的重要性很大，从概念上一般按第一种方法布置，当电梯井筒位于结构中间位置且地震作用不是很大时，可参考第二种或第三种方法布置。当为了减小位移比及增加平动周期系数时，可以改变电梯井的布置（减少刚度大一侧的电梯井的墙体），参考第二种或第三种方法布置，不用在整个电梯井上布置墙，而采用双L形墙。在实际工程中，电梯井筒的布置应在以上三个图基础上修改，与周围的竖向构件用梁拉结起来，尽管墙的形状可能有些怪异也浪费钢筋，但结构布置合理了才能考虑经济上的问题，否则是因小失大。

图 1-8　电梯井筒布置

(8) 剪力墙布置时，可以类比桌子的四个脚，结构布置应以“稳”为主。墙拐角与拐角之间若没有开洞，且其长度不大，如小于 4m，有时可拉成一片长墙。如图 1-9 所示。

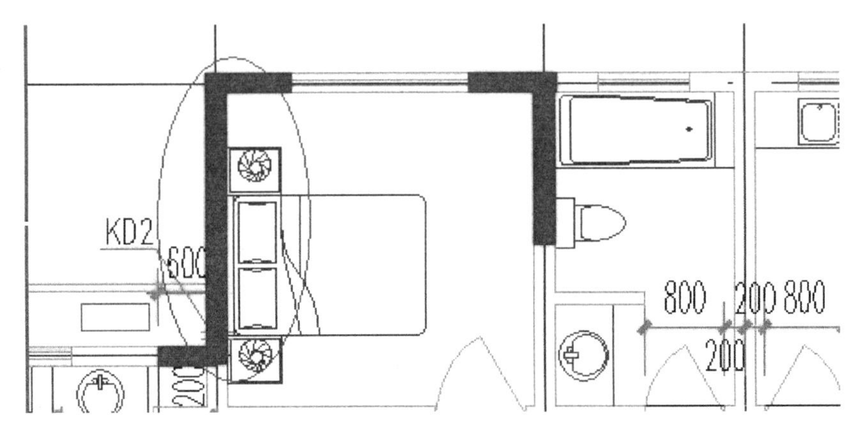

图 1-9　剪力墙布置 (1)

(9) 剪力墙的布置原则是：外围、均匀、双向、适度、集中、数量尽可能少。一般根据建筑形状大致确定什么位置或方向该多布置墙，比如横向（短向）的外围应多布置墙，品字形的部位应多布置墙。“均匀”与“双向”应同步控制，这样 X 或 Y 方向两侧的刚度趋近于一致，位移比更容易满足，周期的平动系数更高。剪力墙的总刚度的大小是否合适可以查看“弹性层间位移角”，剪力墙外围墙体应集中布置（长墙等），一般振型参与系数会提高，更容易控制剪重比，扭转刚度增加，对周期比、位移比的调整都有利。

1.4.4　荷载取值

(1) 主要均布恒、活载（表 1-2）

主要均布恒载、活载　　　**表 1-2**

结构部位		附加恒载 (kPa)	活载 (kPa)	备注
住宅	房、厅、餐厅	1.5	2.0	
	厨房	1.5	2.0	
	卫生间	7.0	2.5/4.0（带浴缸）	沉箱 350mm 回填（图中注明回填重度不大于 $20kN/m^3$）；降板 80mm 时恒载取 2.0
	阳台	1.5	2.5	覆土恒载另计
	户内楼梯间	7.0	2.0	两跑且休息平台无梯梁时（或梁不影响荷载传递路径时，例如剪力墙围合）可将板厚输为 0，设定荷载传递方向；其余情况应按线荷载输入
	转换层	4.5	2.0	300mm 陶粒混凝土垫层

续表

结构部位		附加恒载（kPa）	活载（kPa）	备注
公共区域	首层大堂	1.5	2.5	
	公共楼梯间	8.5	3.5	两跑且休息平台无梯梁时（或梁不影响荷载传递路径时，例如剪力墙围合）可将板厚输为0，设定荷载传递方向；其余情况应按线荷载输入
	走廊、门厅	1.5	2.0	住宅、幼儿园、旅馆
		1.5	2.5	办公、餐厅、医院门诊
		1.5	3.5	教学楼及其他人员密集时
	绿化层（屋顶花园）	覆土厚度+0.4	3.0	覆土按18kN/m³，覆土荷载与附加恒载不同时考虑
	露台	4.5	2.5	如考虑种植，覆土另算，活载3.0
	上人屋面	5.0	2.0	屋面做法按300mm厚考虑，混凝土找坡，应按具体情况修正附加恒载
	不上人屋面	5.0	0.5	屋面做法按300mm厚考虑，轻钢屋面活载0.7
	地下室顶板	覆土重+0.6 无覆土时取2.0	5.0	覆土按18kN/m³，覆土荷载与附加恒载不同时考虑，活荷载考虑施工荷载5kN/m²
	地下室底板	2.0	2.5	自承重底板、车库
	管道转换层	0.5	4.0	
	商业裙房首层板	2.5	5.0	覆土另算。活荷载考虑施工荷载5kN/m²
	垃圾站	1.5	3.5	站内承重大于10t
汽车通道及客车停车库	客车	2.0	4.0	单向板楼盖（板跨不小于2m）或双向板楼盖（板跨不小于3m）；覆土厚度按1.2m考虑，单向板跨度按3m考虑，双向板跨度按4m考虑。消防车荷载按覆土厚度折减后应按应力扩散角（35°）确定消防车荷载实际作用范围
	消防车无覆土	2.0	35.0	
	消防车有覆土	覆土重+0.6	26.7（双向板） 29.5（单向板）	
	客车	2.0	2.5	双向板楼盖和无梁楼盖（板跨不小于6m×6m） 消防车荷载按覆土厚度折减后应按应力扩散角（35°）确定消防车荷载实际作用范围
	消防车无覆土	2.0	20.0	
	消防车有覆土	覆土重+0.6	20.0	
	重型车道、车库	2.0	10	荷载由甲方确定
商业	商铺	2.0	3.5	加层改造荷载另计
	餐厅、宴会厅	2.0	2.5	
	餐厅的厨房	1.5	4.0	厨房降板做地沟时，附加恒载取20×回填高度+0.5
	储藏室	1.5	5.0	
	自由分隔的隔墙	按附加活荷载考虑		每延米墙重的1/3且不小于1.0
设备区	轻型机房	2.0（机房按回填设计时，取20×回填高度）	7.0	风机房、电梯机房、水泵房、空调配电房
	中型机房		8.0	制冷机房
	重型机房		10.0	变配电房、发电机房

注：1. 楼板自重均由程序自动计算，甲方要求楼板混凝土容重严格按25kN/m³控制时，可相应减小附加恒载，如取1.4。

2. 消防车荷载输入模型时可按照消防车道所占板面积比例进行折减。双向板楼盖板跨介于3m×3m～6m×6m之间时，按规范插值输入。消防车荷载不考虑裂缝控制。消防车荷载折减原则：计算板配筋不折减；单向板楼盖的主梁折减系数取0.6，单向板楼盖的次梁和双向板楼盖的梁折减系数取0.8；计算墙柱折减系数取0.3；基础设计不考虑消防车荷载（消防车荷载按自定义工况—消防车输入）。

3. 板上固定隔墙荷载按板间线恒荷载输入后进行整体计算。

4. 施工活荷载不与使用活荷载及建筑装修荷载同时考虑。

5. 同一板块有阳台及卧室功能时，应按加权折算后的活荷载输入，不得直接输入2.0（强条）。

（2）隔墙荷载（表 1-3）

本工程地上建筑采用全混凝土外墙，除剪力墙外，采用混凝土构造柱，重度 26kN/m^3。200mm 厚荷载为 5.2kN/m^2。卫生间隔墙选用页岩多孔砖（重度：13kN/m^3）、内墙选用 A3.5（重度：8kN/m^3）已考虑按 1.4 倍干重度计算（根据 JGJ/T 17—2008 第 4.0.8 条）。200mm 厚内隔墙面页岩多孔砖荷载为 3.6kN/m^2、加气混凝土砌块荷载为 2.6kN/m^2；100mm 厚内隔墙面页岩多孔砖荷载为 2.3kN/m^2，加气混凝土砌块荷载为 1.8kN/m^2。面荷载乘以高度（层高-梁高）后按线荷载输入。外墙有门窗洞口（飘窗除外）的，可按 0.7 倍折算。

隔墙荷载 **表 1-3**

层高	墙体类型	隔墙线荷载（kN/m）	
		无门窗洞口	有门窗洞口
3.15m	外墙（5.2kN/m^2）	13.3	9.3 或按长度折算
	200mm 厚内墙（3.6kN/m^2）	9.6	6.7 或按长度折算
	200mm 厚内墙（2.8kN/m^2）	7.5	5.2 或按长度折算
	100mm 厚墙体（2.3kN/m^2）	6.1	4.3 或按长度折算
	100mm 厚墙体（1.8kN/m^2）	4.8	3.5 或按长度折算
3.0m	外墙（5.2kN/m^2）	12.5	8.8 或按长度折算
	200mm 厚内墙（3.6kN/m^2）	9.0	6.3 或按长度折算
	200mm 厚内墙（2.8kN/m^2）	7.0	5.0 或按长度折算
	100mm 厚墙体（2.3kN/m^2）	5.8	4.0 或按长度折算
	100mm 厚墙体（1.8kN/m^2）	4.5	3.2 或按长度折算

注：1. 其他层高隔墙荷载可按面荷载×（层高－梁高）自行计算（取一位小数，四舍五入）；
2. 梁高按 500mm 高考虑

（3）其他线荷载（表 1-4）

其他线荷载 **表 1-4**

荷载类别	线荷载（kN/m）	备注
灰砂砖（100/200，h=1m）	2.6/4.4	kN/m/每米墙高
页岩多孔砖（200，h=1m）	3.6	kN/m/每米墙高，砌块重度≤11kN/m^3，砌体重度 13kN/m^3
悬挑 600mm 凸窗	10	双层挑板凸窗，上翻 450mm。有侧板时，每个侧板增加 2.5
玻璃阳台栏杆	3.0	混凝土栏杆按实计算，请留意阳台转角处是否有砖柱集中荷载
推拉门	5.0	适用于标准层（3.0m 以下层高）。其他楼层按 1kN/m^2×层高计算
玻璃窗	3.0	通高窗，适用于标准层（3.0m 以下层高）。其他楼层按 1kN/m^2×层高计算
玻璃幕墙外墙	4.5	适用于标准层（3.0m 以下层高）。其他楼层按 1.5kN/m^2×层高计算
女儿墙	7.0	适用于高度 1.5m 以内的 150mm 混凝土女儿墙
楼梯	根据跨度查表格 9.6	楼层标高平台梁板应按实际建入模型计算，休息平台梯梁按虚梁建模（两端铰接），休息平台梁荷载按 7.5kN/m 附加到楼层梁上，梁上输入线荷载；楼层梁、休息平台梯梁和楼层梁之间楼板按开洞输入。一个层高范围内大于两跑时，荷载应比例增大，楼梯荷载输入均应符合实际情况

注：梁内侧无楼板，而外侧支承悬挑板或挑梁时，应将梁所承受的实际扭矩输入模型进行计算和配筋，且该梁的扭矩折减系数应取为 1.0。注意屋顶剪力墙上女儿墙荷载不得遗漏。

（4）节点荷载（表 1-5）

节点荷载　　**表 1-5**

荷载类别	荷载（kN）	备注
电梯挂钩荷载	30	作用在机房顶吊钩梁中间
电梯动荷载	125	作用在机房层电梯正、背面的梁（或墙）中间

1.5　建　　模

（1）在 F 盘新建文件夹 4＃，把已经绘制好的结构布置图复制到该文件夹下，打开盈建科软件，如图 1-10 所示，点击项目菜单下的：新建，选择 F 盘新建文件夹 4＃，然后命名为 4＃，点击保存，进入盈建科建模与计算分析菜单，如图 1-11 所示。

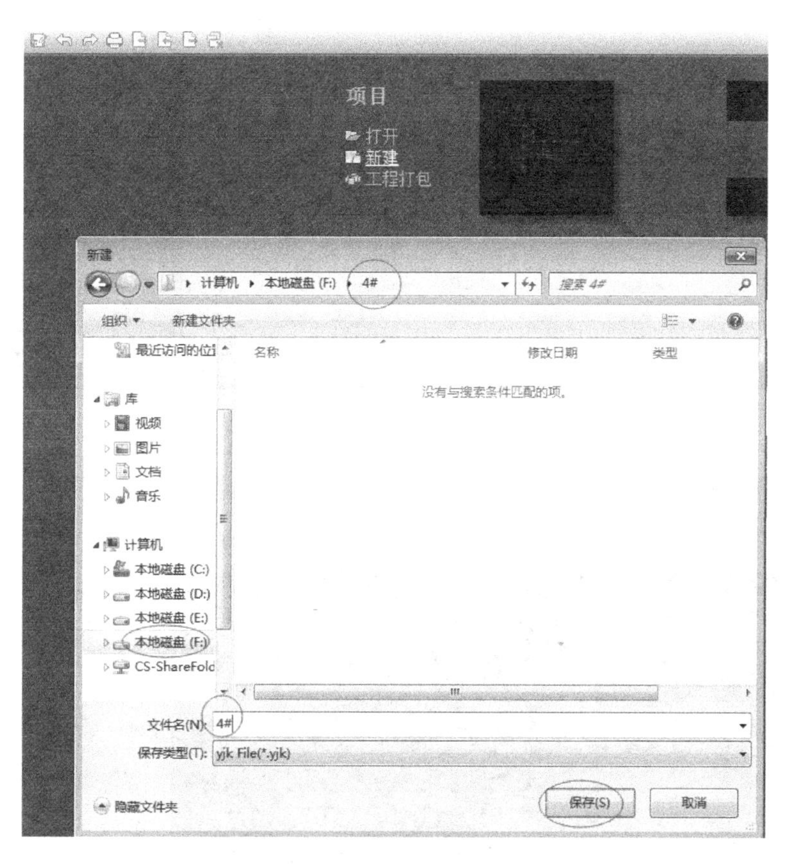

图 1-10　盈建科模型命名“4＃”

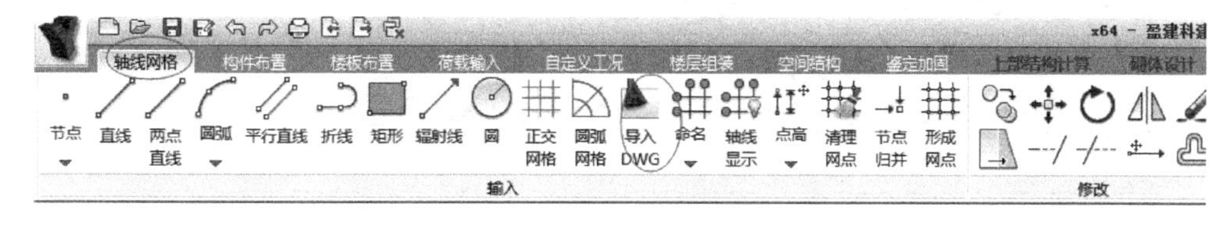

图 1-11　盈建科界面菜单

（2）在图 1-11 中，点击“导入 DWG”，弹出对话框，如图 1-12 所示。点击画圈中的 1，选择“标准层结构平面布置图”，点击“打开”，即把“标准层结构平面布置图”导入到了盈建科中。

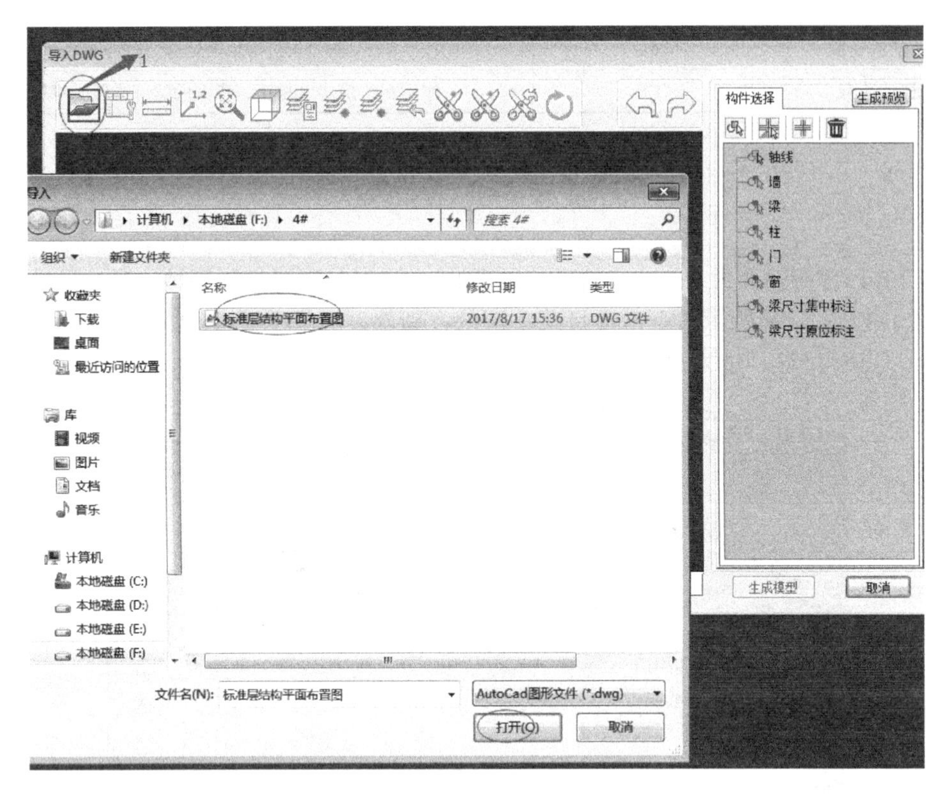

图 1-12　DWG 导入盈建科（1）

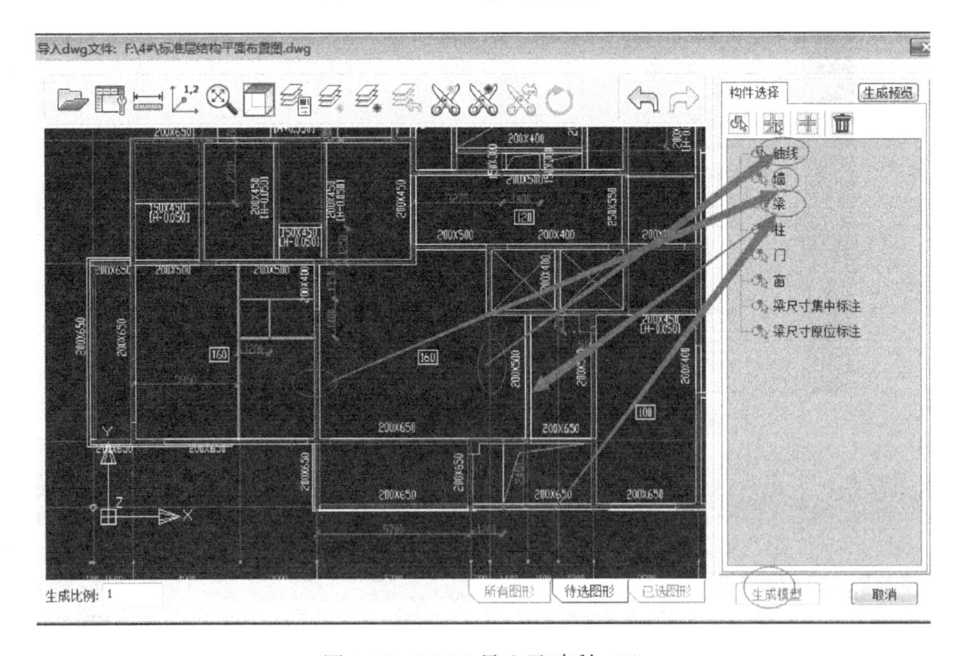

图 1-13　DWG 导入盈建科（2）

注：1. 点击图 1-13 右边对话框中的轴线，然后选择左边对话框中的轴线，点击右边对话框中的墙，然后选择左边对话框中的墙线，点击右边对话框中的梁，然后选择左边对话框中的梁线，点击右边对话框中的柱，然后选择左边对话框中的柱线。点击“生成模型”，在屏幕中选择插入点，即可完成模型导入，如图 1-14 所示。

2. “标准层结构平面布置图”中最好只有墙线图层、柱线图层、梁线图层，其他图层不要保留在上面，以免导入模型时出现错误。

3. 点击“删除—节点/网格”(图 1-15)，修改后的模型如图 1-16 所示。

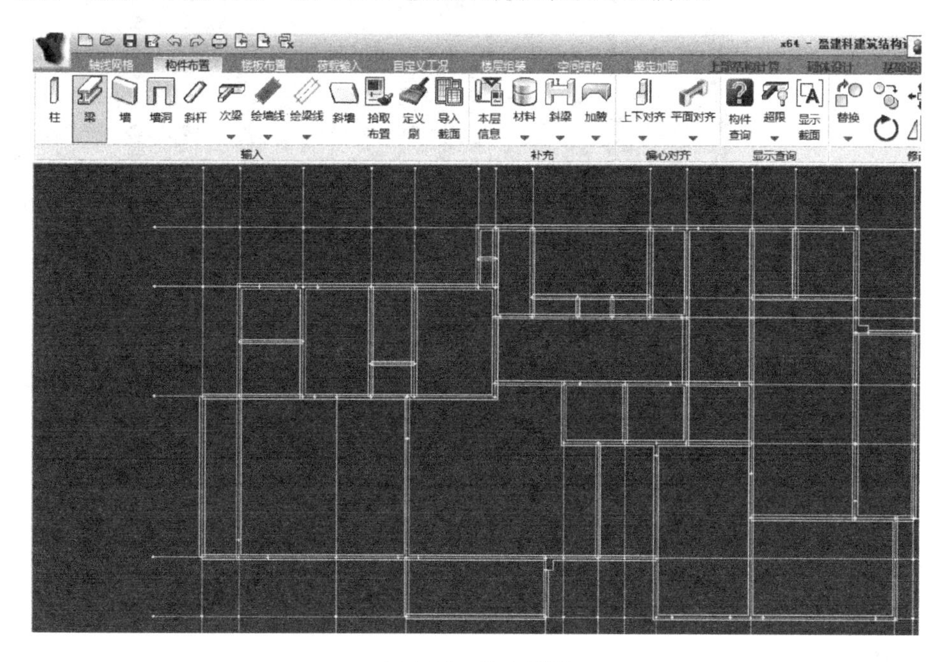

图 1-14 导入模型

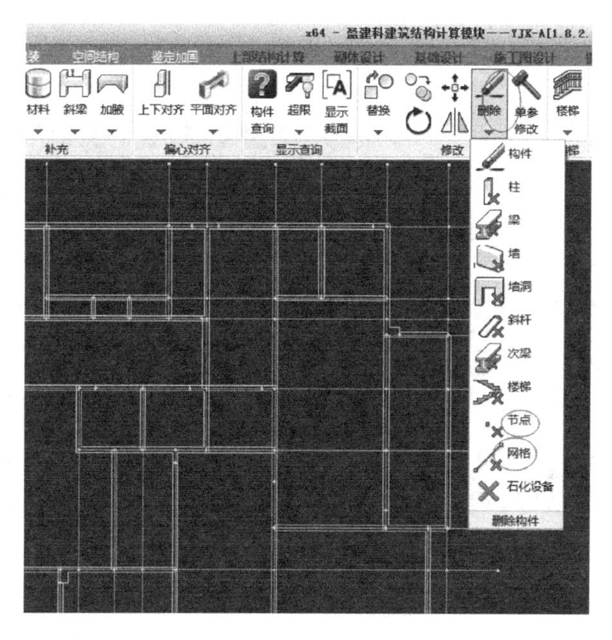

图 1-15 删除

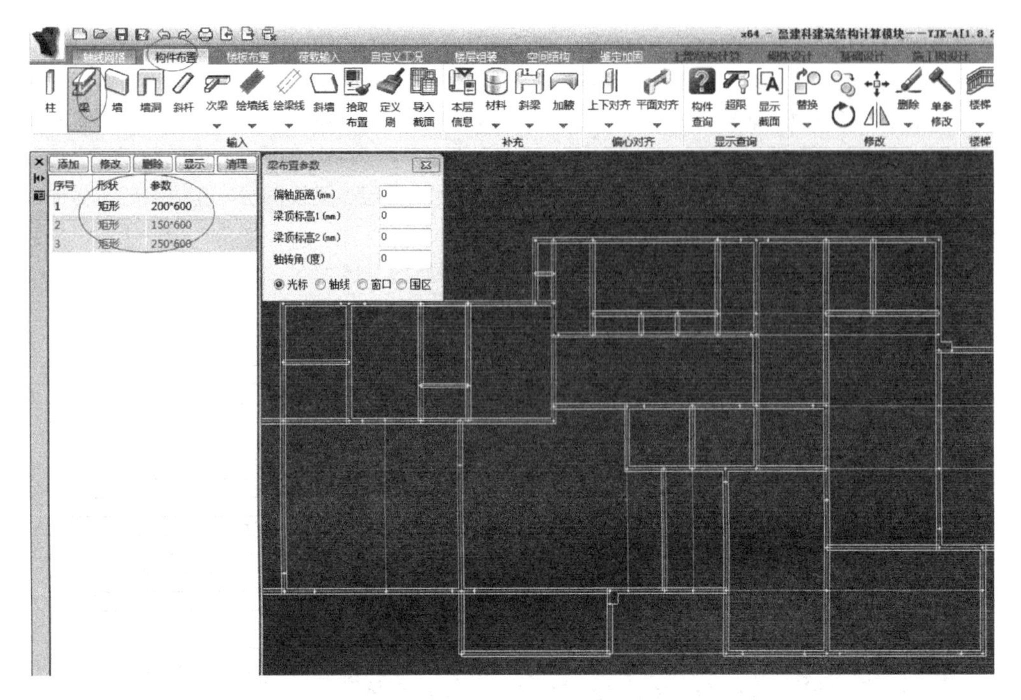

图 1-16　修改后的模型

注：1. 点击“构件布置—梁”，可以发现导入的梁截面高度均为 600mm，需要参考图 1-6 标准层结构平面布置图，重新布置梁、板柱、墙构件（分别点击该菜单下的，柱、梁、墙、墙洞、楼板布置/生成楼板、修改板厚、全房间洞、布悬挑板)，需要注意的是，楼梯间一般板厚布置为 0，并把导入方式改为“对边传导”，如图 1-17 所示。

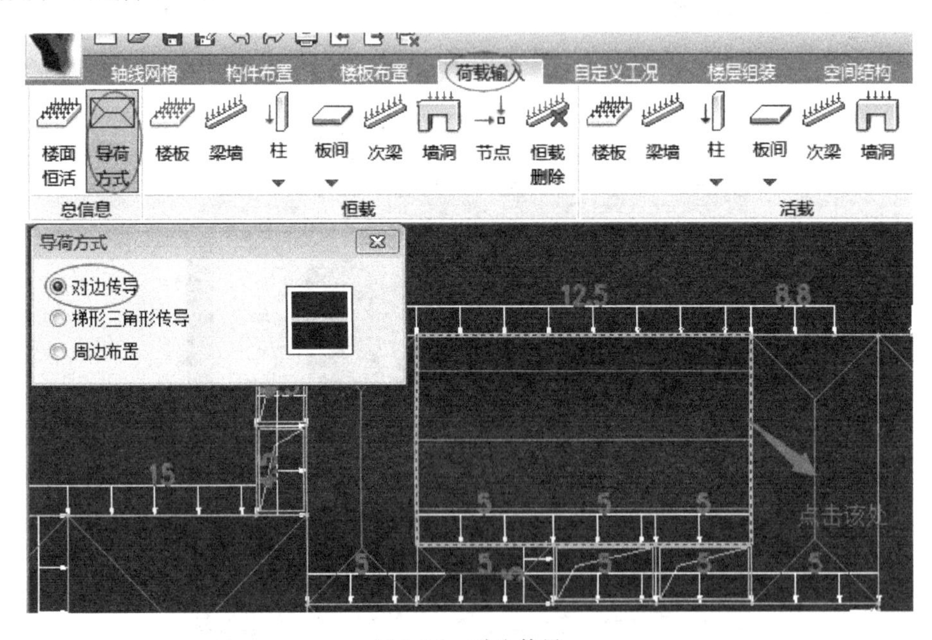

图 1-17　对边传导

2. 如果不利用盈建科生成模板图，一般构件布置时，可以不用管构件的偏心。柱子偏心按向上向右为正，旋转角度以逆时针为正。梁、墙的偏心，如果输入一个正值，以光标或者窗口方式输入时，一般鼠标指向轴线的哪边，梁、墙就偏向哪边。

3. 布置洞口时，选择“靠左”，输入一个正值，该值是距离左边轴线或者下边轴线的距离；布置洞口时，选择“靠右”，输入一个负值，该值是距离右边轴线或者上边轴线的距离。

（3）点击“荷载输入—楼面恒活”（图 1-17），可以设置楼板的荷载。如图 1-18 所示，一般勾选“自动计算现浇板自重”，恒载填写 1.5，活载填写 2，此荷载自动布置在全部楼板上。

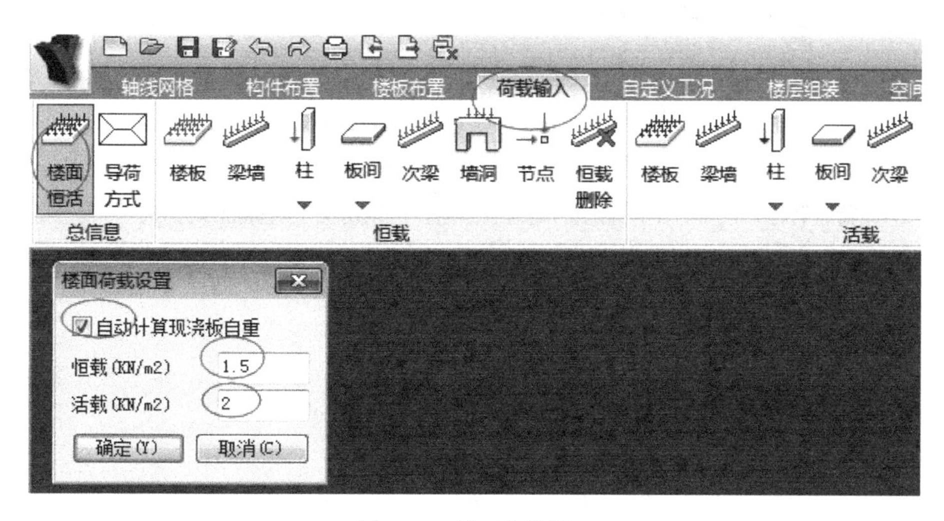

图 1-18　楼面荷载设置

（4）点击“荷载输入—楼板”，弹出对话框（图 1-19），参考表 1-2～表 1-5，将附加恒载布置在该住宅标准层上。

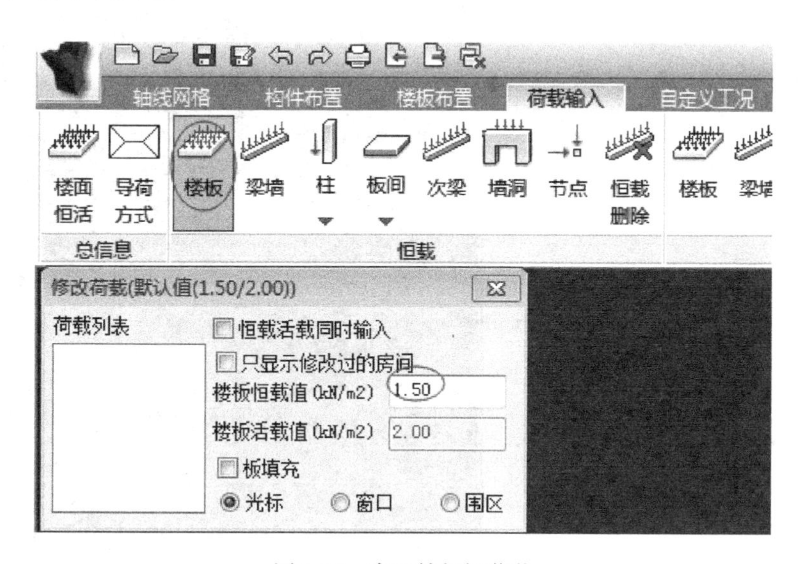

图 1-19　布置楼板恒荷载

（5）点击“荷载输入—梁墙”，弹出对话框（图 1-20），参考表 1-2～表 1-5，将梁上线荷载布置在该住宅标准层上。

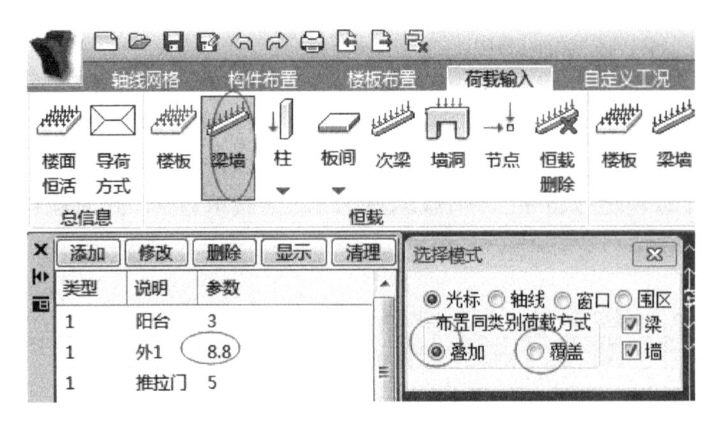

图 1-20　梁墙荷载

注：1. 在荷载名称一栏中，不同墙厚的线荷载不同，应该用文字名称加以区分。

2. 一般可选择“叠加”，已经布置了梁上线荷载时，如果要修改该线荷载值，可以选择“覆盖”，这样荷载不会叠加，自动替换。

3. 点击“恒载删除”，按 Tab 键切换，可以用，单击、窗口、轴线等方式删除线荷载。

（6）点击“荷载输入—板间—线荷载”，弹出对话框（图 1-21），参考表 1-2～表 1-5，将板上线荷载布置在该住宅标准层上。

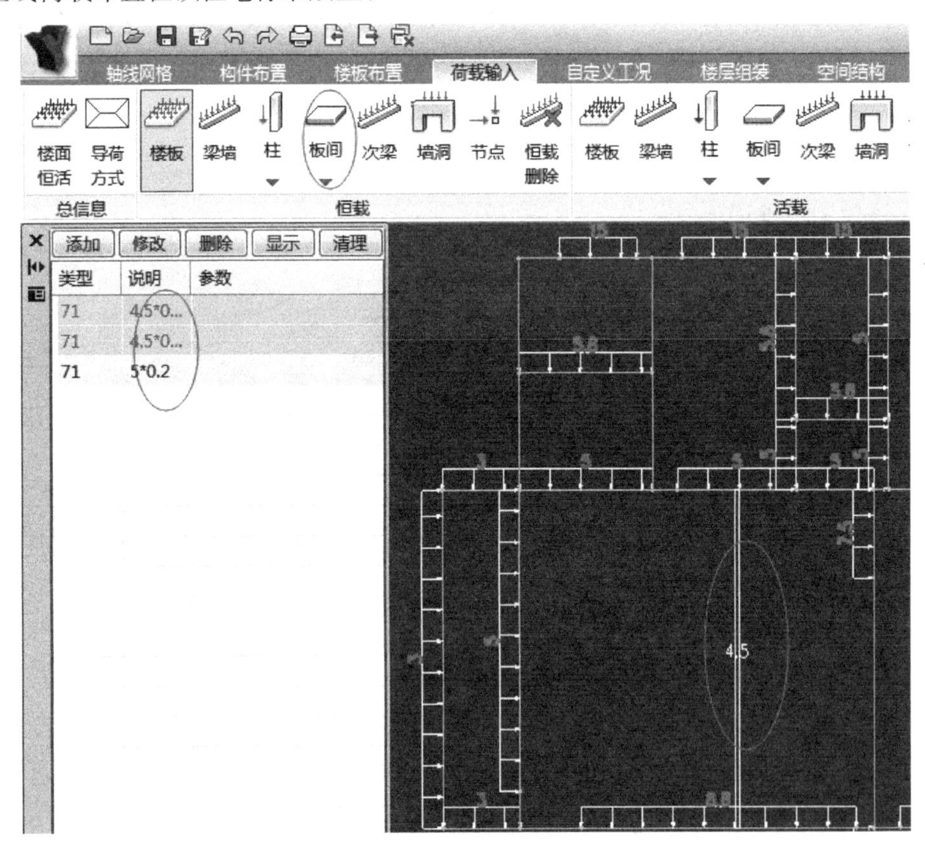

图 1-21　板间线荷载

注：定义板间线荷载时，该值算出来多少就是多少。作用宽度 B，按实际工程填写即可，且板间线荷载值大小与作用宽度 B 之间没有关系。

（7）添加新标准层

图 1-22　添加新标准层

一般选择地上范围最多的楼层作为该标准层，其他的标准层均在此基础上修改。在屏幕的右上方，点击“添加新标准层”（图 1-22），可以添加新的标准层。在建模的时候，可能要用到“轴线网格”中的一些命令，比如，直线（像在 CAD 中一样绘制直线）、两点直线（像在 CAD 中一样绘制直线）、平行直线（向左向上偏移为正）；也可以导入 DWG，然后在标准层中插入，最后输入移动命令 M，将导入的轴线或者模型移动到指定位置。

注：对于地下室，为了方便走管，一般整体下沉 600mm 或者局部下沉 600mm 或者更深，梁可以做变截面梁（建模时按最低处高度建模），也可以梁标高整体下降，然后局部与楼板搭接或者与梁搭接，做反坎大样（或连接大样）。塔楼外围的地下室一般有覆土 1.0～1.5m，此处梁高一般做得很高，要搭住覆土的底板，梁宽一般不宜小于 250mm，最好大于等于 300mm。

（8）楼层组装

点击“楼层组装—必要参数”，如图 1-23 所示。

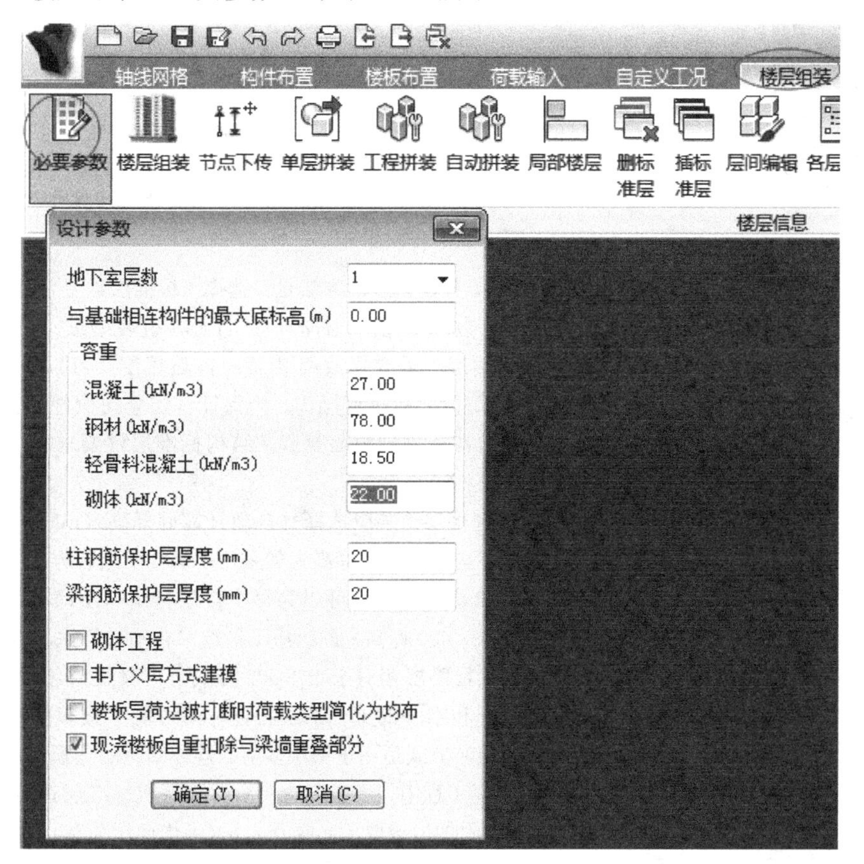

图 1-23　必要参数

注：1. 地下室层数、混凝土重度、梁柱保护层厚度，根据实际工程填写，其他均可按默认值。

2. 广义楼层组装允许每个楼层不局限于和唯一的上、下层相连，而可能上接多层或下连多层。广义楼层组装方式适用于错层多塔、连体结构的建模。

点击“楼层组装—楼层组装”，如图 1-24 所示。

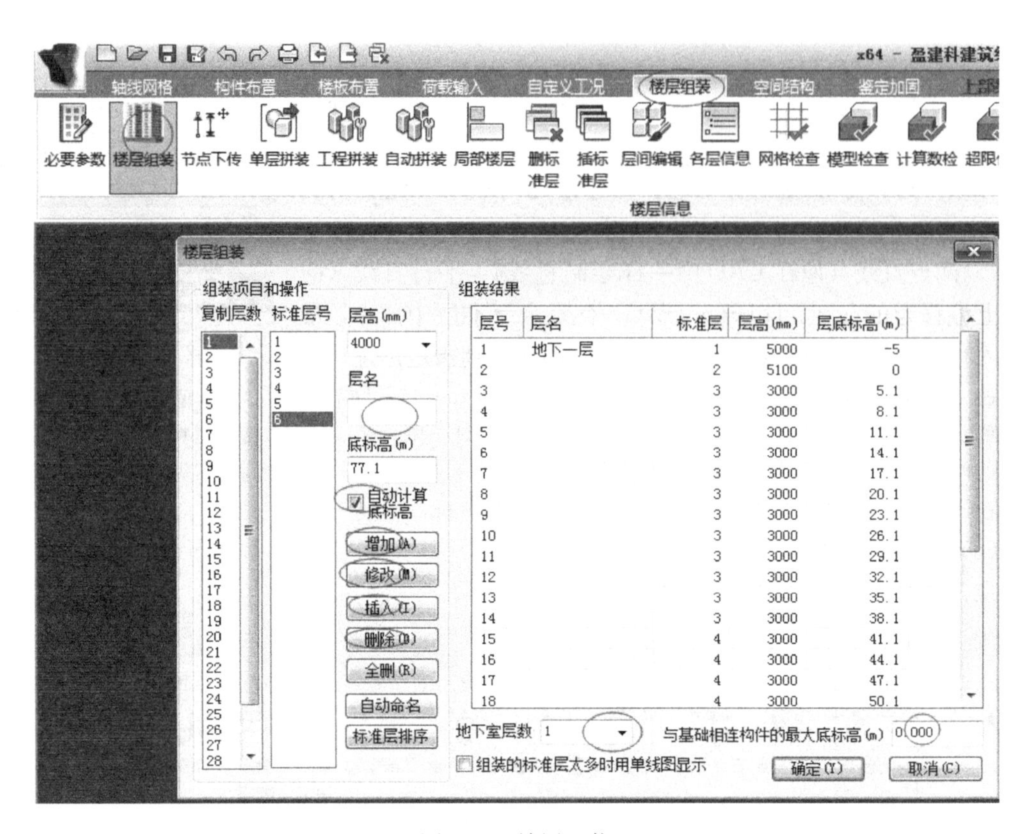

图 1-24 楼层组装

注：1. 楼层组装的方法是：选择〈标准层〉号，输入层高，选择〈复制层数〉，点击〈增加〉，在右侧〈组装结果〉栏中显示组装后的自然楼层。需要修改组装后的自然楼层，可以点击〈修改〉、〈插入〉、〈删除〉等进行操作。为保证首层竖向构件计算长度正确，该层层高通常从基础顶面算起。结构标准层仅要求平面布置相同，不要求层高相同。

2. 普通楼层组装应选择〈自动计算底标高（m）〉，以便由软件自动计算各自然层的底标高，如采用广义楼层组装方式不选择该项。

3. 广义楼层组装时可以为每个楼层指定〈层底标高〉，该标高是相对于±0.000 标高，此时应不勾选〈自动计算底标高（m）〉，填写要组装的标准层相对于±0.000 标高。广义楼层组装允许每个楼层不局限于和唯一的上、下层相连，而可能上接多层或下连多层。广义楼层组装方式适用于错层多塔、连体结构的建模。

4. 实际工程中，一般多建一个防水底板标准层进行组装，层高 1～1.5m，附加恒载取 1.5 或者 2.5（考虑面层荷载），活荷载取 4.0（小车荷载），建这个标准层，可以偏保守地考虑所有荷载。

点击屏幕右上方的整楼模型按钮，会显示整楼模型，如图 1-25 所示。

图 1-25 整楼模型

注：1. 建模分析时，地下室一般建 2 跨进行分析。嵌固端位于基础顶，塔楼范围内的地下室顶板厚度取 160mm，配筋率为双向

0.25%（参考《高规》10.6.2条）。

2. 地下室建模时，可以导入地下室轴网DWG建模。由于采用无梁楼盖，塔楼外墙在地下室一般最小厚度取300mm（不应小于250mm）。如果不采用无梁楼盖，采用有梁楼盖，为了满足塔楼范围外地下室的梁搭接要求，在梁搭接处应设置端柱，一般最小取600mm×600mm（斜梁与剪力墙搭接时），有时候柱宽与剪力墙翼缘长度相同。但是如果塔楼范围外的梁与剪力墙的墙肢方向在同一水平直线上时，或者计算配筋值比较小，一般可不设置端柱子。

3. 高低梁建模。塔楼与地下室顶板交界处，建模时应正确反映出相对高差关系，可通过调整上下节点标高实现。高差≤600mm，且未造成短柱、短墙时，可简化按同高输入。

4. 地下室顶板是否作为上部结构的嵌固端，除了满足3～4面有满布的覆土外，还要满足刚度比不宜小于2的要求，可以查看：周期振型与地震作用wzq.out，地下室楼层侧向刚度比验算（剪切刚度）。

1.6 参数设置+特殊构件设置+计算分析

1.6.1 参数设置

点击“前处理及计算—计算参数”，如图1-26所示，按照实际工程填写参数。

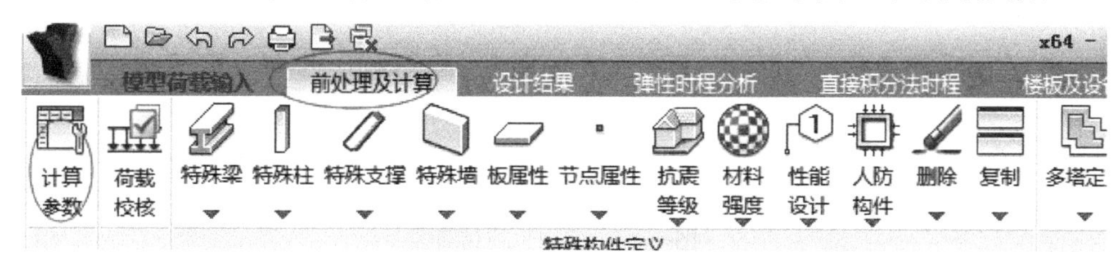

图1-26 前处理及计算

1. 总信息（图1-27）

（1）结构体系

软件共提供多个选项，常用的是：框架、框-剪、框筒、筒中筒、剪力墙、砌体结构、底框结构、部分框支剪力墙结构等。对于装配式结构，程序提供了四个选项：装配整体式框架结构、装配整体式剪力墙结构、装配整体上部分框支剪力墙结构及装配整体式预制框架-现浇剪力墙结构。设置不同的结构体系，程序按不同的结构规范要求计算。这里需注意框剪结构和剪力墙结构的区别。当框架部分承受的地震倾覆力矩不大于10%时，按剪力墙结构体系，相反按框-剪结构体系。

本项目选择：剪力墙结构。

（2）结构材料

程序提供钢筋混凝土结构、钢与混凝土混合结构、钢结构、砌体结构共4个选项。应根据实际项目选择该选项，现在做的住宅、高层等一般都是钢筋混凝土结构。

本项目选择：钢筋混凝土。

（3）结构所在地区

一般选择全国，上海、广州的工程可采用当地的规范。本项目选择：全国。

（4）地下室层数

应根据实际工程填写。指与上部结构同时进行内力分析的地下室部分的层数。该参数对结构整体分析与设计有重要影响，如：

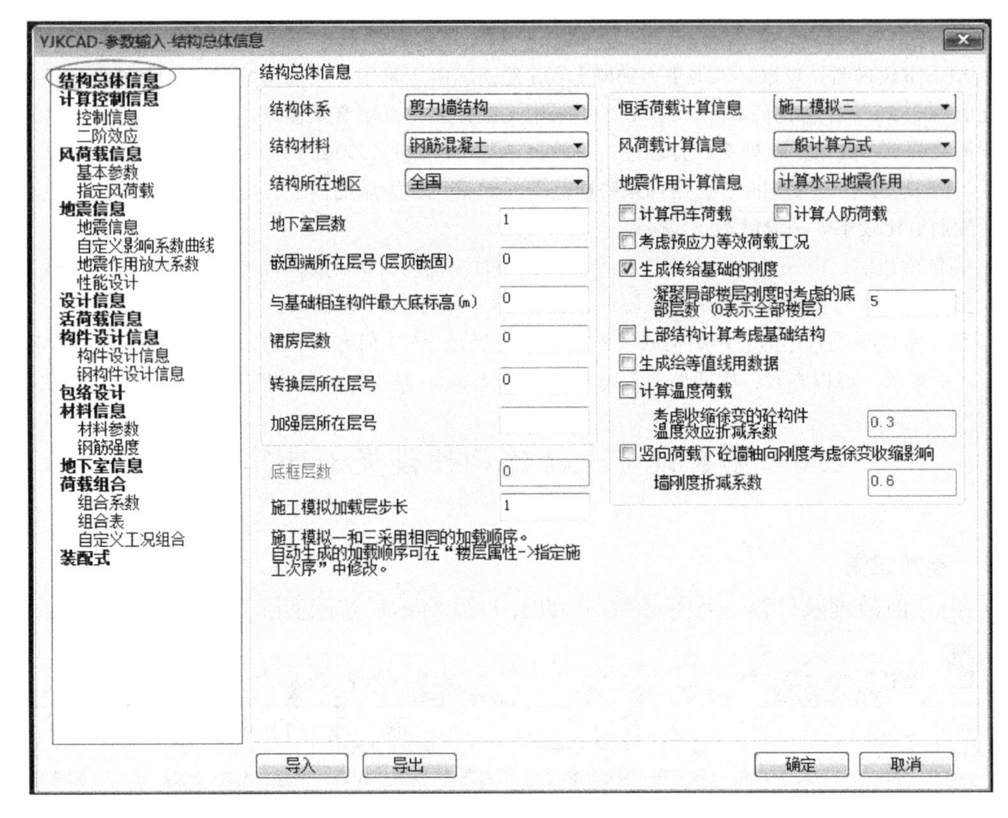

图 1-27　结构总体信息

1）地下室侧向约束的施加；

2）地下室外墙平面外设计；

3）风荷载计算时，起算位置为地下室顶板；

4）剪力墙底部加强区起算位置为地下室顶板；

5）人防荷载必须加载在地下室楼层；

6）框架结构底层地震组合下设计内力调整；

7）各项楼层指标判断及调整对地下室楼层的过滤等内容。

本项目填写：1。

（5）嵌固端所在层号（层顶嵌固）

该参数需注意若嵌固端在地下室顶板，则该参数为地下室层数。若嵌固端为基础则为零。该参数会影响嵌固端以及以下各层地下室的抗震等级，《抗规》6.1.14-3-2）条对梁、柱钢筋进行调整（1.1 倍放大）；按《高规》3.5.5.2 条确定刚度比限值大于 0.5 等。

本项目由于三面覆土是坡地形式，不可以当作约束面。嵌固端所在层号填写 0。

注：1. 一般可以认为嵌固端为力学概念，即约束所有自由度，嵌固部位是预期塑性铰出现的部位，其水平位移为零，规范和众多文章中对与嵌固端和嵌固部位的用词不做区分不是很合理，规范中确定剪力墙底部加强部位的嵌固端可以认为是嵌固部位。在设计时，地下一层与首层侧向刚度比不宜小于 2，加上覆土的约束作用，预期塑性铰会出现在地下室顶板部位。

2. 满足刚度比时，不考虑覆土的作用，地下室水平位移比较小。覆土的作用是约束地下室的水平扭转变形，逐步“吃掉”上部结构的地震作用，不约束竖向位移和竖向转动。在设计时，我们要用程序模拟结构受力，就要符合程序计算的边界条件，程序是采用弹簧刚度法，将上部结构和地下室作为整体考虑，嵌固端取基础底板处，并在每层的地下室楼板处引入水平土弹簧刚度，反映回填土对地下室的约束作用，所以在实际设计中，嵌固端设在地下室顶板时，除了满足刚度比、板厚、梁板楼盖、水平力传递要连续的要求外，还要满足四周均有覆土，或者三面有覆土且基本上能约束住地下室部分的水平扭转变形的要求，某些局部构件的设计应进行包络设计（三面有覆土时，将嵌固端下移)。如果实际情况与程序计算的边界条件不符，应将嵌固端下移。

3.“嵌固端所在层号”此项重要参数，程序根据此参数实现以下功能：(1) 确定剪力墙底部加强部位，延伸到嵌固层下一层。(2) 根据《抗规》6.1.14 和《高规》12.2.1 条将嵌固端下一层的柱纵向钢筋相对上层相应位置柱纵筋增大 10%；梁端弯矩设计值放大 1.3 倍。(3) 按《高规》3.5.2.2 条规定，当嵌固层为模型底层时，刚度比限值取 1.5。(4) 涉及“底层”的内力调整等，程序针对嵌固层进行调整。

规范规定：

《抗规》6.1.3-3：当地下室顶板作为上部结构的嵌固部位时，地下一层的抗震等级应与上部结构相同，地下一层以下抗震构造措施的抗震等级可逐层降低一级，但不应低于四级。地下室中无上部结构的部分，抗震构造措施的抗震等级可根据具体情况采用三级或四级。

《抗规》6.1.10：抗震墙底部加强部位的范围，应符合下列规定：

1）底部加强部位的高度，应从地下室顶板算起。

2）部分框支抗震墙结构的抗震墙，其底部加强部位的高度，可取框支层加框支层以上两层的高度及落地抗震墙总高度的 1/10 两者的较大值。其他结构的抗震墙，房屋高度大于 24m 时，底部加强部位的高度可取底部两层和墙体总高度的 1/10 两者的较大值；房屋高度不大于 24m 时，底部加强部位可取底部一层。

3）当结构计算嵌固端位于地下一层的底板或以下时，底部加强部位尚宜向下延伸到计算嵌固端。

《抗规》6.1.3-14：地下室顶板作为上部结构的嵌固部位时，应符合下列要求：

1）地下室顶板应避免开设大洞口；地下室在地上结构相关范围的顶板应采用现浇梁板结构，相关范围以外的地下室顶板宜采用现浇梁板结构；其楼板厚度不宜小于 180mm，混凝土强度等级不宜小于 C30，应采用双层双向配筋，且每层每个方向的配筋率不宜小于 0.25%。

2）结构地上一层的侧向刚度，不宜大于相关范围地下一层侧向刚度的 0.5 倍；地下室周边宜有与其顶板相连的抗震墙。

3）地下室顶板对应于地上框架柱的梁柱节点除应满足抗震计算要求外，尚应符合下列规定之一：

① 地下一层柱截面每侧纵向钢筋不应小于地上一层柱对应纵向钢筋的 1.1 倍，且地下一层柱上端和节点左右梁端实配的抗震受弯承载力之和应大于地上一层柱下端实配的抗震受弯承载力的 1.3 倍。

② 地下一层梁刚度较大时，柱截面每侧的纵向钢筋面积应大于地上一层对应柱每侧纵向钢筋面积的 1.1 倍；同时梁端顶面和底面的纵向钢筋面积均应比计算增大 10%以上。

4）地下一层抗震墙墙肢端部边缘构件纵向钢筋的截面面积，不应少于地上一层对应墙肢端部边缘构件纵向钢筋的截面面积。

（6）与基础相连构件最大底标高

用来确定柱、支撑、墙柱等构件底部节点是否生成支座信息，如果某层柱或支撑或墙柱底节点以下无竖向构件连接，且该节点标高位于“与基础相连构件最大底标高”以下，则该节点处生成支座。

一般来说，上部结构的底部一层和基础相连。但是也有不等高嵌固的情形，如图 1-28 所示，左边单层框架设独立柱基，右边的主楼下设筏板。

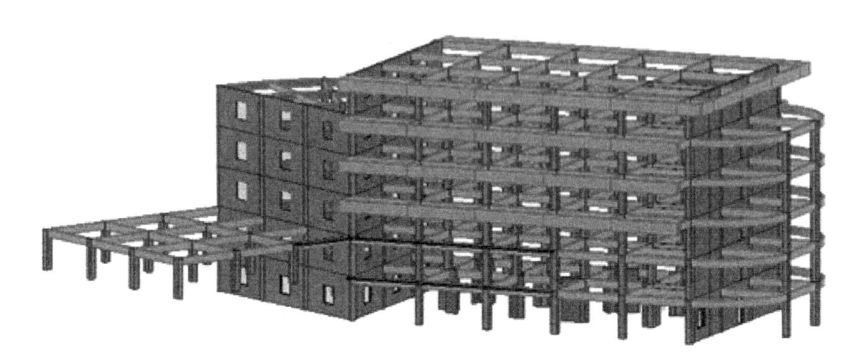

图 1-28　不等高嵌固实例

对于上述不等高嵌固情形，应按三步操作：

1）在楼层组装时，如图 1-29 所示，与基础相连构件的最大底标高应设为 3.6m（第 2 自然层层底标高）。

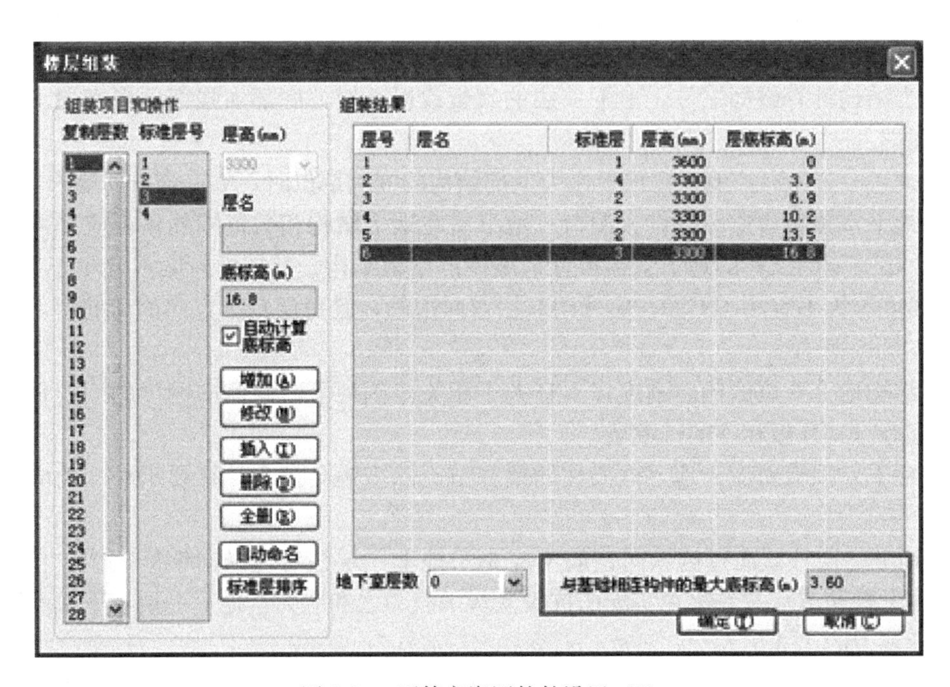

图 1-29　不等高嵌固软件设置（1）

2）基础建模参数设置中，如图 1-30 所示，指定“与基础相连的楼层号输入方式”为普通楼层，楼层号填入“2”。

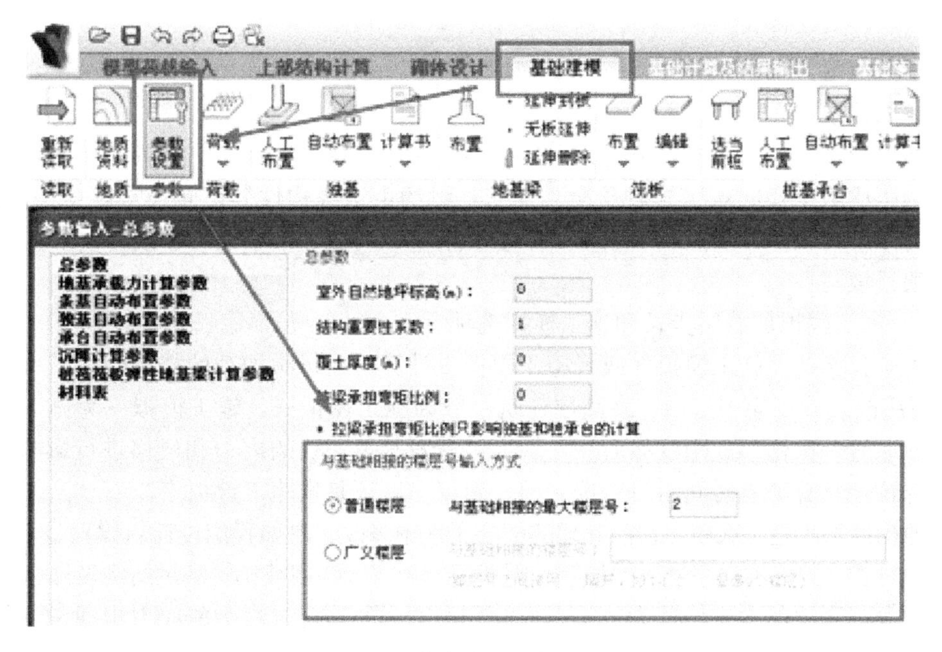

图 1-30　不等高嵌固软件设置（2）

3）点击“重新读取”，按“不等高嵌固情形”重新获得上部结构信息。并在此基础上进行基础构件的布置。

（7）裙房层数

按实际情况输入。《抗规》6.1.10 条文说明指出：有裙房时，加强部位的高度也可以延伸至裙房以上一层。软件确定剪力墙底部加强部位高度时，总是将裙房以上一层作为加强区高度判定的一个条件。如果不需要，直接将该层数填零即可。

软件规定，裙房层数应包括地下室层数（包括人防地下室层数）。例如，建筑物在±0.000 以下有 2 层地下室，在±0.000 以上有 3 层裙房，则在总信息的参数“裙房层数”项内应填 5。

本项目填写：0。

（8）转换层所在层号

确定结构底部加强区位置，进一步确定剪力墙边缘构件的配筋。《高规》10.2.2 条规定：“带转换层的高层建筑结构，其剪力墙底部加强部位的高度应从地下室顶板算起，宜取至转换层以上两层且不宜小于房屋高度的 1/10”。输入转换层号，程序可自动判断加强区层数。

根据《高规》附录 E 的规定，转换层在 1、2 层时，其上、下层要满足剪切刚度比的要求；转换层在 2 层以上时，要满足剪弯刚度比的要求。当用户输入的转换层号在 2 层以上时，计算程序将按照剪弯刚度比的算法，计算并输出转换层上下楼层的刚度比。程序在计算 2 层以上转换的剪弯刚度比时会自动扣除地下室。

自动设置为薄弱层，当然前提是勾选了转换层自动划分为薄弱层，这个设置在“设计信息”里面的“薄弱层判断与调整”。

若有地下室，转换层号从地下室算起，假设地上第三层为转换层，地下 2 层，则转换层号填：5。

本项目填写：0。

（9）加强层所在层号

此参数影响的是《高规》第十章中加强层。注意设置了加强层，则程序按该规范强调部分如轴压比限制降低 0.05，柱子全长加密，设约束边缘构件等，此条常规项一般没有，超高层筒体结构较多，加强层一般设水平悬挑桁架，周边环带来达到加强的效果。

本项目填写：0。

（10）施工模拟加载层步长和施工模拟选项

施工步长指按照施工模拟 3 或者施工模拟 1 计算时，每次加载的楼层数量，一般默认为 1，不用改。施工模拟选项：多高层建筑一般为施工模拟三。施工模拟一为施工模拟三的近似，通过一次性形成刚度然后在，加上恒载对其下一层的内力和位移进行影响，一般粗略计算快速计算节省时间时可以选。但是建议一般还是选施工模拟三。

单独构件修改施工次序：在前处理的楼层属性中修改。比如我们设计斜撑只是承担水平荷载，此时若把其施工次序号改到最后，则所受轴力将大幅度减小。满足结构设计意图。

有时候加强层的水平伸臂为减小内外筒变形产生的施工过程中的应力也通常将伸臂桁架中的腹杆施工次序后延。减小桁架受力。

有时在高低跨间，交接处的梁应力配筋都很大，此时程序上可以将低跨的施工次序后延，工程实际操作时仅仅只是设一条后浇带就可以将实际可能的较大应力解决。如塔楼周边的地下室顶板就通常设置后浇带，就是为了减小这种高低跨变形不同产生的较大荷载。

1）一次性加载计算

主要用于多层结构，而且多层结构最好采用这种加载计算法。因为施工的层层找平对多层结构的竖向变位影响很小，所以不要采用模拟施工方法计算。对于框架-核心筒类结构，由于框架和核心筒的刚度相差较大，使核心筒承受较大的竖向荷载，导致二者之间产生较大的竖向位移差。这种位移差常会使结构中间支柱出现较大沉降，从而使上部楼层与之相连的框架梁端负弯矩很小或不出现负弯矩，造成配筋困难。一次性加载的计算方法仅适合用于低层结构或有上传荷载的结构，如吊柱以及采用悬挑脚手架施工的长悬臂结构等。

2）模拟施工方法 1 加载

按一般的模拟施工方法加载，对高层结构，一般都采用这种方法计算。但是对于“框架-剪力墙结构”，采用这种方法计算在导给基础的内力中剪力墙下的内力特别大，使得其下面的基础难于设计。于是，就有了下一种竖向荷载加载法。

3）模拟施工加载 3

采用分层刚度、分层加载型，适用于多高层无吊车结构，更符合工程实际情况，推荐使用；模拟施工加载 1 和 3 的比较计算表明，模拟施工加载 3 计算的梁端弯矩，角柱弯矩更大，因此，在进行结构整体计算时，如条件许可，应优先选择模拟施工加载 3 来进行结构的竖向荷载计算，以保证结构的安全。模拟施工加载 3 的缺点是计算工作量大。

本项目：“施工模拟加载步长”填写 1，“恒活荷载计算信息”填写“施工模拟三”。

（11）风荷载计算信息

1）不计算风荷载：

不计算风荷载。

2）一般计算方式：

软件先求出某层 X、Y 方向水平风荷载外力 F_X、F_Y，然后根据该层总节点数计算每个节点承担的风荷载值，再根据该楼层刚性楼板信息计算该刚性板块承担的总风荷载值并作用在板块质心；如果是弹性节点，则直接施加在该节点上，最后进行风荷载计算。

3）精细计算方式：

软件先求出某层 X、Y 方向水平风荷载外力 F_X、F_Y，然后搜索出 X、Y。方向该层外轮廓，将 F_X、F_Y 分别施加到相应方向外轮廓节点上，并在侧向节点上同时作用侧向风产生的节点力，然后进行风荷载计算。由于精细计算方式的风荷载只作用在外轮廓节点上，因此在计算某一方向风荷载时，软件将区分正向风与逆向风。对于房屋顶层，设计人员在确定风荷载施加方向（X 向或 Y 向）后，软件自动计算风荷载并换算成梁上分布荷载。软件在输出风荷载工况时，对于 X 向风，将输出 $+W_X$、$-W_X$ 两种工况，对于 Y 向风，将输出 $+W_Y$、$-W_Y$ 两种工况。

本项目选择："一般计算方式"，更方便、快捷，也满足精度要求。

（12）地震作用计算信息

程序提供 6 个选项，分别是：不计算地震作用、计算水平地震作用、计算水平和规范简化方法竖向地震作用、计算水平和反应谱方法竖向地震作用（整体求解）、计算水平和反应谱方法竖向地震作用（独立求解）、计算水平和反应谱方法竖向地震作用（局部模型独立求解）。

不计算地震作用：对于不进行抗震设防的地区或者地震设防烈度为 6 度时的部分结构，《抗规》3.1.2 条规定可以不进行地震作用计算。《抗规》5.1.6 条规定：6 度时的部分建筑，应允许不进行截面抗震验算，但应符合有关的抗震措施要求。因此在选择"不计算地震作用"的同时，仍要在"地震信息"页中指定抗震等级，以满足抗震构造措施的要求。

计算水平地震作用：计算 X、Y 两个方向的地震作用。普通工程选择该项。

计算水平和规范简化方法竖向地震：按《抗规》5.3.1 条规定的简化方法计算竖向地震。

计算水平和反应谱方法竖向地震：《抗规》4.3.14 规定：跨度大于 24m 的楼盖结构、跨度大于 12m 的转换结构和连体结构，悬挑长度大于 5m 的悬挑结构，结构竖向地震作用效应标准值宜采用时程分析方法或振型分解反应谱方法进行计算。

本项目填写：计算水平地震作用。

（13）计算吊车荷载

该参数用来控制是否计算吊车荷载。如果设计人员在建模中输入了吊车荷载，则软件会自动勾选该项。如果工程中输入了吊车荷载而又不想在结构计算中考虑时，可不勾选该项。

该选项同时影响荷载组合，勾选该项，则荷载组合时将考虑吊车荷载。

本项目不勾选。

（14）计算人防荷载

该参数用来控制是否计算人防荷载。如果设计人员在建模中输入了人防荷载，则软件会自动勾选该项。如果工程中输入了人防荷载而又不想在结构计算中考虑时，可不勾选该项。该选项同时影响荷载组合，勾选该项，则荷载组合时将考虑人防荷载。

本项目不勾选。

(15) 考虑预应力等效荷载荷载工况

应根据实际工程填写。

本项目不勾选。

(16) 生成传给基础的刚度

勾选此项的意义在于，将上部结构的刚度凝聚到基础，使各个基础的沉降相协调，这样更加接近基础实际工程状态。避免局部因轴力过大，而将基础底面积设置过大。而局部轴力过小则基础底面积过小，偏于不安全。因为上部结构的实际存在形成事实上的"劫富济贫"，于是点此选项更加接近工程实际。

本项目勾选。

(17) 凝聚局部楼层刚度时考虑的底部层数（0 表示全部楼层）

本项目填写：5。

(18) 上部结构计算考虑基础结构

该参数用来控制上部结构计算时是否考虑已经在基础模块中生成的基础计算模型。该参数的使用要求先进行基础计算。一般可不勾选。

本项目不勾选。

(19) 生成绘等值线用数据

选中该参数之后，后处理中的"等值线"才有数据，用来画墙、弹性楼板、转换梁以及框架梁转连梁的应力等值线。应根据实际工程需求来填写。

本项目不勾选。

(20) 计算温度荷载

该参数用来控制是否计算温度荷载。该选项同时影响荷载组合，勾选该项，则荷载组合时将考虑温度荷载。应根据实际工程需求来勾选。

"考虑收缩徐变的混凝土构件温度效应折减系数"：温差内力来源于温差变形收到约束。对于钢筋混凝土构件，要考虑混凝土的徐变应力松弛特性。该参数用来控制混凝土构件的温差内力考虑徐变应力松弛特性而进行折减。对于钢构件，该参数不起作用。

本项目不勾选。

(21) 竖向荷载下混凝土墙轴向刚度考虑徐变收缩影响

《广高规》5.2.6 条：计算长期荷载作用下钢（钢管混凝土）框架-混凝土核心筒结构的变形和内力时，考虑混凝土徐变、收缩的影响，混凝土核心筒的轴向刚度可乘以 0.5～0.6 的折减系数。软件设置参数：竖向荷载下混凝土墙轴向刚度考虑徐变收缩影响，勾选此项后将弹出"墙轴向刚度折减系数"参数框，隐含值设为 0.6。勾选此项参数后，软件将自动对全楼的剪力墙在恒载和活载计算时的轴向刚度进行折减，同时在计算前处理的特殊墙下增加了"轴向刚度折减"菜单，可以对各层不需要考虑折减的剪力墙修改折减系数为 1。

本项目不勾选。

(22) 导入、导出

可以把以前类似项目的参数设置导入进来，再局部修改。也可以把已经设置好的参数设置导出，保存起来。

2. 计算控制信息（控制信息图 1-31）

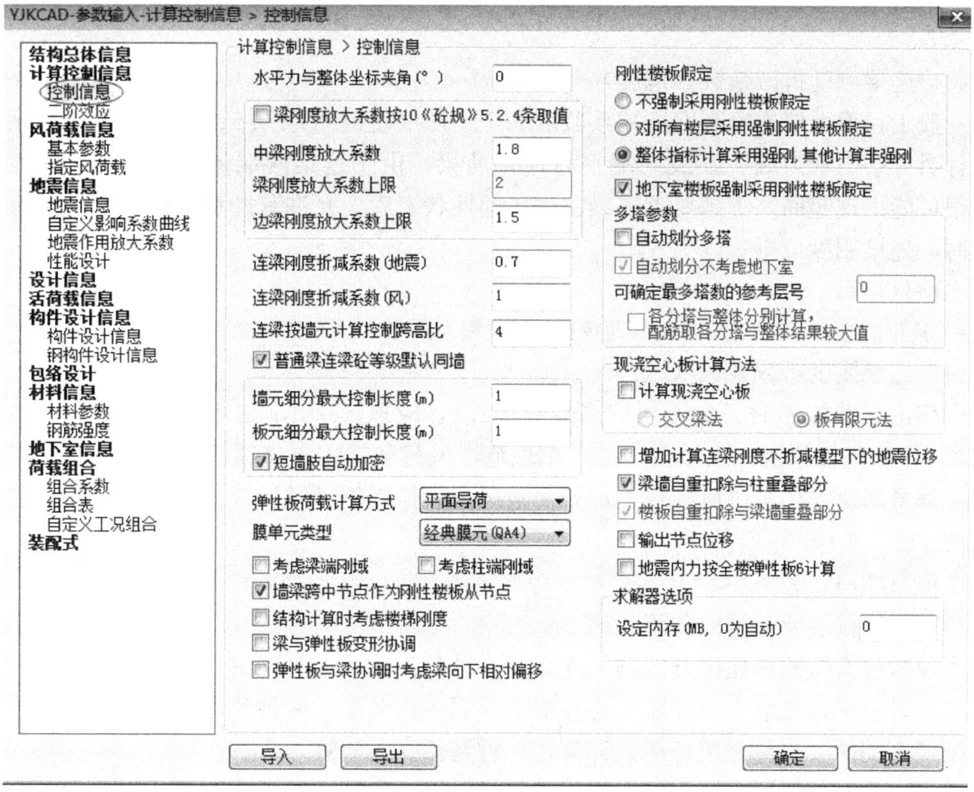

图 1-31 计算控制信息/控制信息

（1）水平力与整体坐标夹角

通常情况下，对结构计算分析，都是将水平地震沿结构 X、Y 两个方向施加，所以一般情况下水平力与整体坐标角取 0 度。由于地震沿着不同的方向作用，结构地震反应的大小一般也不同，结构地震反应是地震作用方向角的函数。因此，当结构平面复杂（如 L 形、三角形）或抗侧力结构非正交时，根据《抗规》5.1.1-2 规定，当结构存在相交角大于 15°的抗侧力构件时，应分别计算各抗侧力构件方向的水平地震作用，但实际上按 0、45°各算一次即可；当程序给出最大地震作用方向时，可按该方向角输入计算，配筋取三者的大值。

该参数为地震作用、风荷载计算时的 X 正向与结构整体坐标系下 X 轴的夹角，逆时针方向为正，一般为零。若是建模的时候，模型斜放置。则需设置此项，若是仅仅增加一个方向的地震作用，则可以通过设置地震信息中的斜交抗侧力构件方向角度来实现。

本项目填写 0。

（2）梁刚度放大系数按 10《混规》5.2.4 条取值

考虑楼板作为翼缘对梁刚度的贡献时，每根梁，由于截面尺寸和楼板厚度有差异，其刚度放大系数可能各不相同，程序提供了按 2010 规范取值选项，勾选此项后，程序将根据《混规》5.2.4 条的表格，自动计算每根梁的楼板有效翼缘宽度，按照 T 形截面与梁截面的刚度比例，确定每根梁的刚度系数。刚度系数计算结果可在“特殊梁/刚度吸收”中查看，也可在此基础上修改。如果不勾选，仍按上一条所述，对全楼指定唯一的刚度系数。勾选该项，则“中梁刚度放大系数”将不起作用。

本项目不勾选。在实际设计中，也有设计院不勾选，按照以下原则：多层取 1.5，高层取 1.8。

(3) 连梁刚度折减系数（地震）

一般工程剪力墙连梁刚度折减系数取 0.7，8、9 度时可取 0.5；连梁刚度折减系数主要是针对那些与剪力墙一端或两端平行连接的梁，由于连梁两端位移差很大，剪力会很大，很可能出现超筋，于是要求连梁在进入塑性状态后，允许其卸载给剪力墙。计算地震内力时，连梁刚度可折减。

本项目填写：0.7。

注：连梁的跨高比大于等于 4 时，建议按框架梁输入。

(4) 连梁刚度折减系数（风）

位移由风载控制时，参考《广高规》5.2.1，应取≥0.8，在实际设计中，一般不折减，填写 0。但如果是广东项目，按广东规范，风荷载作用下连梁刚度折减系数可以不小于 0.8 都可。所以广东风荷载较大，如果是风荷载控制的时候折减一下对连梁难算过是有帮助的。

本项目填写：0。

(5) 连梁按墙元计算控制跨高比

目前软件支持两种建模方式输入连梁，一种是先输入连梁左右墙肢，再将连梁按普通梁输入；另一种是先输入一片墙，再在墙上开洞生成墙梁。两种建模方式生成的连梁的计算模型是不同的，一种是按杆单元计算，一种是按壳元计算。

连梁建模时，不同设计人员有不同的建模习惯，有的习惯按开洞方式建模，也有的设计人员习惯了按框架梁建模。当连梁截面高度较大且跨高比很小时，按杆单元的计算结果误差较大。为了满足这类设计人员的需求，软件增加了“连梁按墙元计算控制跨高比”参数，对于按框架梁建模的连梁，当跨高比小于输入的数值时，软件自动将该梁转换为壳元模型计算，并进行更细的网格划分。

本项目填写：4。

(6) 普通梁连梁混凝土等级默认同墙

该参数用来控制按框架梁方式输入的连梁材料强度取值，默认同墙。

本项目勾选。

(7) 墙元细分最大控制长度（m）

该参数用来控制剪力墙网格划分时的最大长度，软件在网格划分时，确保划分后的小壳元的边长不大于给定限值。该参数对分析精度略有影响，对于一般工程可取 0.5～1.0m。

本项目填写：1。

(8) 板元细分最大控制长度（m）

该参数用来控制弹性楼板网格划分时的最大长度，软件在网格划分时，确保划分后的单元边长不大于给定限值。

本项目填写：1。

(9) 短肢墙自动加密

由于有限元计算时对于水平向只划分了 1 个单元的较短墙肢，计算误差较大，程序可对长度超过 0.6 倍的网格细分尺度并且只划分了一个单元的较短墙肢自动增加到 2 个单元，以提高墙肢内力计算的准确性。

本项目勾选。

(10) 弹性板荷载计算方式

该参数用来控制指定为弹性板属性的楼板，其板上荷载的导荷方式，分两种方式：

1) 平面导荷：传统方式，作用在各房间楼板上恒活面荷载被导算到了房间周边的梁或者墙上，在上部结构的考虑弹性板的计算中，弹性板上已经没有作用竖向荷载，起作用的仅是弹性板的面内刚度和面外刚度。

2) 有限元计算：在上部结构计算时，恒活面荷载直接作用在弹性楼板上，不被导算到周边的梁墙上。

有限元方式适用于无梁楼盖、厚板转换层等结构，可在上部结构计算结果中同时得出板的配筋，在等值线菜单下查看弹性板的各种内力和配筋结果。注意为了查看等值线结果，在计算参数的结构总体信息中还应勾选“生成绘等值线用数据”。有限元方式仅适用于定义为弹性板 3 或者弹性板 6 的楼板，不适合弹性膜或者刚性板的计算。

平面导荷是不会将荷载作用在板上计算，程序只是做了一个“荷载按相关面积分配的方式传递给梁”的工作。

本项目选择“平面导荷”。

(11) 膜单元类型

在计算控制参数下设置对膜单元的选项：经典膜单元（QA4）和改进型膜单元（NQ6Star）。软件一直以来采用的膜单元为经典膜单元，它的特点是带旋转自由度并且协调平面四边形等作用。NQ6Star 单元特点是对于非规则四边形单元也可得到较合理的应力分布，在受弯矩作用情况下，可明显减少经典膜单元计算转角位移结果与理论值存在的较大误差，对温度荷载的计算可以达到 ETABS 的精度，对边框柱与剪力墙的协调性好等。因此在计算温度荷载时，或者边框柱结果不正常时可选用改进型膜单元计算。

本项目选择“经典膜单元（QA4）”。

(12) 考虑梁、柱端刚域

选择该项，软件在计算时，梁、柱重叠部分作为刚域计算，梁、柱计算长度及端截面位置均取到刚域边，否则计算长度及端截面均取到端节点，梁、柱端刚域可以分别控制。大截面柱和异形柱应考虑选择该项；考虑后，梁长变短，刚度变大，自重变小，梁端负弯矩变小。

本项目梁勾选，柱不勾选。

(13) 墙梁跨中节点作为刚性楼板从节点

对于墙梁，当与之相连的楼板按刚性楼板计算时，网格划分后与楼板相连节点将作为刚性楼板的从节点。由于受到刚性楼板约束，水平荷载作用下的梁端剪力一般较不受刚性楼板约束时大。

软件增加该选项，默认勾选。不勾选时，墙梁跨中与楼板相连节点为弹性节点，梁端剪力一般较勾选时小。

本项目勾选。

(14) 结构计算时考虑楼梯刚度

如果在建模时布置了楼梯，可在这里勾选在结构计算时考虑楼梯的刚度。程序对楼梯跑和中间休息平台板按照有限单元的板元计算，采用弹性板 6 的计算模型，中间休息平台板为平板，梯跑为斜板或折板。程序自动对各个楼梯跑和中间休息平台划分单元，单元尺寸隐含为 0.5m。

可在生成结构计算数据以后计算简图菜单的“轴测简图”下看到各个楼梯跑和中间休息平台划分单元的效果。如果没有勾选此项，尽管布置了楼梯，程序在结构计算时将忽略楼梯的存在，不会考虑楼梯的刚度。

一般剪力墙住宅可以不勾选。本项目不勾选。

（15）梁与弹性板变形协调

该参数用来控制与弹性板相连的梁，在弹性板中间出口节点处是否变形协调。勾选，则与梁相连的所有出口节点均与梁变形协调；不勾选，则只有梁两端节点连接。

对于弹性膜（面外刚度为 0），一般可设置为不勾选此项。但是对于弹性板 3 或者弹性板 6，则应勾选此项。因为设置弹性板 3 或弹性板 6 的目的是使梁与板共同工作，发挥板的面外刚度的作用，减少梁的受力和配筋，此时必须使弹性板中间节点和梁的中间节点变形协调才能实现这种作用。板柱、转换层、坡屋面层应考虑。

本项目不勾选。

（16）弹性板与梁协调时考虑梁向下相对偏移

勾选之后将按照如图 1-32 所示进行模拟计算，此时梁的刚度较图中左边的梁、板中和轴在一条线的情况更加大，所以计算出来的计算结果配筋会相对较小。模拟计算对比如图 1-32 所示。

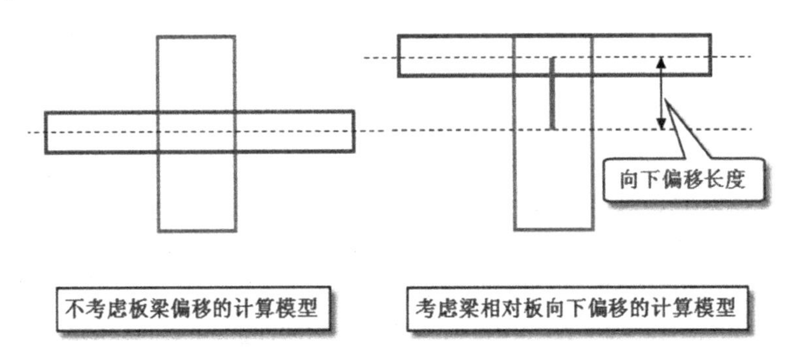

图 1-32　梁板相对位置图

本项目勾选。

（17）刚性楼板假定

软件提供三个选项：

1）不强制采用刚性楼板假定：结构基本模型，按设计人员的建模和特殊构件定义确定。

2）对所有楼层采用强制刚性楼板假定：软件按层、塔分块，每块采用强制刚性楼板假定。

3）整体指标计算采用强刚，其他计算非强刚：根据规范要求，某些整体指标的统计需要在刚性楼板假定前提下进行。如果设计人员选择该项，则软件只在计算相应结构指标时采用强制刚性楼板假定的计算结果，在计算其他指标及构件设计时采用非强制刚性楼板假定的结果。这样，设计人员只计算一次即可完成整体指标统计与构件设计。

软件采用刚性楼板假定模型进行计算的内容主要有：层刚心、层间剪力与层间位移之比方式计算的层刚度、位移比、位移角、刚重比等。

一般不勾选“对所有楼层采用强制刚性楼板假定”，而选择“整体指标计算采用强刚，其他计算非强刚”。本项目选择：“整体指标计算采用强刚，其他计算非强刚”。

（18）地下室楼板强制采用刚性楼板假定

对于带地下室工程，软件以弹簧模拟地下室侧土约束并施加在地下室楼板上。对于有分块刚性板的地下室结构，勾选该项，将按一整块刚性板处理；否则将弹簧施加在各块刚性板上。顶板为板柱或转换结构时。一般不勾选。

本项目勾选。

（19）自动划分多塔

该参数主要用来控制多塔楼工程是否自动划分多塔。勾选该项，软件自动划分多塔。

本项目不勾选。

（20）自动划分不考虑地下室

该参数主要用来控制多塔楼工程自动划分多塔时，地下室部分是否也划分多塔。勾选该项则地下室及以下部分不划分多塔。

本项目不勾选。

（21）可确定最多塔数的参考层号

该参数与“各分塔与整体分别计算，配筋取分塔与整体结果较大值”配合使用，软件在对多塔楼工程自动分塔时，以该层自动划分的塔数作为该结构最终划分的塔数。如果该层以上的某层中又出现了某个塔分离成多个塔的情况，程序仍将这些分离部分当作一个塔来对待。软件隐含取裙房或者地下室的上一层为自动划分多塔的起算层号，该层号可由用户修改。

本项目不勾选。

（22）各分塔与整体分别计算，配筋取分塔与整体结果较大值

《高规》5.1.14 条规定：“对多塔结构，宜按整体模型和各塔楼分开的模型分别计算，并采用较不利的结果进行结构设计。”

《高规》10.6.3-4 条规定：“大底盘多塔结构，可按本规程第 5.1.14 条规定的整体和分塔楼计算模型分别验算整体结构和各塔楼结构扭转为主的第一周期与平动为主的第一周期的比值，并应符合本规程第 3.4.5 条的有关要求。”

设计人员将整体模型建好后，软件自动按规范要求划分多塔，并分别计算划分后各单塔模型，然后与整体模型计算结果比较取大，同时在设计结果中提供分别查看各单塔计算结果与整体模型计算结果功能。这样，设计人员只需一次将整体模型建好，一次计算就能得到整体模型和分塔的计算结果。

本项目不勾选。

（23）计算现浇空心板

该参数用来控制是否计算现浇空心板，勾选则计算，并进行配筋设计；否则将不进行计算与设计。

本项目不勾选。

（24）现浇空心板计算方法

对于现浇空心板，软件提供两种计算方法，交叉梁法和有限元法。

交叉梁法：根据空心板定义及布置信息确定肋梁位置及顶、底翼缘宽度，然后将柱、墙等竖向构件作为固定支座进行交叉梁计算，主梁刚度也将计入。

有限元法：根据空心板定义及布置信息计算出单位宽度抗弯刚度，然后进行网格划分，按有限元方法进行计算。

本项目不勾选。

（25）增加计算连梁刚度不折减模型下的地震位移

《抗震规范》5.5.1 条文说明中指出："第一阶段设计，变形验算以弹性层间位移角表示。不同结构类型给出弹性层间位移角限值范围，主要依据国内外大量的试验研究和有限元分析的结果，以钢筋混凝土构件（框架柱、抗震墙等）开裂时的层间位移角作为多遇地震下结构弹性层间位移角限值。"

软件提供该参数，勾选该项，则软件同时输出连梁刚度不折减模型下的地震位移统计结果，供设计人员参考。

本项目不勾选。

（26）梁墙自重扣除与柱重叠部分

在计算控制参数页上设置参数：梁墙自重扣除与柱重叠部分。勾选此参数将减少结构自重和质量，并相应减少地震剪力和位移等。

本项目勾选。

（27）楼板自重扣除与梁墙重叠部分

当无梁楼盖中的梁按暗梁输入时，或对于现浇空心板布置在暗梁上时，或者其他比较厚的楼板情况时，应在计算时选择楼板自重扣除与梁的重叠部分，以避免计算的荷载过大造成浪费，并减少柱墙的轴压比。

本项目不勾选。

（28）输入节点位移

根据实际需求填写。本项目不勾选。

（29）地震内力按全楼弹性板 6 计算

该参数用来控制构件设计时，地震工况的内力取值是否来自于全楼弹性板 6 模型计算结果。勾选该项，则软件内部自动增加全楼弹性板 6 计算模型，该模型只用于地震工况的内力计算，且只应用于构件设计。

本项目不勾选。

3. 计算控制信息（二阶效应图 1-33）

一般此参数用于高层建筑，可以在计算完以后查看盈建科总信息中如下指标。若是提醒需要考虑二阶效应，则应把这个选项点选上。当剪力墙、框剪结构的刚重比（查 WMASS. OUT）小于 2.7 时，需勾选 P-Δ 效应。

对于常规的混凝土结构，一般可不勾选。通常混凝土结构可以不考虑重力二阶效应，钢结构按《抗规》8.2.3 条的规定，应考虑重力二阶效应。是否考虑重力二阶效应可以输出文件 WMASS. OUT 中的提示，若显示"可以不考虑重力二阶效应"，则可以不选择此项，否则应选择此项。

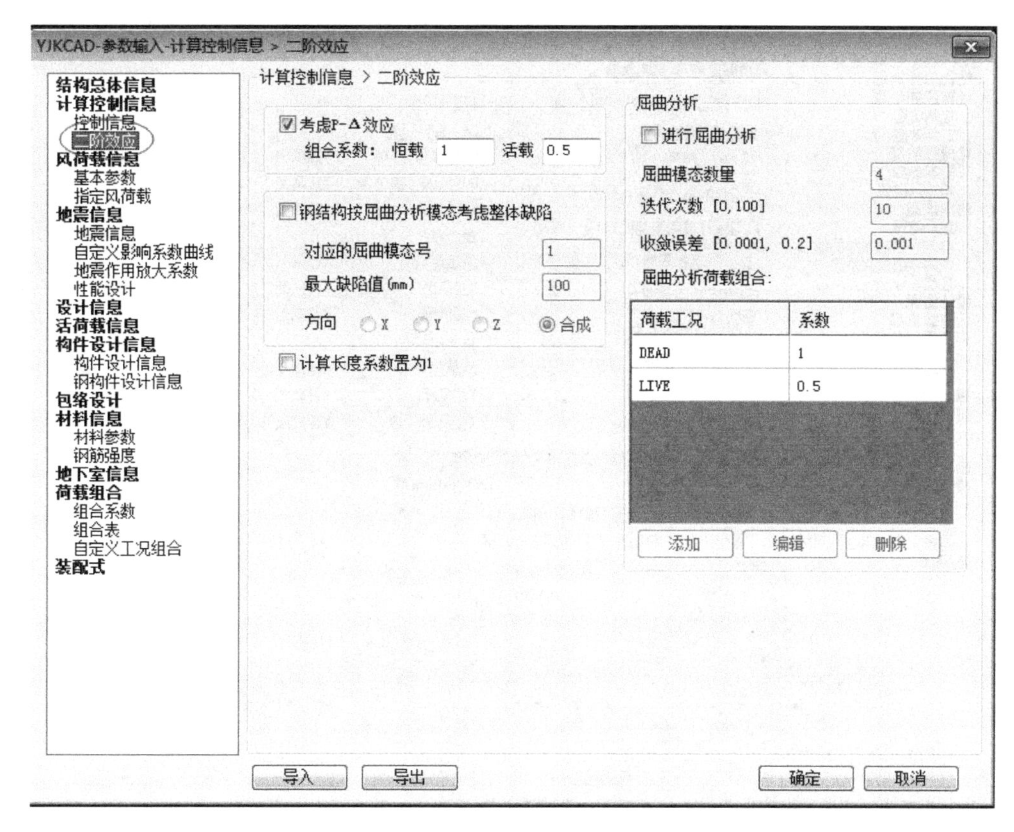

图 1-33 计算控制信息/二阶效应

注：1. 建筑结构的二阶效应由两部分组成：*P*-*δ* 效应和 *P*-*Δ* 效应。*P*-*δ* 效应是指由于构件在轴向压力作用下，自身发生挠曲引起的附加效应，可称之为构件挠曲二阶效应，通常指轴向压力在产生了挠曲变形的构件中引起的附加弯矩，附加弯矩与构件的挠曲形态有关，一般中间大，两端小。*P*-*Δ* 效应是指由于结构的水平变形引起的重力附加效应，可称之为重力二阶效应，结构在水平力（风荷载或水平地震力）作用下发生水平变形后，重力荷载因该水平变形而引起附加效应，结构发生的水平侧移绝对值较大，*P*-*Δ* 效应越显著，若结构的水平变形过大，可能因重力二阶效应而导致结构失稳。

2. 一般来说，7 度以上抗震设防的建筑，其结构刚度由地震或风荷载作用的位移控制，只要满足位移要求，整体稳定性自动满足，可不考虑 *P*-*Δ* 效应。软件采用的是等效几何刚度的有限元算法，修正结构总刚，考虑 *P*-*Δ* 效应后结构周期不变。

4. 风荷载信息（基本参数图 1-34）

(1) 执行规范

程序提供两种选择：可以选择 GB 50009—2001 和 GB 50009—2012。

本项目选择：GB 50009—2012。

(2) 地面粗糙度类别

该选项是用来判定风场的边界条件，直接决定了风荷载的沿建筑高度的分布情况，必须按照建筑物所处环境正确选择。相同高度建筑风荷载 A>B>C>D。

A 类：近海海面，海岛、海岸、湖岸及沙漠地区。

B 类：指田野、乡村、丛林、丘陵及中小城镇和大城市郊区。

C 类：指有密集建筑群的城市市区。

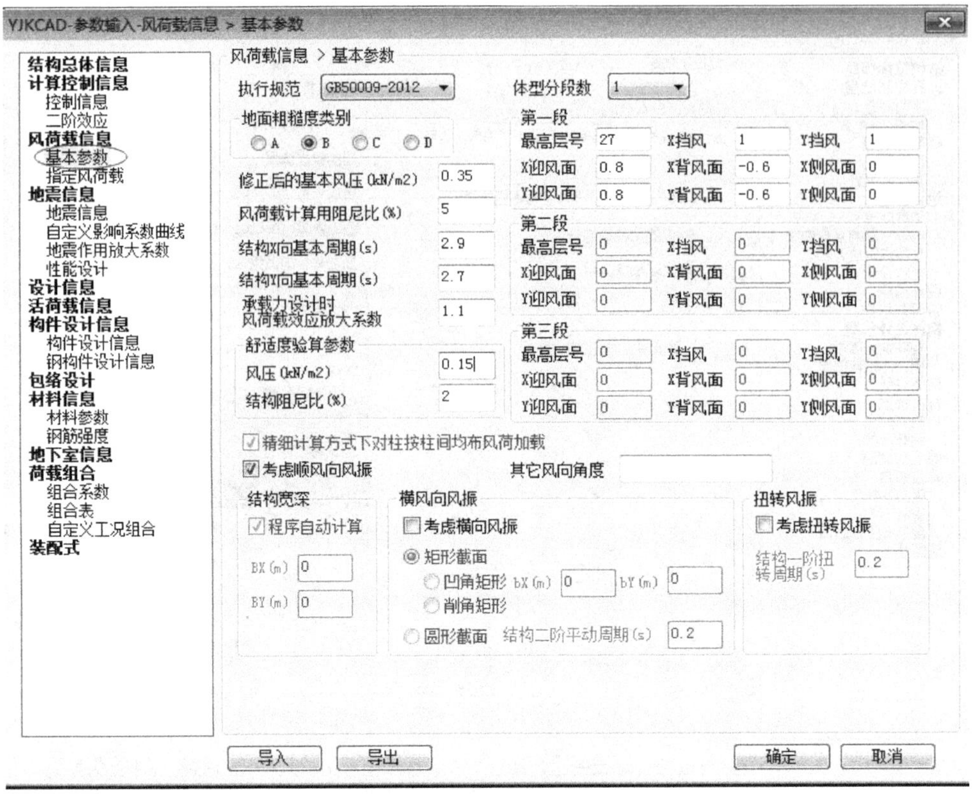

图 1-34　风荷载系数/基本参数

D 类：指有密集建筑群且房屋较高的城市市区。

本项目填写：B 类。

（3）修正后的基本风压

这里所说的修正后的基本风压，是指沿海、强风地区及规范特殊规定等可能在基本风压基础上，对基本风压进行修正后的风压。对于一般工程，可按照《荷载规范》的规定采用。

《高规》1.2.2 条规定，对风荷载比较敏感的高层建筑，承载力设计时应按基本风压的 1.1 倍采用。对于该条规定，软件通过“荷载组合”选项卡的“承载力设计时风荷载效用放大系数”来考虑，不需且不能在修正后的基本风压上乘以放大系数。

本项目填写：0.35。

（4）风荷载计算用阻尼比

程序默认为 5，一般情况取 5。

根据《抗规》5.1.5 条 1 款及《高规》4.3.8 条 1 款：“混凝土结构一般取 0.05（即 5%）对有墙体材料填充的房屋钢结构的阻尼比取 0.02；对钢筋混凝土及砖石砌体结构取 0.05”。《抗规》8.2.2 条规定：“钢结构在多遇地震下的计算，高度不大于 50m 时可取 0.04；高度大于 50m 且小于 200m 时，可取 0.03；高度不小于 200m 时，宜取 0.02；在罕遇地震下的分析，阻尼比可采 0.05”。对于采用消能减振器的结构，在计算时可填入消能减震结构的阻尼比（消能减震结构的阻尼比＝原结构的阻尼比＋消能部件附加有效阻尼比）而不必改变特定场地土的特性值 α_{max}，程序会根据用户输入的阻尼比进行地震影响系

数 α 的自动修正计算。

本项目填写：5%。

（5）结构 X 向、Y 向基本周期

该参数主要用于风荷载计算时的脉动增大系数计算。由于 X 向、Y 向风荷载对应的结构基本周期值可能不同，因此这里输入的基本周期区分 X、Y 方向。软件按《荷载规范》简化公式计算基本周期并作为默认值，设计人员可将计算后结构基本周期填入重新计算以得到更准确的风荷载计算结果。

可以在试算结构模型，计算完成后再将程序输出的第一平动周期值（可在 WZQ.OUT 文件中查询）填入再算一遍即可。

（6）承载力设计时风荷载效应放大系数

《高规》4.2.2 条规定："对风荷载比较敏感的高层建筑，承载力设计时应按基本风压的 1.1 倍采用"。软件提供该参数，设计人员可在此输入，软件只在承载力设计时才应用该参数。

本项目楼总高度≥60m，填写 1.1。当小于 60m 时，填写 1.0。

（7）用于舒适度验算的风压、阻尼比

《高规》3.7.6：房屋高度不小于 150m 的高层混凝土建筑结构应满足风振舒适度要求。在现行国家标准《建筑结构荷载规范》GB 50009—2012 规定的 10 年一遇的风荷载标准值作用下，结构顶点的顺风向和横风向振动最大加速度计算值不应超过表 3.7.6 的限值。结构顶点的顺风向和横风向振动最大加速度可按现行行业标准《高层民用建筑钢结构技术规程》JGJ 99 的有关规定计算，也可通过风洞试验结果判断确定，计算时结构阻尼比宜取 0.01～0.02。

验算风振舒适度时结构阻尼比宜取 0.01～0.02，程序缺省取 0.02，"风压"则缺省与风荷载计算的"基本风压"取值相同，用户均可修改。

本项目，舒适度验算风压填写：0.15（住宅、公寓），对于办公楼、旅馆，可以填写为 0.25。结构阻尼比填写为：2%。

（8）精细计算方式下对柱按柱间均布风荷加载

该参数用来控制风荷载施加方式，勾选则根据柱左右受风面承受的风荷载以均布荷载形式施加在柱间。该参数只在风荷载计算方式为"精细计算方式"下有效。

本项目不勾选。

（9）考虑顺风向风振

根据《荷规》8.4.1 条，对于高度大于 30m 且高宽比大于 1.5 的房屋，及结构基本自振周期 T_1 大于 0.25s 的高耸结构，应考虑顺风向风振影响。当符合《荷规》第 8.4.3 条规定时，可采用风振系数法计算顺风向荷载。

本项目勾选。

（10）考虑横向风振

房屋高度超过 150m 或高宽比大于 5 时应考虑。

本项目不勾选。

（11）体型分段数

该参数用来确定风荷载计算时沿高度的体型分段数，目前最多为 3 段。

默认 1，一般不改。现代多、高层结构立面变化较大，不同的区段内的体型系数可能不一样，程序限定体型系数最多可分三段取值。若建筑物立面体型无变化时填 1。对于（基础梁与上部结构共同分析计算的）多层框架或（地下室顶板不作为上部结构嵌固端的）高层当定义底层为地下室后，体形分段数应只考虑上部结构，程序会自动扣除地下室部分的风载。

本项目选择：1。

（12）挡风系数

软件在计算迎风面宽度时，按该方向最大宽度计算，未考虑中通、独立柱等情况，使得计算风荷载偏大，因此软件提供挡风系数。设计人员可根据通风部分的面积占总迎风面面积的比例，设置小于 1 的挡风系数，对风荷载进行折减来近似考虑。

《高规》4.2.3-4：对于高宽比 H/B 大于 4，长宽比不大于 1.5 的矩形、鼓形平面建筑，风荷载体型系数可取 1.4，0.8（迎风面）+0.6（背风面）。

本工程高宽比 H/B 大于 4，风荷载体型系数可取 1.4，0.8（迎风面）+0.6（背风面）。

（13）其他风向角度

若需要考虑 $+X$，$-X$，$+Y$，$-Y$ 之外的其他方向风工况，可在该参数中指定。此处设置后，设计时将增加相应的一组风工况效应并自动组合。

支持精细风、一般风、指定风荷载的计算。对于精细风计算，目前暂不支持指定各面上的体型系数。指定风荷载计算需要在指定风荷载对话框内主动运行一次“导入其他风向”按钮。

与“斜交抗侧力构件方向角度”类似，该角度不叠加“水平力与整体坐标夹角”参数。

在前处理的风荷载菜单中，可支持对自定义风向上的节点风荷载交互修改。

多方向风目前不支持的功能：横向风振，扭转风振，屋面精细风（梁上风吸压力），体型系数交互修改。

本项目不勾选。

（14）考虑扭转风振

该选项用来控制风荷载计算时是否按 2012 年《荷规》8.5 节考虑扭转风振影响。根据《荷规》8.5.4 条，一般不超过 150m 的高层建筑不考虑，超过 150m 的高层建筑也应满足《荷规》8.5.4 条相关规定才考虑。

本项目不勾选。

5. 风荷载信息（指定风荷载图 1-35）

软件提供自定义风荷载功能，并可以导入外部文件。

该参数界面直接输入各楼层 X，Y 方向的风荷载外力值（若指定了其他风向，也可以设置相应风向的荷载值）。

FXX、FXY、TX 分别为 X 向风产生的 X 向风力、Y 向风力、扭转风力。

FYX、FYY、TY 分别为 Y 向风产生的 X 向风力、Y 向风力、扭转风力。

软件也支持从纯文本文件中直接导入指定风荷载数据（文件名后缀任意），其定义格式如下（单位为 kN，kN·m）：

层号

塔号 FXX FXY FXT FYX FYY FYT

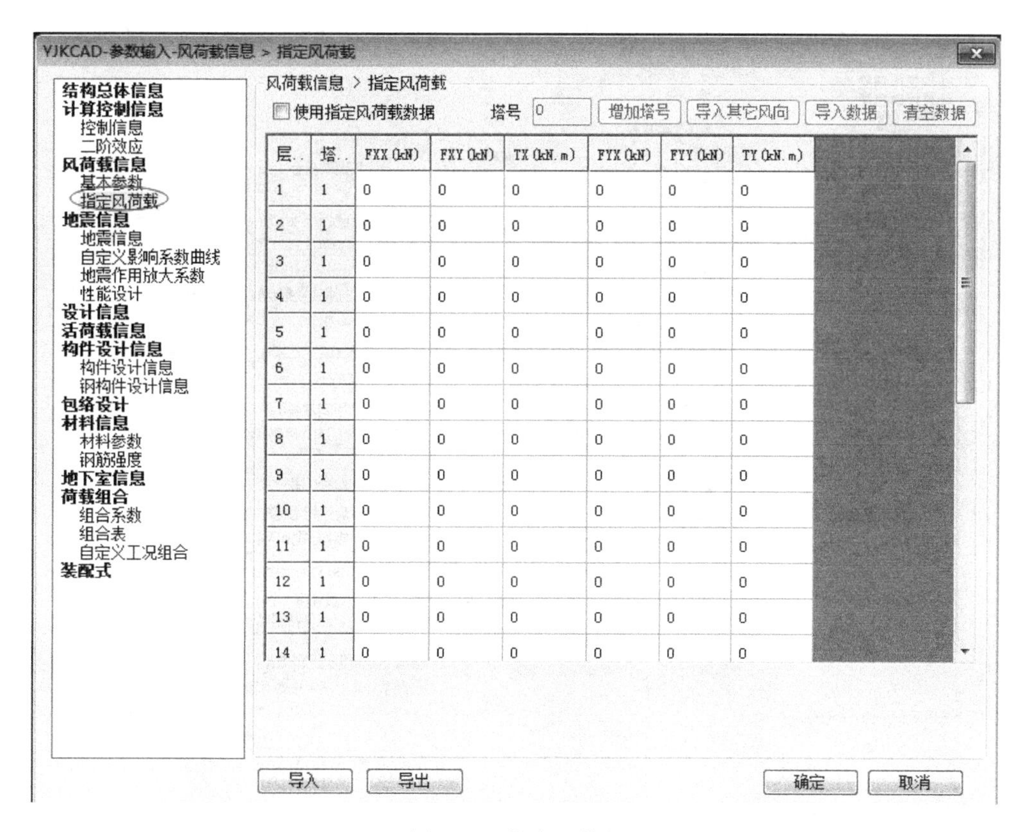

图 1-35　指定风荷载

塔号 FXX FXY FXT FYX FYY FYT

层号

…

当指定多方向风后，若使用指定风荷载计算，需要在此处点一次“导入其他风向”，则表格中会进行相应更新。文本导入方式同样支持多方向风，但需要首先运行“导入其他风向”。

6. 地震信息（地震信息图 1-36）

（1）设计地震分组

根据《抗震规范》附录 A 及地方相关标准的规定选择。

本项目选择：一。

（2）按新区画图计算

根据实际工程需求勾选。

本项目不勾选。

（3）设防烈度

根据实际工程情况查看《抗规》附录 A。

本项目选择：6（0.05g）。

（4）场地类别

根据《地质勘测报告》测试数据计算判定。场地类别一般可分为四类：Ⅰ类场地土：岩石，紧密的碎石土；Ⅱ类场地土：中密、松散的碎石土，密实、中密的砾、粗、中砂；

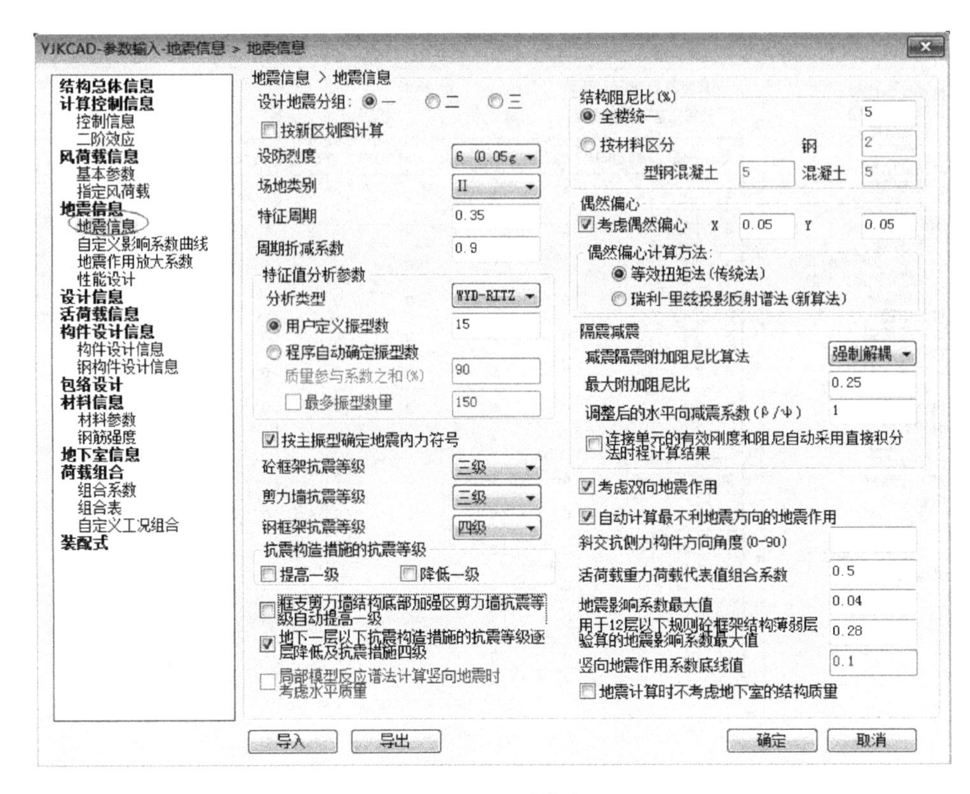

图 1-36 地震信息

地基土容许承载力＞250kPa 的黏性土；Ⅲ类场地土：松散的砾、粗、中砂，密实、中密的细、粉砂，地基土容许承载力≤250kPa 的黏性土和≥130kPa 的填土；Ⅳ类场地土：淤泥质土，松散的细、粉砂，新近沉积的黏性土；地基土容许承载力＜130kPa 的填土。场地类别越高，地基承载力越低。

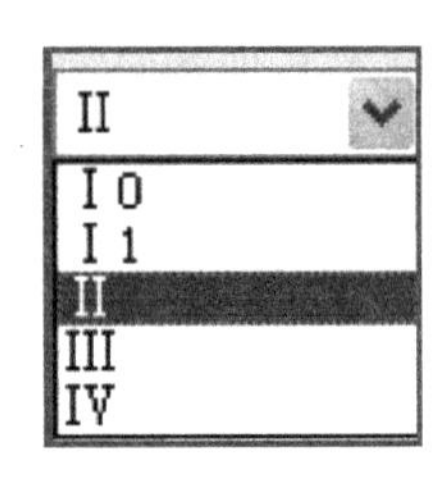

图 1-37 场地类比

地震烈度、设计地震分组、场地土类型三项直接决定了地震计算所采用的反应谱形状，对水平地震力的大小起到决定性作用。

依据工程实际情况选择，2010 年《抗规》增加了 I_0 类场地，如图 1-37 所示。

本项目根据地勘报告选择：Ⅱ。

（5）特征周期

特征周期 T_g：根据实际工程情况查看《抗规》5.1.4（表 1-6）。

特征周期值（s） **表 1-6**

设计地震	场地类别				
	I_0	I_1	Ⅱ	Ⅲ	Ⅳ
第一组	0.20	0.25	0.35	0.45	0.65
第二组	0.25	0.30	0.40	0.55	0.75
第三组	0.30	0.35	0.45	0.65	0.90

本项目填写 0.35。

（6）周期折减系数

计算各振型地震影响系数所采用的结构自振周期应考虑非承重填充墙体对结构刚度增

强的影响，采用周期折减予以反映。因此当承重墙体为填充砖墙时，高层建筑结构的计算自振周期折减系数可按《高规》4.3.17 条取值：

1）框架结构可取 0.6～0.7；

2）框架-剪力墙结构可取 0.7～0.8；

3）框架-核心筒结构可取 0.8～0.9；

4）剪力墙结构可取 0.8～1.0。

对于其他结构体系或采用其他非承重墙时，可根据工程情况确定周期折减系数。具体折减数值应根据填充墙的多少及其对结构整体刚度影响的强弱来确定（如轻质砌体填充墙，周期折减系数可取大一些）。周期折减是强制性条文，但减多少不是强制性条文，这就要求在折减时慎重考虑，既不能太多，也不能太少，因为周期折减不仅影响结构内力，同时还影响结构的位移，当周期折减过多，地震作用加大，可能导致梁超筋。周期折减系数不影响建筑本身的周期，即 WZQ 文件中的前几阶周期，所以周期折减系数对于风荷载是没有影响的，风荷载在软件计算中与周期折减系数无关。周期折减系数只放大地震力，不放大结构刚度。

注：周期折减系数：剪力墙取 0.9（剪重比不足时可取 0.85），框架结构取 0.7，框剪取 0.8，框筒取 0.85。

（7）特征值分析参数—分析类型

在这里设置了多个参数控制计算地震特征值及地震力计算。软件提供 3 种特征值计算方法由用户选择，常用的为 WYD-RITZ 法。

（8）用户定义振型数

《抗规》5.2.2 条文说明中指出：振型个数一般可以取振型参与质量达到总质量 90%所需的振型数。

《高规》5.1.13 条规定："抗震设计时，B 级高度的高层建筑结构、混合结构和本规程第 10 章规定的复杂高层建筑结构，宜考虑平扭耦联计算结构的扭转效应，振型数不应小于 15，对多塔楼结构的振型数不应小于塔楼数的 9 倍，且计算振型个数应使振型参与质量不小于总质量的 90%。"

计算振型个数可根据刚性板数和弹性节点数估算，比如说，一个规则的两层结构，采用刚性楼板假定，由于每块刚性楼板只有三个有效动力自由度，整个结构共有 6 个有效动力自由度。可通过 wzq.out 文件中输出的有效质量系数确认计算振型数是否够用。

软件在计算时会判断填写的振型个数是否超过了结构固有振型数，如果超出，则软件按结构固有振型数进行计算，不会引起计算错误。地震力振型数至少取 3，由于程序按三个阵型一页输出，所以振型数最好为 3 的倍数。

高层不小于 15，多塔不小于塔数的 9 倍，且应使有效质量系数≥95%。

本项目填写：15。

（9）程序自动确定振型数

软件提供两种计算振型个数的方法，一是用户直接输入计算振型数，二是软件自动计算需要的振型个数。

勾选此项后，要求同时填入参数"质量参与系数之和（%）"，软件隐含取值为 90%。在此选项下，软件将根据振型累积参与质量系数达到"质量参与系数之和"的条件，自动确定计算的振型数。这里还设置了一个参数"最多振型数量"，即对软件计算的振型个数设置最多的限制。如果在达到“最多振型数量”限值时，振型累积参与质量依然不满足“质量参与系数之和”条件，程序也不再继续自动增加振型数。

如果用户没有指定“最多振型数量”，则软件根据结构特点自动选取一个振型数上限值。

(10) 按主阵型确定地震内力符号

该参数用来控制是否按照主阵型确定地震内力符号，由于CQC阵型组合需要开方，数值均为正数，因此需要按照一定规则确定CQC组合后的数值符号。勾选该项，则按主阵型确定地震内力符号，否则按照该数值绝对值最大对应的阵型确定符号。

本项目勾选。

(11) 混凝土框架抗震等级、剪力墙抗震等级、钢框架抗震等级

丙类建筑按本地区抗震设防烈度计算，根据《抗规》表6.1.2或《高规》3.9.3选择。

乙类建筑，(常见乙类建筑：学校、医院)按本地区抗震设防烈度提高一度查表选择。建筑分类见《建筑工程抗震设防分类标准》GB 50223—2008。

此处指定的抗震等级是全楼适用的。某些部位或构件的抗震等级可在前处理第二项菜单“特殊构件补充定义”进行单构件的补充指定。钢框架抗震等级应根据《抗规》8.1.3条的规定来确定。

抗震等级不同，抗震措施也不同，在设计时，查看结构抗震等级时的烈度可参考表1-7。

决定抗震措施的烈度 **表1-7**

建筑类别	设计基本地震加速度(g)和设防烈度					
	0.05 6	0.1 7	0.15 7	0.2 8	0.3 8	0.4 9
甲、乙类	7	8	8	9	9	9+
丙类	6	7	7	8	8	9

注：“9+”表示应采取比9度更高的抗震措施，幅度应具体研究确定。

本项目剪力墙高度小于80m，抗震等级取三级。

(12) 抗震构造措施的抗震等级提高(或降低)一级

该参数用来设置抗震构造措施的抗震等级相对抗震措施的抗震等级的提高(或降低)，主要用于抗震构造措施的抗震等级与抗震措施的抗震等级不同的情况，如：

1)《抗规》3.3.2条：“建筑场地为Ⅰ类时，对甲、乙类的建筑应允许仍按本地区抗震设防烈度的要求采取抗震构造措施；对丙类的建筑应允许按本地区抗震设防烈度降低一度的要求采取抗震构造措施，但抗震设防烈度为6度时仍应按本地区抗震设防烈度的要求采取抗震构造措施。”

2)《抗规》3.3.3条：“建筑场地为Ⅲ、Ⅳ类时，对设计基本地震加速度为0.15g和0.30g的地区，除本规范另有规定外，宜分别按抗震设防烈度8度(0.20g)和9度(0.40g)时各抗震设防类别建筑的要求采取抗震构造措施。”

如果场地类别和设防烈度满足条件1)，软件会自动勾选抗震构造措施的“降低一级”；如果场地类别和设防烈度满足条件2)，软件会自动勾选抗震构造措施的“提高一级”。

wpj*.out文本文件中会分别输出抗震措施的抗震等级和抗震构造措施的抗震等级。

本项目不勾选。

(13) 框支剪力墙结构底部加强区剪力墙抗震等级自动提高一级

根据《高规》表3.9.3、表3.9.4，框支剪力墙结构底部加强区和非底部加强区的剪

力墙抗震等级一般情况下相差一级。选取此项时，框支剪力墙结构底部加强区剪力墙抗震等级将自动提高一级，省去设计人员手工指定的步骤。

本项目不勾选。

（14）地下一层以下抗震构造措施的抗震等级逐层降低及抗震措施四级

《抗规》6.1.3-3条：当地下室顶板作为上部结构的嵌固部位时，地下一层的抗震等级应与上部结构相同，地下一层以下抗震构造措施的抗震等级可逐层降低一级，但不应低于四级。

勾选此参数，软件对地下1层的抗震措施和抗震构造措施不变，对地下2层起抗震构造措施的抗震等级逐层降低一级，但不低于四级。对地下2层起的抗震措施取为四级。

本项目不勾选。

（15）结构阻尼比

这里的阻尼比只用于地震作用计算。《抗规》5.1.5条规定：除有专门规定外，建筑结构的阻尼比应取0.05。

《抗规》8.2.2条对钢结构抗震计算的阻尼比作出了规定。《高规》11.3.5条规定：混合结构在多遇地震作用下的阻尼比可取为0.04。

其他情况根据相关规范规定取值。软件提供两种设置阻尼比的方法：

1）全楼统一，即设置全楼统一的阻尼比值；2）按材料区分，如果结构由不同材料组成可勾选此项，此时可设置不同材料的阻尼比值，据此软件准确计算地震作用。

本项目选择：全楼统一，5%。

（16）考虑偶然偏心

《高规》4.3.3条规定："计算单向地震作用时应考虑偶然偏心的影响。"如果设计人员勾选该选项，则软件在计算地震作用时，分别对X、Y方向增加正偏、负偏两种工况，偏心值依据"偶然偏心值（相对）"参数的设置，并且在整体指标统计与构件设计时给出相应计算结果。

"偶然偏心"：

是由于施工、使用或地震地面运动扭转分量等不确定因素对结构引起的效应，对于高层结构及质量和刚度不对称的多层结构，偶然偏心的影响是客观存在的，故一般应选择"偶然偏心"去计算高层结构及质量和刚度明显不对称的多层结构的"位移比"及高层结构的"配筋"（多层结构"配筋"时一般可不选择"偶然偏心"）。计算层间位移角时一般应选择刚性楼板，可不考虑偶然偏心、不考虑竖向地震作用。

考虑{偶然偏心}计算后，对结构的荷载（总重、风荷载）、周期、竖向位移、风荷载作用下的位移及结构的剪重比没有影响，对结构的地震力和地震下的位移（最大位移、层间位移、位移角等）有较大影响。

《高规》4.3.3条"计算单向地震作用时应考虑偶然偏心的影响（地震作用大小与配筋有关）"；《高规》3.4.5条，计算位移比时，必须考虑偶然偏心的影响；《高规》3.7.3条，计算层间位移角时可不考虑偶然偏心、不考虑双向地震，一般应选择强制刚性楼板假定。《抗规》3.4.3的表3.4.3-1只注明了在规定水平力作用下计算结构的位移比，并没有说明是否考虑了偶然偏心。《抗规》3.4.4-2的条文说明里注明了计算位移比时候的规定水平力一般要考虑偶然偏心。

对于偶然偏心工况的计算结果，软件不进行双向地震作用计算。

本项目勾选：考虑偶然偏心，分别为0.05。

（17）偶然偏心的计算方法

1）等效扭矩法

首先按无偏心的初始质量分布计算结构的振动特性和地震作用；然后计算各偏心方式质点的附加扭矩，与无偏心的地震作用叠加作为外荷载施加到结构上，进行静力计算。这种模态等效静力法比标准振型分解反应谱法ST-MRSA计算量小，但在复杂情况下会低估扭矩作用。

2）瑞利-利兹反应谱法

根据质量偏心对原始的质量矩阵做一个变换，求解过程中利用了这种关联关系对原始求得的振型进行变换得到新的振型向量，而不需要重新进行特征值计算。瑞利-利兹反应谱法比等效扭矩法计算精度高，比标准振型分解反应谱法ST-MRSA效率高。

本项目选择：等效扭矩法。

（18）减震隔振附加阻尼比算法

根据《抗规》12.3.4中提供的附加阻尼比计算方法和限制，YJK软件采用等效线性化方法提供了两种附加阻尼比的计算方法，能量法与强行解耦法，可在这里选择，并根据规范的要求对附加阻尼比设置了默认的0.25限值。同类软件ETABS仅提供了强行解耦法计算附加阻尼比。按《抗规》12.3.4-2要求，强行解耦法仅适用于消能部件在结构上分布均匀，且附加阻尼比小于20%情况。能量法没有这样的条件限制。

消能器附加给结构的有效阻尼比和有效刚度按《抗规》12.3.4相关公式计算。可计算速度线性相关型消能器，非线性黏滞消能器（《广东高规》提供），位移相关型与速度非线性相关型消能器。

本项目勾选：强行解耦法，实际上对计算没有影响。

（19）考虑双向地震作用

《抗规》5.1.1-3条规定："质量和刚度分布明显不对称的结构，应计入双向水平地震作用下的扭转影响；"

勾选该项，则X、Y向地震作用计算结果均为考虑双向地震后的结果；如果有斜交抗侧力方向，则沿斜交抗侧力方向的地震作用计算结果也将考虑双向地震作用。

"考虑双向地震"：

"双向地震作用"是客观存在的，其作用效果与结构的平面形状的规则程度有很大的关系（结构越规则，双向地震作用越弱），一般当位移比超过1.3时（有的地区规定为1.2，过于保守），"双向地震作用"对结构的影响会比较大，则需要在总信息参数设置中考虑双向地震作用，不考虑偶然偏心。

双向地震作用计算，本质是对抗侧力构件承载力的一种放大，属于承载能力计算范畴，不涉及对结构扭转控制和对结构抗侧刚度大小的判别。一般当位移比超过1.3时（有的地区规定为1.2，过于保守）时选取"考虑双向地震"，程序会对地震作用放大，结构的配筋一般会加大，但位移比及周期比，不看"双向地震作用"的计算结果，而看"偶然偏心"作用下的计算结果。

《抗规》5.1.1-3：质量和刚度分布明显不对称的结构，应计入双向水平地震作用下的扭转影响；其他情况，应允许采用调整地震作用效应的方法计入扭转影响。《高规》4.3.2-2：质量与刚度分布明显不对称的结构，应计算双向水平地震作用下的扭转影响；

其他情况，应计算单向水平地震作用下的扭转影响。结构的前 3 个振型中，当某一振型的扭转方向因子在 0.35～0.65，且扭转不规则程度为Ⅱ类（详见《广东高规》表 3.4.4-1）。

本项目位移比大于 1.2，勾选该项。

（20）自动计算最不利地震方向的地震作用

软件自动计算最不利地震作用方向，并在 wzq.out 文件中输出该方向，并提供“自动计算最不利地震方向的地震作用”参数。勾选该项，则软件自动计算该方向地震作用。相当于在参数“斜交抗侧力方向角度”中自动增加了一个角度方向的地震作用计算。

本项目勾选。斜交构件角度还需输入。

（21）斜交抗侧力构件方向角度

《抗规》5.1.1-2 条规定：“有斜交抗侧力构件的结构，当相交角度大于 15°时，应分别计算各抗侧力构件方向的水平地震作用。”

如果工程中存在斜交抗侧力构件与 X、Y 方向的夹角均大于 15°，可在此输入该角度进行补充计算。

本项目填写 0。

（22）活荷载重力荷载代表值组合系数

指的是计算重力荷载代表值时的活荷载组合值系数。默认 0.5，一般不需要改。该参数值改变楼层质量，不改变荷载总值（即对属相荷载作用下的内力计算无影响），应按《抗规》5.1.3 条及《高规》4.3.6 条取值。一般民用建筑楼面等效均布活荷载取 0.5（对于藏书库、档案库、库房等建筑应特别注意，应取 0.8）。调整系数只改变楼层质量，从而改变地震力的大小，但不改变荷载总值，即对竖向荷载作用下的内力计算无影响。

在 WMASS.OUT 中“各层的质量、质心坐标信息”项输出的“活载产生的总质量”为已乘上组合系数后的结果。在“地震信息”选项卡里修改本参数，则“荷载组合”选项卡中“活荷重力代表值系数”联动改变。在 WMASS.OUT 中“各楼层的单位面积质量分布”项输出的单位面积质量为“1.0 恒＋0.5 活”组合；而 PM 竖向导荷默认采用“1.2 恒＋1.4 活”组合，两者结果可能有差异。

本项目填写：0.5。

（23）地震影响系数最大值

地震影响系数最大值由“设防烈度”参数控制，软件会根据该参数的变化自动更新地震影响系数最大值。

如果要进行中震弹性或不屈服设计，设计人员需要将“地震影响系数最大值”手工修改为设防烈度地震影响系数最大值。

地震影响系数最大值：即“多遇地震影响系数最大值”，用于地震作用的计算时，无论多遇地震或中、大震弹性或不屈服计算时均应在此处填写“地震影响系数最大值”。

具体值可根据《抗规》表 5.1.4-1 来确定，如表 1-8 所示。

水平地震影响系数最大值 **表 1-8**

地震影响	6 度	7 度	8 度	9 度
多遇地震	0.04	0.08（0.12）	0.16（0.24）	0.32
罕遇地震	0.28	0.50（0.72）	0.90（1.20）	1.40

注：括号中数值分别用于设计基本地震加速度为 0.15g 和 0.30g 的地区。

（24）用于12层规则混凝土框架结构薄弱层验算的地震影响系数最大值

该参数仅用于按《抗规》5.5.4条简化方法对12层及以下纯框架结构的弹塑性薄弱层位移计算。

本项目按默认值，不修改。

（25）竖向地震作用系数底线值

《高规》4.3.15条规定：高层建筑中，大跨度结构、悬挑结构、转换结构、连体结构的连接体的竖向地震作用标准值，不宜小于结构或构件承受的重力荷载代表值与表4.3.15所规定的竖向地震作用系数的乘积。

如果竖向地震计算方法为振型分解反应谱法，则软件将判断计算结果是否小于该底线值，如果小于该底线值，则对竖向地震计算结果进行放大。

本项目不勾选。

（26）地震计算时不考虑地下室的结构质量

勾选此选项时候，计算自振周期及地震力时候均不考虑地下室质量。相当于地下室无质量。勾选时，剪重比等指标容易算过一些。

本项目不勾选。

7. 地震信息（自定义影响系数曲线图1-38）

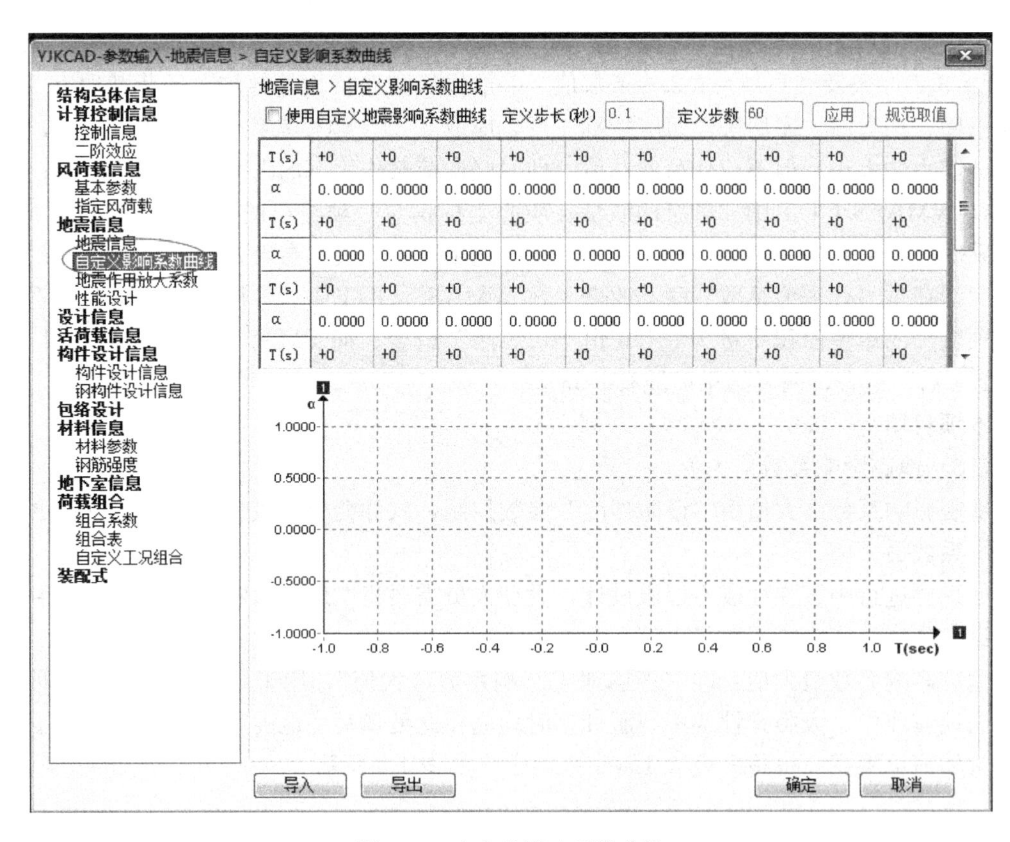

图1-38 自定义影响系数曲线

软件提供了自定义影响系数曲线功能。选中“使用自定义地震影响系数曲线”后，表格及相应按钮变为可编辑状态，设计人员可以自行定义地震影响系数曲线，也可点击“规范取值”按钮来查看规范规定的影响系数曲线。

8. 地震信息（地震作用放大系数图 1-39）

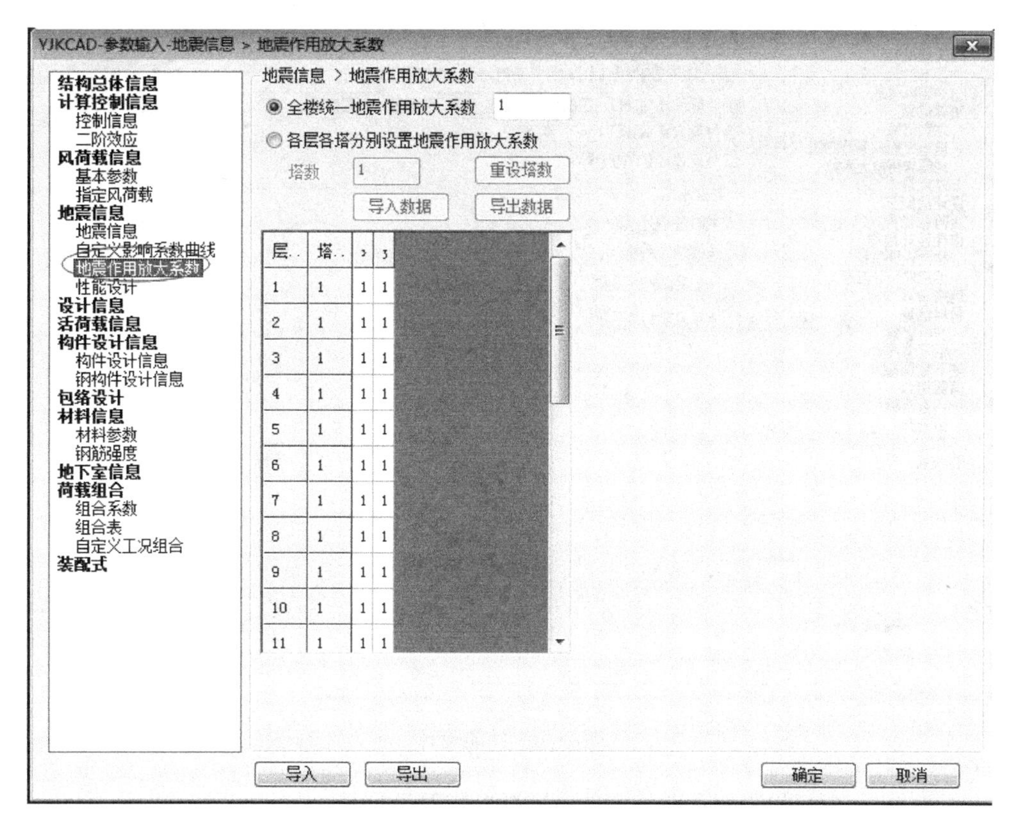

图 1-39　地震作用放大系数

软件提供两种地震作用放大方法：全楼统一和分层设置，对于分层设置方法，可以导入时程分析的放大系数，也可以导入自定义放大系数文本，还可以将设置好的放大系数导出。不利地段放大 1.1～1.6。

9. 地震信息（性能设计图 1-40）

扩充性能设计功能，并可支持按照《抗规》和《广东高规》两本规范进行性能设计。在计算参数中设置单独的性能设计页，把原来放在地震信息中的性能设计选项移出，新的进行性能设计时，用户除在这里勾选性能设计相关参数外，还需到地震参数中按地震烈度确认“地震影响系数最大值”和与性能水准对应的抗震构造措施的抗震等级，以便软件采取与性能水准相适应的构造措施，软件自动实现“地震影响系数最大值”与地震水准的联动。另外，无论按《抗规》、《高规》还是按《广东高规》进行性能设计，均不考虑地震效应和风效应的组合，不考虑与抗震等级有关的内力调整系数。

选择“性能设计（抗规）”时，软件按照《抗规》附录 M 作为设计依据。用户可以选择“不屈服”和“弹性”性能水准，软件具体实现如下：

中震不屈服：荷载效应采用标准组合，材料强度取标准值；

中震弹性：荷载效应采用基本组合，材料强度取设计值；

大震不屈服：荷载效应采用标准组合，材料强度取极限值；

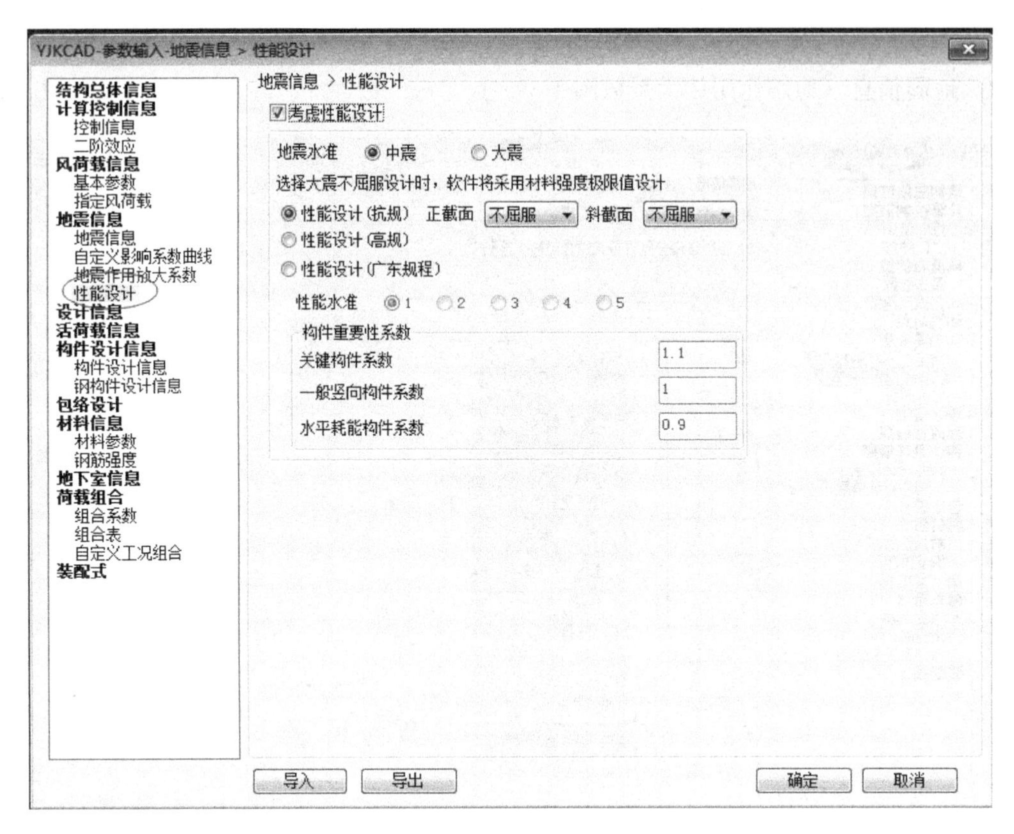

图 1-40　性能设计

大震弹性：荷载效应采用基本组合，材料强度取设计值。

选择“性能设计（广东规程)”时，软件按照《广东高规》3.11 作为设计依据，可选择不同的抗震性能水准。

构件区分关键构件、一般竖向构件和水平耗能构件，三类构件用构件重要性系数加以区分。软件默认剪力墙为关键构件，柱、支撑为一般竖向构件，梁为水平耗能构件，如果实际设计的构件与默认不符，用户可在“前处理及计算”的“重要性系数”中修改单构件的重要性系数，软件在计算前处理增加“重要性系数”菜单，可对梁、柱、墙柱、墙梁、支撑按单构件分别设置重要性系数，就是配合《广东高规》的需要。重要性系数菜单仅在《广东高规》的性能设计中起作用。

按照《广东高规》进行性能设计时，荷载效应均采用标准组合，材料强度以标准值为基准，对于《广东高规》公式（3.11.3）中的承载力利用系数 ξ、竖向构件剪压比 ζ，选择不同性能水准的软件具体实现如下：

中震性能 1：承载力利用系数 ξ，压、剪取 0.6，拉、弯取 0.69；

中震性能 2：承载力利用系数 ξ，压、剪取 0.67，拉、弯取 0.77；

中震性能 3：承载力利用系数 ξ，压、剪取 0.74，拉、弯取 0.87；

中震性能 4：承载力利用系数 ξ，压、剪取 0.83，拉、弯取 1.0；

大震性能 1：承载力利用系数 ξ，压、剪取 0.83，拉、弯取 1.0；

大震性能 2：竖向构件剪压比 ζ 取 0.133；

大震性能 3：竖向构件剪压比ζ取 0.15；

大震性能 4：竖向构件剪压比ζ取 0.167。

需要指出的是，按照性能设计确定的配筋通常要与多遇地震的配筋取包络，如有需要，用户可通过软件的“包络设计”菜单加以实现。选择“性能设计（高规）”时，软件按照《高规》3.11 作为设计依据，可选择不同的抗震性能水准。构件区分关键构件、一般竖向构件和水平耗能构件，软件默认剪力墙为关键构件，柱、支撑为一般竖向构件，梁为水平耗能构件，可在前处理中查改。

10. 设计信息（图 1-41）

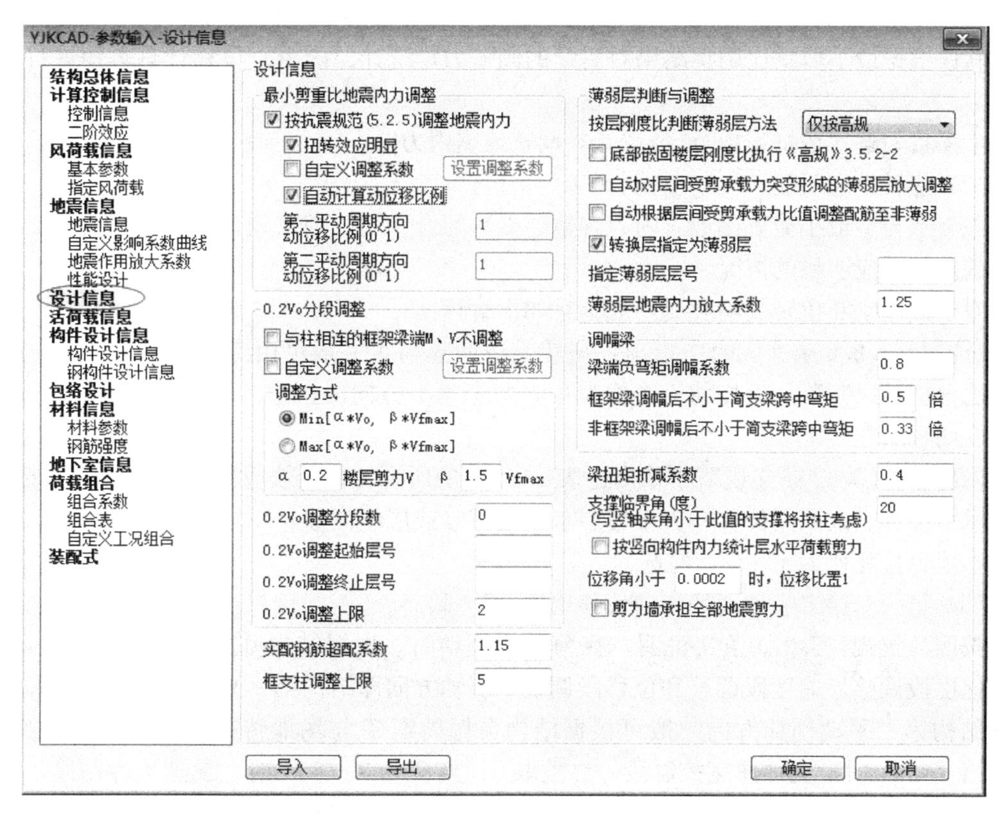

图 1-41 设计信息

(1) 最小剪重比地震内力调整

《抗规》5.2.5 条文说明中指出：“由于地震影响系数在长周期段下降较快，对于基本周期大于 3.5s 的结构，由此计算所得的水平地震作用下的结构效应可能太小。而对于长周期结构，地震动态作用中的地面运动速度和位移可能对结构的破坏具有更大影响，但是规范所采用的振型分解反应谱法尚无法对此作出估计。出于结构安全的考虑，提出了对结构总水平地震剪力及各楼层水平地震剪力最小值的要求，规定了不同烈度下的剪力系数，当不满足时，需改变结构布置或调整结构总剪力和各楼层的水平地震剪力使之满足要求。例如，当结构底部的总地震剪力略小于本条规定而中、上部楼层均满足最小值时，可采用下列方法调整：若结构基本周期位于设计反应谱的加速度控制段时，则各楼层均需乘以同样大小的增大系数；若结构基本周期位于反应谱的位移控制段时，则各楼层 i 均需按底部

的剪力系数的差值 $\Delta\lambda_0$ 增加该层的地震剪力——$\Delta F_{Eki}=\Delta\lambda_0 G_{Ei}$；若结构基本周期位于反应谱的速度控制段时，则增加值应大于 $\Delta\lambda_0 G_{Ei}$，顶部增加值可取动位移作用和加速度作用二者的平均值，中间各层的增加值可近似按线性分布。”

《抗规》不仅规定了最小剪重比调整系数，同时也规定了调整方法。软件按照上述方法调整层地震剪力，当底部总剪力相差较多时，结构的选型和总体布置需重新调整，不能仅采用乘以增大系数方法处理。

《抗规》条文说明中指出：满足最小地震剪力是结构后续抗震计算的前提，只有调整到符合最小剪力要求才能进行相应的地震倾覆力矩、构件内力、位移等的计算分析；即意味着，当各层的地震剪力需要调整时，原先计算的倾覆力矩、内力和位移均需要相应调整。软件根据最小剪重比调整结果对后续的倾覆力矩统计、内力、位移计算等均进行相应调整。

本项目勾选“按抗震规范（5.2.5）调整地震内力”。

（2）扭转效应明显

该参数与“最小剪重比地震内力调整”参数配合使用，用来处理《抗规》表 5.2.5 中规定的扭转效应明显的情况。

对于如何判断扭转效应明显，规范有如下解释：

《抗规》5.2.5 条文说明中指出：扭转效应明显与否一般可由考虑耦联的振型分解反应谱法分析结果判断，例如前三个振型中，两个水平方向的振型参与系数为同一个量级，即存在明显的扭转效应。

《高规》4.3.12 条文说明中指出：表 4.3.12 中所说的扭转效应明显的结构，是指楼层最大水平位移（或层间位移）大于楼层水平位移（或层间位移）1.2 倍的结构。

本项目位移比大于 1.2，勾选。

（3）第一、第二平动周期方向位移比例（0～1）

按照《抗规》5.2.5 条文说明，在剪重比调整时，根据结构基本周期采用相应调整，即加速度段调整、速度段调整和位移段调整。弱轴方向即结构第一平动周期方向，强轴方向即结构第二平动周期方向一般可根据结构自振周期 T 与场地特征周期 T_g 的比值来确定：当 $T<T_g$ 时，属加速度控制段，参数取 0；当 $T_g<T<5T_g$ 时，属速度控制段，参数取 0.5；当 $T>5T_g$ 时，属位移控制段，参数取 1。按照《抗规》5.2.5 的条文说明，在减重比调整时，根据结构基本周期采用相应调整，即加速度段调整、速度段调整和位移段调整。

动位移比例因子按公式计算：$\zeta_a=(T-T_g)/4T_g \quad T\geqslant 5T_g$ 时，取 1。

（4）自定义剪重比调整系数

软件提供自定义剪重比调整系数功能，设计人员可按软件规定的格式输入。

（5）$0.2V_0$ 分段调整

程序开放了二道防线控制参数，允许取小值或者取大值，程序默认为 min。

此处指定 $0.2V_0$ 调整的分段数，每段的起始层号和终止层号，以空格或逗号隔开。如果不分段，则分段数填 1。如不进行 $0.2V_0$ 调整，应将分段数填为 0。

$0.2V_0$ 调整系数的上限值由参数“$0.2V_0$ 调整上限”控制，如果将起始层号填为负值，则不受上限控制。用户也可点取“自定义调整系数”，分层分塔指定 $0.2V_0$ 调整系数，但仍应在参数中正确填入 0.2V_0 调整的分段数和起始、终止层号，否则，自定义调整系数将不起作用。程序缺省 0.2V_0 调整上限为 2.0，框支柱调整上限为 5.0，可以自行修改。

注：1. 对有少量柱的剪力墙结构，让框架柱承担 20%的基底剪力会使放大系数过大，以致框架梁、柱无法设计，所以 20%的调整一般只用于主体结构。

2. 电梯机房，不属于调整范围。

（6）0.2V_0 调整上限

该参数指的是 0.2V_0 调整时放大系数的上限，默认为 2；如果输入负数，则无上限限制。

本项目填写：2。取为负数代表无上限。也可以填写一个较大的数，比如 50。

（7）实配钢筋超配系数

对于 9 度设防烈度的各类框架和一级抗震等级的框架结构，框架梁和连梁端部剪力、框架柱端部弯矩、剪力调整应按实配钢筋和材料强度标准值来计算，但在计算时因得不到实际配筋面积，目前通过调整计算设计内力的方法进行设计。该参数就是考虑材料、配筋因素的一个放大系数。

另外，在计算混凝土柱、支撑、墙受剪承载力时也要使用该参数估算实配钢筋面积。

本项目填写 1.0。

（8）框支柱调整上限

该参数指的是框支柱调整时放大系数的上限，默认为 5；如果输入负数，则无上限限制。框支柱地震剪力调整不需要指定起止楼层号，但需要在特殊构件定义中指定框支柱。

本项目填写 5。

（9）按层刚度比判断薄弱层方法

规范规定

《抗规》3.4.4-2：平面规则而竖向不规则的建筑，应采用空间结构计算模型，刚度小的楼层的地震剪力应乘以不小于 1.15 的增大系数，其薄弱层应按本规范有关规定进行弹塑性变形分析，并应符合下列要求：

1）竖向抗侧力构件不连续时，该构件传递给水平转换构件的地震内力应根据烈度高低和水平转换构件的类型、受力情况、几何尺寸等，乘以 1.25～2.0 的增大系数；

2）侧向刚度不规则时，相邻层的侧向刚度比应依据其结构类型符合本规范相关章节的规定；

3）楼层承载力突变时，薄弱层抗侧力结构的受剪承载力不应小于相邻上一楼层的 65%。

《高规》3.5.8：侧向刚度变化、承载力变化、竖向抗侧力构件连续性不符合本规程第 3.5.2、3.5.3、3.5.4 条要求的楼层，其对应于地震作用标准值的剪力应乘以 1.25 的增大系数。

为了适应规范的不同规定，软件提供了 5 个选项：《高规》和《抗规》从严、仅按《抗规》、仅按《高规》、按《上海抗规》剪切刚度比，不自动判断，供设计人员选择。

本项目选择：仅按高规。

（10）自动对层间受剪承载力突变形成的薄弱层放大调整

《抗规》3.4.3 条和《高规》3.5.8 条均对由于层间受剪承载力突变形成的薄弱层做出

了地震作用放大的规定。由于计算受剪承载力需要配筋结果，因此需先进行一次全楼配筋设计，然后根据楼层受剪承载力判断后的薄弱层再次进行全楼配筋，这样会对计算效率有影响。因此软件提供该参数，勾选该项，则软件自动根据受剪承载力判断出来的薄弱层再次进行全楼配筋设计，如果没有判断出薄弱层则不会再次进行配筋设计。

本项目不勾选。

（11）自动根据层间受剪承载力比值调整钢筋到非薄弱

可对受剪承载力薄弱层自动增加柱、墙配筋到非薄弱。勾选此参数后，软件对层间受剪承载力比值小于 0.8 的楼层，将自动增加柱墙构件的计算钢筋直到层间受剪承载力比值大于 0.8，使该层不再是薄弱层。

软件增加的是柱的纵向钢筋和剪力墙的水平分布钢筋。如果用户同时还勾选了参数“自动对受剪承载力突变形成的薄弱层放大调整”，则软件优先进行增加柱、墙钢筋的调整，如果可以调整到非薄弱层的水平，则不会再把该层判定为受剪承载力薄弱层，也就不会再进行楼层内力放大 1.25 的调整。如果根据刚度或手工指定了薄弱层，则软件将不进行配筋调整。

本项目不勾选。

（12）转换层指定为薄弱层

带转换层结构属于竖向抗侧力构件不连续结构，一般宜将转换层指定为薄弱层。软件提供该选项，由设计人员控制是否需要将转换层指定为薄弱层。

本项目没有转换层，不勾选。

（13）底部嵌固楼层刚度比执行《高规》3.5.2-2

《高规》3.5.2-2 规定：“…对于底部嵌固楼层，该比值不宜小于 1.5”。该参数用来控制底部嵌固楼层是否执行 1.5 规定。

本项目勾选。

（14）指定薄弱层层号

软件根据上下层刚度比判断薄弱层，并自动进行地震作用调整，但对于竖向不规则的楼层不能自动判断为薄弱层，需要设计人员手工指定。可用逗号或空格分隔楼层号。

（15）薄弱层地震力放大系数

该参数用于薄弱层的地震剪力放大。

《抗规》3.4.4-2 条规定：“平面规则而竖向不规则的建筑，应采用空间结构计算模型，刚度小的楼层的地震剪力应乘以不小于 1.15 的增大系数。”《高规》3.5.8 条规定：“侧向刚度变化、承载力变化、竖向抗侧力构件连续性不符合本规程第 3.5.2、3.5.3、3.5.4 条要求的楼层，其对应于地震作用标准值的剪力应乘以 1.25 的增大系数。”默认值为 1.25。

本项目填写 1.25。

（16）梁端负弯矩调幅系数

现浇框架梁 0.8～0.9；装配整体式框架梁 0.7～0.8。

框架梁在竖向荷载作用下梁端负弯矩调整系数，是考虑梁的塑性内力重分布。通过调整使梁端负弯矩减小，跨中正弯矩加大（程序自动加）。梁端负弯矩调整系数一般取 0.85。

注意：1. 程序隐含钢梁为不调幅梁；不要将梁跨中弯矩放大系数与其混淆。

2. 弯矩调幅法是考虑塑性内力重分布的分析方法，与弹性设计相对；弯矩调幅法可以求得结构的经济，充分挖掘混凝土结构的潜力和利用其优点；弯矩调幅法可以使得内力均匀。对于承受动力荷载、使用上要求不出现裂缝的构件，要尽量少调幅。

3. 调幅与“强柱弱梁”并无直接关系，要保证强柱弱梁，强度是关键，刚度不是关键，即柱截面承载能力要大于梁（满足规范要求），在地震灾害地区的很多房屋，并没有出现预期的“强柱弱梁”，反而是“强梁弱柱”，是因为忽略了楼板钢筋参与负弯矩分配，还有其他原因，比如：梁端配筋时内力所用截面为矩形截面，计算结果并T形截面大、习惯性放大梁支座配筋及跨中配筋的纵筋5%～10%、基于裂缝控制，两端配筋远大于计算配筋、未计入双筋截面及受压翼缘的有利影响，低估截面承载能力、施工原因。

本项目填写：0.8。

（17）框架梁调幅后不小于简支梁跨中弯矩倍数

《高规》5.2.3-4规定：“截面设计时，框架梁跨中截面正弯矩设计值不应小于竖向荷载作用下按简支梁计算的跨中弯矩设计值的50%”。该参数用来控制框架梁系数，默认0.5。

本项目填写：0.5。

（18）非框架梁调幅后不小于简支梁跨中弯矩倍数

《钢筋混凝土连续梁和框架考虑内力重分布设计规程》CECS 51：93第3.0.3-3条规定：“弯矩调幅后…；各控制截面的弯矩值不宜小于简支梁弯矩值的1/3”。

该参数用来控制非框架梁系数，默认0.33。

本项目填写：0.33。

（19）梁扭矩折减系数

现浇楼板（刚性假定）取值0.4～1.0，一般取0.4；现浇楼板（弹性楼板）取1.0。本工程板端按简支考虑，梁扭矩折减系数可取1.0（偏于安全），在剪力墙结构中，可取0.4～1.0。

本项目填写：0.4。

（20）支撑按柱算临界角度

当支撑与竖轴的夹角小于此角度时，软件对该支撑按照柱来进行设计。一般可以这样认为：当斜杠与Z轴夹角小于20°时，按柱处理，大于20°时按支撑处理。但有时候也不一定遵循以上准则，可以由用户根据工程需要自行指定。

本项目填写：20。

（21）按竖向构件内力统计层地震剪力

该参数用来控制层地震剪力统计方式。勾选该项，则按每层竖向构件底截面内力投影并叠加后的结果统计层地震剪力，否则按照各层地震外力由上至下累加的方式统计层地震剪力。按竖向构件内力统计层地震剪力的好处是不必考虑连体结构的剪力分配问题、地下室部分扣除侧土弹簧反力问题、不等高嵌固问题等；缺点是，如果有越层构件，则统计结果可能有误差。

本项目不勾选。

（22）位移角较小时位移比置1

《高规》3.4.5条规定，当楼层的最大层间位移角不大于本规程第3.7.3条规定的限值的40%时，该楼层竖向构件的最大水平位移和层间位移与该楼层平均值的比值可适当放松。从规范的出发点来看，当位移角很小时，位移比可以适当放松。

该参数用来控制位移角很小时，是否不计算位移比，即直接设置位移比为 1。

可以按默认值：0.0002。

11. 活荷载信息（图 1-42）

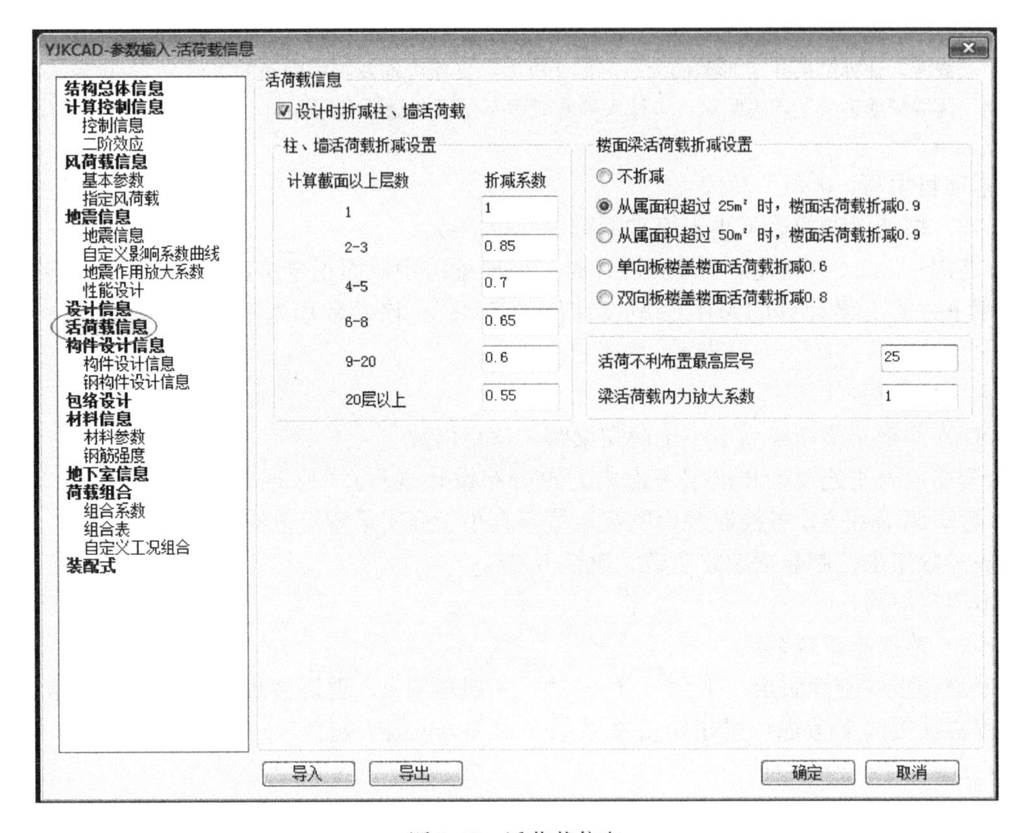

图 1-42　活荷载信息

（1）设计时折减柱、墙活荷载

该参数用来控制在设计时是否折减柱、墙活荷载。点选“折减”，程序会按照右侧输入的楼层折减系数进行活荷载折减，生成的墙、柱轴压比及配筋会比点选“不折减”稍微小一些。所以，当需要以结构偏安全性为先的时候，建议点选“不折减”；当需要以墙、柱尺寸和结构经济性为先的时候，建议点选“折减”。

本项目勾选：设计时折减柱、墙活荷载。

（2）柱、墙活荷载折减设置

《建筑结构荷载规范》GB 50009—2012 第 5.1.2-2 条：

1）第 1（1）项应按表 1-9 规定采用；

2）第 1（2）～7 项应采用与其楼面梁相同的折减系数；

3）第 8 项对单向板楼盖应取 0.5；

对双向板楼盖和无梁楼盖应取 0.8；

4）第 9～13 项应采用与所属房屋类别相同的折减系数。

注：楼面梁的从属面积应按梁两侧各延伸二分之一梁间距的范围内的实际面积确定。

活荷载按楼层的折减系数　　表 1-9

墙、柱、基础计算截面以上的层数	1	2～3	4～5	6～8	9～20	>20
计算截面以上各楼层活荷载总和的折减系数	1.00 (0.90)	0.85	0.70	0.65	0.60	0.55

注：当楼面梁的从属面积超过 $25m^2$ 时，应采用括号内的系数。

《荷规》4.1.1 第 1（1）详按程序默认；第 1（2）～7 项按基础从属面积（因“柱、墙设计时活荷载”中梁、柱按不折减，此处仅考虑基础）超过 $50m^2$ 时取 0.9，否则取 1，一般多层可取 1，高层 0.9；第 8 项汽车通道及停车库可取 0.8。

一般可按默认值。本项目按默认值。

（3）楼面活荷载设置

软件允许梁活荷载折减与柱、墙活荷载折减同时设置，并在计算与设计时避免重复折减。

本项目选择：从属面积超过 $25m^2$ 时，折减 0.9。

（4）活荷不利布置最高层高

该参数主要控制梁考虑活荷载不利布置时的最高楼层号，小于等于该楼层号的各层均考虑梁的活荷载不利布置，高于该楼层号的楼层不考虑梁的活荷载不利布置。如果不想考虑梁的活荷载不利布置，则可以将该参数填 0。需要注意的是，该参数只控制梁的活荷载不利布置。

除屋面外的所有楼层。本项目地上有 26 层，除开屋面层后，填写 25。

（5）梁活荷载内力放大系数

《高规》5.1.8 条规定：“高层建筑结构内力计算中，当楼面活荷载大于 $4kN/m^2$ 时，应考虑楼面活荷载不利布置引起的结构内力的增大；当整体计算中未考虑楼面活荷载不利布置时，应适当增大楼面梁的计算弯矩。”该放大系数通常可取为 1.1～1.3，活载大时选用较大数值。

输入梁活荷载内力放大系数是考虑活荷载不利布置的一种近似算法，如果用户选择了活荷载不利作用计算，则本系数填 1 即可。软件只对一次性加载的活载计算结果考虑该放大系数。如果设计人员在计算时同时考虑了活荷载不利布置和活荷载内力放大系数，则软件只放大一次性加载的活载计算结果。

本项目填写：0。

12. 构件设计信息（图 1-43）

（1）柱配筋计算方法

默认为按单偏压计算，一般不需要修改。{单偏压} 在计算 X 方向配筋时不考虑 Y 向钢筋的作用，计算结果具有唯一性，详见《混规》7.3 节；而 {双偏压} 在计算 X 方向配筋时考虑了 Y 向钢筋的作用，计算结果不唯一，详见《混规》附录 F。建议采用 {单偏压} 计算，采用 {双偏压} 验算。《高规》6.2.4 条规定，“抗震设计时，框架角柱应按双向偏心受力构件进行正截面承载力设计”。如果用户在“特殊柱”菜单下指定了角柱，程序对其自动按照 {双偏压} 计算。对于异形柱结构，程序自动按 {双偏压} 计算异形柱配筋。

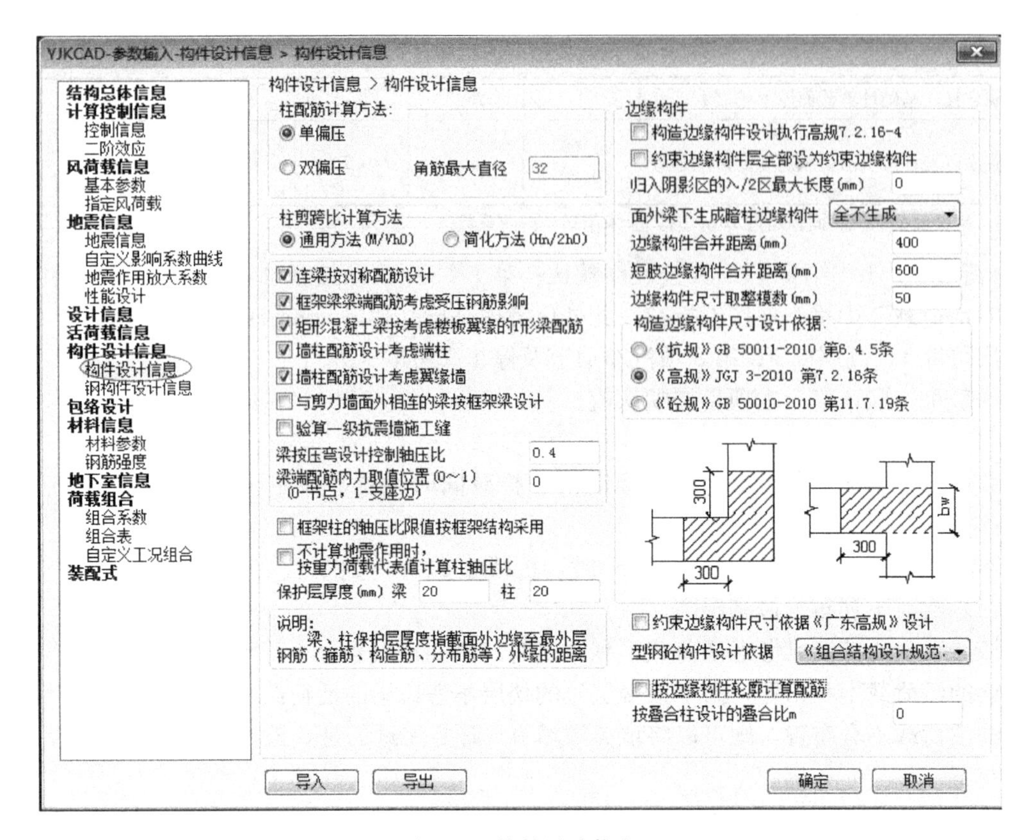

图 1-43　构件设计信息

注：1. 角柱是指建筑角部柱的两个方向各只有一根框架梁与之相连的框架柱，故建筑凸角处的框架柱为角柱，而凹角处框架柱并非角柱。

2. 全钢结构中，指定角柱并选《高钢规》验算时，程序自动按《高钢规》5.3.4 条放大角柱内力 30%。一般单偏压计算，双偏压验算；考虑双向地震时，采用单偏压计算；对于异形柱，结构程序自动采用双偏压计算。

默认

本项目勾选：单偏压。

（2）柱剪跨比计算方法

软件提供两种算法：简化方法（$H_n/2h_0$）和通用方法（M/Vh_0），并将剪跨比输出到 wpj 文件中。通用方法（M/Vh_0）结果比简化算法要大，可有效避免简化算法时大量柱超限的不正常现象，往往选用简化方法（$H_n/2h_0$）超出规定值时，往往选用：通用方法（M/Vh_0）。

本项目选择：通用方法（M/Vh_0）。

（3）连梁按对称配筋设计

选择该项，则连梁正截面设计时按《混规》11.7.7 条对称配筋公式计算配筋；否则按普通框架梁设计。

本项目勾选。

（4）框架梁梁端配筋考虑受压钢筋影响

《抗规》6.3.3.1 条规定："梁端计入受压钢筋的混凝土受压区高度和有效高度之比，

一级不应大于 0.25，二、三级不应大于 0.35。”

《抗规》6.3.3.2 条规定：“梁端截面的底面和顶面纵向钢筋配筋量的比值，除按计算确定外，一级不应小于 0.5，二、三级不应小于 0.3。”

如果勾选该项，则软件在框架梁端配筋时确保受压钢筋与受拉钢筋的比例满足规范要求，且使得受压区高度也满足规范要求；不勾选该项，则软件在配筋时与跨中截面的配筋方式一致，即先按单筋截面设计，不满足才按双筋截面设计，不考虑上述规定。

本项目勾选。

(5) 矩形混凝土梁按 T 形梁配筋

《混规》5.2.4 条规定：“对现浇楼盖和装配整体式楼盖，宜考虑楼板作为翼缘对梁刚度和承载力的影响。”

勾选该项，软件自动按《混规》表 5.2.4 所列情况计算梁有效翼缘宽度，并按考虑翼缘后 T 形截面进行配筋设计。软件只考虑受压翼缘的影响。

本项目勾选。

(6) 墙柱配筋设计考虑端柱

对于带边框柱剪力墙，最终边缘构件配筋是先几部分构件单独计算，然后叠加配筋结果，一部分为与边框柱相连的剪力墙暗柱计算配筋量，另一部分为边框柱的计算配筋量，两者相加后再与规范构造要求比较取大值。这样的配筋方式常使配筋量偏大。

勾选该项，则软件对带边框柱剪力墙按照柱和剪力墙组合在一起的方式配筋，即自动将边框柱作为剪力墙的翼缘，按照工字形截面或 T 形截面配筋，这样的计算方式更加合理。

本项目勾选。

(7) 墙柱配筋设计考虑翼缘墙

即是否按照组合墙方式配筋。规范条文：

《混规》9.4.3 条，……在承载力计算中，剪力墙的翼缘计算宽度可取剪力墙的间距、门窗洞间翼墙的宽度、剪力墙厚度加两侧各 6 倍翼墙厚度、剪力墙墙肢总高度的 1/10 四者中的最小值。

《抗规》6.2.13-3 条，抗震墙结构、部分框支抗震墙结构、框架-抗震墙结构、框架-核心筒结构、筒中筒结构、板柱-抗震墙结构计算内力和变形时，其抗震墙应计入端部翼墙的共同工作。

不勾选此项（以往的设计）时，软件在剪力墙墙柱配筋计算时对每一个墙肢单独按照矩形截面计算，不考虑翼缘作用。勾选此项，则软件对剪力墙的每一个墙肢计算配筋时，考虑其两端节点相连的部分墙段作为翼缘，按照组合墙方式计算配筋。软件考虑的每一端翼缘将不大于墙肢本身的一半，如果两端的翼缘都是完整的墙肢，则软件自动对整个组合墙按照双偏压配筋计算，一次得出整个组合墙配筋；如果某一端翼缘只包含翼缘所在墙的一部分，则软件对该分离的组合墙按照不对称配筋计算，得出的是本墙肢配筋结果。组合墙的计算内力是将各段内力向组合截面形心换算得到的组合内力，如果端节点布置了边框柱，则组合内力将包含该柱内力。在配筋简图的右侧菜单中设置了【墙柱轮廓】菜单，点取该菜单后，鼠标悬停在任一剪力墙的墙肢上时，可以显示该墙肢配筋计算时采用的截面形状。不考虑翼缘时为矩形的单墙肢，考虑翼缘时为组合墙的形状。由于软件对于长厚比小于 4 的墙肢按照柱来配筋设计，因此当该墙肢不满足双偏压配筋条件时，将显示为矩形的单墙肢。对于单独的矩形墙肢，是否勾选此项软件都按照单墙肢的对称配筋计算。剪力墙墙柱的配筋简图的两端配筋结果，是否勾选此项的表示方式不同。不考虑翼缘墙时，给出一个配筋数值，表示按照对称配筋的纵筋值；考虑翼缘墙时，给出两个配筋数值，因为软件按照不对称配筋得出的墙肢两端可能是不同的纵筋计算结果。

本项目勾选。

（8）与剪力墙面外相连的梁按框架梁设计

该参数用来控制两端均与剪力墙面外相连梁是否按框架梁设计，勾选该项，则抗震等级同框架梁；否则按非框架梁设计。

本项目不勾选。因为另一端的支座是柱子还是剪力墙的平面外未知。

（9）验算一级抗震墙施工缝

该参数用来控制一级抗震时抗震墙是否按《高规》7.2.12条验算水平施工缝。

本项目不勾选。

（10）梁压弯设计控制轴压比

对于存在轴压力的梁，如独立梁、坡屋面梁等，软件可自动按压弯构件进行配筋设计。由于在大偏压状态下，轴压力对承载力起有利作用，因此软件通过该参数控制合适的轴压力，当某种组合下梁由设计轴压力计算得到的轴压比大于该参数值，则按压弯构件设计，否则按纯弯构件设计。注意，该参数只用来控制轴压力，且仅对混凝土梁有效。

本项目按默认值填写：0.15。

（11）梁端内力取值位置

该参数用来控制梁配筋时的端部内力取值位置，0表示取到节点，1表示取到柱边。可以输入0～1之间的数。如果计算时考虑了刚域，则0表示取到刚域边。

本项目按默认值填写：0。

（12）框架柱的轴压比限值按框架结构采用

《高规》8.1.3-3条规定：“当框架部分承受的地震倾覆力矩大于结构总地震倾覆的50%但不大于80%时……框架部分的抗震等级和轴压比限值宜按框架结构的规定采用。”

《高规》8.1.3-4条规定：“当框架部分承受的地震倾覆力矩大于结构总地震倾覆力矩的80%时……框架部分的抗震等级和轴压比限值应按框架结构的规定采用。”

软件提供该参数，由设计人员确定框架柱的轴压比限值是否按框架结构采用。

本项目不勾选。应结合具体实际工程来判断。

（13）非抗震时按重力荷载代表值计算轴压比

《抗规》6.3.6注1中指出：“对本规范规定不进行地震作用计算的结构，可取无地震作用组合的轴力设计值计算。”

当不计算地震作用时，软件默认取无地震作用组合下的轴力设计值计算轴压比。鉴于部分工程师提出想按照重力荷载代表值计算，因此软件提供该参数，默认不勾选。

本项目不勾选。

（14）梁、柱保护层厚度

《混规》8.2.1条文说明中指出：“从混凝土碳化、脱钝和钢筋锈蚀的耐久性角度考虑，不再以纵向受力钢筋的外缘，而以最外层钢筋（包括箍筋、构造筋、分布筋等）的外缘计算混凝土保护层厚度。因此，本次修订后的保护层实际厚度比原规范实际厚度普遍加大”。

由于混凝土强度等级大于 C25，且环境类别属于一类，梁柱保护层厚度可取 20mm，具体可查看《混规》保护层厚度+环境类别章节。

（15）剪力墙构造边缘构件的设计执行《高规》7.2.16-4

《高规》7.2.16-4 条对抗震设计时，连体结构、错层结构及 B 级高度高层建筑结构中剪力墙（筒体）构造边缘构件的最小配筋做出了规定。该选项用来控制剪力墙构造边缘构件是否按照《高规》7.2.16-4 条执行。执行该选项将使构造边缘构件配筋量提高。

本项目不勾选。

（16）底部加强区全部设为约束边缘构件

勾选此选项时，所有在底部加强区的边缘构件均按约束边缘构件的构造处理，不进行底截面轴压比的判断。此选项略为保守，但方便设计和施工。02 版《高规》有与此类似的规定。出于设计简便和旧规范延续性的考虑，软件中设置此选项。此选项默认不勾选。

本项目不勾选，不勾选更具有经济性。

（17）归入阴影区的 $r/2$ 区最大长度（mm）

本项目填写：0，按默认值。

（18）面外梁下生成暗柱边缘构件

勾选此选项时，软件在剪力墙面外梁下的位置设置暗柱。暗柱的尺寸及配筋构造均按《高规》7.1.6 的规定执行。软件并未考虑面外梁是否与墙刚接，只要勾选此项，所有墙面外梁下一律生成暗柱。当面外梁均与墙铰接时，可不勾选此选项，此时梁下墙的配筋做法需要设计人员另行说明。

本项目勾选：全不生成。在绘制施工图时，根据以下原则进行判断：梁与剪力墙单侧垂直相交时，如果梁跨度≥4m 或梁面配筋面积超过 $3cm^2$，则需在模型与实际设计图纸中设置暗柱，暗柱根据计算结果进行配筋或梁端点铰处理，加大梁底钢筋。或梁与侧壁单侧垂直相交时，如果梁面配筋面积超过 $9cm^2$，则需在模型与实际设计图纸中设置暗柱，暗柱根据计算结果进行配筋或梁端点铰处理，加大梁底钢筋。

（19）边缘构件合并距离

如果相邻边缘构件阴影区距离小于该参数，则软件将相邻边缘构件合并。

本项目填写：400。

（20）短肢墙边缘构件合并距离

由于规范对短肢剪力墙的最小配筋率的要求要高得多，短肢墙边缘构件配筋很大常放不下。将距离较近的边缘构件合并可使配筋分布更加合理。为此设此参数，软件隐含设置值比普通墙高一倍，为 600mm。

本项目填写：600。

（21）边缘构件尺寸取整模数

边缘构件尺寸按该参数四舍五入取整。

本项目填写：50。

（22）构造边缘构件尺寸设计依据

《高规》、《抗规》、《混规》关于构造边缘构件尺寸规定略有差异，软件提供该选项，供设计人员选择。

本项目勾选：《高规》。既然是高层住宅，则按《高规》进行设计。

（23）约束边缘构件尺寸依据《广东高规》设计

勾选该项，则约束边缘构件尺寸按《广东高规》取。

应根据实际工程来勾选。本项目不在广州，不勾选。

（24）按边缘构件轮廓计算配筋

本项目不勾选。

13. 钢构件设计信息（图 1-44）

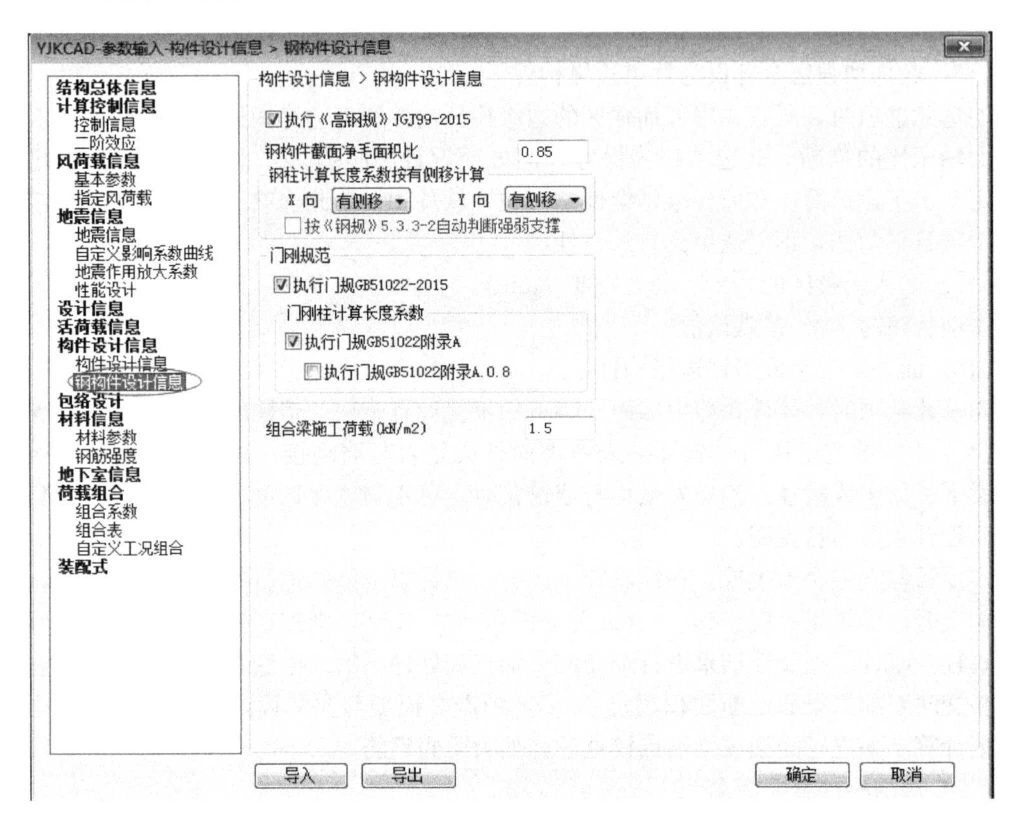

图 1-44 钢构件设计信息

（1）执行《高钢规》JGJ 99—2015

根据具体工程来判断。如果输入高钢规范围内的项目类型，应勾选。

（2）钢构件截面净毛面积比

钢构件截面净面积与毛面积的比值，该参数主要用于钢梁、钢柱、钢支撑等钢构件的强度验算。净面积是构件去掉螺栓孔之后的截面面积，毛面积就是构件总截面面积，此值一般为 0.85～0.92。轻钢结构最大可以取到 0.92，钢框架的可以取到 0.85。

（3）钢柱计算长度系数

该参数仅对钢结构有效，对混凝土结构不起作用，通常钢结构宜选择“有侧移”，如不考虑地震、风作用时，可以选择“无侧移”。

无侧移与填充墙无关，与支撑的抗侧刚度有关。钢结构建筑满足抗规相应要求，而层间位移不大于 1/1000 时，方可考虑按无侧移方法取计算长度系数。有支撑就认为结构无侧移的说法也是不对的。填充墙更不能作为考虑无侧移的条件。桁架计算长度是按无侧移取的。

14. 材料信息（材料参数图 1-45）

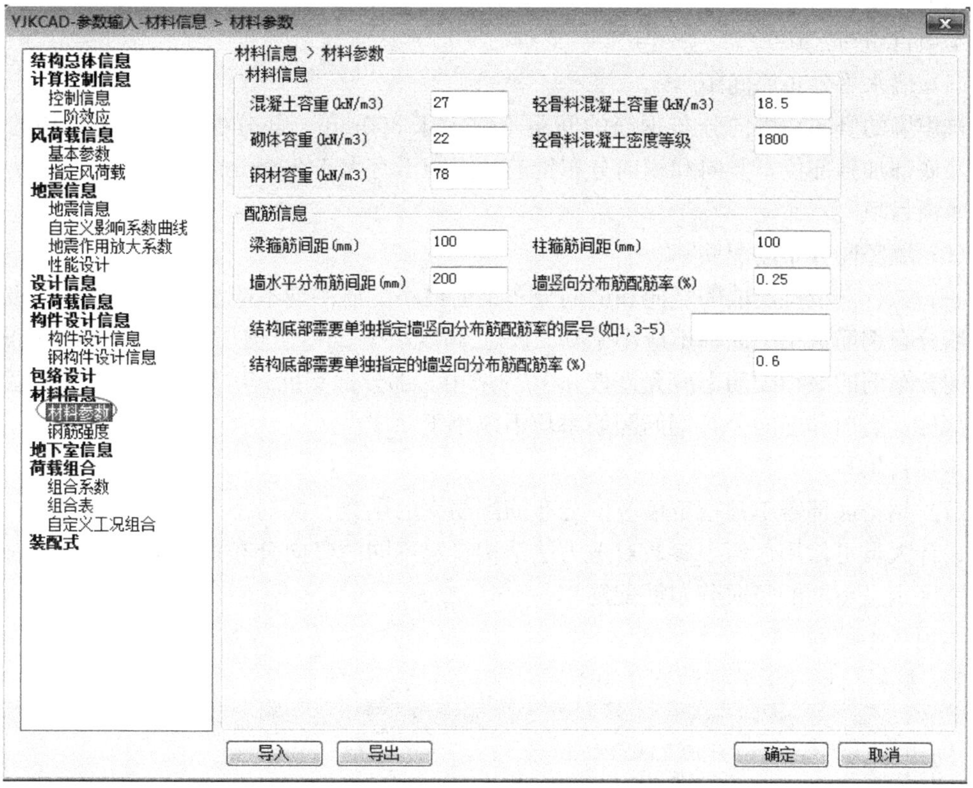

图 1-45　材料参数

（1）混凝土重度

由于建模时没有考虑墙面的装饰面层，因此钢筋混凝土计算重度，考虑饰面的影响应大于 25，不同结构构件的表面积与体积比不同饰面的影响不同，一般按结构类型取值：

结构类型	框架结构	框剪结构	剪力墙结构
重度	26	26～27	27

注：国建筑设计研究院姜学诗在“SATWE 结构整体计算时设计参数合理选取（一）”做了相关规定：钢筋混凝土重度应根据工程实际取，其增大系数一般可取 1.04～1.10，钢材重度的增大系数一般可取 1.04～1.18。即结构整体计算时，输入的钢筋混凝土材料的重度可取为 26～27.5。

本项目填写：27。

（2）钢材重度（kN/m^3）

一般取 78，不必改变。钢结构工程时要改，钢结构时因装修荷载钢材连接附加重量及防火、防腐等影响通常放大 1.04～1.18，即取 82～93。

（3）其他材料重度

一般可按默认值。

（4）梁、柱箍筋间距

该参数在进行混凝土构件斜截面配筋设计时使用，且输出的抗剪钢筋面积一般为单位间距内的钢筋面积。例如梁，如果施工图设计时加密区箍筋间距为100mm，非加密区箍筋间距为200mm，计算时输入的箍筋间距也为100mm，则软件计算结果中，梁加密区箍筋面积可直接使用，非加密区箍筋面积需乘以换算系数200/100=2。

本项目填写：100。

（5）墙水平分布筋间距

抗震墙的竖向和横向分布钢筋的间距不宜大于300mm，部分框支抗震墙结构的落地抗震墙底部加强部位，竖向和横向分布钢筋的间距不宜大于200mm。

本项目填写：200。

（6）墙竖向分布筋配筋率

一、二、三级抗震墙的竖向和横向分布钢筋最小配筋率均不应小于0.25%，四级抗震墙分布钢筋最小配筋率不应小于0.20%。高度小于24m且剪压比很小的四级抗震墙，其竖向分布筋的最小配筋率应允许按0.15%采用。部分框支抗震墙结构的落地抗震墙底部加强部位，竖向和横向分布钢筋配筋率均不应小于0.3%。

本项目填写：0.25%。

（7）结构底部需单独指定墙竖向分布筋配筋率的层数、配筋率

设计人员可使用这两个参数对剪力墙结构设定不同的竖向分布筋配筋率，如加强区和非加强区定义不同的竖向分布筋配筋率。

本项目不填写。

15. 材料信息（钢筋强度图1-46）

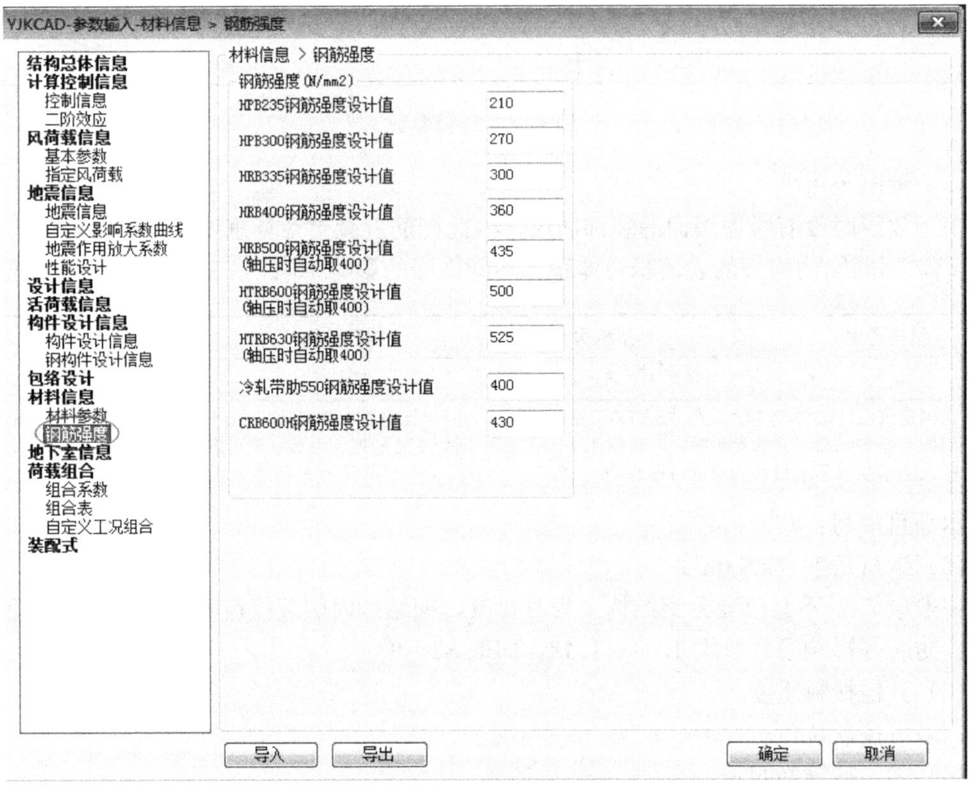

YJKCAD-参数输入-材料信息 > 钢筋强度

结构总体信息
计算控制信息
控制信息
二阶效应
风荷载信息
基本参数
指定风荷载
地震信息
地震信息
自定义影响系数曲线
地震作用放大系数
性能设计
设计信息
活荷载信息
构件设计信息
构件设计信息
钢构件设计信息
包络设计
材料信息
材料参数
钢筋强度
地下室信息
荷载组合
组合系数
组合表
自定义工况组合
装配式

材料信息 > 钢筋强度

钢筋强度 (N/mm2)

HPB235钢筋强度设计值	210
HPB300钢筋强度设计值	270
HRB335钢筋强度设计值	300
HRB400钢筋强度设计值	360
HRB500钢筋强度设计值（轴压时自动取400）	435
HTRB600钢筋强度设计值（轴压时自动取400）	500
HTRB630钢筋强度设计值（轴压时自动取400）	525
冷轧带肋550钢筋强度设计值	400
CRB600H钢筋强度设计值	430

导入　导出　确定　取消

图1-46　钢筋强度

一般可按默认值，不用修改。

16. 地下室信息（图 1-47）

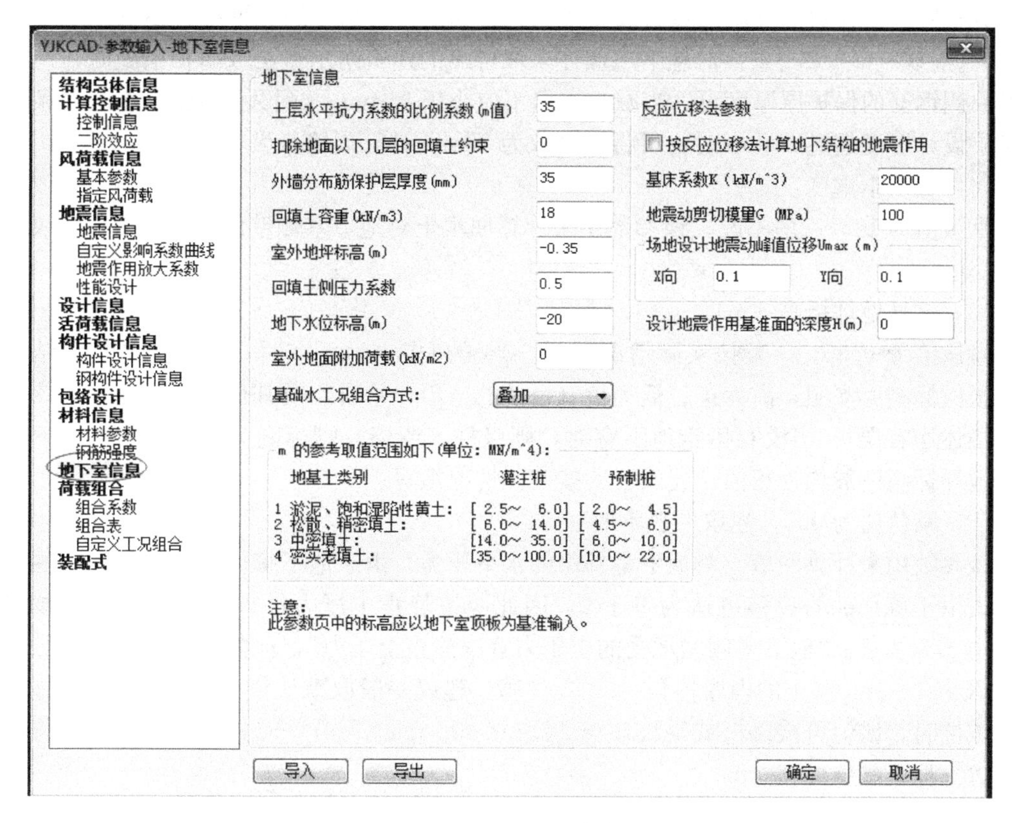

图 1-47 地下室信息

（1）土层水平抗力系数的比值系数（m 值）

土层水平抗力系数的比例系数 m，其计算方法即是土力学中水平力计算常用的 m 法。m 值的大小随土类及土状态而不同；对于松散及稍密填土，m 在 4.5～6.0 之间取值；对于中密填土，m 在 6.0～10.0 之间取值；对于密实老填土，m 在 10.0～22.0 之间取值。需要注意的是，负值仍保留原有版本的意义，即为绝对嵌固层数。该值≤地下室层数，如果有 2 层地下室，该值填写-2，则表示 2 层地下室无水平位移。

土层水平抗力系数的比例系数 m，用 m 值求出的地下室侧向刚度约束呈三角形分布，在地下室顶层处为 0，并随深度增加而增加。

本项目填写：5。

（2）扣除地面以下几层的回填土约束：

默认值为 0，一般不改。该参数的主要作用是由设计人员指定从第几层地下室考虑基础回填土对结构的约束作用，比如某工程有 3 层地下室，“土层水平抗力系数的比例系数”填 10，若设计人员将此项参数填为 1，则程序只考虑地下 3 层和地下 2 层回填土对结构有约束作用，而地下 1 层则不考虑回填土对结构的约束作用。

本项目填写 1（半地下室）。

（3）外墙分布筋保护层厚度：

默认值为35，一般可根据实际工程填写，比如南方地区，当做了防水处理措施时，可取30mm。根据《混规》表8.2.1选择，环境类别见表3.5.2。在地下室外围墙平面外配筋计算时用到此参数。外墙计算时没有考虑裂缝问题；外墙中的边框柱也不参与水土压力计算。《混规》8.2.2-4条：对地下室墙体采取可靠的建筑防水做法或防护措施时，与土层接触一侧钢筋的保护层厚度可适当减少，但不应小于25mm。《耐久性规范》3.5.4条：当保护层设计厚度超过30mm时，可将厚度取为30mm计算裂缝最大宽度。

(4) 回填土重度：

默认值为18，一般不改。该参数用来计算回填土对地下室侧壁的水平压力。建议一般取18.0。

(5) 室外地坪标高(m)：

默认值为-0.35，一般按实际情况填写。当用户指定地下室时，该参数是指以结构地下室顶板标高为参照，高为正、低为负（目前的《用户手册》及其他相关资料中对该项参数的描述均有误）；当没有指定地下室时，则以柱（或墙）脚标高为准。单建式地下室的室外地坪标高一般均为正值。建议一般按实际情况填写。

(6) 默认值为0.5，建议一般不改。

该参数用来计算回填土对地下室外墙的水平压力。由于地下车库外墙在净高范围内的土压力由于墙顶部的位移可认为等于0，因此应按静止土压力计算。根据《2003技术措施》中2.6.2条，"地下室侧墙承受的土压力宜取静止土压力"，而静止土压力的系数可近似按$K_0=1-\sin\varphi$（土的内摩擦角=30°）计算。建议一般取默认值0.5。当地下室施工采用护坡桩时，该值可乘以折减系数0.66后取0.33。

(7) 地下水位标高(m)

该参数标高系统的确定基准同{室外地坪标高}，但应满足≤0。建议一般按实际情况填写。若勘察未提供防水设计水位和抗浮设计水位时，宜从填土完成面（设计室外地坪）满水位计算。上海地区，一般情况可按设计室外地坪以下0.5m计算。

(8) 室外地面附加荷载：

该参数用来计算地面附加荷载对地下室外墙的水平压力。建议一般取5.0kN/m^2（详见《2009技术措施-结构体系》F.1-4条7)。

(9) 基础水工况组合方式

该参数用来控制基础水工况组合方式，当勾选"上部结构计算考虑基础结构"时有效。

(10) 反应位移法计算参数

可按默认值。

17. 荷载组合（组合系数　图1-48）

(1) 结构重要性系数

在持久设计状况和短暂设计状况下，对安全等级为一级的结构构件不应小于1.1，对安全等级为二级的结构构件不应小于1.0，对安全等级为三级的结构构件不应小于0.9。

本项目填写：1.0。

(2) 考虑结构设计使用年限的活荷载调整系数

《高规》5.6.1条做出了相关规定，当设计使用年限为50年时取1.0，设计使用年限为100年时取1.1。

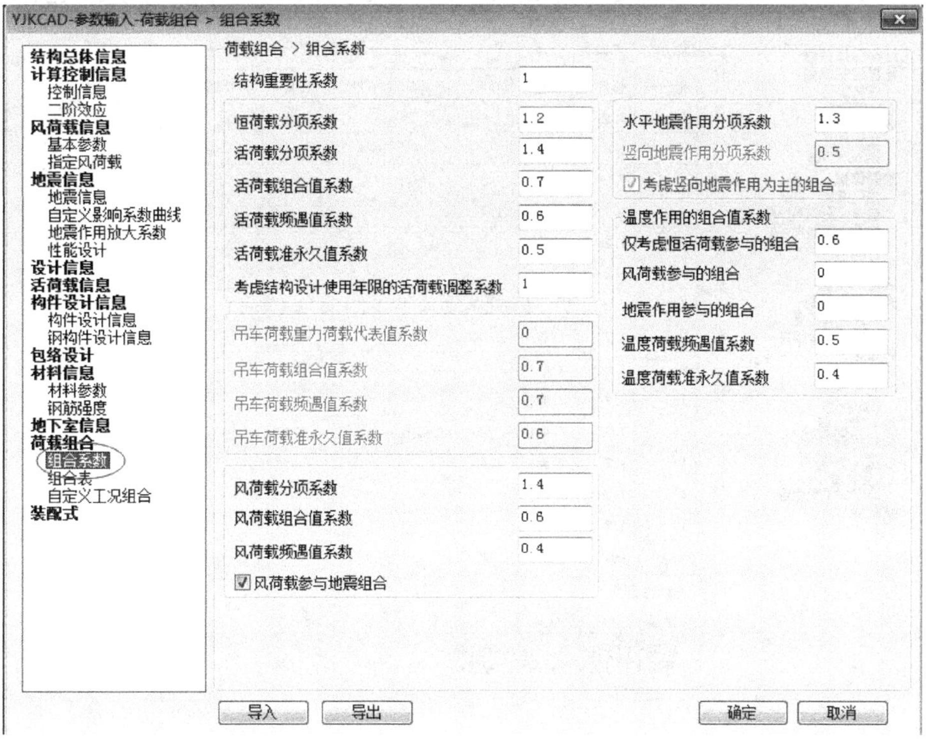

图 1-48　荷载组合/组合系数

本项目填写：1.0。

（3）风荷载参与地震组合

《高规》表 5.6.4 给出了有地震作用组合时荷载和作用的分项系数，也做出了风荷载参与组合的相关规定，软件提供该选项，由设计人员确定风荷载是否参与地震组合。一般超过 60m 的高层建筑，水平长悬臂结构和大跨度结构，再 7 度（0.15*g*）、8 度、9 度抗震设计时要勾选。

本项目勾选。

（4）其他

其他可按默认值。但需要注意的是，等效均布活荷载≥4.0kN/m^2 时组合值系数取 0.8，活荷载<4.0kN/m^2 时取 0.5。

18. 荷载组合（组合表　图 1-49）

软件提供自定义荷载组合功能，并根据参数设置自动生成荷载组合默认值，设计人员可以在此手工修改荷载组合分项系数及增、删组合。设计人员修改荷载组合后，需要勾选“采用自定义组合及工况”，软件才使用自定义的荷载组合。

如果设计人员想恢复软件默认生成的荷载组合，可以点击“自动生成数据”恢复软件默认生成的荷载组合。

本项目按默认值。

19. 荷载组合（自定义工况组合图 1-50）

地下室顶板设计时要考虑消防车，往往可以自此进行操作，具体操作步骤如下，如图 1-51～图 1-53 所示：

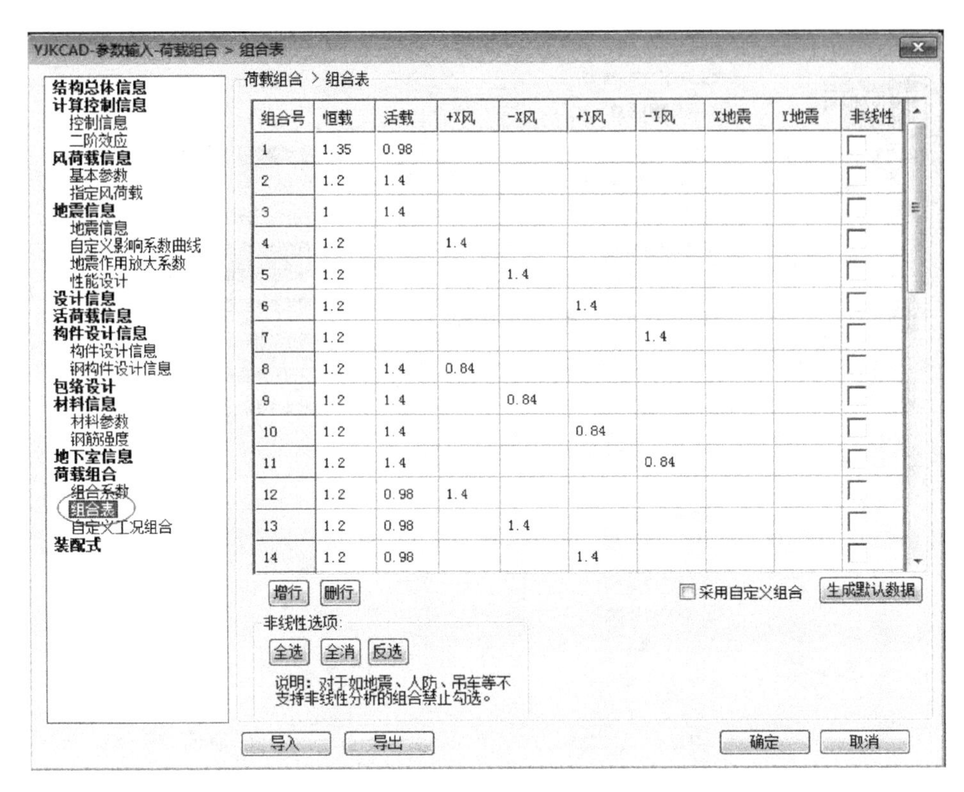

图 1-49　荷载组合/组合表

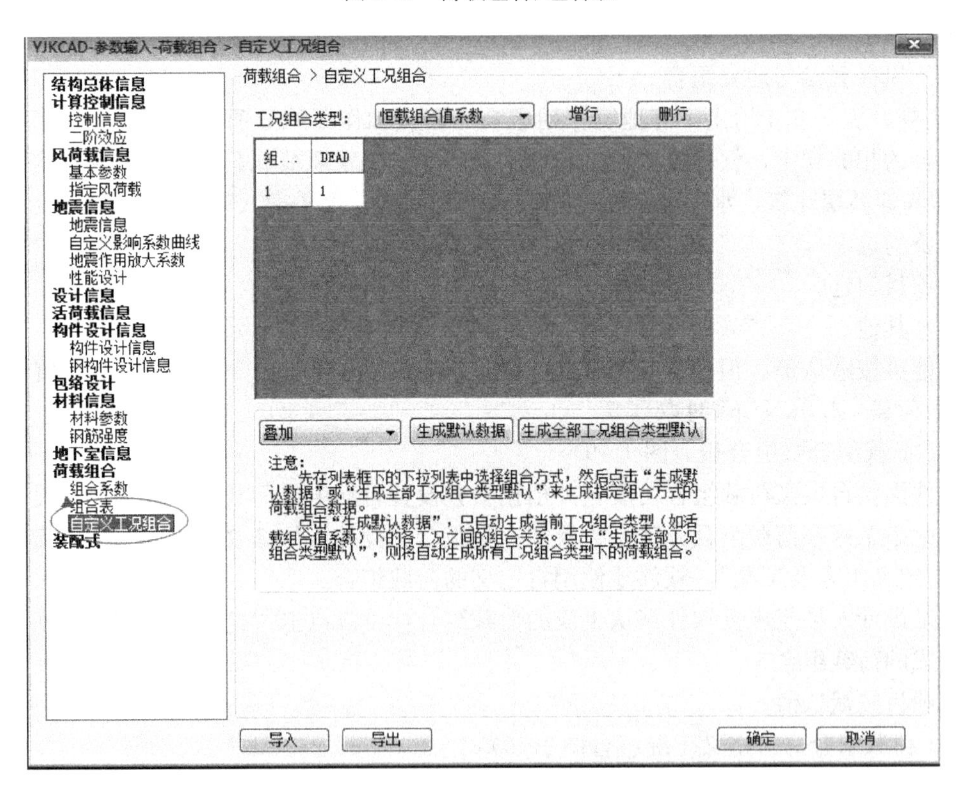

图 1-50　荷载组合/自定义工况组合

(1) 自定义消防车工况（程序内定为活荷载）

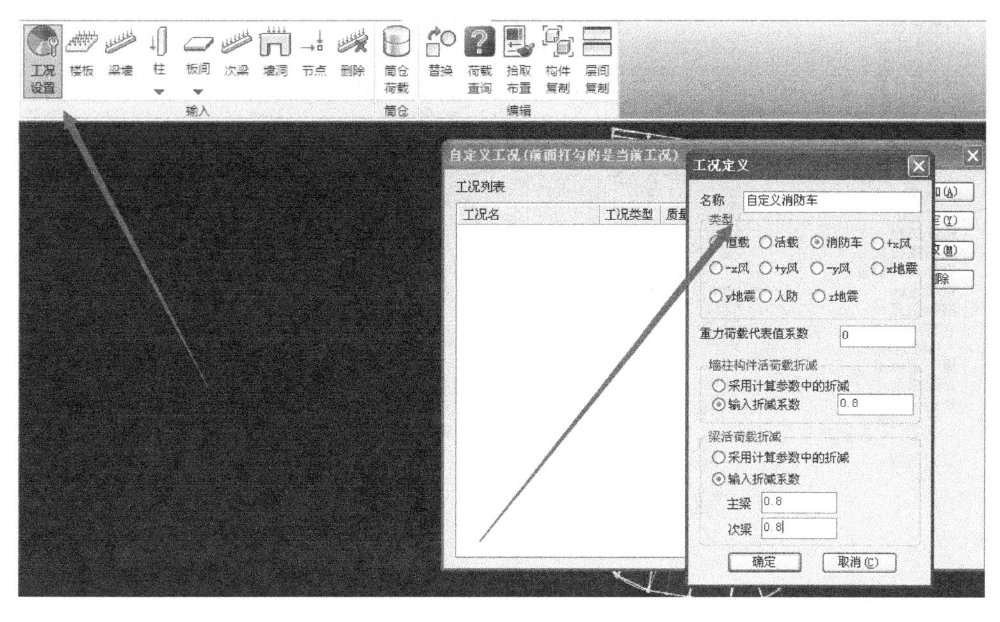

图 1-51　定义消防车工况

(2) 勾选自定义消防车荷载的情况下布置荷载

消防车道一般 4m，在柱距之内：

方法一：按《荷载规范》附录 C 计算楼面等效均布活荷载；

方法二：地下室顶板采用弹性板 3/6，在车道上布置虚梁。

图 1-52　布置消防车荷载

(3) 自定义荷载组合里选择包络，点击生产默认数据。

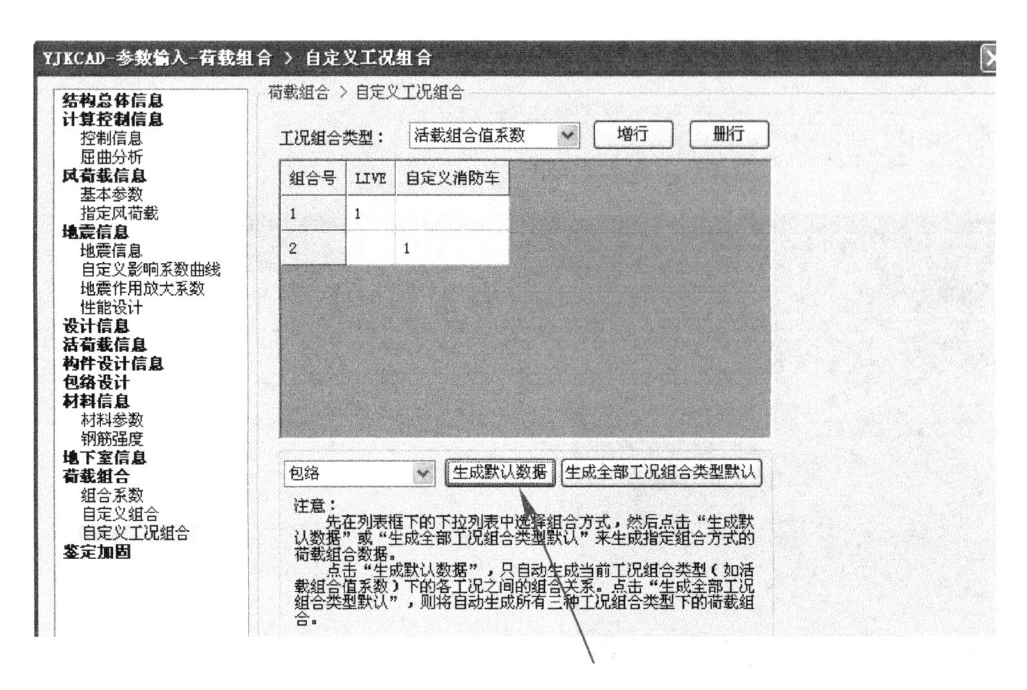

图 1-53　自定义工况组合（消防车荷载）

(4) 软件自动对梁柱消防车活荷载折减，进入基础模块，消防车荷载自动过滤掉。

20. 装配式（图 1-54）

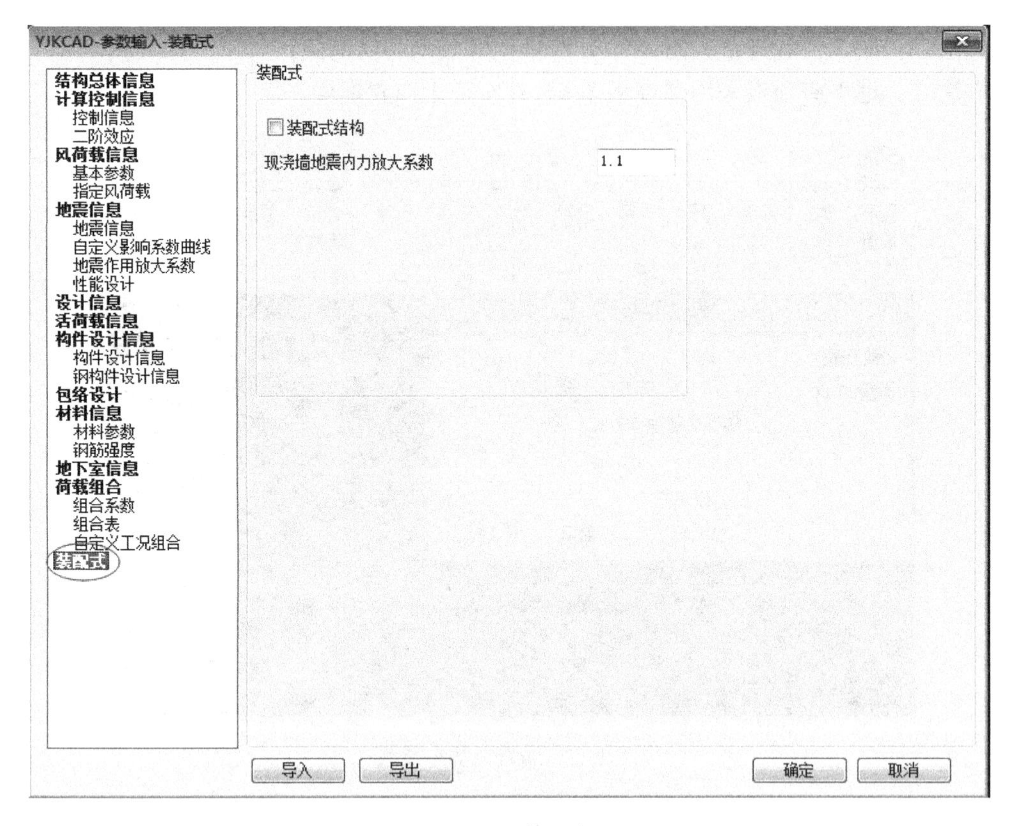

图 1-54　装配式

如果是装配式结构，应勾选“装配式结构”。

1.6.2 特殊构件设置

点击“特殊梁”（图 1-55），可以定义常见的梁中的特殊构件；点击“特殊柱”（图 1-56），可以定义常见的梁中的特殊构件；点击“特殊墙”（图 1-57），可以定义常见的墙中的特殊构件；点击“板属性”（图 1-58），可以定义常见的板中的特殊属性；点击“楼层属性/材料表”（图 1-59、图 1-60），可以定义构件的混凝土强度等级。

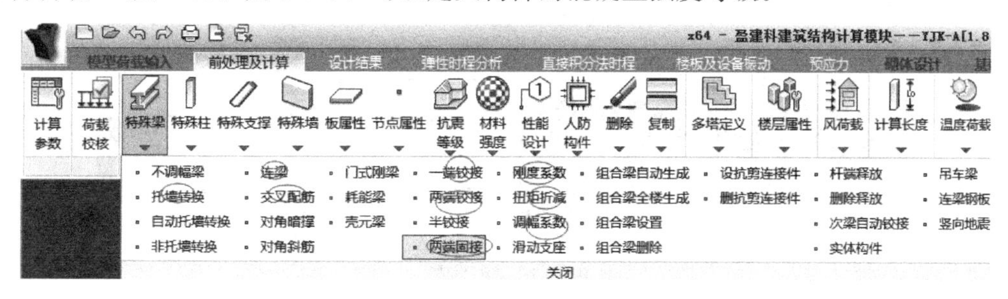

图 1-55 特殊梁

注：1. 一般住宅次梁始末两端可以点铰接，也可以不点铰接。点铰接时，最大层间位移角会减小。

2. 边跨 1.2m 高的飘窗边梁，如不设为连梁时，需把刚度系数设为 1.0。

3. 梁上（内侧无板）支承单侧悬挑梁及板时，应注意人工修改其扭矩折减系数应为 1.0。

4. 有时候梁抗弯超筋，比如电梯井处，截面如果不可以再增加，有时候人为的修改刚度系数，把内力调到其他的构件上去。

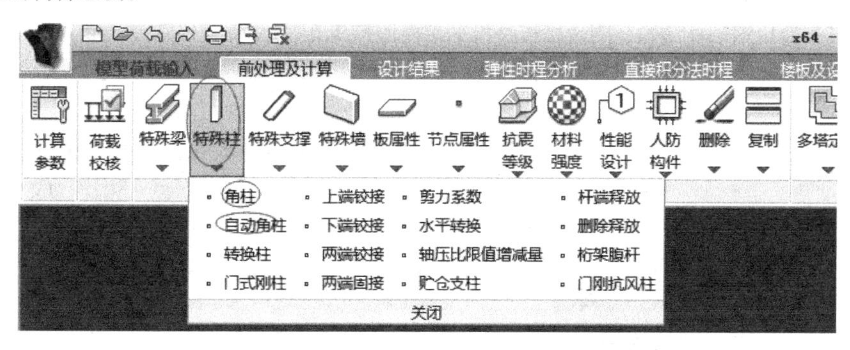

图 1-56 特殊柱

注：框架结构、框架-剪力墙或者框架-核心筒结构，一般应定义角柱。

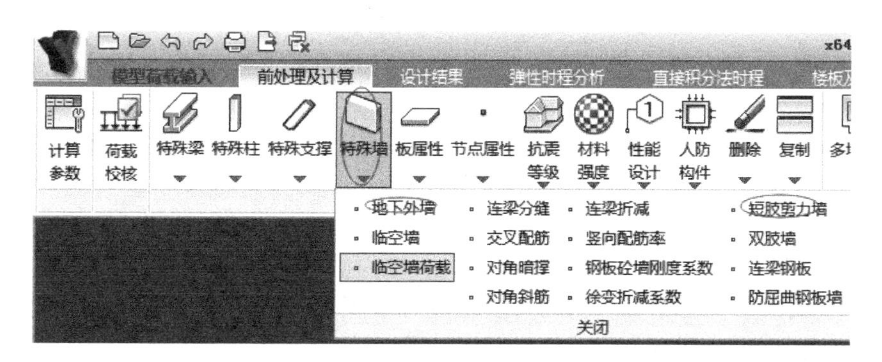

图 1-57 特殊墙

注：1. 有时候，程序自动把某些非短肢剪力墙定义为短肢剪力墙，可以用此命令修改。

2. 避免短肢剪力墙（200mm 厚和 250mm 的墙体长度分别不小于 1700mm 和 2100mm，或大于 300mm 厚墙体长度不小于 4 倍墙厚）。（注：广东省工程和其他地区规定不同：短肢剪力墙是指截面高度不大于 1600mm，且截面厚度小于 300mm 的剪力墙。）

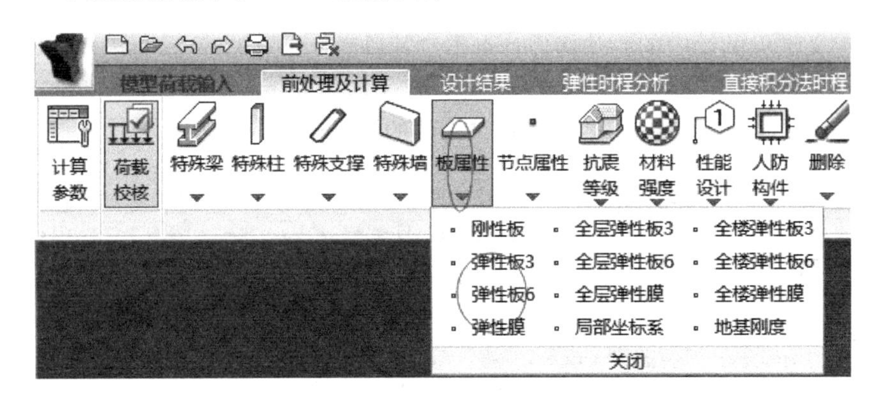

图 1-58　板属性

注：弹性楼板 6：程序真实考虑楼板平面内、外刚度对结构的影响，采用壳单元，原则上适用于所有结构。但采用弹性楼板 6 计算时，由于是弹性楼板，楼板的平面外刚度与梁的平面内刚度都是竖向，板与梁会共同分配水平风荷载或地震作用产生的弯矩，这样计算出来的梁的内力和配筋会较刚性板假设时算出的要少，且与真实情况不相符合（楼板是不参与抗震的），梁会变得不安全，因此该模型仅适用板柱结构。弹性楼板 3：程序设定楼板平面内刚度为无限大，真实考虑平面外刚度，采用壳单元，因此该模型仅适用厚板结构。弹性膜：程序真实考虑楼板平面内刚度，而假定平面外刚度为零。采用膜剪切单元，因此该模型适用钢楼板结构。刚性楼板是指平面内刚度无限大，平面外刚度为 0，内力计算时不考虑平面内外变形，与板厚无关，程序默认楼板为刚性楼板。

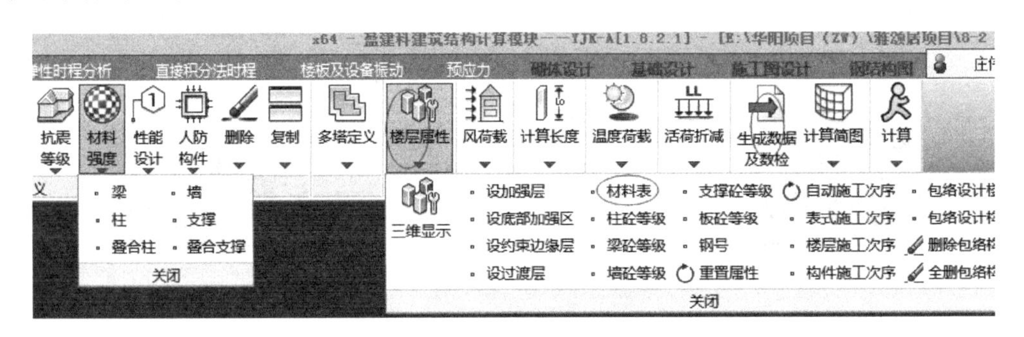

图 1-59　楼层属性

注：1. 修改混凝土构件的强度等级时，可以用窗口的方式框选，然后填写一个值，比如 C50，则所框选楼层全部修改为 C50。

2. 建模完成后，常常会再次修改标准层，进行楼层组装，此时应该重新填写“材料标号”。可以先点击“生成数据及数检”，再点击“楼层属性—材料标号”。

1.6.3　计算分析

点击“生成数据”程序可以自动对模型进行检查；点击“计算”，选择“生成数据＋全部计算”（图 1-61），即可完成计算。

楼层材料

材料标号 | 混凝土构件抗震等级 | 钢构件抗震等级 | 钢筋标号

	1塔					
	柱	墙	支撑	梁	板	钢号
1层	50	50	25	30	30	235
2层	50	50	25	30	30	235
3层	50	50	25	30	30	235
4层	50	50	25	30	30	235
5层	50	50	25	30	30	235
6层	50	50	25	30	30	235
7层	45	45	25	30	30	235
8层	45	45	25	30	30	235
9层	45	45	25	30	30	235
10层	45	45	25	30	30	235
11层	45	45	25	30	30	235
12层	40	40	25	30	30	235
13层	40	40	25	30	30	235

注：本表支持多选修改　确定　取消

图 1-60　材料标号

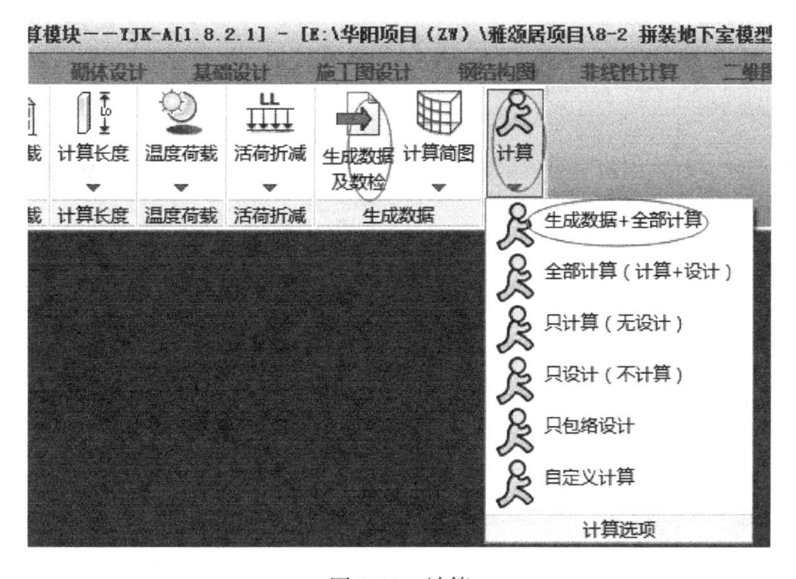

图 1-61　计算

1.6.4　结构计算步骤及控制点

结构计算步骤及控制点见表 1-10。

结构计算步骤及控制点　　表 1-10

计算步骤	步骤目标	建模或计算条件	控制条件及处理
1. 建模	几何及荷载模型	整体建模	1. 符合原结构传力关系； 2. 符合原结构边界条件； 3. 符合采用程序的假定条件
2. 计算一（一次或多次）	整体参数的正确确定	1. 地震方向角 $\theta_0=0$； 2. 单向地震； 3. 不考虑偶然偏心； 4. 不强制刚性楼板； 5. 按总刚分析	1. 振型组合数→有效质量参与系数＞0.9 吗？→否则增加振型组合数； 2. 最大地震力作用方向角→$\theta_0-\theta_m>15°$？→是，输入 $\theta_0=\theta_m$；输入附加方向角 $\theta_0=0$； 3. 结构自振周期，输入值与计算值相差＞10%时，按计算值改输入值； 4. 查看三维振型图，确定裙房参与整体计算范围→修正计算简图； 5. 短肢墙承担的抗倾覆力矩比例＞50%？是，修改设计； 6. 框剪结构框架承担抗倾覆力矩＞50？是，→框架抗震等级按框架结构定；若为多层结构，可定义为框架结构定义抗震等级和计算，抗震墙作为次要抗侧力，其抗震等级可降一级
3. 计算二（一次或多次）	判定整结构的合理性（平面和竖向规则性控制）	1. 地震方向角 $\theta_0=0$，θ_m； 2. 单（双）向地震； 3.（不）考虑偶然偏心； 4. 强制全楼刚性楼板； 5. 按侧刚分析； 6. 按计算一的结果确结构类型和抗震等级	1. 周期比控制；$T_t/T_1\leqslant0.9$（0.85）?→否，修改结构布置，强化外围，削弱中间； 2. 层位移比控制；$[\Delta U_m/\Delta U_a,\ U_m/U_a]\leqslant1.2m$→否，按双向地震重算； 3. 侧向刚度比控制；要求见《高规》3.5.2 节；不满足时程序自动定义为薄弱层； 4. 层受剪承载力控制；$Q_i/Q_{i+1}<[0.65\ (0.75)]$？否，修改结构布置； $0.65\ (0.75)\leqslant Q_i/Q_{i+1}<0.8$？→否，强制指定为薄弱层（注：括号中数据 B 级高层）； 5. 整体稳定控制；刚重比≥［10(框架)，1.4（其他）］； 6. 最小地震剪力控制；剪重比≥$0.2\alpha_{max}$?→否，增加振型数或加大地震剪力系数； 7. 层位角控制；$\Delta U_{ei}/h_i\leqslant$［1/550（框架），1/800（框剪），1/1000（其他）］ $\Delta U_{pi}/h_i\leqslant$［1/50（框架），1/100（框剪），1/120（剪力墙、筒中筒）］ 8. 偶然偏心是客观存在的，对地震作用有影响，层间位移角只需考虑结构自身的扭转耦联，不考虑偶然偏心与双向地震作用；双向地震作用本质是对抗侧力构件承载力的一种放大，属于承载能力计算范畴，不涉及对结构扭转控制和对结构抗侧刚度大小的判别（位移比、周期比），当结构不规则时，选择双向地震作用放大地震力，影响配筋； 9. 位移比、周期比即层间弹性位移角一般应考虑刚性楼板假定，这样的简化的精度与大多数工程真实情况一致，但不是绝对；复杂工程应区别对待，可不按刚性楼板假定
4. 计算三（一次或多次）	构件优化设计（构件超筋超限控制）	1. 按计算一、二确定的模型和参数； 2. 取消全楼强制刚性板；定义需要的弹性板； 3. 按总刚分析； 4. 对特殊构件人工指定	1. 构件构造最小断面控制和截面抗剪承载力验算； 2. 构件斜截面承载力验算（剪压比控制）； 3. 构件正截面承载力验算； 4. 构件最大配筋率控制； 5. 纯弯和偏心构件受压区高度限制； 6. 竖向构件轴压比比控制； 7. 剪力墙的局部稳定控制； 8. 梁柱节点核心区抗剪承载力验算

续表

计算步骤	步骤目标	建模或计算条件	控制条件及处理
5. 绘制施工图	结构构造	抗震构造措施	1. 钢筋最大最小直径限制； 2. 钢筋最大最小间距要求； 3. 最小配筋配箍率要求； 4 重要部位的加强和明显不合理部分局部调整

1.7 模型分析及调整

点击“设计结果-文本结果”（图 1-62），即可查看常见的 8 个指标是否满足规范要求。

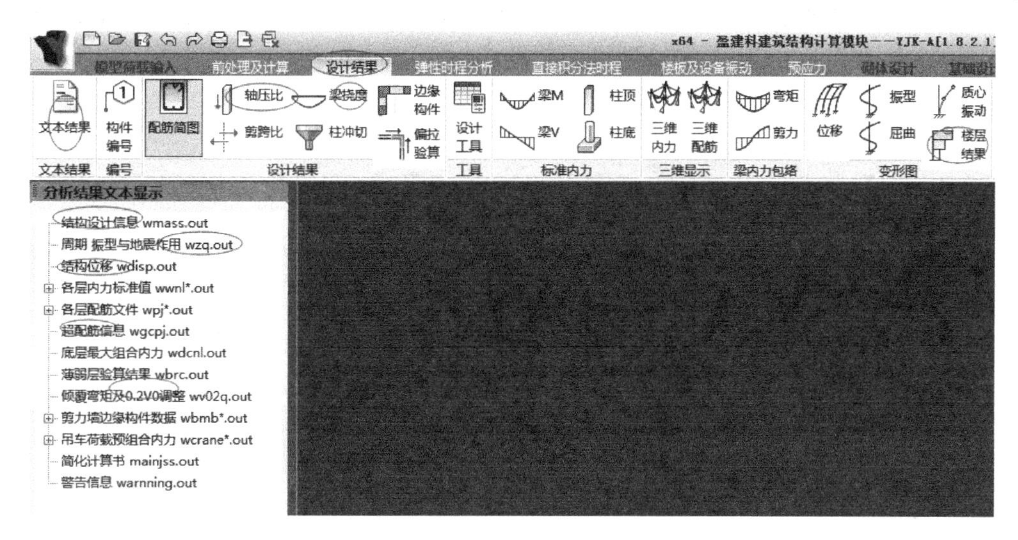

图 1-62 计算结果菜单

1.7.1 剪重比

剪重比即最小地震剪力系数 λ，主要是控制各楼层最小地震剪力，尤其是对于基本周期大于 3.5s 的结构，以及存在薄弱层的结构。

剪重比的本质是地震影响系数与振型参数系数。对于普通的多层结构，一般均能满足最小剪重比要求，对于高层结构，当结构自振周期在 0.1s～特征周期之间时，地震影响系数不变。广州容柏生建筑结构设计事务所廖耘、柏生、李盛勇在《剪重比的本质关系推导及其对长周期超高层建筑的影响》一文中做了相关阐述：对剪重比影响最大的是振型参与系数，该参数与建筑体型分布，各层用途有关，与该振型各质点的相对位移及相对质量有关。当结构总重量恒定时，振型相对位移较大处的重量越大，则该振型的振型参与质量系数越大，但对抗震不利。保持质量分布不变的前提下，直接减小结构总质量可以加大计算剪重比，但这很困难。在保持质量不变的前提下，直接加大结构刚度也可以加大计算剪重比，但可能要付出较大的代价。

在实际设计中，对于普通的高层结构，如果底部某些楼层剪重比偏小，改变结构层高的可能性一般不大，一般是增加结构整体刚度（往往增加结构外围墙长，更有利于抗扭，位移比及周期比的调整），同时减少结构内边的墙（减轻结构自重的同时，更有利于位移比，周期比的调整）。提高振型参与质量系数的最好办法，还是增加结构整体刚度。考虑到反应谱长周期段本身的一些缺陷，保证长周期超高层建筑具有足够的抗震承载力和刚度储备是必要的。可不必强求计算剪重比，而应考虑采用放大剪重比并通过修改反应谱曲线的方法来使结构达到一定的设计剪重比，或采用更严格的位移限值来控制结构变形。

（1）规范规定

《抗规》5.2.5 条：抗震验算时，结构任一楼层的水平地震剪力应符合下式要求：

$$V_{eki} \geqslant \lambda \sum_{j=1}^{n} G_j \tag{1-1}$$

式中 V_{eki}——第 i 层对应于水平地震作用标准值的楼层剪力；

λ——剪力系数，不应小于楼层最小地震剪力系数值，对竖向不规则结构的薄弱层，尚应乘以 1.15 的增大系数；

G_j——第 j 层的重力荷载代表值。

（2）计算结果查看

【文本结果】→【周期、振型、地震力（WZQ.OUT）】，最终查看结果如图 1-63 所示。

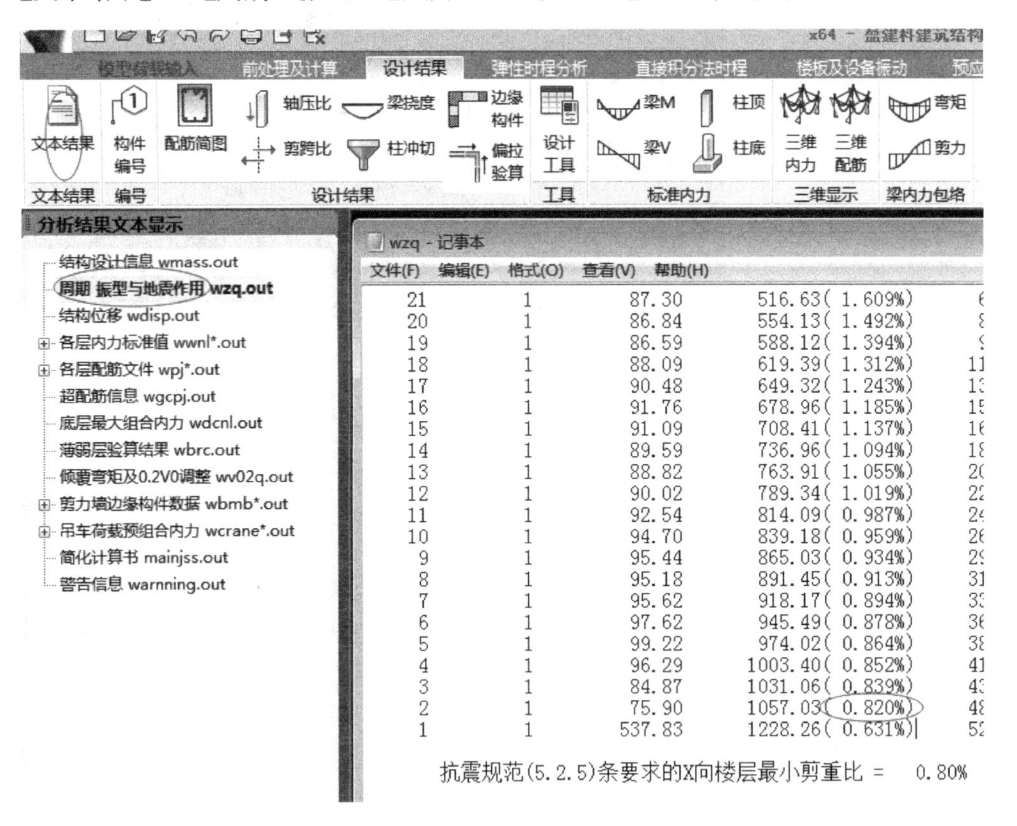

图 1-63 剪重比计算书

注：地下室剪重比计算结果可以不查看，X、Y 方向的剪重比均满足规范要求。

（3）剪重比不满足规范规定时的调整方法

1）程序调整

在 SATWE 的“调整信息”中勾选“按抗震规范 5.2.5 调整各楼层地震内力”后，SATWE 按《抗规》5.2.5 自动将楼层最小地震剪力系数直接乘以该层及以上重力荷载代表值之和，用以调整该楼层地震剪力，以满足剪重比要求。

调整信息中提供了强、弱轴方向动位移比例，当剪重比满足规范要求时，可不对此参数进行设置。若不满足就分别用 0，0.5，1.0 这几个规范指定的调整系数来调整剪重比。如果平动周期＜特征周期，处于加速度控制段，则各层的剪力放大系数相同，此时动位移比例填 0；如果特征周期≤平动周期≤5 倍特征周期，处于速度控制段，此时动位移比例可填 0.5；如果平动周期＞5 倍特征周期，处于位移控制段，此时动位移比例可填 1。

注：弱轴就是指结构长周期方向，强轴指短周期方向，分别给定强、弱轴两个系数，方便对两个方向采用有可能不同的调整方式，对于多塔的情况，比较复杂，只能通过自定义调整系数的方式来进行剪重比调整。

2）人工调整

如果需人工干预，可按下列三种情况进行调整

① 当地震剪力偏小而层间侧移角又偏大时，说明结构过柔，宜适当加大墙、柱截面，提高刚度；

② 当地震剪力偏大而层间侧移角又偏小时，说明结构过刚，宜适当减小墙、柱截面，降低刚度以取得合适的经济技术指标；

③ 当地震剪力偏小而层间侧移角又恰当时，可在 SATWE 的“调整信息”中的“全楼地震作用放大系数”中输入大于 1 的系数增大地震作用，以满足剪重比要求。

（4）设计时要注意的一些问题

① 对高层建筑而言，结构剪重比一般底层最小，顶层最大，故实际工程中，结构剪重比一般由底层控制。

② 剪重比不满足要求时，首先要检查有效质量系数是否达到 90%。剪重比是反映地震作用大小的重要指标，它可以由“有效质量系数”来控制，当“有效质量系数”大于 90%时，可以认为地震作用满足规范要求，若没有，则有以下几个方法：①查看结构空间振型简图，找到局部振动位置，调整结构布置或采用强制刚性楼板，过滤掉局部振动；②由于有局部振动，可以增加计算振型数，采用总刚分析；③剪重比仍不满足时，对于需调整楼层层数较少（不超过楼层总数的 15%），且剪重比与规范限值相差不大（地震剪力调整系数不大于 1.17）时，可以通过选择软件的相关参数来达到目的，也可以提前和审图公司沟通，看他们可接受多少层剪重比不满足规范要求。剪重比不满足规范要求，还应检查周期折减系数是否取值正确。

③ 控制剪重比的根本原因在于建筑物周期很长的时候，由振型分解法所计算出的地震效应会偏小。剪重比与抗震设防烈度、场地类别、结构形式和高度有关，对于一般多、高层建筑，最小的剪重比值往往容易满足，高层建筑，由于结构布置原因，可能出现底部剪重比偏小的情况，在满足规范规定时，没必要刻意去提高，规范规定剪重比主要是增加结构的安全储备。地下室楼层，无论地下室顶板是否作为上部结构的嵌固部位，均不需要满足规范的地震剪力系数要求。非结构意义上的地下室除外。

④ 4%左右的剪重比对多层框架结构应该是合理的。结构体系对剪重比的计算数值影响较大，矮胖型的钢筋混凝土框架结构一般剪重比比较大，体型纤细的长周期高层建筑一般剪重比会比较小。

⑤ 周期比调整的过程中，减法很重要，剪重比调整的过程中，也可以采用这种方法。实在没有办法时，现在好多设计单位都玩数字游戏，比如减小周期折减系数，填写：水平

力与整体坐标夹角。

应满足《高规》4.3.12 条的要求，不满足时应进行楼层地震力放大。全国超限审查专家委员会的底限：底部剪重比不应小于限值的 0.85 倍；广东省标无限制，仅需调整。不宜有超过 15%的楼层不满足最小剪重比的要求，不应有超过 25%的楼层不满足最小剪重比的要求。

1.7.2 周期比

（1）规范规定

《高规》3.4.5：结构扭转为主的第一自振周期 T_t 与平动为主的第一自振周期 T_1 之比，A 级高度高层建筑不应大于 0.9，B 级高度高层建筑、超过 A 级高度的混合结构及本规程第 10 章所指的复杂高层建筑不应大于 0.85。

（2）计算结果查看

【文本结果】→【周期、振型、地震力（WZQ.OUT）】，最终查看结果如图 1-64 所示。

wzq - 记事本

文件(F) 编辑(E) 格式(O) 查看(V) 帮助(H)

```
**********************************************************
                周期、地震力与振型输出文件
**********************************************************

考虑扭转耦联时的振动周期(秒)、X,Y 方向的平动系数、扭转系数

振型号    周期      转角        平动系数(X+Y)       扭转系数(Z)(强制刚性楼板模型)

   1     2.6182    85.85     1.00(0.01+0.99)       0.00
   2     2.2143   175.54     0.99(0.99+0.01)       0.01
   3     1.8363    24.80     0.01(0.01+0.00)       0.99
   4     0.6587    50.86     0.97(0.39+0.58)       0.03
   5     0.6461   141.52     1.00(0.61+0.39)       0.00
   6     0.5220    71.76     0.04(0.01+0.03)       0.96
   7     0.3304     4.08     1.00(0.99+0.01)       0.00
   8     0.2904    95.32     0.90(0.01+0.89)       0.10
   9     0.2482    82.76     0.11(0.01+0.10)       0.89
  10     0.2092     3.97     0.99(0.99+0.00)       0.01
  11     0.1679    95.41     0.85(0.01+0.84)       0.15
  12     0.1480     3.68     0.86(0.82+0.04)       0.14
  13     0.1460   112.52     0.31(0.19+0.12)       0.69
  14     0.1157    77.45     0.70(0.18+0.52)       0.30
  15     0.1127     3.03     0.95(0.87+0.09)       0.05

地震作用最大的方向 = 84.813°

振型号    周期      转角        平动系数(X+Y)       扭转系数(Z)
   1     2.6235    85.81     1.00(0.01+0.99)       0.00
   2     2.2161   175.51     0.99(0.99+0.01)       0.01
   3     1.8397    23.39     0.01(0.01+0.00)       0.99
   4     0.6600    52.61     0.97(0.36+0.61)       0.03
   5     0.6470   143.17     1.00(0.64+0.36)       0.00
   6     0.5235    70.79     0.04(0.01+0.03)       0.96
   7     0.3310     4.16     1.00(0.99+0.01)       0.00
```

图 1-64 周期数据计算书

注：周期比为 2.21/2.61=0.847<0.9，满足规范要求。前三周期为平扭，且平动系数与扭转系数均大于 0.8。

（3）周期比不满足规范规定时的调整方法

① 程序调整：SATWE 程序不能实现。

② 人工调整：人工调整改变结构布置，提高结构的扭转刚度。总的调整原则是加强结构外围墙、柱或梁的刚度（减小第一扭转周期），适当削弱结构中间墙、柱的刚度（增大第一平动周期）。周边布置要均匀、对称、连续，有较大凹凸的部位加拉梁等（减小变形）。

③ 当不满足周期比时，若层位移角控制潜力较大，宜减小结构内部竖向构件刚度，

增大平动周期；当不满足周期比时，且层位移角控制潜力不大，应检查是否存在扭转刚度特别小的楼层，若存在则应加强该楼层（构件）的抗扭刚度；当周期比不满足规范要求且层位移角控制潜力不大，各层抗扭刚度无突变时，则应加大整个结构的抗扭刚度。

（4）设计时要注意的一些问题

① 控制周期比主要是为了控制当相邻两个振型比较接近时，由于振动耦联，结构的扭转效应增大。周期比不满足要求时，一般只能通过调整平面布置来改善，这种改变一般是整体性的。局部小的调整往往收效甚微。周期比不满足要求，说明结构的扭转刚度相对于侧移刚度较小，调整原则是加强结构外部，或者虚弱内部，由于是虚弱内部的刚度，往往起到事半功倍的效果。

② 周期比是控制侧向刚度与扭转刚度之间的一种相对关系，而非其绝对大小，它的目的是使抗侧力构件的平面布置更有效、更合理，使结构不至于出现过大的扭转效应，控制周期比不是要求结构是否足够结实，而是要求结构承载布局合理。多层结构一般不要求控制周期比，但位移比和刚度比要控制，避免平面和竖向不规则，以及进行薄弱层验算。位移比本质是扭转变形，傅学怡《实用高层建筑结构设计》（第二版）指出：位移比指标是扭转变形指标，而周期比是扭转刚度指标。但周期比的本质其实也是扭转变形，因为扭转刚度指标在某些特殊情况下（比如偏心荷载作用下），也会产生扭转变形。扭转变形也是相对扭转变形，对于复杂建筑，比如蝶形建筑，有时候蝶形一侧四周应加长墙去形成“稳”的盒子，多个盒子稳固了，则不论平面多复杂，一般需要较小的代价就能满足周期比、位移比；否则，不形成“稳”的盒子，需要利用到相对刚度与相对扭转变形的概念，平面的不规则，质心与刚心偏心距太大，模型很难调过。

③ 一般情况下，周期最长的扭转振型对应第一扭转周期 T_t，周期最长的平动振型对应第一平动周期 T_1，但也要查看该振型基底剪力是否比较大，在“结构整体空间振动简图”中，是否能引起结构整体振动，局部振动周期不能作为第一周期。当扭转系数大于 0.5 时，可认为该振型是扭转振型，反之为平动振型。

④ 对于某个特定的地震作用引起的结构反应而言，一般每个参与振型都有着一定的贡献，贡献最大的振型就是主振型；贡献指标的确定一般有两个，一是基底剪力的贡献大小，二是应变能的贡献大小。基底剪力的贡献大小比较直观，容易接受。结构动力学认为，结构的第一周期对应的振型所需的能量最小，第二周期所需要的能量次之，依次往后推，而由反应谱曲线可知，第一振型引起的基底反力一般来说都比第二振型引起的基底反力要小，因为过了 T_g，反应谱曲线是下降的。无论是结构动力学还是反应谱曲线分析方法，都是花最小的“代价”激活第一周期。

多层结构，宜满足周期比，但《高规》中不是限值。满足有困难时，可以不满足，但第一振型不能出现扭转。高层结构：应满足周期比。在一定的条件下，也可以突破规范的限值。当层间位移角不大于规范限值的 40%，位移角小于 1.2 时，其限值可以适当放松，但不应超过 0.95。平动成分超过 80%，就是比较纯粹的平动。

⑤ 周期比其实是小震不坏、大震不倒的一个抗震措施。对于小震可以按弹性计算，对于大震无法按弹性计算，通常只有通过这些措施来控制结构的大震不倒。小震时如果位移比过大，并且扭转周期比过大，在大震的时候就容易出现边跨构件位移过大而破坏，风荷载的计算机理完全是另外一种方法，是实实在在荷载，按弹性状态来进行设计的。周期

比是抗震的控制措施，非抗震时可不用控制。

⑥ 对于位移比和周期比等控制应尽量遵循实事，而不是一味要求“采用刚性板假定”。不用刚性板假定，实际周期可能由于局部振动或构件比较弱，周期可能较长，周期比也没有意义，但不代表有意义的比值就是真实周期体现。在设计时，可以采用弹性板计算结构的周期，但要区分哪些是局部振动或较弱构件的周期，因为其意义不大。当然，也可以采用刚性楼板假定去过滤掉那些局部振动或较弱构件的周期，前提条件是结构楼板的假定符合刚性楼板假定，当不符合时，应采用一定的构造措施符合。

广东省工程可不控制。

1.7.3 位移比

（1）规范规定

《高规》3.4.5：结构平面布置应减少扭转的影响。在考虑偶然偏心影响的规定水平地震力作用下，楼层竖向构件最大的水平位移和层间位移，A 级高度高层建筑不宜大于该楼层平均值的 1.2 倍，不应大于该楼层平均值的 1.5 倍；B 级高度高层建筑、超过 A 级高度的混合结构及本规程第 10 章所指的复杂高层建筑不宜大于该楼层平均值的 1.2 倍，不应大于该楼层平均值的 1.4 倍。

注：当楼层的最大层间位移角不大于本规程第 3.7.3 条规定的限值的 40%时，该楼层竖向构件的最大水平位移和层间位移与该楼层平均值的比值可适当放松，但不应大于 1.6。

（2）计算结果查看

【文本结果】→【结构位移（WDISP.OUT）】，最终查看结果如图 1-65 所示，位移比小于 1.4，满足规范要求。

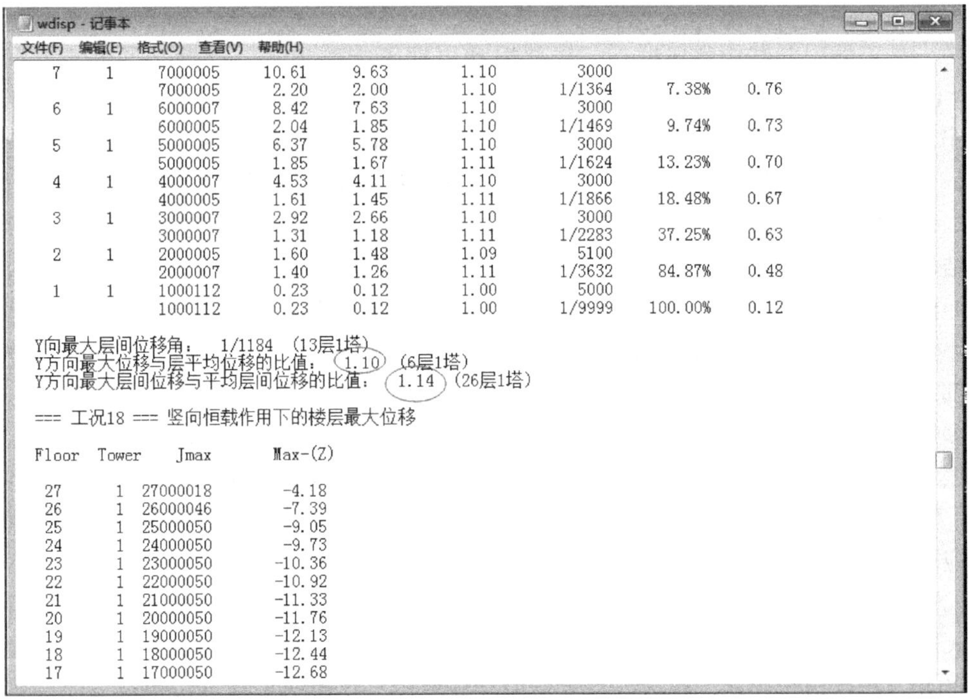

```
wdisp - 记事本
文件(F)  编辑(E)  格式(O)  查看(V)  帮助(H)
   7    1    7000005    10.61    9.63     1.10      3000
             7000005     2.20    2.00     1.10    1/1364     7.38%    0.76
   6    1    6000007     8.42    7.63     1.10      3000
             6000005     2.04    1.85     1.10    1/1469     9.74%    0.73
   5    1    5000005     6.37    5.78     1.10      3000
             5000005     1.85    1.67     1.11    1/1624    13.23%    0.70
   4    1    4000007     4.53    4.11     1.10      3000
             4000005     1.61    1.45     1.11    1/1866    18.48%    0.67
   3    1    3000007     2.92    2.66     1.10      3000
             3000007     1.31    1.18     1.11    1/2283    37.25%    0.63
   2    1    2000005     1.60    1.48     1.09      5100
             2000007     1.40    1.26     1.11    1/3632    84.87%    0.48
   1    1    1000112     0.23    0.12     1.00      5000
             1000112     0.23    0.12     1.00    1/9999   100.00%    0.12

Y向最大层间位移角：   1/1184  (13层1塔)
Y方向最大位移与层平均位移的比值：  1.10  (6层1塔)
Y方向最大层间位移与平均层间位移的比值：  1.14  (26层1塔)

=== 工况18 === 竖向恒载作用下的楼层最大位移

Floor  Tower    Jmax        Max-(Z)

 27     1   27000018     -4.18
 26     1   26000046     -7.39
 25     1   25000050     -9.05
 24     1   24000050     -9.73
 23     1   23000050    -10.36
 22     1   22000050    -10.92
 21     1   21000050    -11.33
 20     1   20000050    -11.76
 19     1   19000050    -12.13
 18     1   18000050    -12.44
 17     1   17000050    -12.68
```

图 1-65 位移比和位移角计算书

(3) 位移比不满足规范规定时的调整方法

① 程序调整：SATWE程序不能实现。

② 人工调整：改变结构平面布置，加强结构外围抗侧力构件的刚度，减小结构质心与刚心的偏心距。

(4) 设计时要注意的一些问题

① 位移比即楼层竖向构件的最大水平位移与平均水平位移的比值。层间位移比即楼层竖向构件的最大层间位移角与平均层间位移角的比值；最大位移 Δ_u 以楼层最大的水平位移差计算，不扣除整体弯曲变形。位移比是考察结构扭转效应，限制结构实际的扭转的量值。扭转所产生的扭矩，以剪应力的形式存在，一般构件的破坏准则通常是由剪切决定的，所以扭转比平动危害更大。

② 刚心质心的偏心大小并不是扭转参数是否能调合理的主要因素。判断结构扭转参数的主要因素不是刚心质心是否重合，而是由结构抗扭刚度和因刚心质心偏心产生的扭转效应的比值来决定的。换而言之，就是虽然刚心质心偏心比较大，但结构的抗扭刚度更大，足以抵抗刚心质心偏心产生的扭转效应。所以调整结构的扭转参数的重点不是非要把刚心和质心完全重合（实际工程这种可能性是比较小的），重点在于调整结构抗扭刚度和因刚心质心偏心产生的扭转效应的比值，同时兼顾调整刚心和质心的偏心。

③ 验算位移比时一般应选择“强制刚性楼板假定”，但目的是为了有一个量化参考标准，而不是这样的概念才是正确，软件设置需要一个包络设计，能涵盖大部分结构工程，而且符合规范要求。做设计时，应尽量遵循实事求是的原则，而不是一味要求“采用刚性板假定”，对于有转换层等复杂高层建筑，由于采用刚性楼板假定可能会失真，不宜采用刚性楼板的假定。当结构凸凹不规则或楼板局部不连续时，应采用符合楼板平面内实际刚度变化的计算模型或者采取一定的构造措施符合刚性楼板假定。位移比应考虑偶然偏心、不考虑双向地震作用。验算位移比之前，周期需要按WZQ重新输入，并考虑周期折减系数。

④ 位移比其实是小震不坏、大震不倒的一个抗震措施。对于小震可以按弹性计算，对于大震无法按弹性计算，通常只有通过这些措施来控制结构的大震不倒。小震时如果位移比过大，并且扭转周期比过大，在大震的时候就容易出现边跨构件位移过大而破坏，风荷载的计算机理完全是另外一种方法，是实实在在荷载，按弹性状态来进行设计的，位移比大也可能（一般不用考虑风荷载作用下的位移比），算出来边跨结构构件的力就大，构件相应地满足计算要求就可以。位移比是抗震的控制措施，非抗震时可不用控制。

⑤《抗规》3.4.3和《高规》3.4.5对“扭转不规则”采用“规定水平力”定义，其中《抗规》条文：“在规定水平力下楼层的最大弹性水平位移或（层间位移），大于该楼层两端弹性水平位移（或层间位移）平均值的1.2倍”。根据2010版抗震规范，楼层位移比不再采用根据CQC法直接得到的节点最大位移与平均位移比值计算，而是根据给定水平力下的位移计算。CQC-complete quadratic combination，即完全二次项组合方法，其不但考虑到各个主振型的平方项，而且还考虑到耦合项，将结构各个振型的响应在概率的基础上采用完全二次方开方的组合方式得到总的结构响应，每一点都是最大值，可能出现两端位移大，中间位移小，所以CQC方法计算的结构位移比可能偏小，有时不能真实地反映结构的扭转不规则。

⑥ 两端（X方向或Y方向）刚度接近（均匀）或外部刚度相对于内部刚度合理才位移比小，在实际设计中，位移比可不超过1.4并且允许两个不规则，对于住宅来说，位移比控制在1.2以内一般难度较大，3个或3个以上不规则，就要做超限审查。由于规范控制的位移比是基于弹性位移，位移比的定义初衷，主要是避免刚心和质量中心不在一个点上引起的扭转效应，而风荷载与地震作用都能引起扭转效应，所以风荷载作用下的位移比也应该考虑，做沿海项目时经常会遇到风荷载作用下的位移比较大的情况。如果从另一个角度考虑，地震作用下考虑位移比的初衷如果是：位移比大于1.4时，在中震、大震的作用下，结构受力很不好，破坏严重，则风荷载作用下可不考虑位移比（因为最大风压为固定值，没有“中震”“大震”这一说法，由于初衷无法考察，姑且考虑风荷载作用下的位移比偏保守）。

当位移比超限时，可以在SATWE找到位移大的节点位置，通过增加墙长（建筑允许）、加局部剪力墙、柱截面（建筑允许）或加梁高（建筑允许）减小该节点的位移，此时还应加大与该节点相对一侧墙、柱的位移（减墙长、柱截面及梁高）。当位移比超限时，可以根据位移比的大小调整加墙长的模数，一般墙身模数至少200mm，翼缘100mm，如果位移比超限值不大，按以上模数调整模型计算分析即可，如果位移比超出限值很大，可以按更大的模数，比如500～1000mm。此模数的选取，还可以先按建筑给定的最大限值取，再一步一步减小墙长。应特别注意的是，布置剪力墙时尽量遵循以下原则：外围、均匀、双向、适度、集中、数量尽可能少。

1.7.4 弹性层间位移角

（1）规范规定

《高规》3.7.3：按弹性方法计算的风荷载或多遇地震标准值作用下的楼层层间最大水平位移与层高之比$\Delta u/h$宜符合下列规定：

高度不大于150m的高层建筑，其楼层层间最大位移与层高之比$\Delta u/h$不宜大于表1-11的限值。

楼层层间最大位移与层高之比的限值 **表1-11**

结构体系	$\Delta u/h$限值
框架	1/550
框架-剪力墙、框架-核心筒、板柱-剪力墙	1/800
筒中筒、剪力墙	1/1000
除框架结构外的转换层	1/1000

（2）计算结果查看

【楼层结果】→【风位移角，地震位移角】，可查看计算结果，如图1-66所示，满足规范1/1000的要求。

（3）弹性层间位移角不满足规范规定时的调整方法

弹性层间位移角不满足规范要求时，位移比、周期比等也可能不满足规范要求，可以加强结构外围墙、柱或梁的刚度，同时减弱结构内部墙、柱或梁的刚度或直接加大侧向刚度很小的构件的刚度。

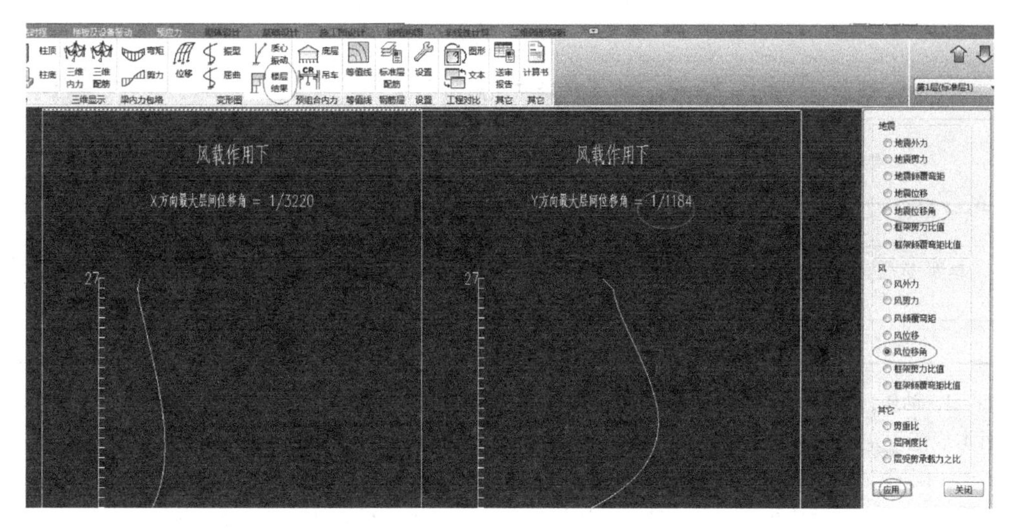

图 1-66　最大层间位移角

（4）设计时要注意的一些问题

① 限制弹性层间位移角的目的有两点，一是保证主体结构基本处于弹性受力状态，避免混凝土墙柱出现裂缝，控制楼面梁板的裂缝数量，宽度。二是保证填充墙、隔墙、幕墙等非结构构件的完好，避免产生明显的损坏。

② 当结构扭转变形过大时，弹性层间位移角一般也不满足规范要求，可以通过提高结构的抗扭刚度减小弹性层间位移角。

③ 高层剪力墙结构弹性层间位移角一般控制在 1/1100 左右（10%的余量），不必刻意追求此指标，关键是结构布置要合理。

④“弹性层间位移角”计算时只需考虑结构自身的扭转耦联，不考虑偶然偏心与双向地震作用，《高规》并没有强制规定层间位移角一定要是刚性楼板假定下的，但是对于一般的结构采用现浇钢筋混凝土楼板和有现浇面层的预制装配式楼板，在无削弱的情况下，均可视为无限刚性楼板，弹性板与刚性板计算弹性层间位移角对于大多数工程，差别不大（弹性板计算时稍微偏保守），选择刚性楼板进行计算，首先理论上有所保证，其次计算速度快，第三经过大量工程检验。弹性方法计算与采用弹性楼板假定进行计算完全不是一个概念，弹性方法就是构件按弹性阶段刚度，不考虑塑性变形，其得到的位移也就是弹性阶段的位移。

1.7.5　轴压比

（1）基本概念

柱子轴压比：柱组合的轴压力设计值与柱的全截面面积和混凝土轴心抗压强度设计值乘积之比值。

墙肢轴压比：重力荷载代表值作用下墙肢承受的轴压力设计值与墙肢的全截面面积和混凝土轴心抗压强度设计值乘积之比值。

（2）规范规定

《抗规》6.3.6：柱轴压比不宜超过表 1-12 的规定；建造于Ⅳ类场地且较高的高层建

筑，柱轴压比限值应适当减小。

柱轴压比限值 **表 1-12**

结构类型	抗震等级			
	一	二	三	四
框架结构	0.65	0.75	0.85	0.90
框架-抗震墙，板柱-抗震墙、框架-核心筒及筒中筒	0.75	0.85	0.90	0.95
部分框支抗震墙	0.6	0.7	—	

注：1. 轴压比指柱组合的轴压力设计值与柱的全截面面积和混凝土轴心抗压强度设计值乘积之比值；对本规范规定不进行地震作用计算的结构，可取无地震作用组合的轴力设计值计算；

2. 表内限值适用于剪跨比大于 2、混凝土强度等级不高于 C60 的柱；剪跨比不大于 2 的柱，轴压比限值应降低 0.05；剪跨比小于 1.5 的柱，轴压比限值应专门研究并采取特殊构造措施；

3. 沿柱全高采用井字复合箍且箍筋肢距不大于 200mm、间距不大于 100mm、直径不小于 12mm，或沿柱全高采用复合螺旋箍、螺旋间距不大于 100mm、箍筋肢距不大于 200mm、直径不小于 12mm，或沿柱全高采用连续复合矩形螺旋箍、螺旋净距不大于 80mm、箍筋肢距不大于 200mm、直径不小于 10mm，轴压比限值均可增加 0.10；上述三种箍筋的最小配箍特征值均应按增大的轴压比由本规范表 6.3.9 确定；

4. 在柱的截面中部附加芯柱，其中另加的纵向钢筋的总面积不少于柱截面面积的 0.8%，轴压比限值可增加 0.05；此项措施与注 3 的措施共同采用时，轴压比限值可增加 0.15，但箍筋的体积配箍率仍可按轴压比增加 0.10 的要求确定；

5. 柱轴压比不应大于 1.05。

《高规》7.2.13：重力荷载代表值作用下，一、二、三级剪力墙墙肢的轴压比不宜超过表 1-13 的限值。

剪力墙墙肢轴压比限值 **表 1-13**

抗震等级	一级（9 度）	一级（6、7、8 度）	二、三级
轴压比限值	0.4	0.5	0.6

注：墙肢轴压比是指重力荷载代表值作用下墙肢承受的轴压力设计值与墙肢的全截面面积和混凝土轴心抗压强度设计值乘积之比值。

（3）计算结果查看

点击【轴压比】，最终查看结果如图 1-67 所示。

（4）轴压比不满足规范规定时的调整方法

① 程序调整：程序不能实现。

② 人工调整：增大该墙、柱截面或提高该楼层墙、柱混凝土强度等级，箍筋加密等。

（5）设计时要注意的一些问题

① 抗震等级越高的建筑结构或构件，其延性要求也越高，对轴压比的限制也越严格，比如框支柱、一字形剪力墙等。抗震等级低或非抗震时可适当放松对轴压比的限制，但任何情况下不得小于 1.05。

② 通常验算底截面墙柱的轴压比，当截面尺寸或混凝土强度等级变化时，还应验算该位置的轴压比。试验证明，混凝土强度等级，箍筋配置的形式与数量，均与柱的轴压比有密切的关系，因此，规范针对不同的情况，对柱的轴压比限值作了适当的调整。

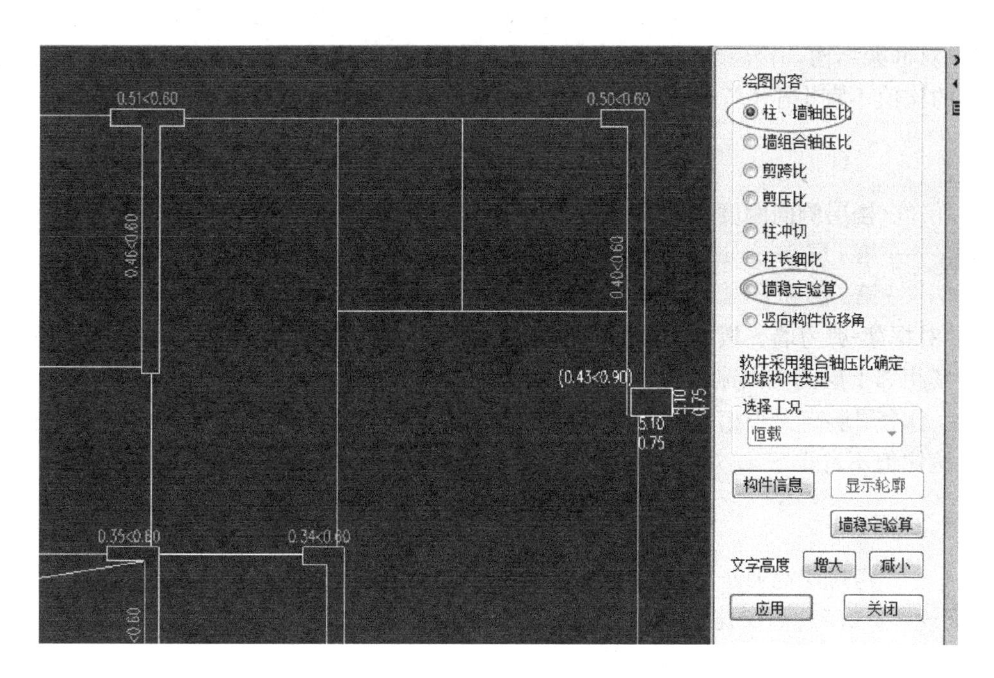

图 1-67 墙、柱轴压比计算结果

注：满足规范要求。也可以点击“墙稳定验算”，验算墙肢的整体稳定性及单肢墙的稳定性。轴压比及稳定性不满足规范要求时，在配筋信息里面，会显示红色。

③ 柱轴压比的计算在《高规》和《抗规》中的规定并不完全一样，《抗规》第 6.3.6 条规定，计算轴压比的柱轴力设计值既包括地震组合，也包括非地震组合，而《高规》第 6.4.2 条规定，计算轴压比的柱轴力设计值仅考虑地震作用组合下的柱轴力。软件在计算柱轴压比时，当工程考虑地震作用，程序仅取地震作用组合下的柱轴力设计值计算，而对于非地震组合产生的轴力设计值则不予考虑；当该工程不考虑地震作用时，程序才取非地震作用组合下的柱轴力设计值计算，这也是在设计过程中有时会发现程序计算轴压比的轴力设计值不是最大轴力的主要原因。

从概念上讲，轴压比仅适用于抗震设计，当结构恒载或活载比较大时，地震组合下轴压比有可能小于非抗震组合下的轴压比，所以在设计时，对于地震组合内力不起控制作用时，特别是那些恒载或活载比较大的结构，框架柱轴压比要留有余地。

④ 柱截面种类不宜太多是设计中的一个原则，在柱网疏密不均的建筑中，某根柱或为数不多的若干根柱由于轴力大而需要较大截面，如果将所有柱截面放大以求统一，会增加柱用钢量，可以对个别柱的配筋采用加芯柱、加大配箍率甚至加大主筋配筋率以提高其轴压比，从而达到控制其截面的目的。

⑤ 程序计算柱轴压比时，有时候数字按规范要求并没有超限，但是程序也显示红色，这是因为随着柱的剪跨比的不同或降低，轴压比限值也要降低。

1.7.6 楼层侧向刚度比

(1) 规范规定

《高规》3.5.2：抗震设计时，高层建筑相邻楼层的侧向刚度变化应符合下列规定：

1）对框架结构，楼层与其相邻上层的侧向刚度比 λ_1 可按式（1-2）计算，且本层与相邻上层的比值不宜小于 0.7，与相邻上部三层刚度平均值的比值不宜小于 0.8。

$$\lambda_1 = \frac{V_i \Delta_{i+1}}{V_{i+1} \Delta_i} \tag{1-2}$$

式中 λ_1——楼层侧向刚度比

V_i、V_{i+1}——第 i 层和 $i+1$ 层的地震剪力标准值（kN）；

Δ_i、Δ_{i+1}——第 i 层和 $i+1$ 层在地震作用标准值作用下的层间位移（m）。

2）对框架-剪力墙、板柱-剪力墙结构、剪力墙结构、框架-核心筒结构、筒中筒结构、楼层与其相邻上层的侧向刚度比 λ_2 可按式（1-3）计算，且本层与相邻上层的比值不宜小于 0.9；当本层层高大于相邻上层层高的 1.5 倍时，该比值不宜小于 1.1；对结构底部嵌固层，该比值不宜小于 1.5。

$$\lambda_2 = \frac{V_i \Delta_{i+1}}{V_{i+1} \Delta_i} \frac{h_i}{h_{i+1}} \tag{1-3}$$

式中 λ_2——考虑层高修正的楼层侧向刚度比

《高规》5.3.7：高层建筑结构整体计算中，当地下室顶板作为上部结构嵌固部位时，地下一层与首层侧向刚度比不宜小于 2。

《高规》10.2.3：转换层上部结构与下部结构的侧向刚度变化应符合本规程附录 E 的规定。

当转换层设置在 1、2 层时，可近似采用转换层与其相邻上层结构的等效剪切刚度比 γ_{e1} 表示转换层上、下层结构刚度的变化，γ_{e1} 宜接近 1，非抗震设计时 γ_{e1} 不应小于 0.4，抗震设计时 γ_{e1} 不应小于 0.5。γ_{e1} 可按下列公式计算：

$$\gamma_{e1} = \frac{G_1 A_1}{G_2 A_2} \times \frac{h_2}{h_1} \tag{1-4}$$

$$A_i = A_{w,i} + \sum_j C_{i,j} A_{ci,j} \quad (i = 1,2) \tag{1-5}$$

$$C_{i,j} = 2.5 \left(\frac{h_{ci,j}}{h_i} \right)^2 \quad (i = 1,2) \tag{1-6}$$

式中 G_1、G_2——转换层和转换层上层的混凝土剪变模量；

A_1、A_2——转换层和转换层上层的折算抗剪截面面积；

$A_{w,i}$——第 i 层全部剪力墙在计算方向的有效截面面积（不包括翼缘面积）；

$A_{ci,j}$——第 i 层第 j 根柱的截面面积；

h_i——第 i 层的层高；

$h_{ci,j}$——第 i 层第 j 根柱沿计算方向的截面高度；

$C_{i,j}$——第 i 层第 j 根柱截面面积折算系数，当计算值大于 1 时取 1。

当转换层设置在第 2 层以上时，《高规》式（1-2）计算的转换层与其相邻上层的侧向刚度比不应小于 0.6。

当转换层设置在第 2 层以上时，尚宜采用《高规》图 E 所示的计算模型按公式（1-7）计算转换层下部结构与上部结构的等效侧向刚度比 γ_{e2}。γ_{e2} 宜接近 1，非抗震设计时 γ_{e2} 不应小于 0.5，抗震设计时 γ_{e2} 不应小于 0.8。

$$\gamma_{e2} = \frac{\Delta_2 H_1}{\Delta_1 H_2} \tag{1-7}$$

（2）计算结果查看

【文本结果】→【结构设计信息（WMASS.OUT）】，最终查看结果如图 1-68 所示。

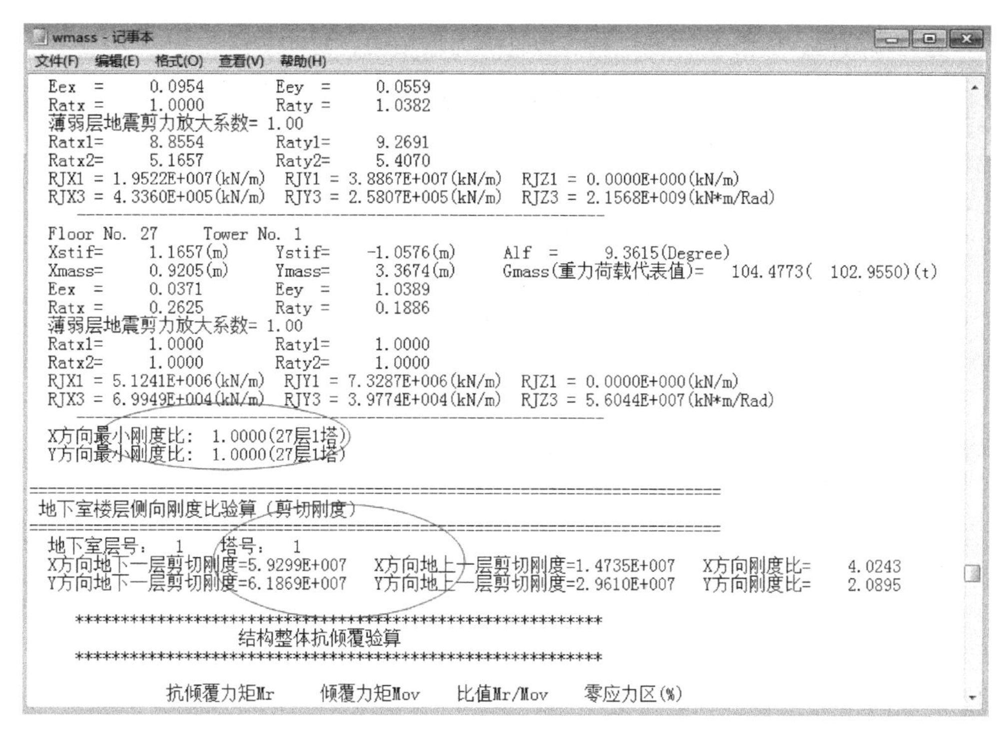

```
wmass - 记事本
文件(F)  编辑(E)  格式(O)  查看(V)  帮助(H)
 Eex  =      0.0954         Eey  =      0.0559
 Ratx =      1.0000         Raty =      1.0382
 薄弱层地震剪力放大系数= 1.00
 Ratx1=      8.8554         Raty1=      9.2691
 Ratx2=      5.1657         Raty2=      5.4070
 RJX1 = 1.9522E+007(kN/m)  RJY1 = 3.8867E+007(kN/m)  RJZ1 = 0.0000E+000(kN/m)
 RJX3 = 4.3360E+005(kN/m)  RJY3 = 2.5807E+005(kN/m)  RJZ3 = 2.1568E+009(kN*m/Rad)
 ----------------------------------------------------------------------
 Floor No.  27     Tower No.  1
 Xstif=      1.1657(m)      Ystif=     -1.0576(m)      Alf  =      9.3615(Degree)
 Xmass=      0.9205(m)      Ymass=      3.3674(m)      Gmass(重力荷载代表值)=   104.4773(  102.9550)(t)
 Eex  =      0.0371         Eey  =      1.0389
 Ratx =      0.2625         Raty =      0.1886
 薄弱层地震剪力放大系数= 1.00
 Ratx1=      1.0000         Raty1=      1.0000
 Ratx2=      1.0000         Raty2=      1.0000
 RJX1 = 5.1241E+006(kN/m)  RJY1 = 7.3287E+006(kN/m)  RJZ1 = 0.0000E+000(kN/m)
 RJX3 = 6.9949E+004(kN/m)  RJY3 = 3.9774E+004(kN/m)  RJZ3 = 5.6044E+007(kN*m/Rad)
 ----------------------------------------------------------------------
 X方向最小刚度比:  1.0000(27层1塔)
 Y方向最小刚度比:  1.0000(27层1塔)

==========================================================================
 地下室楼层侧向刚度比验算（剪切刚度）
==========================================================================
 地下室层号:  1     塔号:  1
 X方向地下一层剪切刚度=5.9299E+007   X方向地上一层剪切刚度=1.4735E+007   X方向刚度比=    4.0243
 Y方向地下一层剪切刚度=6.1869E+007   Y方向地上一层剪切刚度=2.9610E+007   Y方向刚度比=    2.0895

     ************************************************************
                        结构整体抗倾覆验算
     ************************************************************

               抗倾覆力矩Mr       倾覆力矩Mov      比值Mr/Mov     零应力区(%)
```

图 1-68　楼层侧向刚度比计算书

（3）楼层侧向刚度比不满足规范规定时的调整方法

① 程序调整：如果某楼层刚度比的计算结果不满足要求，软件自动将该楼层定义为薄弱层，并按《高规》3.5.8 将该楼层地震剪力放大 1.25 倍。

② 人工调整：如果还需人工干预，可适当降低本层层高和加强本层墙、柱或梁的刚度，适当提高上部相关楼层的层高或削弱上部相关楼层墙、柱或梁的刚度，减小相邻上层墙、柱的截面尺寸。

（4）设计时要注意的问题

结构楼层侧向刚度比要求在刚性楼板假定条件下计算，对于有弹性板或板厚为零的工程，应计算两次，先在刚性楼板假定条件下计算楼层侧向刚度比并找出薄弱层，再选择“总刚”完成结构的内力计算。

1.7.7　刚重比

（1）概念

结构的侧向刚度与重力荷载设计值之比称为刚重比。它是影响重力二阶效应的主要参数，且重力二阶效应随着结构刚重比的降低呈双曲线关系增加。高层建筑在风荷载或水平地震作用下，若重力二阶效应过大则会引起结构的失稳倒塌，所以要控制好结构的刚重比。

（2）规范规定

《高规》5.4.1：当高层建筑结构满足下列规定时，弹性计算分析时可不考虑重力二阶效应的不利影响。

1）剪力墙结构、框架-剪力墙结构、板柱剪力墙结构、筒体结构：

$$EJ_{\mathrm{d}} \geqslant 2.7H^2\sum_{i=1}^{n}G_i \tag{1-8}$$

2）框架结构

$$D_i \geqslant 20\sum_{j=i}^{n}G_j/h_i \quad (i=1,2,\cdots,n) \tag{1-9}$$

式中 EJ_{d}——结构一个主轴方向的弹性等效侧向刚度，可按倒三角形分布荷载作用下结构顶点位移相等的原则，将结构的侧向刚度折算为竖向悬臂受弯构件的等效侧向刚度；

H——房屋高度；

G_i、G_j——第 i、j 楼层重力荷载设计值，取 1.2 倍的永久荷载标准值与 1.4 倍的楼面可变荷载标准值的组合值；

h_i——第 i 楼层层高；

D_i——第 i 楼层的弹性等效侧向刚度，可取该层剪力与层间位移的比值；

n——结构计算总层数。

《高规》5.4.4：高层建筑结构的整体稳定性应符合下列规定

1）剪力墙结构、框架-剪力墙结构、筒体结构应符合下式要求：

$$EJ_{\mathrm{d}} \geqslant 1.4H^2\sum_{j=1}^{n}G_j \tag{1-10}$$

2）框架结构应符合下式要求：

$$D_i \geqslant 10\sum_{j=i}^{n}G_j/h_i \quad (i=1,2,\cdots,n) \tag{1-11}$$

（3）计算结果查看

【文本结果】→【结构设计信息（WMASS. OUT)】，最终查看结果如图 1-69 所示。

（4）刚重比不满足规范规定时的调整方法

① 程序调整：程序不能实现。

② 人工调整：调整结构布置，增大结构刚度，减小结构自重。

（5）设计时要注意的问题

高层建筑的高宽比满足限值时，一般可不进行稳定性验算，否则应进行。结构限制高宽比主要是为了满足结构的整体稳定性和抗倾覆，当超出规范中高宽比的限值时要对结构进行整体稳定和抗倾覆验算。

1.7.8 受剪承载力比

（1）规范规定

《高规》3.5.3：A 级高度高层建筑的楼层抗侧力结构的层间受剪承载力不宜小于其相邻上一层受剪承载力的 80%，不应小于其相邻上一层受剪承载力的 65%；B 级高度高层建筑的楼层抗侧力结构的层间受剪承载力不应小于其相邻上一层受剪承载力的 75%。

注：楼层抗侧力结构的层间受剪承载力是指在所考虑的水平地震作用方向上，该层全部柱、剪力墙、斜撑的受剪承载力之和。

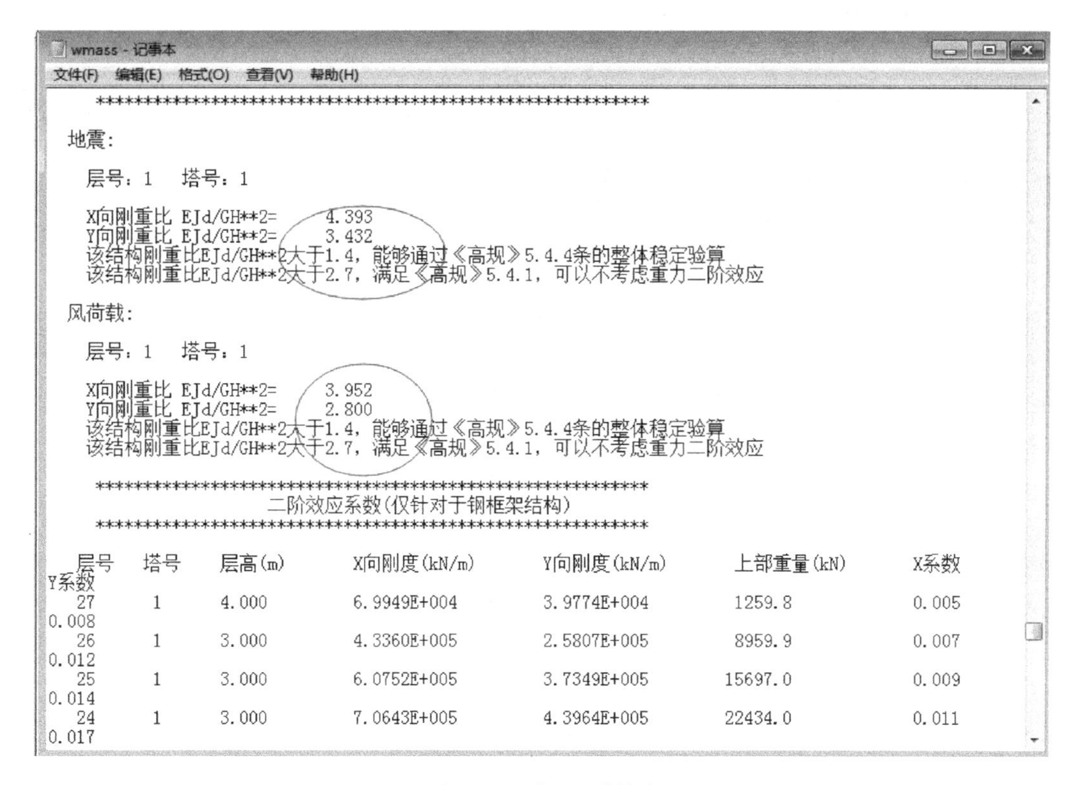
wmass - 记事本

文件(F) 编辑(E) 格式(O) 查看(V) 帮助(H)

```
*******************************************************

地震:

  层号: 1    塔号: 1

  X向刚重比 EJd/GH**2=     4.393
  Y向刚重比 EJd/GH**2=     3.432
  该结构刚重比EJd/GH**2大于1.4，能够通过《高规》5.4.4条的整体稳定验算
  该结构刚重比EJd/GH**2大于2.7，满足《高规》5.4.1，可以不考虑重力二阶效应

风荷载:

  层号: 1    塔号: 1

  X向刚重比 EJd/GH**2=     3.952
  Y向刚重比 EJd/GH**2=     2.800
  该结构刚重比EJd/GH**2大于1.4，能够通过《高规》5.4.4条的整体稳定验算
  该结构刚重比EJd/GH**2大于2.7，满足《高规》5.4.1，可以不考虑重力二阶效应

*******************************************************
            二阶效应系数(仅针对于钢框架结构)
*******************************************************
```

层号	塔号	层高(m)	X向刚度(kN/m)	Y向刚度(kN/m)	上部重量(kN)	X系数	Y系数
27	1	4.000	6.9949E+004	3.9774E+004	1259.8	0.005	0.008
26	1	3.000	4.3360E+005	2.5807E+005	8959.9	0.007	0.012
25	1	3.000	6.0752E+005	3.7349E+005	15697.0	0.009	0.014
24	1	3.000	7.0643E+005	4.3964E+005	22434.0	0.011	0.017

图 1-69　刚重比计算书

（2）计算结果查看

【文本结果】→【结构设计信息（WMASS. OUT）】，最终查看结果如图 1-70 所示。

（3）层间受剪承载力比不满足规范规定时的调整方法

① 程序调整："指定薄弱层个数"中填入该楼层层号，将该楼层强制定义为薄弱层，软件按《高规》3.5.8 将该楼层地震剪力放大 1.25 倍。

② 人工调整：适当提高本层构件强度（如增大配筋、提高混凝土强度或加大截面）以提高本层墙、柱等抗侧力构件的承载力，或适当降低上部相关楼层墙、柱等抗侧力构件的承载力。

1.7.9　超筋

超筋的种类比较多，常见的是抗弯超筋，剪扭超筋。对于常规的住宅，由于功能要求的限制，剪扭超筋时，加大梁宽的可能性不大，常常加大梁高；抗弯超筋时，可以加大梁高。有时候也改变剪力墙的布置，加大墙长，让梁分担的荷载减小，减小梁的跨度等去解决超筋。最后还是解决不了，就点铰接，或者人为地减小刚度系数（不宜小于 0.5），把部分内力去分配给相邻的其他构件，去解决超筋的问题。

对于框架结构办公楼、高层框筒等公建，常见的是抗弯超筋、剪扭超筋。剪扭超筋时，一般加大梁宽，也可以加大梁高；抗弯超筋时，可以加大梁高。有时候也改变次梁的

wmass - 记事本

文件(F) 编辑(E) 格式(O) 查看(V) 帮助(H)

楼层抗剪承载力验算

****

Ratio_X,Ratio_Y：表示本层与上一层的承载力之比

层号	塔号	X向承载力	Y向承载力	Ratio_X	Ratio_Y
27	1	1.6715E+003	2.4699E+003	1.00	1.00
26	1	5.6027E+003	1.1798E+004	3.35	4.78
25	1	5.7849E+003	1.1543E+004	1.03	0.98
24	1	5.9255E+003	1.1640E+004	1.02	1.01
23	1	6.0497E+003	1.2080E+004	1.02	1.04
22	1	6.1803E+003	1.2323E+004	1.02	1.02
21	1	6.7032E+003	1.3418E+004	1.08	1.09
20	1	6.8317E+003	1.3660E+004	1.02	1.02
19	1	6.9597E+003	1.3903E+004	1.02	1.02
18	1	7.0797E+003	1.4143E+004	1.02	1.02
17	1	7.1988E+003	1.4383E+004	1.02	1.02
16	1	7.7247E+003	1.5485E+004	1.07	1.08
15	1	7.8402E+003	1.5723E+004	1.01	1.02
14	1	7.9176E+003	1.6113E+004	1.01	1.02
13	1	8.0204E+003	1.6314E+004	1.01	1.01
12	1	8.0998E+003	1.6478E+004	1.01	1.01
11	1	8.5861E+003	1.7511E+004	1.06	1.06
10	1	8.6547E+003	1.7657E+004	1.01	1.01
9	1	8.7201E+003	1.7748E+004	1.01	1.01
8	1	8.7815E+003	1.7839E+004	1.01	1.01
7	1	8.8340E+003	1.7926E+004	1.01	1.00
6	1	9.3037E+003	1.8855E+004	1.05	1.05
5	1	9.3516E+003	1.8752E+004	1.01	0.99
4	1	9.4176E+003	1.8357E+004	1.01	0.98
3	1	9.4992E+003	1.8377E+004	1.01	1.00
2	1	9.3171E+003	1.8243E+004	0.98	0.99
1	1	4.1397E+004	4.7310E+004	4.44	2.59

图 1-70　楼层受剪承载力计算书

布置，去解决超筋。最后还是解决不了，就点铰接，或者人为地减小刚度系数（不宜小于0.5）去解决超筋的问题。

对于复杂高层建筑，结构布置造成的扭转变形大，或者梁两段竖向变形大差值大，也会造成超筋，常见的办法是改变结构布置，让结构布置均匀。

1.8　基础设计

（1）点击“基础建模—重新读取”，可以重新读取上部构件及荷载，如图 1-71 所示。点击“荷载—荷载组合”，会弹出荷载组合对话框，如图 1-72～图 1-74 所示。

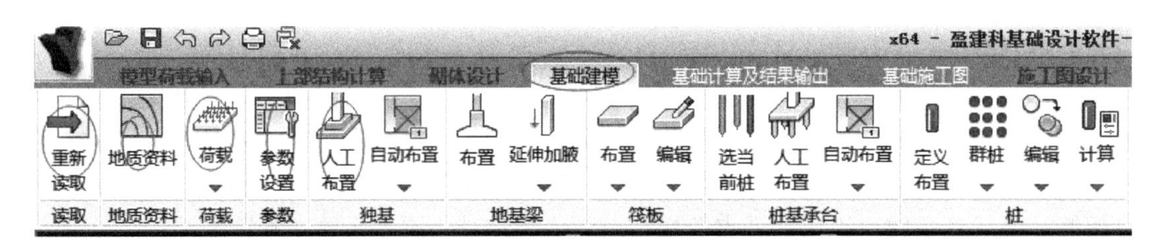

图 1-71　基础建模

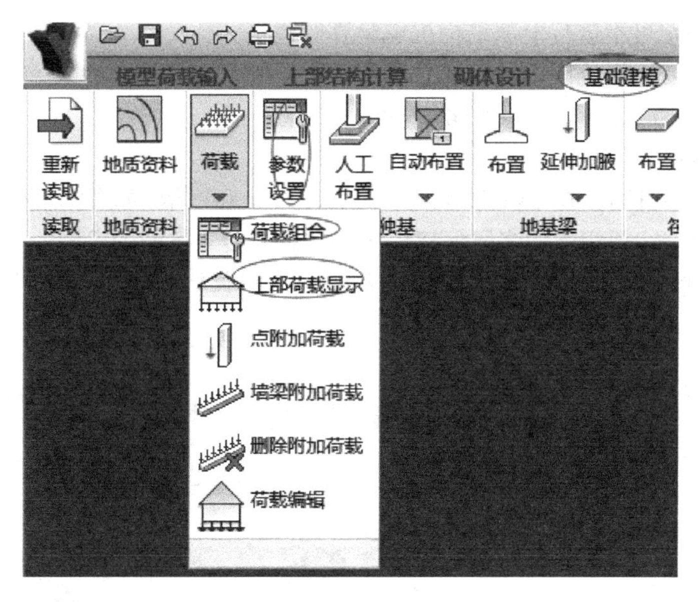

图 1-72　荷载组合（1）

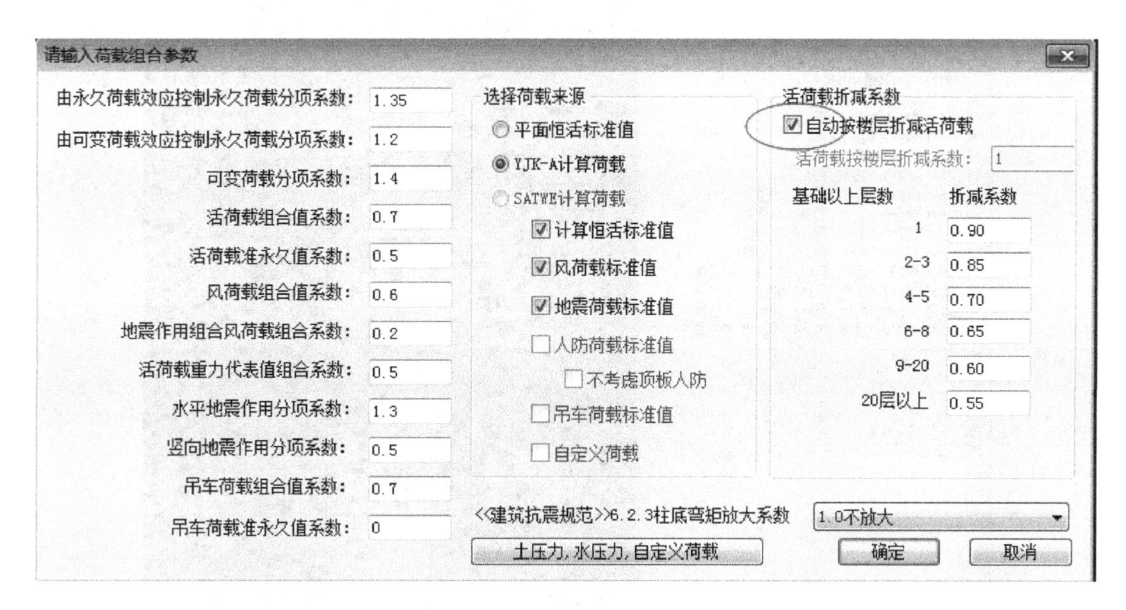

图 1-73　荷载组合（2）

注：1. 荷载分项系数一般情况下可不修改，灰色的数值时规范指定值，一般不修改，若用户要修改，则可以双击灰色的数值，将其变成白色的输入框后再修改。一般按默认值。

2. 软件读入的是上部未折减的荷载标准值，读入软件的荷载应折减。当“自动按楼层折减或荷载”打“勾号”后，程序会根据与基础相连的每个柱、墙上面的楼层数进行活荷载折减。一般应勾选。

3. 选择荷载来源

一般选择“YJK-A 荷载”，同时勾选“计算恒活标准值”、“风荷载标准值”、“地震荷载标准值”。对于某些工程的独立基础，应根据《抗规》4.2.1 的要求，去掉地震荷载标准值。

《抗规》4.2.1：下列建筑可不进行天然地基及基础的抗震承载力验算：

1）本规范规定可不进行上部结构抗震验算的建筑。

2）地基主要受力层范围内不存在软弱黏性土层的下列建筑：

① 一般的单层厂房和单层空旷房屋；

② 砌体房屋；

③ 不超过 8 层且高度在 24m 以下的一般民用框架和框架-抗震墙房屋；

④ 基础荷载与③项相当的多层框架厂房和多层混凝土抗震墙房屋。

注：软弱黏性土层指 7 度、8 度和 9 度时，地基承载力特征值分别小于 80kPa、100kPa 和 120kPa 的土层。

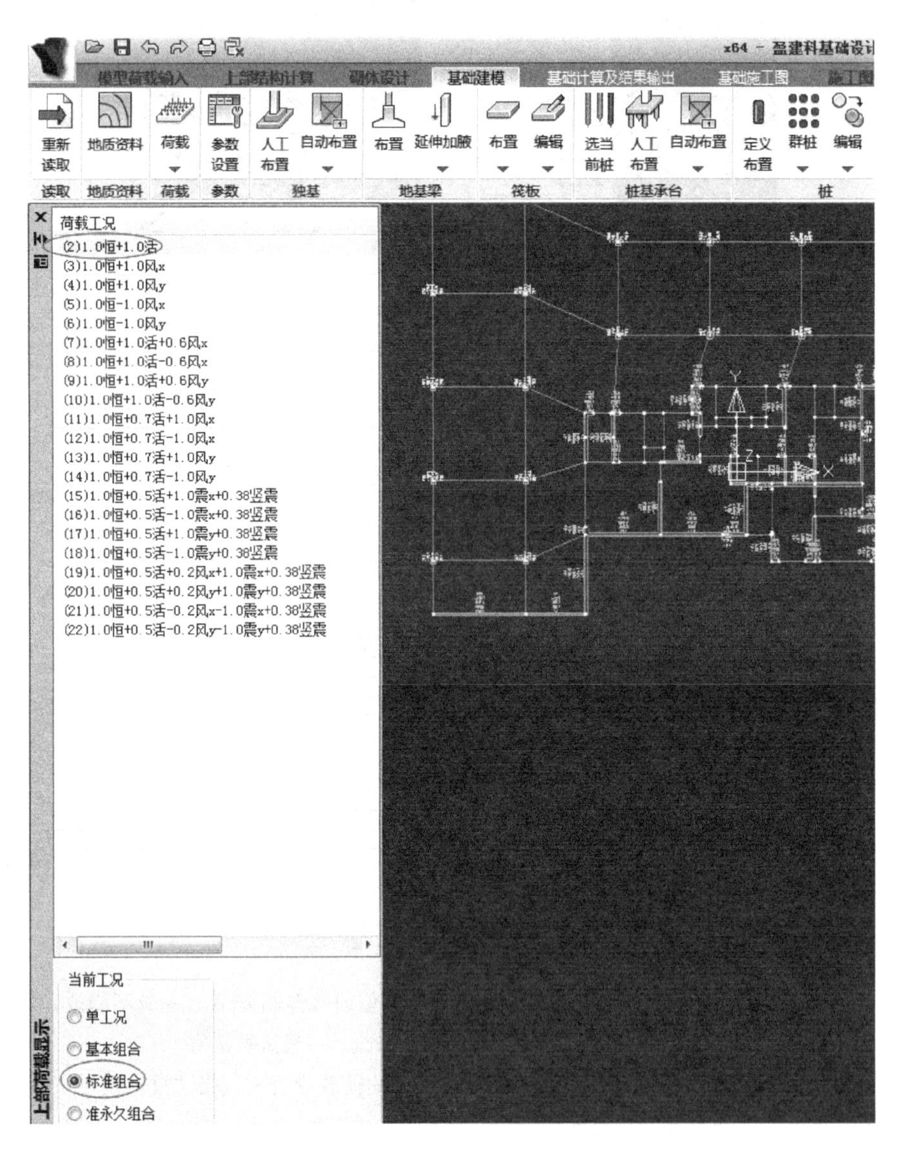

图 1-74　上部荷载显示

（2）点击“参数设置”，如图 1-75～图 1-85 所示。

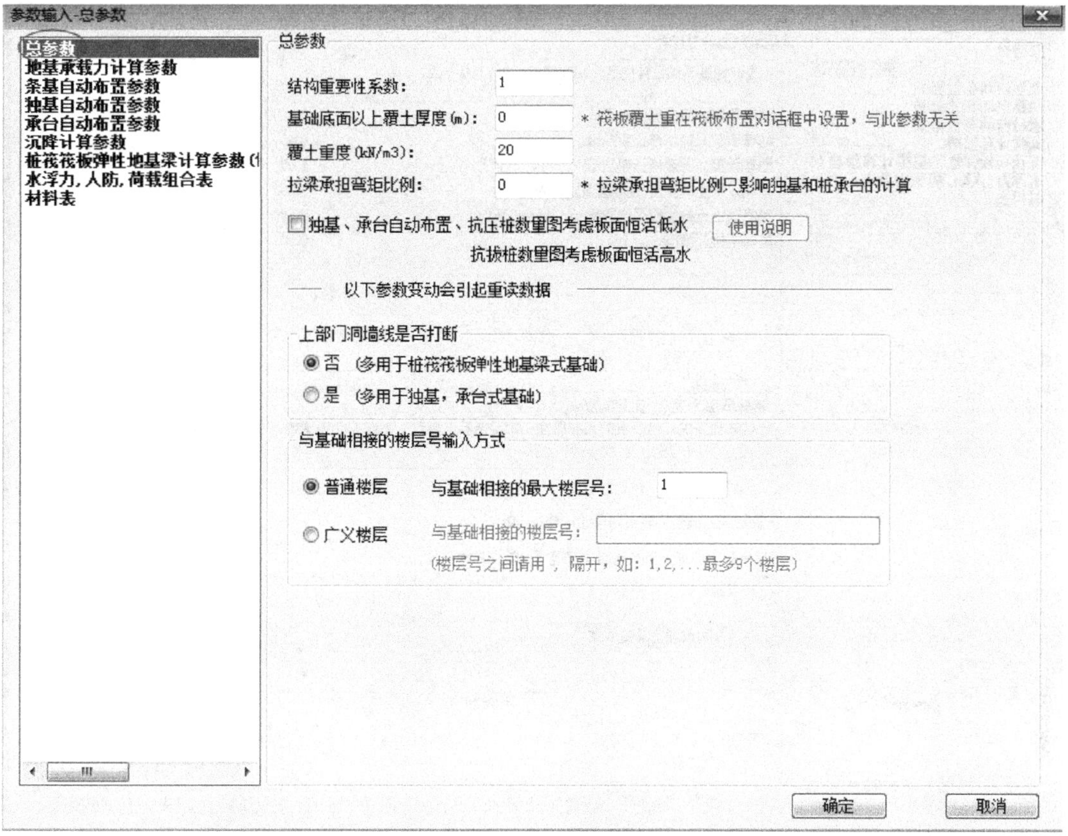

图 1-75　总参数

注：1. 结构重要性系数

对所有部位的混凝土构件都有效，应按《混凝土结构设计规范》GB 50010—2010 第 3.3.2 条采用，但不应小于 0.9，其初始值为 1.0；此参数在计算配筋、冲剪计算时会起作用。

2. 基础底面以上覆土厚度（m）

此参数对于承台、独立基础、条形基础的基础设计影响比较大，当计算覆土重时，软件自动按基础底面以上土的加权平均重度 γ_m×室内覆土厚度计算；对于筏板是在布置对话框内直接输入，单位 kPa。

3. 覆土重度

可按默认值 20 填写。

4. 拉梁承担弯矩比例

指由拉梁来承受独立基础或桩承台柱底弯矩沿梁方向上的弯矩，以减小独基底面积，影响独基和桩承台的计算，以平衡柱底弯矩。承受的大小比例由所填写的数值决定，如填 0.5 就是承受 50%，填 1 就是承受 100%，其初始值为 0，即拉梁不承担弯矩。

5. 门洞墙线是否打断

对上部结构数据读取时，门洞位置是否增加断点的控制参数，对于分离式基础，参数可以很好处理墙垛；对于筏板基础，不建议使用，以免造成有限元计算应力集中现象。

6. 与基础相接的楼层号输入方式

应根据实际工程填写；一般可选择，普通楼层；与基础相连的最大楼层号填写，1。

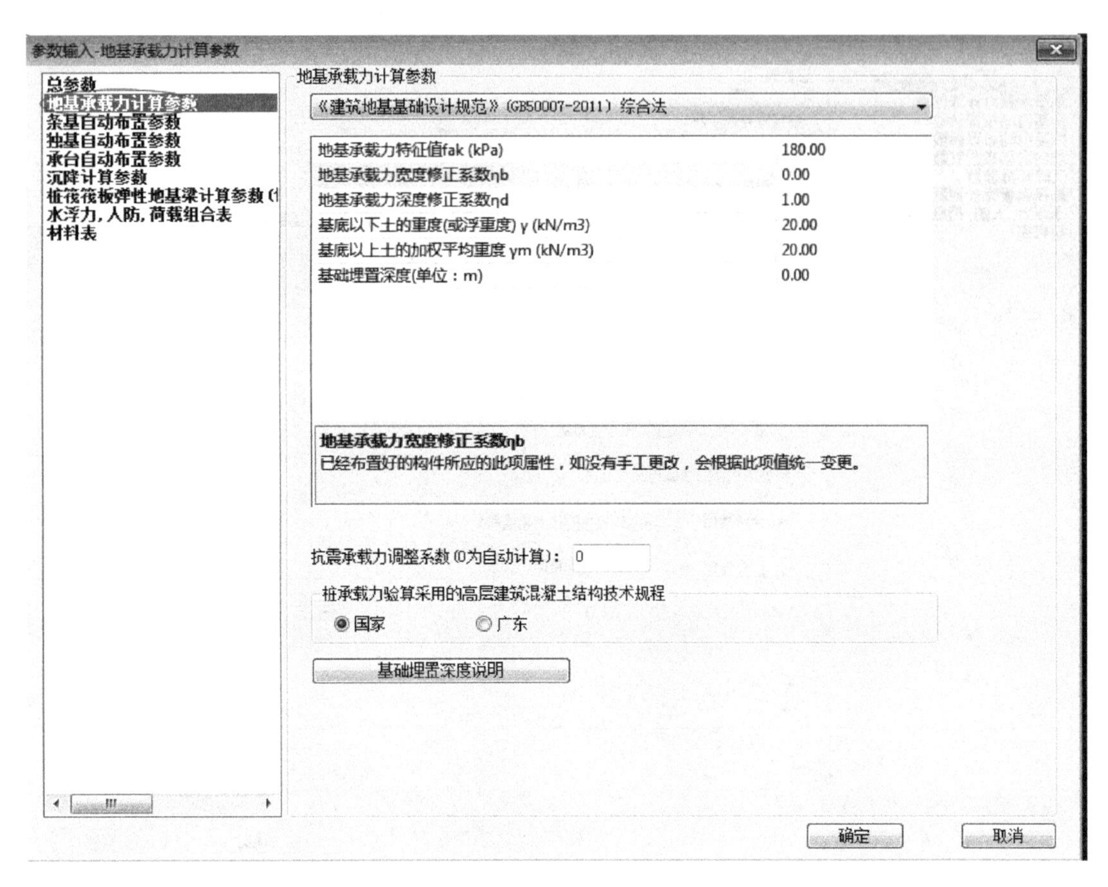

图 1-76　地基承载力计算参数

注：1. 地基承载力计算参数

程序提供 5 种计算方法，设计人员应根据实际情况选择不同的规范，一般可选择“中华人民共和国国家标准 GB 50007—2011—综合法”，如图 11-6 所示。选择“中华人民共和国国家标准 GB 50007—2011—综合法”和“北京地区建筑地基基础勘察设计规范 DBJ 01-501—2009”需要输入的参数相同，“中华人民共和国国家标准 GB 50007—2011—抗剪强度指标法”和“上海市工程建设规范 DGJ 08-11—2010—抗剪强度指标法”需输入的参数也相同。

2. “地基承载力特征值 f_{ak}（kPa）”：

“地基承载力特征值 f_{ak}（kPa）”应根据地质报告输入。

3. “地基承载力宽度修正系数 η_b”：

初始值为 0，当基础宽度大于 3m 时，从载荷试验或其他原位测试、经验值等方法确定的地基承载力应《建筑地基基础设计规范》GB 50007—2011 第 5.2.4 条确定：当基础宽度大于 3m 或埋置深度大于 0.5m 时，从载荷试验或其他原位测试、经验值等方法确定的地基承载力特征值，尚应按下式修正：

$$f_a = f_{ak} + \eta_b \gamma (b-3) + \eta_d \gamma_m (d-0.5) \tag{1-12}$$

式中　f_a——修正后的地基承载力特征值（kPa）；

f_{ak}——地基承载力特征值（kPa），按本规范第 5.2.3 条的原则确定；

η_b、η_d——基础宽度和埋置深度的地基承载力修正系数，按基底下土的类别查表 1-14 取值；

γ——基础底面以下土的重度（kN/m^3），地下水位以下取浮重度；

b——基础底面宽度（m），当基础底面宽度小于 3m 时按 3m 取值，大于 6m 时按 6m 取值；

γ_m——基础底面以上土的加权平均重度（kN/m³），位于地下水位以下的土层取有效重度；

d——基础埋置深度（m），宜自室外地面标高算起。在填方整平地区，可自填土地面标高算起，但填土在上部结构施工后完成时，应从天然地面标高算起。对于地下室，当采用箱形基础或筏基时，基础埋置深度自室外地面标高算起；当采用独立基础或条形基础时，应从室内地面标高算起。

承载力修正系数　　　　表 1-14

土的类别		η_b	η_d
淤泥和淤泥质土		0	1.0
人工填土 e 或 I_L 大于等于 0.85 的黏性土		0	1.0
红黏土	含水比 $a_w>0.8$	0	1.2
	含水比 $a_w\leqslant 0.8$	0.15	1.4
大面积压实填土	压实系数大于 0.95、黏粒含量 $p_c\geqslant 10\%$ 的粉土	0	1.5
	最大干密度大于 2100kg/m³ 的级配砂石	0	2.0
粉土	黏粒含量 $p_c\geqslant 10\%$ 的粉土	0.3	1.5
	黏粒含量 $p_c<10\%$ 的粉土	0.5	2.0
e 及 I_L 均小于 0.85 的黏性土		0.3	1.6
粉砂、细砂（不包括很湿与饱和时的稍密状态）		2.0	3.0
中砂、粗砂、砾砂和碎石土		3.0	4.4

在设计独立基础时，不知道独立基础的宽度，可以先按相关规定填写，程序会自动判别，当基础宽度大于 3m，地基承载力特征值乘以宽度修正系数。

4. “地基承载力深度修正系数 η_d”：

初始值为 1，当基础埋置深度大于 0.5m 时，从载荷试验或其他原位测试、经验值等方法确定的地基承载力应《建筑地基基础设计规范》GB 50007—2011 第 5.2.4 条确定。

5. “基底以下土的重度（或浮重度）γ(kN/m³)”：初始值为 20，应根据地质报告填入。

6. “基底以下土的加权平均重度（或浮重度）γ_m(kN/m³)”：初始值为 20，应取加权平均重度。

7. “确定地基承载力所用的基础埋置深度 d(m)”：

基础埋置深度，一般自室外地面标高算起。在填方整平地区，可自填土地面标高算起，但填土在上部结构施工完成时，应从天然地面标高算起。对于地下室，当周围无可靠侧向限制时，埋置深度应从具有侧限的地面算起，如采用箱形或筏板基础，基础埋置深度自室外地面标高算起，如果采用独立基础或条形基础而无满堂抗水板时，应从室内地面标高算起。

《北京细则》规定，地基承载力进行深度修正时，对于有地下室之满堂基础（包括箱基、筏基以及有整体防水板之单独柱基），其埋置深度一律从室外地面算起。当高层建筑侧面附有裙房且为整体基础时（无论是否由沉降缝分开），可将裙房基础底面以上的总荷载折合成土重，再以此土重换算成若干深度的土，并以此深度进行修正。当高层建州四边的裙房形式不同，或仅一、二边为裙房，其他两边为天然地面时，可按加权平均方法进行深度修正。

规范要求的基础最小埋置深度无论有无地下室都从室外地面算至结构最外侧基础底面。（主要考虑整体结构的抗倾覆能力，稳定性和冻土层深度）。当室外地面为斜坡时基础的最小埋置深度以建筑两侧较低一侧的室外地面算起。

8. “地基抗震承载力调整系数”

按《抗规》第 4.2.3 条确定，如表 1-15 所示。一般填写 1.0 偏于安全。地基抗震承载力调整系数，实际上是吃了以下两方面的潜力：动荷载下地基承载力比静荷载下高、地震是小概率事件，地基的抗震验算安全度可适当减低。在实际设计中，对强夯、排水固结法等地基处理，由于地基的性能在处理前后有很大的改变，可根据处理后地基的性状按规范表直接决定 ζ_a 值。对换填等地基处理（包括普通地基下面有软弱土层），如果基础底面积由软弱下卧层决定，宜根据软弱下卧层的性状按规范表 1-15 决定 ζ_a 值；否则按上面较好土层性状决定 ζ_a 值。对水泥搅拌桩、CFG 桩等复合地基，由于一般增强体的置换率都比较小，原天然地基的性状占主导地位，可以按天然地基的性状决定 ζ_a 值。

地基抗震承载力调整系数　　**表 1-15**

岩土名称和性状	ζ_a
岩石，密实的碎石土，密实的砾、粗、中砂，$f_{ak} \geqslant 300$ 的黏性土和粉土	1.5
中密、稍密的碎石土，中密和稍密的砾、粗、中砂，密实和中密的细、粉砂，$150\text{kPa} \leqslant f_{ak} < 300\text{kPa}$ 的黏性土和粉土，坚硬黄土	1.3
稍密的细、粉砂，$100\text{kPa} \leqslant f_{ak} < 150\text{kPa}$ 的黏性土和粉土，可塑黄土	1.1
淤泥，淤泥质土，松散的砂，杂填土，新近堆积黄土及流塑黄土	1.0

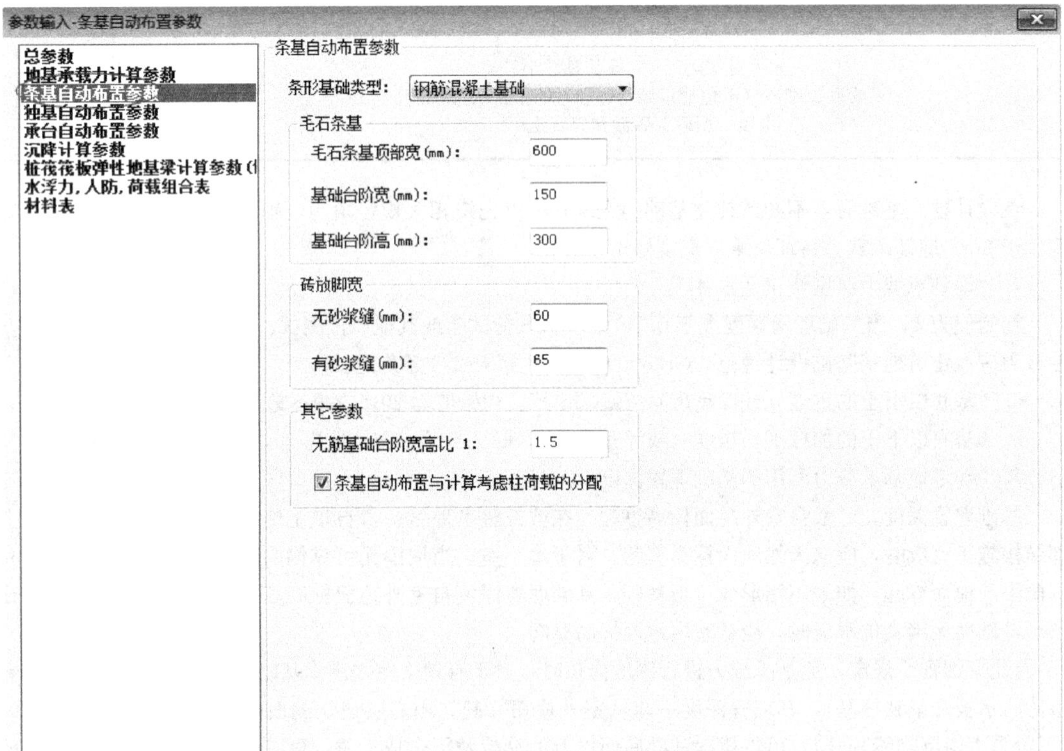

图 1-77　条基自动布置参数

注：应根据实际工程填写。

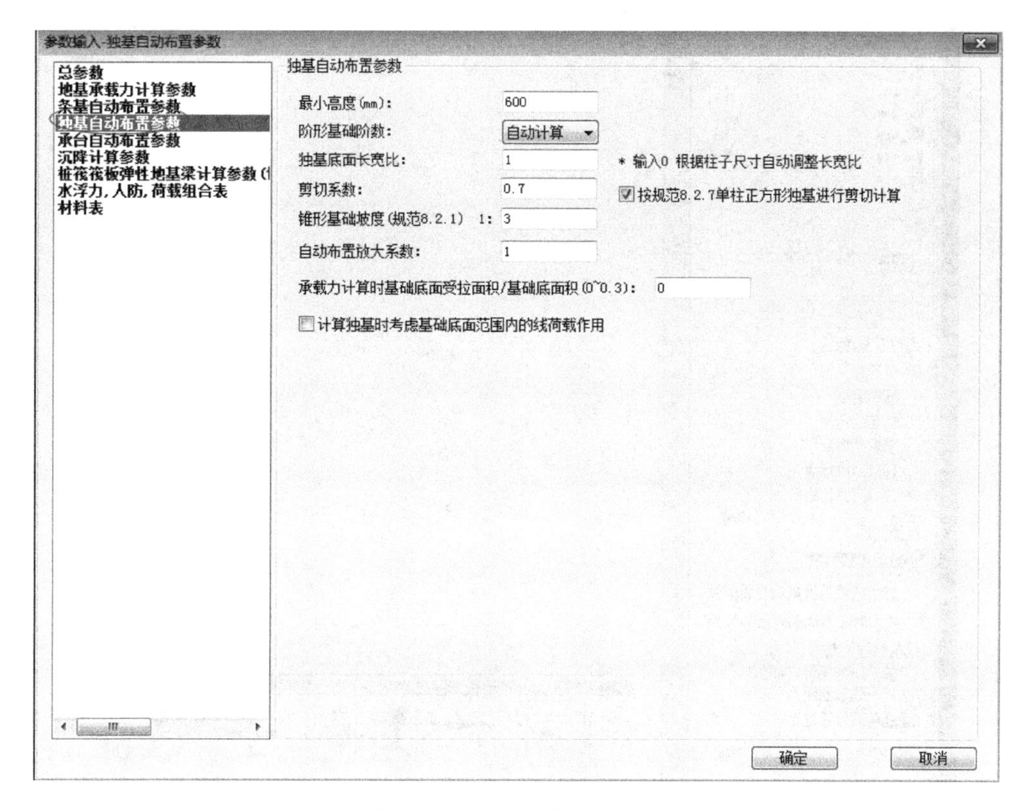

图 1-78　独基自动布置参数

注：1. 承载力计算时基础底面受拉面积/基础底面积（0～0.3）：

程序在计算基础底面积时允许基础底面局部不受压。填 0 时全底面受压（相当于规范中偏心距 $e<b/6$）情况；

2. 其他参数应根据实际工程填写，一般可按默认值。

3. 在实际工程中，设计独立基础可参考以下步骤：

（1）点击“基础计算及结果输出—计算参数”根据实际工程填写相关的计算参数。

（2）点击“生成数据—上部荷载”，如图 1-79 所示，选择：[标准] 目标组合、N _ max，然后在屏幕的右下方，点击“导出 DWG”，如图 1-80 所示。

（3）对照（标准组合、最大轴力）图，按轴力大小值进行归并，一般将轴力相差 200～300kN 左右的独立基础进行归并。选一个最不利荷载的柱子，点击：基础设计/自动布置/单柱基础，即生成了独立基础，可以查看其截面大小与配筋；

（4）在基础平面图中把该独立基础用平法表示，再把其他轴力比该值小 200～300kN 范围的柱子也布置该独立基础，并用平法标注。布置独立基础可以在 TSSD 中点击：基础布置/独立基础。再用同样的方法完成剩下的独立基础布置；在实际工程中，如果是框架结构，采用二阶或者多阶，阶梯分段位置，在独立基础长度与宽度方向，可以平均分。地下室部分为了防水，常常将独立基础不分阶梯。

（5）独立基础设计时，要确定底标高，由于勘探孔间距一般 20～30m，常规的房屋也就 50m 左右，独立基础的底标高一般可取土剖面图中一个折中的位置或最不利位置 1000mm 以内可以用素混凝土换填，并进入持力层不小于 200～300mm。对于大地下室，如果土的剖面图曲线起伏太大，一般可采用桩基础。

图 1-79　标准（目标组合）　　图 1-80　导出 DWG

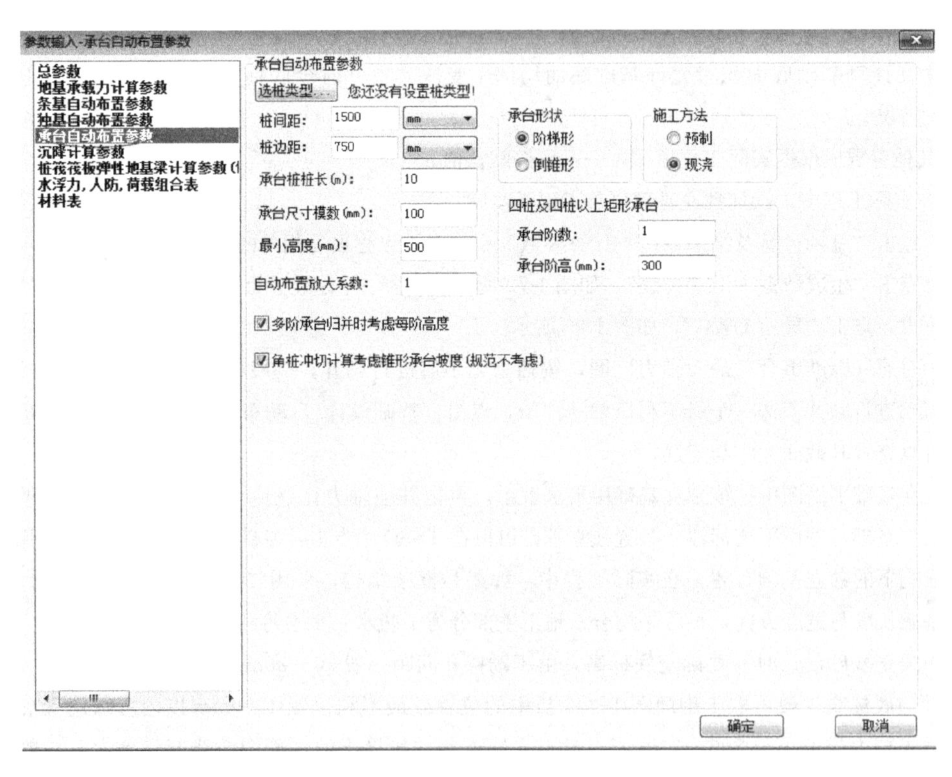

图 1-81　承台自动布置参数

注：应根据实际工程填写，一般除了框架结构的预应力管桩用 YJK 程序自动布置外，一般都是根据，标准组合，恒+活，手动布置，然后导入桩及承台，利用程序验算。

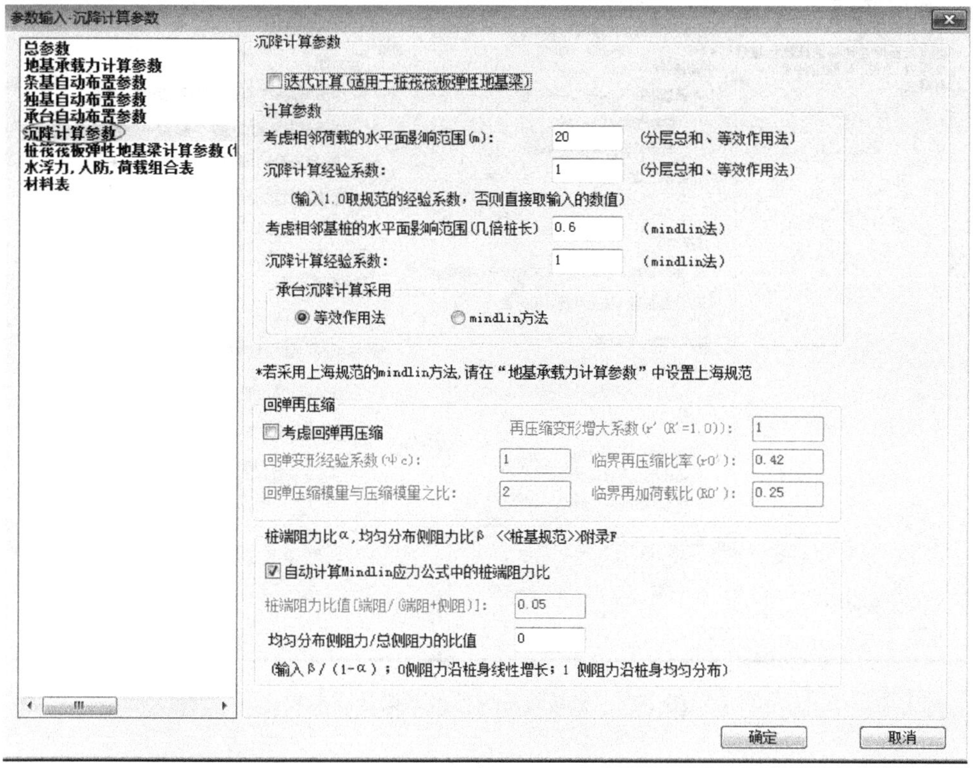

参数输入-沉降计算参数

总参数
地基承载力计算参数
条基自动布置参数
独基自动布置参数
承台自动布置参数
沉降计算参数
桩筏筏板弹性地基梁计算参数
水浮力,人防,荷载组合表
材料表

沉降计算参数

迭代计算(适用于桩筏筏板弹性地基梁)

计算参数

考虑相邻荷载的水平面影响范围(m): 20 (分层总和、等效作用法)

沉降计算经验系数: 1 (分层总和、等效作用法)

(输入1.0取规范的经验系数，否则直接取输入的数值)

考虑相邻基桩的水平面影响范围(几倍桩长) 0.6 (mindlin法)

沉降计算经验系数: 1 (mindlin法)

承台沉降计算采用

等效作用法　mindlin方法

*若采用上海规范的mindlin方法,请在“地基承载力计算参数”中设置上海规范

回弹再压缩

考虑回弹再压缩　再压缩变形增大系数(r′ (R′=1.0)): 1

回弹变形经验系数(ψc): 1　临界再压缩比率(r0′): 0.42

回弹压缩模量与压缩模量之比: 2　临界再加荷载比(R0′): 0.25

桩端阻力比α,均匀分布侧阻力比β <<桩基规范>>附录F

自动计算Mindlin应力公式中的桩端阻力比

桩端阻力比值[端阻/(端阻+侧阻)]: 0.05

均匀分布侧阻力/总侧阻力的比值 0

(输入β/(1-α)；0侧阻力沿桩身线性增长；1 侧阻力沿桩身均匀分布)

确定　取消

图 1-82　沉降计算参数

注：1. 软件中各类基础沉降计算的三类情况

1）独立基础、地基梁、筏板

依据《地基规范》5.3.5 条进行计算，包括计算厚度、计算深度、沉降经验系数均采用该条规定。

2）承台按等效作用分层总和法

依据《桩基规范》5.5.6 条进行计算，简称为等效作用分层总和法，或称为实体深基础计算方法(地基规范的说法)。

3）单桩沉降（承台选择按 Mindlin 方法、桩筏、梁下布桩）

依据《桩基规范》5.5.14 条进行计算，简称为 Mindlin 方法。

《建筑地基基础设计规范》GB 50007—2011 第 5.3.5 节给出了分层总和法的沉降计算经验系数计算方法，见表 1-16。

沉降计算经验系数　　表 1-16

$\overline{E}_S$ (MPa) / 基底附加压力	2.5	4.0	7.0	15.0	20.0
$p_0 \geqslant f_{ak}$	1.4	1.3	1.0	0.4	0.2
$p_0 \leqslant 0.75 f_{ak}$	1.1	1.0	0.7	0.4	0.2

适用于独基、地梁、条基、筏板等基础。

2. 其他参数应根据实际工程填写。

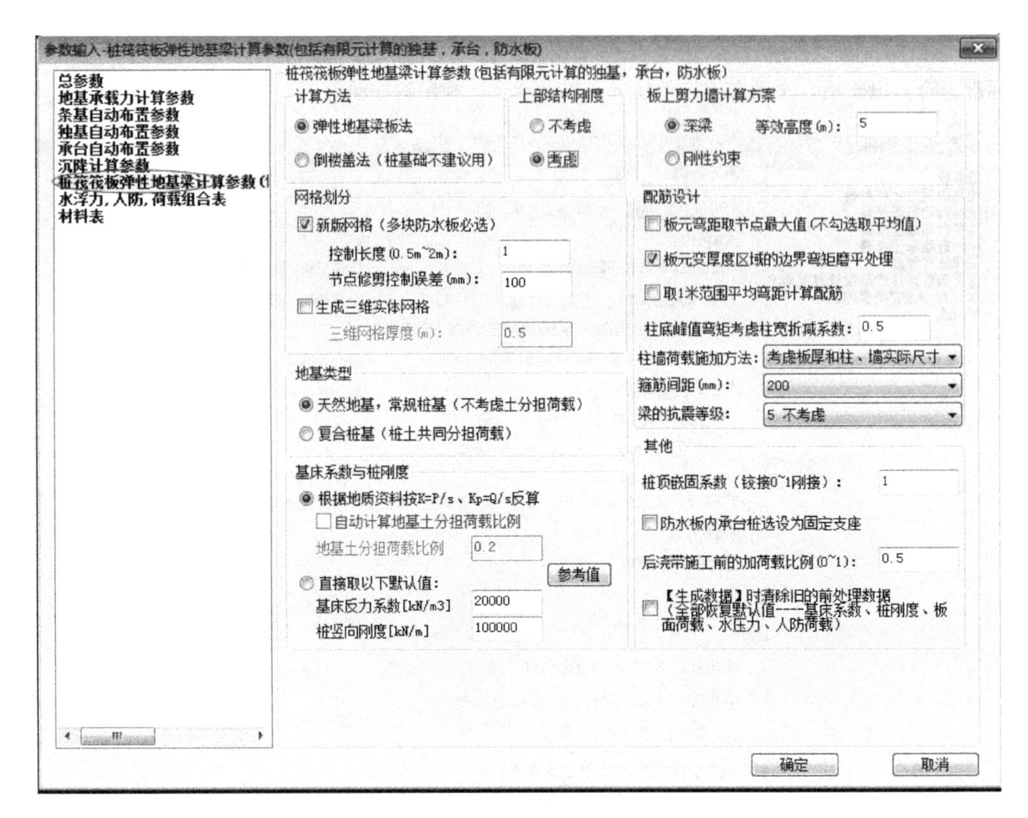

图 1-83　桩筏筏板弹性地基梁计算参数

注：1. 倒楼盖计算模型

《地基规范》8.4.14 条给出了筏板基础采用倒楼盖计算模型的条件：当地基土比较均匀、地层压缩层范围内无软弱土层或可液化土层、上部结构刚度较好、柱网和荷载较均匀、相邻柱荷载及柱间距的变化不超过 20%，且梁板式筏基梁的高跨比或平板式筏基板的厚跨比不小于 1/6 时，筏形基础可仅考虑局部弯曲作用。筏形基础的内力，可按基底反力直线分布进行计算，计算基底反力时应扣除底板自重及其上填土的自重。《地基规范》第 8.3.2 条给出了地基梁基础采用倒楼盖计算模型的条件：在比较均匀的地基上，上部结构刚度较好，荷载分布较均匀，且条形基础梁的高度不小于 1/6 柱距时，地基反力可按直线分布，条形基础梁的内力可按连续梁计算，此时边跨跨中弯矩及第一内支座的弯矩值宜乘以 1.2 的系数。上述规范给出的地基梁基础、筏板基础采用倒楼盖的基本条件可以总结为：上部均衡、基础均匀、地基条件良好，因为只有如此才能满足倒楼盖计算模型的基本假定。

2. 弹性地基梁板计算模型

基础满足了规范提出的若干条件才可以使用倒楼盖模型进行有限元计算，使用范围很窄。而弹性地基梁法可以考虑上部结构刚度、基础刚度、上部荷载不均匀分布、桩土性质，实现上部基础土共同作用分析，所以适用性没有限制，可以适用于任何条件。基础工程是支撑在地基土及桩上的。弹性地基梁板计算模型，基于文克尔假定，用线性弹簧来模拟桩土的支撑作用。软件将桩土对基础的支撑作用用线性弹簧来模拟，土弹簧刚度取基床反力系数与梁板单元底面积的乘积，桩弹簧刚度直接设定。

实际工程中，若荷载分布不均匀或桩土支撑刚度差异明显情况下，柱墙一定恒小于房间中部位移，实际工程往往会呈现出与倒楼盖变形结果不同的变形和内力。只有弹性地基梁板法能考虑实际荷载分布、结构刚度及桩土支撑刚度，变形和内力结果能反应所有这些因素影响，是可以模拟各种复杂情况的精确计算方法。

3. 基床反力系数

一般可根据经验选一个，比如 20000～50000，再看沉降，利用经验沉降值或者分层法算出的沉降值反算基床系数值；或者按照地勘报告建议值填写，实在不确定，可以按照规范建议值进行包络设计。基床系数越大，筏板的配筋会越小，一般筏板边缘出现计算配筋时，此时筏板的选型一般是比较经济的。

4. 桩竖向刚度

对于桩的抗压刚度，一般对于 400mm 的预制管桩，可以取 10 万左右，对于灌注桩等，可以取 50 万左右；而对于桩的抗拔刚度，不同桩刚度应该有差异（之前全是采用 10 万），如果无实验数据，建议 100×抗拔承载力。

对于桩，软件默认是按承载力设计值/允许位移（10mm）估算初始抗拔刚度。但是如果有抗拔试验得到的抗拔刚度，可以交互指定桩的刚度。

最常见的是抗拔锚杆，可以利用【桩定义修改桩刚度】功能指定抗拉刚度值，并指定抗压刚度为 0。对于普通桩，如果不考虑其抗拔作用，可以修改其抗拉刚度为 0；如果考虑其抗拔作用，指定一个抗拉刚度值。

5. 其他参数应根据实际工程填写，一般可按默认值。

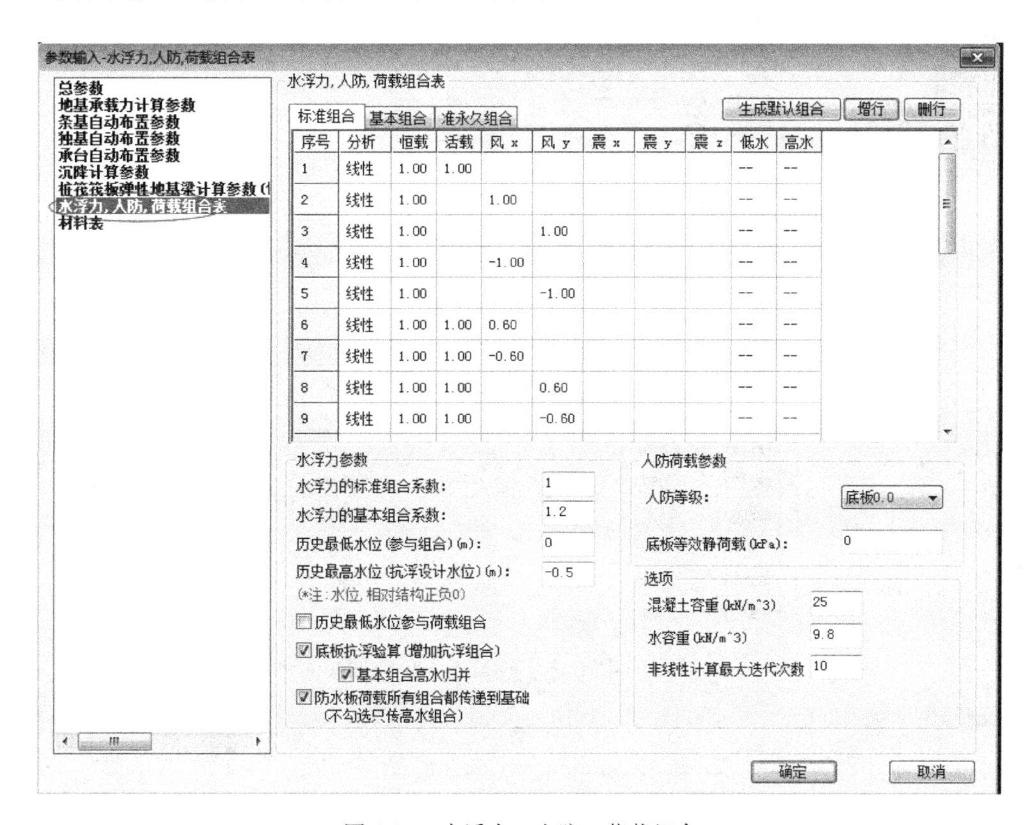

图 1-84　水浮力，人防，荷载组合

注：1. 水浮力的组合系数

水浮力定性为永久荷载还是可变荷载，取决于水位的变化程度，变化不明显的按永久荷载考虑，变化明显的按可变荷载考虑。水浮力荷载的定性决定水浮力工况的分项系数，标准组合分项系数取为 1.0，基本组合取为永久 1.2 或可变 1.4（一般保守默认水浮力为可变荷载）。

有些时候可、应考虑水浮力：1）有些地区水位常年稳定且始终居于基底之上，是可以发挥水浮力对基础竖向承载的有利影响的，从而降低基底压力。例如，当土层承载力较高，基础条件整体优良时，在满足水位要求的情况下，做桩筏基础的结构可通过适当考虑水浮力（可酌情取常年水位或最低水位）变相提高基础承载力采用平筏基础，从而提高经济性。2）多层地下室地上部分较少甚至没有的结构，由于水浮力可能大于永久荷载，此时应考虑水浮力。例如，高层建筑裙房底板的设计。如上述情况下，可通过在原计算工况组合中增加水浮力来获取基底反力和基础内力。

2. 底板抗浮验算（增加抗浮组合）

由于高水是可变荷载，要考虑其存在和不存在两种情况。所以勾选此项后，要增加荷载组合：增加一个标准抗浮组合（1.0 恒－水浮力标准组合系数×水浮力）；保留原来基本组合，会增加相同数目的含高水的组合。

考虑到大部分高水组合不起控制作用，而且含高水组合采用非线性分析计算耗时较多。软件提供了减少高水组合数目的选项【基本组合高水归并】，勾选后只考虑恒载与高水的两个基本组合（大部分工程够用）。

3. 其他参数应根据实际工程填写。

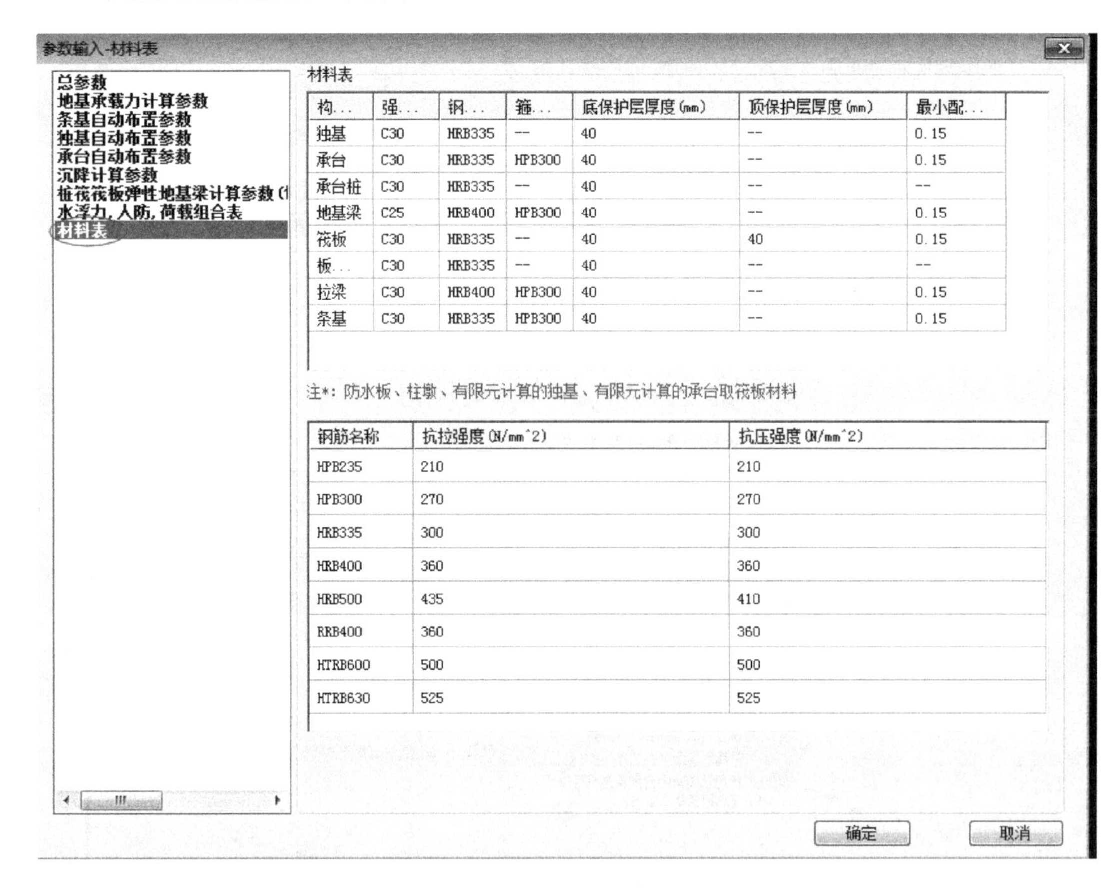

材料表

构...	强...	钢...	箍...	底保护层厚度(mm)	顶保护层厚度(mm)	最小配...
独基	C30	HRB335	--	40	--	0.15
承台	C30	HRB335	HPB300	40	--	0.15
承台桩	C30	HRB335	--	40	--	--
地基梁	C25	HRB400	HPB300	40	--	0.15
筏板	C30	HRB335	--	40	40	0.15
板...	C30	HRB335	--	40	--	--
拉梁	C30	HRB400	HPB300	40	--	0.15
条基	C30	HRB335	HPB300	40	--	0.15

注*：防水板、柱墩、有限元计算的独基、有限元计算的承台取筏板材料

钢筋名称	抗拉强度(N/mm^2)	抗压强度(N/mm^2)
HPB235	210	210
HPB300	270	270
HRB335	300	300
HRB400	360	360
HRB500	435	410
RRB400	360	360
HTRB600	500	500
HTRB630	525	525

图 1-85　材料表

注：一般根据实际工程具体填写，可参考以上图中的参数，混凝土强度等级不超过 C35。

（3）点击“基础建模—筏板防水板”，弹出对话框，如图 1-86、图 1-87 所示；填写对话框中的参数后，用围区的形式布置防水板，点击屏幕右下方的“轴测图”，可以检查模型，如图 1-88 所示。

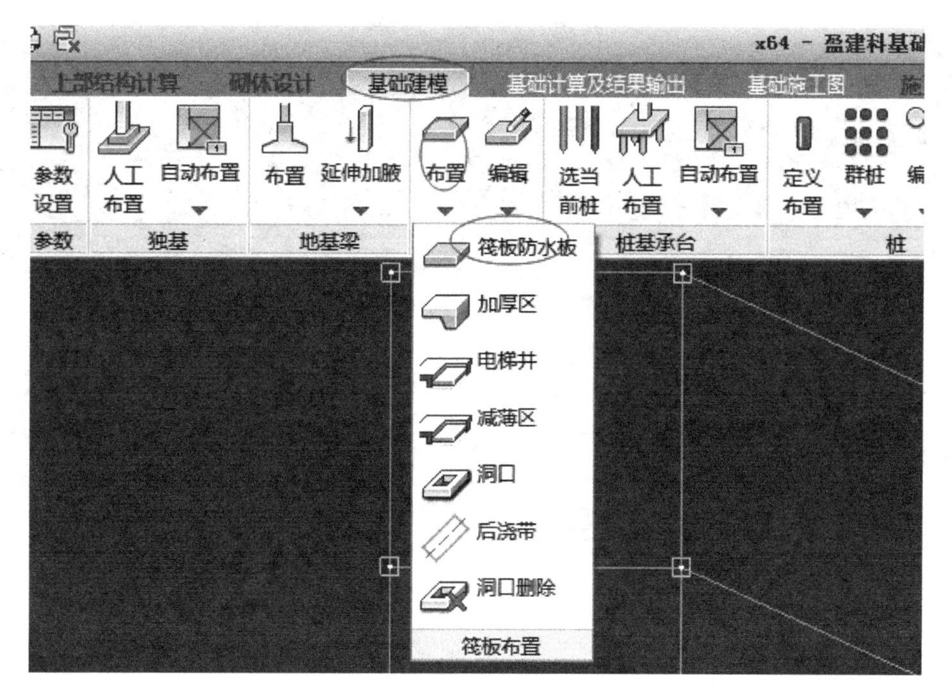

图 1-86　筏板/布置

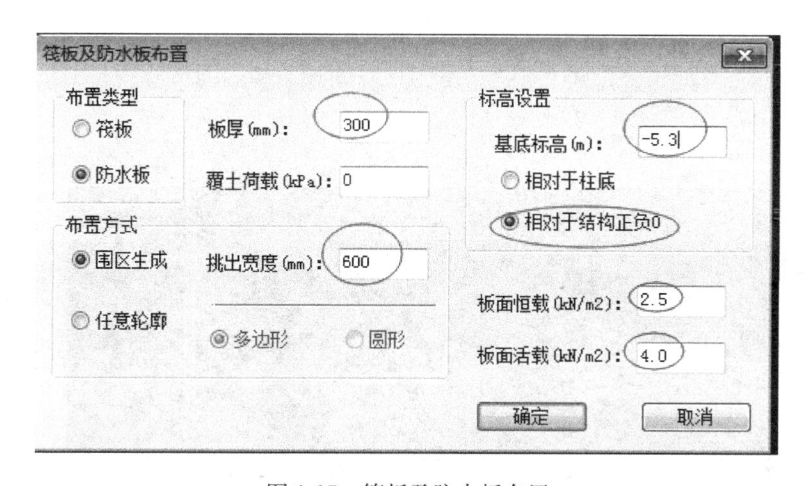

图 1-87　筏板及防水板布置

注：1. 防水板厚度根据经验，一般可取 300～400mm；楼层组装时，地下一层的底标高为－5.0m，所以该防水板的底标高可填写－5.3。

2. 板面恒载、板面活载：根据工程经验填写，可参考图中的数值。

（4）点击“计算”参数，根据实际工程填写相关参数；点击“生成数据”，程序自动生成数据；点击“上部荷载”，选择：标准，目标组合、N _ max，然后在屏幕的右下方，点击，导出 DWG，可以根据此荷载布置桩基础。

点击“计算选项”、“计算分析”，完成防水板的有限元计算；点击“防水板设计”，在右边弹出的对话框中（图 1-89）选择：水浮力（历史最高），可以查看作用在防水板上的

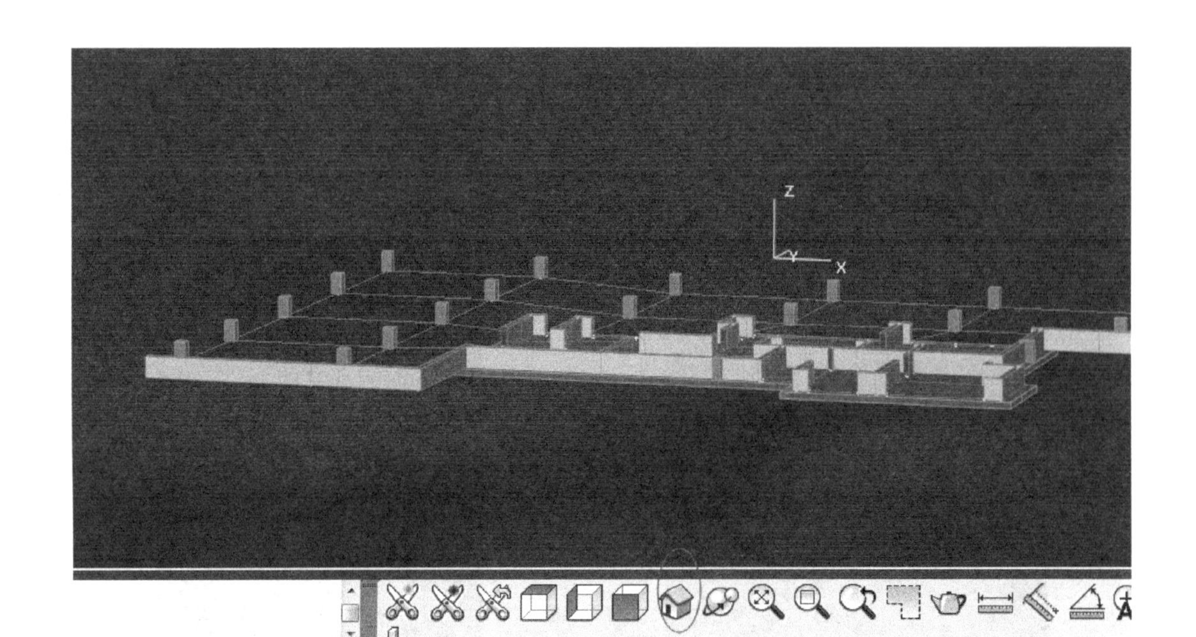

图 1-88　轴测图

水浮力大小值；点击“基础配筋”，选择“防水板”，在右边弹出的对话框中选择：X、Y向顶筋、X、Y向底筋，点击“应用”，即可查看防水板的配筋结果（图 1-90）。

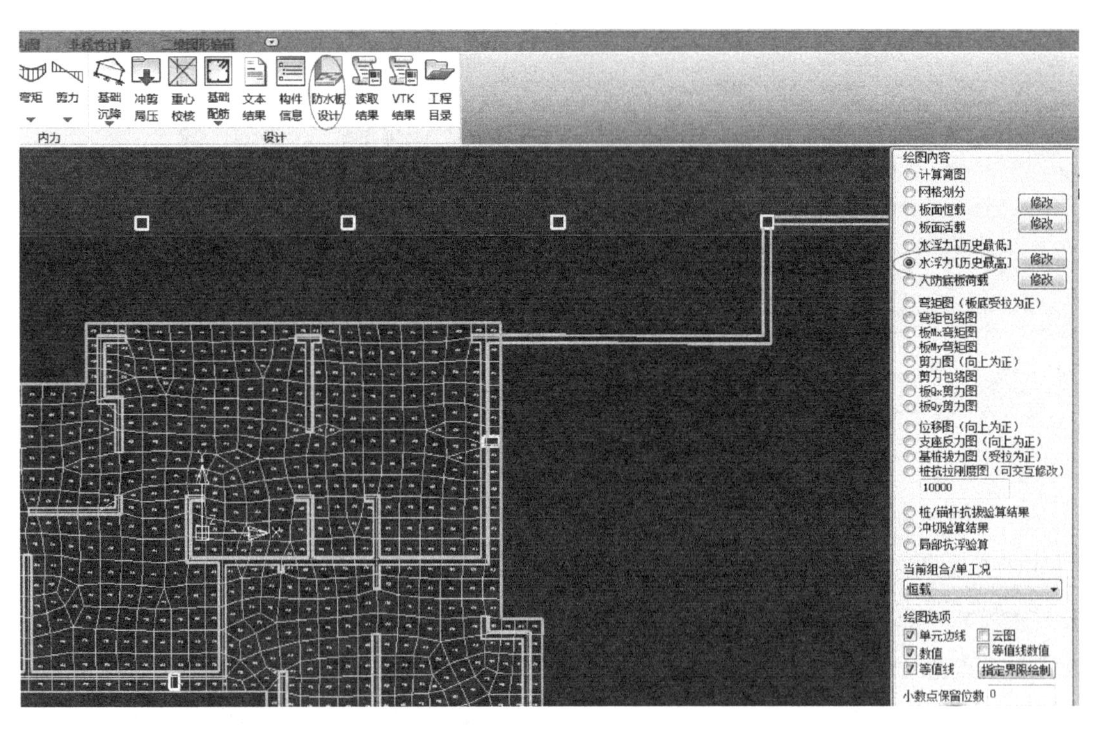

图 1-89　防水板设计

注：可以在此项中进行“局部抗浮验算”。

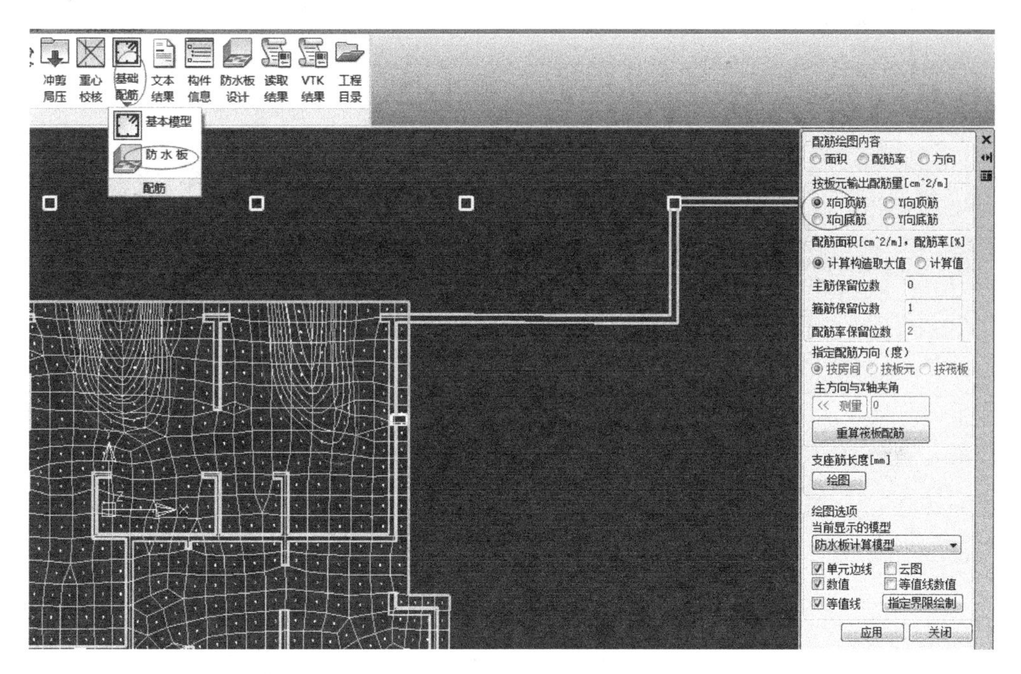

图 1-90　防水板配筋

注：对于剪力墙住宅，一般防水板厚度取 300～350mm，基本都是构造配筋，双向拉通。对于独立基础+防水板，水浮力比较大时，独立基础边上的计算结果值很大，根据计算结果配筋（按最小配筋率 0.2%双向双向拉通后，再局部附加面筋），并满足有限元计算结果的范围，如图 1-91、图 1-92 所示。

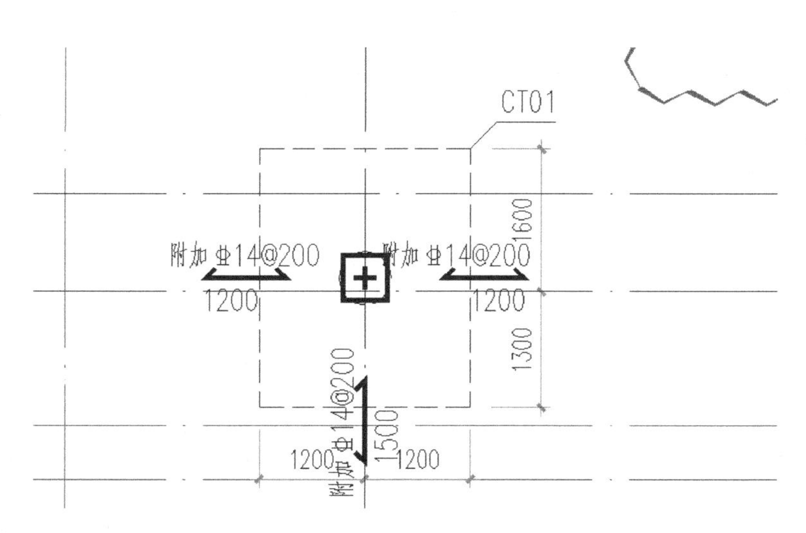

图 1-91　防水板附加钢筋

注：1. 地下室底板采用无梁楼板形式，配筋形式采用柱上板带+跨中板带的形式，采用“贯通筋+支座附加筋（计算需要时）”即拉通一部分再附加一部分的配筋形式。计算程序可用复杂楼板有限元计算。附加筋从承台（基础）边伸出长度≥1m，且不小于净跨的 1/5（一般可取 1/4）。

2. 盈建科防水板的计算结果，在柱帽或者承台或独立基础范围内的计算值很大，一般可以不看。

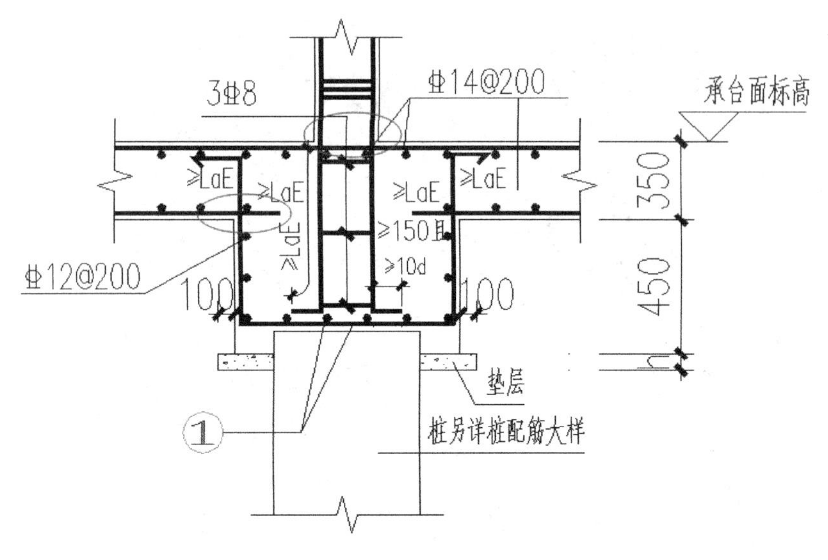

图 1-92　承台大样

（5）查看地勘报告，可知“岩土层有关桩基础技术参数推荐表”如表 1-17 所示。地勘报告建议采用：人工挖孔桩（算承载力特征值时一般不考虑侧摩阻）。

岩土层有关桩基础技术参数推荐表　　　　**表 1-17**

桩基类型 工程地质层	预应力管桩		人工挖孔灌注桩		旋挖钻孔灌注桩	
	极限侧阻力标准值（kPa）	极限端阻力标准值（kPa）	极限侧阻力标准值（kPa）	极限端阻力标准值（kPa）	极限侧阻力标准值（kPa）	极限端阻力标准值（kPa）
杂填土①	24		22		20	
含砾粉质黏土②	70		75		68	
残积粉质黏土③	86		82		80	
强风化泥质粉砂岩④	180	6400	160	4200	140	3600
软弱夹层⑤-1	120		110		90	
中风化泥质粉砂岩⑤			240	6000	200	5600

注：1. 杂填土：松散，未完成自重固结，预应力管桩负摩阻力系数 ξ_n 为 0.35，人工挖孔灌注桩、旋挖钻孔灌注桩负摩阻力系数 ξ_n 为 0.25；
2. 采用上表数值时，人工挖孔桩应进行桩底载荷试验；钻（冲）孔灌注桩孔深必须达到设计深度要求，沉渣厚度小于 5cm。
3. 当采用预应力管桩时，以桩长及最后贯入度为控制标准。成桩后应通过静载荷试验证单桩承载力。
4. 桩的侧阻力特征值 q_{sia} 与端阻力特征值 q_{pa} 值可分别取 1/2 桩的极限侧阻力标准值 q_{sik} 与极限端阻力标准值 q_{pk}。

计算人工挖孔桩承载力特征值时，一般可不考虑侧摩阻，可以用经验系数法，根据《地基规范》或《桩基规范》计算；对于大直径桩，一般根据《桩基规范》5.3.6 计算，可以自己编制 EXCEL 表格计算，根据标准，目标组合、N _ max 值的大小，并且一根剪力墙下尽量布置 2 个人工挖孔桩的原则来给桩编号，并计算其承载力特征值（标准值/2）。人工挖孔灌注桩设计参数表如表 1-18 所示。桩基础平面布置图如图 1-93 所示。

人工挖孔灌注桩设计参数表

表 1-18

桩编号	桩受力类型	桩身截面形式	桩端持力岩层	H 桩端入持力岩层深度	桩身混凝土强度等级	d 桩身直径	D 扩大头直径	C 桩身尺寸	h_1 扩底矢高	h_2 扩孔直段高度	h_3 扩孔斜段高度	① 通长纵筋	② 螺旋箍筋	③ 环形加强箍筋	L_a 锚入承台长度	竖向抗压承载力特征值（kN）	最小有效桩长（m）	桩数（根）	备注
WKZ0915	抗压桩	A	中风化泥质粉砂岩⑤	≥500	C35	900	1500	—	300	300	600	10 ⌀16	Φ8	⌀12@2000	560	5300	6.0		预估桩长 15m
WKZ0917	抗压桩	A	中风化泥质粉砂岩⑤	≥500	C35	900	1700	—	340	300	800	10 ⌀16	Φ8	⌀12@2000	560	6800	6.0		预估桩长 15m
WKZ1018	抗压桩	A	中风化泥质粉砂岩⑤	≥500	C35	1000	1800	—	360	300	800	12 ⌀16	Φ8	⌀12@2000	560	7600	6.0		预估桩长 15m
WKZ1019	抗压桩	A	中风化泥质粉砂岩⑤	≥500	C35	1000	1900	—	380	300	900	12 ⌀16	Φ8	⌀12@2000	560	8500	6.0		预估桩长 15m
WKZ1121	抗压桩	A	中风化泥质粉砂岩⑤	≥500	C35	1100	2100	—	420	300	1000	15 ⌀16	Φ8	⌀12@2000	560	10300	6.3		预估桩长 15m

注：人工挖孔桩直径一般不小于 900mm。

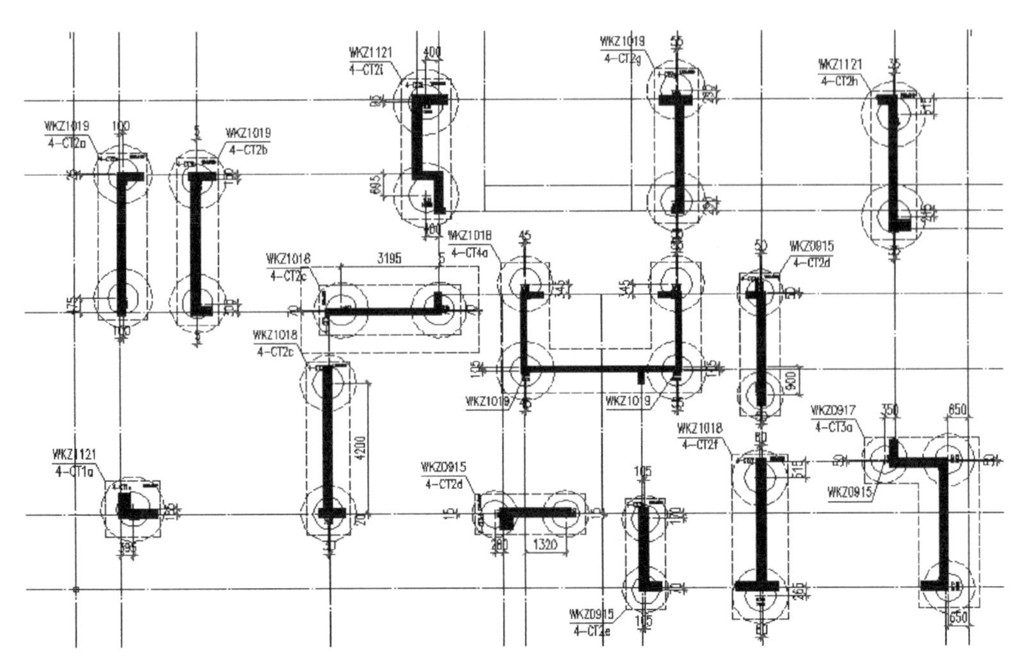

图 1-93　桩基础平面布置图

注：1. 对于承台的计算，可以先在 CAD 中手动布置桩（圆命令）及承台，然后导入 YJK，用弹性地基梁法计算承台配筋，承台的基床系数可填写 0。柱下承台的配筋可参考 YJK 的计算结果。剪力墙下的承台，由于一般墙下布置桩基础，承台高度一般可取 700～1200mm，前者 700mm 是单桩承台或者自己把力传给桩基础的承台，满足锚固长度即可。后者是基本上把力直接传给桩基础，但还是需要承台去协调变形。最后，根据计算结果进行厚度的调整（一般 30～50mm 一层）。一般桩坐落在中风化微风化岩石时才扩底。

布置桩时，一般要满足最小桩间距的要求，有时候剪力墙下为了墙下布置桩（传力直接），桩间距可以适当地大于规范要求（尽量让桩荷载的力沿着墙身传）。当根据实际工程情况减小 1/4 或 1/2 的侧摩阻时，桩间距可以适当地减小，一般对于旋挖桩等，扩底后的外间距不宜小于 500mm（一般至少比桩身扩大 200～400mm）。对于核心筒下面的桩间距，端承非挤土灌注桩，最小桩间距一般最大减小 0.5d，并还要有一定的承载力富余。

2. 桩的偏心定位，一般可沿着墙身形心布置，然后略调整，以 50mm 为模数调整；如果都布置梁式承台（大直径桩），则桩身的外边缘距离承台边缘的距离一般可取 200mm，有时候为了包住剪力墙的翼缘，可加大承台的宽度。

3. 桩承台为抗冲切柱帽，部分承台可通过适当加大柱帽的尺寸的方法降低底板配筋。

4. 人工挖孔桩以强风化泥质粉砂岩为持力层时，扩大头单侧扩出尺寸不宜超过 500mm；以中风化泥质粉砂岩为持力层时，800mm 直径桩扩大头单侧扩出尺寸不应超过 400mm；超出该尺寸时，应征询勘察单位和施工单位的意见。桩长≥15m 时，桩径不宜小于 900mm；桩长≥20m 时，桩径不宜小于 1000mm。

（6）桩基础平面布置图　绘制完成后，可以只保留桩图层和承台图层（附加插入点引线图层），然后导入到 YJK-基础中。

点击“基础建模—导入 DWG”，弹出对话框（图 1-94），点击“打开”，选择“桩基础平面布置图”，点击“插入点”（桩基础平面布置图中拉一条直线作为插入点，可以选择轴线的交点），点击“桩”，在图 1-94 中点击“桩基础平面布置图”的桩图层，点击“承台”，在图 1-94 中点击“桩基础平面布置图”的承台图层（图 1-95），单击右键，点击“确定”，即可导入桩＋承台（图 1-96、图 1-97）。

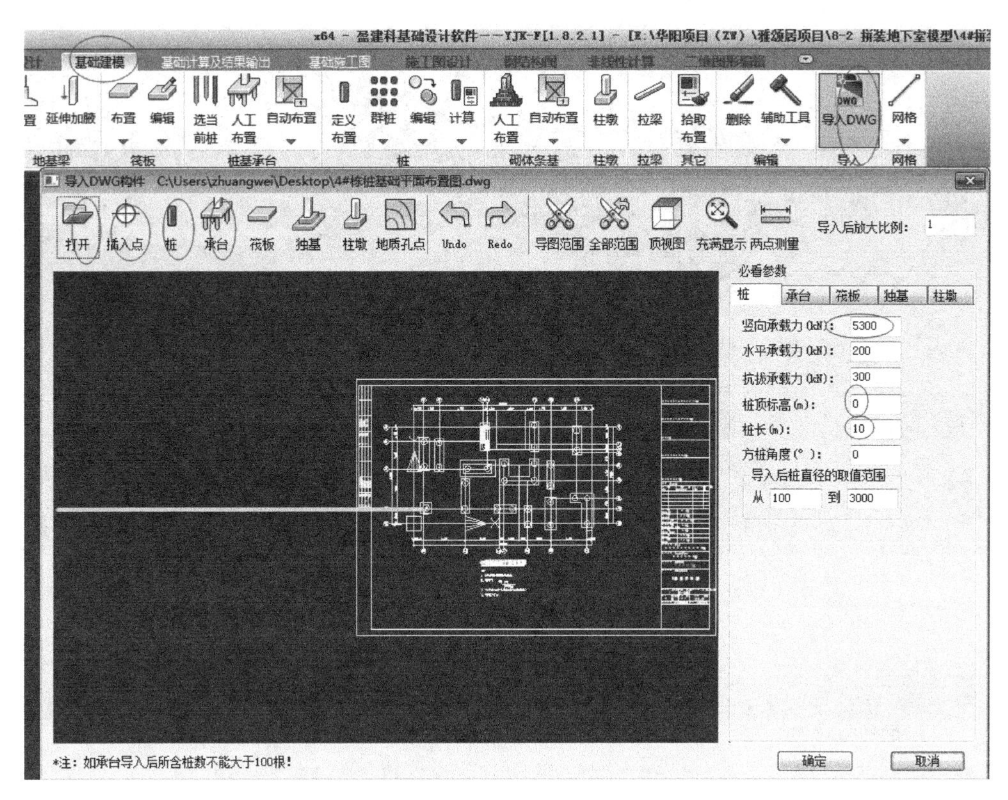

图 1-94 导入 DWG 构件（1）

注："竖向承载力"可以先参考承载力特征值表随便填写一个、"桩顶标高"一般按默认值，0。

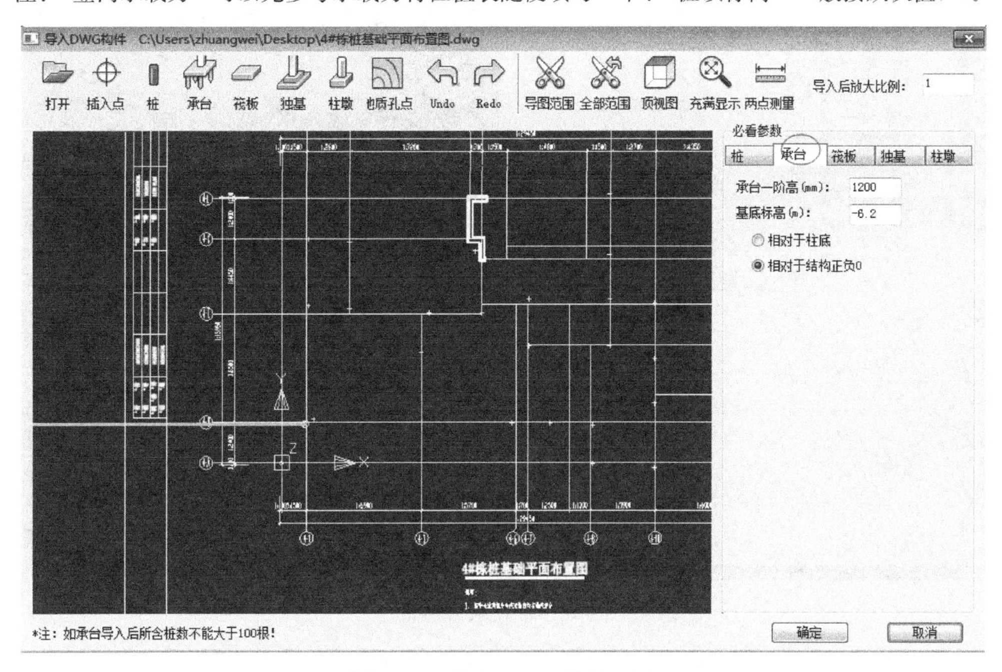

图 1-95 导入 DWG 构件（2）

注："承台一阶高"先估算一个，比如 1200mm。由于楼层组装时，地下室底板标高值为－5.0，所以承台底标高可填写：－6.2m（相对于结构正负 0）。

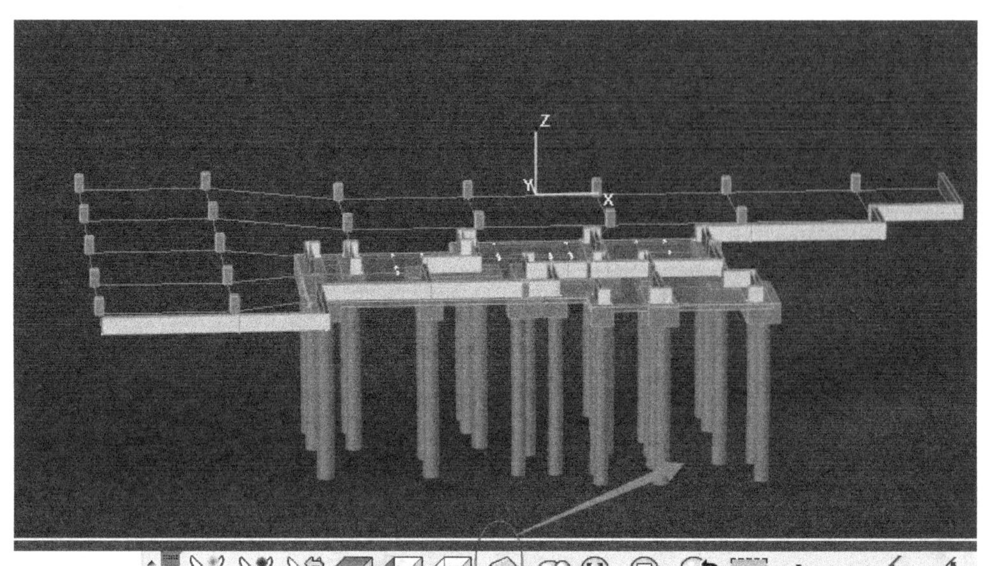

图 1-96　轴测图

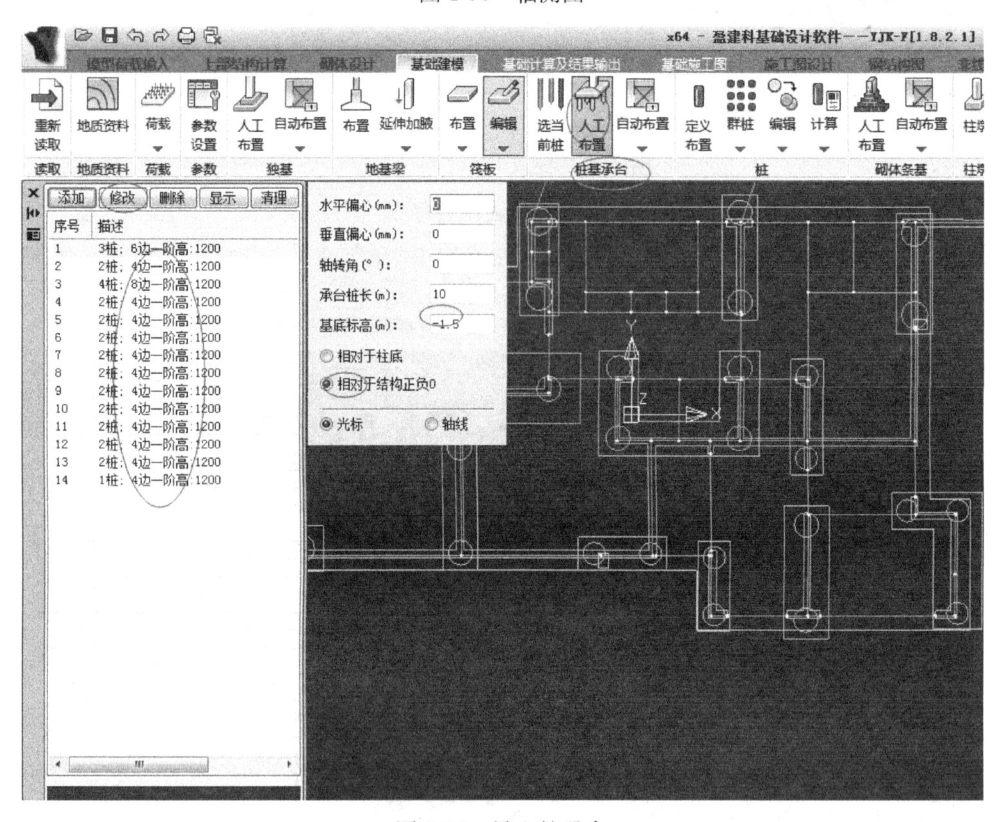

图 1-97　导入桩承台

注：1. 点击“桩基承台”下的“人工布置”，可以查看导入的承台尺寸，可以手动修改所布置承台的属性。

2. 点击“桩”下的“定义布置”，可以查看导入的桩属性（直径，承载力特征值等）。可以手动修改所布置承台的属性，如图 1-98 所示。

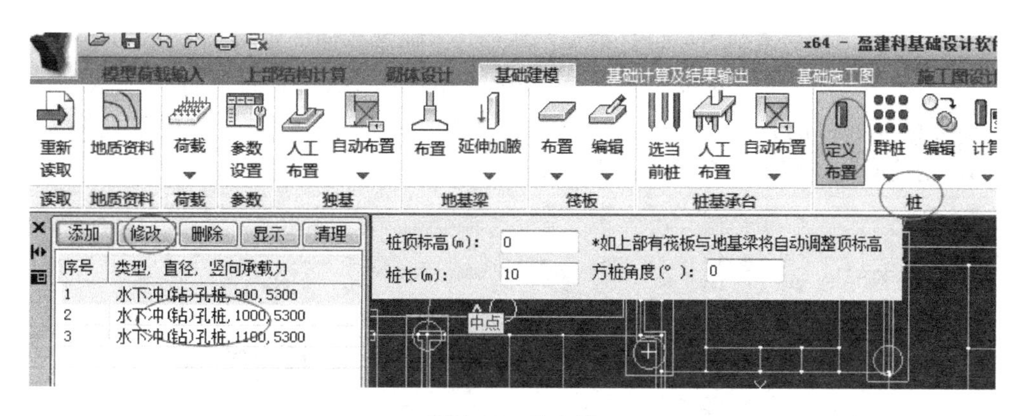

图 1-98　导入桩

点击“基础计算及结果输出—计算参数”，填写相关的参数，如图 1-99 所示。

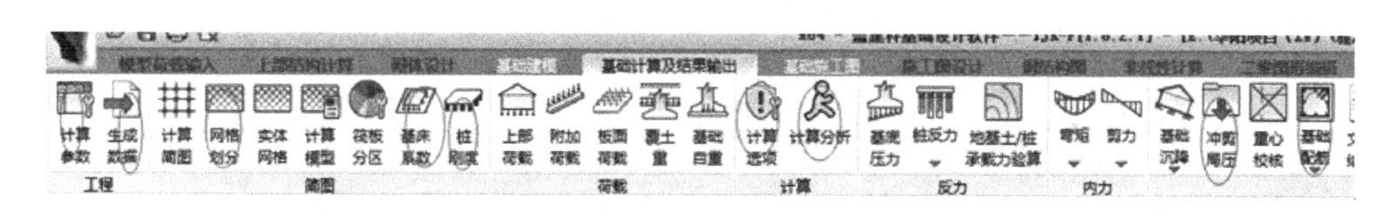

图 1-99　基础计算及结果输出

分别点击“数据生成”、“网格划分”、“计算模型”（计算方法选择弹性地基梁板）、“基床系数”（程序默认为承台的基床系数为 0，否则要人为修改为 0）、“桩刚度”、“计算选项”、“计算分析”，即完成承台的相关计算。点击“冲剪局压”，在弹出的对话框（图 1-100）中选择“独基、条基、承台—冲切、剪切”，可查看冲切、剪切是否满足要求，不满足要求则

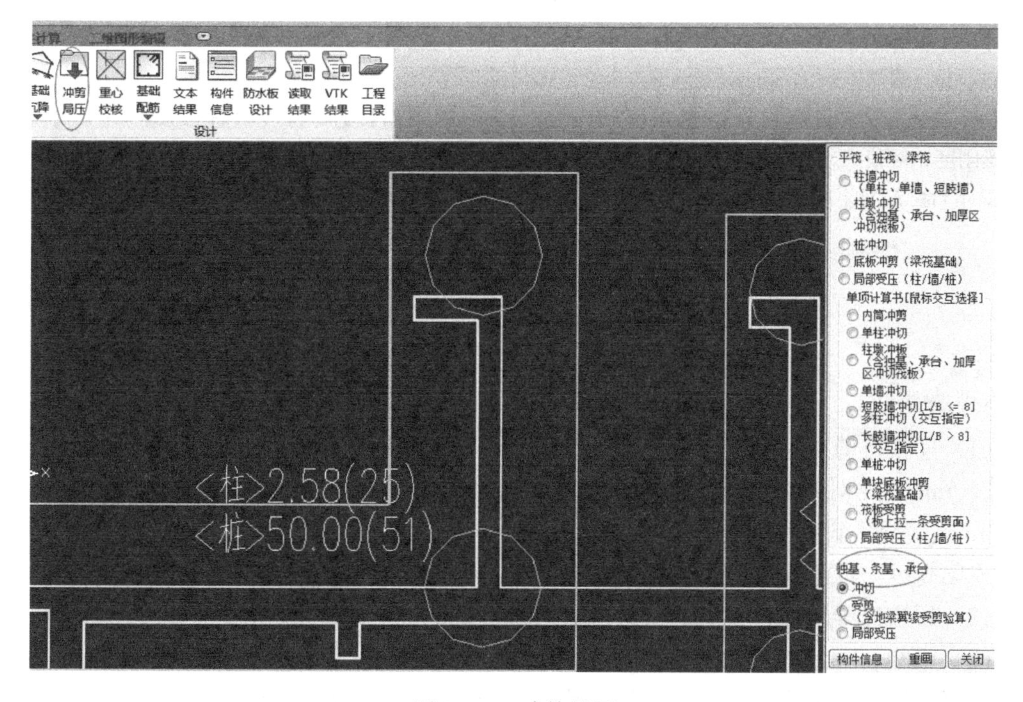

图 1-100　冲剪局压

显示红色，并且“抗剪承载力—设计剪力”小于1，则需要加大承台的高度。点击“基础配筋—基本模型”，在弹出的对话框（图1-101）中选择“X、Y向顶筋”、“X、Y向底筋”，即可查看承台的计算结果，根据经验总结，一般都是构造（双层双向不宜小于0.15%，钢筋间距一般控制在不小于150mm，否则施工不方便）。

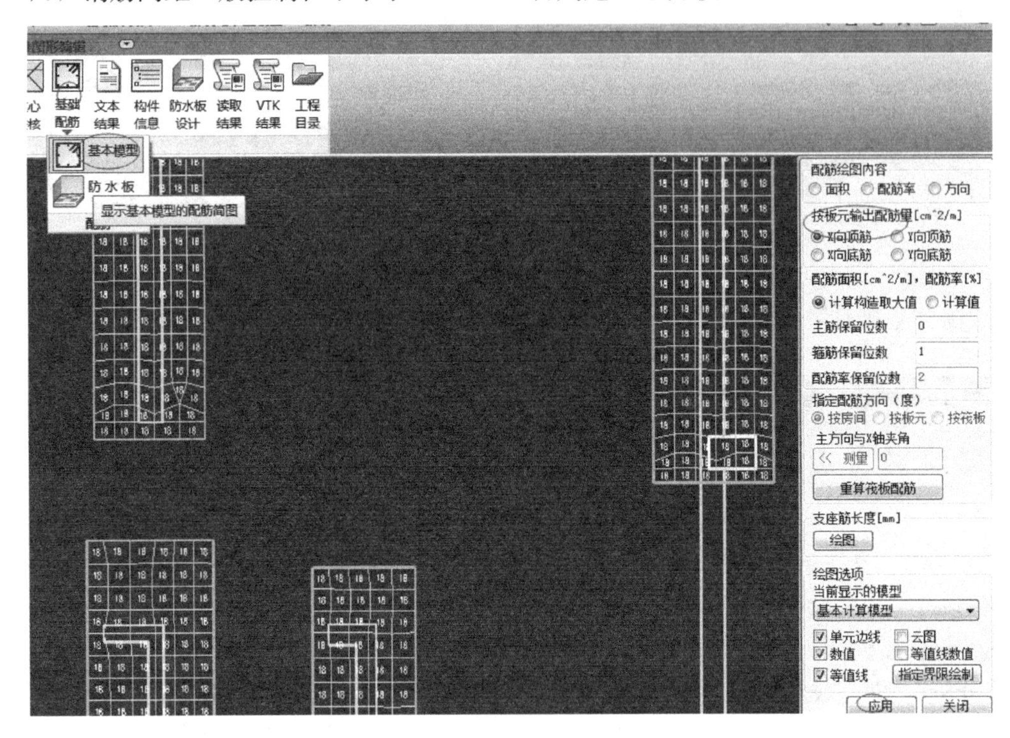

图1-101　基础配筋/基本模型

注：1. 绕承台的承台端侧筋可设计为ϕ12@200。承台的底筋，不必弯折至承台面，可另设直径较小的抗裂钢筋，箍筋可取ϕ10@200（4）

2. 承台之间的底板板厚为400mm（板面钢筋ϕ16@150双向拉通，板底钢筋ϕ14@150双向拉通），连系梁刚度相对很小，可取消。

3. 承台配筋间距取100mm时过小，不好浇筑，一般取150mm。

1.9　塔楼施工图绘制时应注意事项

1.9.1　梁

（1）连梁抗剪截面不足（不超出1.25倍）或抗剪超筋不大时，可采用交叉斜筋（墙厚≥250mm）或对角斜筋（墙厚≥400mm）补强，承载力最多可提高0.25倍；墙厚200mm或配交叉斜筋及对角斜筋仍不能满足要求时，应调整结构布置（加大连梁跨度或增加连梁高度，设缝连梁等）。

（2）顶层连梁编号为WLL，且注意连梁的腰筋配筋率要求。

（3）梁配筋时，一般控制几根连续的梁钢筋直径种类不要超过3种，方便施工。面筋、底筋一般不会出错，面筋可以稍微比计算值小一点，此时应同时加大底筋；对于梁来说，容易出错的一般都是箍筋。

（4）连梁支承次梁时，按框架梁建模，按框架梁编号，箍筋全长加密；一般情况下指定为框架梁，若该连梁超限时，可指定为连梁，同时该连梁应按两端简支梁计算底筋。

（5）梁纵向钢筋数量不宜超过 2 排，当底筋有第三排钢筋时，第三排可放置数量减半（宜为 2 根）；同一部位受力钢筋级差不超过两级（架立钢筋除外，且底面钢筋和顶面钢筋分开考虑）。当梁与剪力墙同宽顺接时应考虑剪力墙暗柱纵筋的影响，200mm 宽梁面筋不超过 3ϕ20，底筋不超过 3ϕ22。

（6）多跨梁的各跨不全部是框架梁时，应区分 KL 和 L 分别编号，KL 和 L 相临跨面筋取相同规格直径以便钢筋拉通，方便施工。

（7）梯梁支承在梯柱（或剪力墙）上时，其构造应符合框架梁的构造做法，箍筋全长加密。

（8）框架梁箍筋构造要求，当支座钢筋直径小于 20mm 时，加密区间距改为 100mm；2、当梁高小于 400mm 时，箍筋加密区间距改为 $h/4$，非加密区为 $h/2$。

次梁箍筋最小直径 ϕ6（梁高≤800mm）或 ϕ8（梁高≥800mm），间距宜采用 200mm。地下室顶板覆土范围的次梁箍筋 ϕ8，架立筋用 ϕ12。

转角窗梁不宜调幅，设计时按折梁设计，箍筋全长加密。悬挑梁端箍筋间距 100mm，一般情况下，悬挑梁按非框架梁的配筋构造处理，底筋配筋率可按 0.2%进行修正。

首层顶板覆土较重，室内外高差处的梁箍筋应按 ϕ10@100 全长加密，且配置@200 受扭腰筋，腰筋直径需跟结构总说明对应，如果梁宽为 300mm 宽，采用 Nϕ10@200 的受扭腰筋。注意高差处较大处的梁高，确保支承梁底低于楼板或次梁底。

1.9.2 板

（1）对于卫生间，应双层双向通长配置，由计算确定。一般 ϕ8@200 板面/ϕ6@150 板底，双层双向拉通。首层楼板（地下室顶板）设双层双向拉通钢筋，最小配筋率 0.25%。通长钢筋不小于 ϕ10@170（180mm 板厚）。

（2）地下室底板，设双层双向拉通钢筋，最小配筋率 0.20%，250mm 板厚板面通长钢筋 ϕ10@150。板底钢筋按 0.2mm 裂缝控制，通长筋 ϕ10@150，支座不足设另加筋。无地下水且底板自承重时可取 0.15%。

（3）采用 HRB400 及以上钢筋时，除悬臂板及特殊部位外，一般楼层板配筋率取 0.15%和 $45f_t/f_y$ 的较大值，板的最小配筋率按 0.16%（C25）/0.18%（C30）。

（4）板上有墙而没设梁时，板计算应考虑线荷载。板跨大于 3m，板底放置相应加强筋，一般为 2ϕ12（图中应定位并用 50mm 厚粗实线标明），板跨≤3m 且其上隔墙高度≤3m 时板底不设置加强筋。

（5）140mm 厚度以下的飘板分布筋均为 ϕ6@200，150～180mm 板厚分布筋为 ϕ6@150；180mm 厚度以上分布筋为 ϕ8@200。受力钢筋除计算要求外，100～120mm 厚飘板为 ϕ8@200，130～150mm 厚飘板为 ϕ8@150，180～200mm 板厚为 ϕ10@200。

（6）核心筒区域最小板厚 120mm，配筋双层双向 ϕ8@150。转角窗区域板厚至少 130mm，配筋双层双向 ϕ8@150。

（7）板厚＞120mm 简支边面筋用 ϕ8@200。如周边支承条件较好，长矩形客厅板厚，

短跨 L＜3.8m，板厚 h=110mm；3.8m≤L＜4.2m，板厚 h=120mm；4.2m≤L＜4.5m，板厚 h=130mm，短跨板底筋不少于 ϕ8@200。当短跨 L≤5.0m，阳角放射筋用 7ϕ8；L＞5.0m 时用 7ϕ10。板面筋之间空隙≤500mm 时，面筋拉通。

（8）首层板应采用双层双向拉通钢筋，双层双向不够时，面筋应采用附加短向钢筋，底筋应采用实配钢筋设计。

1.9.3 墙

（1）底部加强部位高度范围内，同一剪力墙不应在上部设置约束构件，而下部设置构造构件。

（2）转角窗暗柱长度为墙厚 3 倍，全高按约束边缘构件，纵筋直径≥16mm。

（3）开洞剪力墙 L_c 长度计算：小洞口时：h_w 按两片墙总长度 L 考虑，洞口两侧设置构造边缘构件；大洞口时：h_w 按单片墙长度 L_1/L_2 考虑，洞口两侧设置约束边缘构件（全国技术措施 5.3.16 条）。小洞口定义：距墙端大于 4 倍墙厚，高度小于层高 1/3（《广东高规》5.3.6 条）。

（4）四级剪力墙轴压比按《广东高规》控制，即不大于 0.7。

（5）约束边缘构件和在底部加强区的构造边缘构件，采用箍筋或箍筋+拉紧的配筋方式，不得只采用全部拉筋。

（6）所有 250mm 厚翼墙外箍标Φ8@200 不满足墙体水平筋不应小于 0.25%配筋率要求，应另标为Φ10/8@200。设计图纸表示如图 1-102 所示。

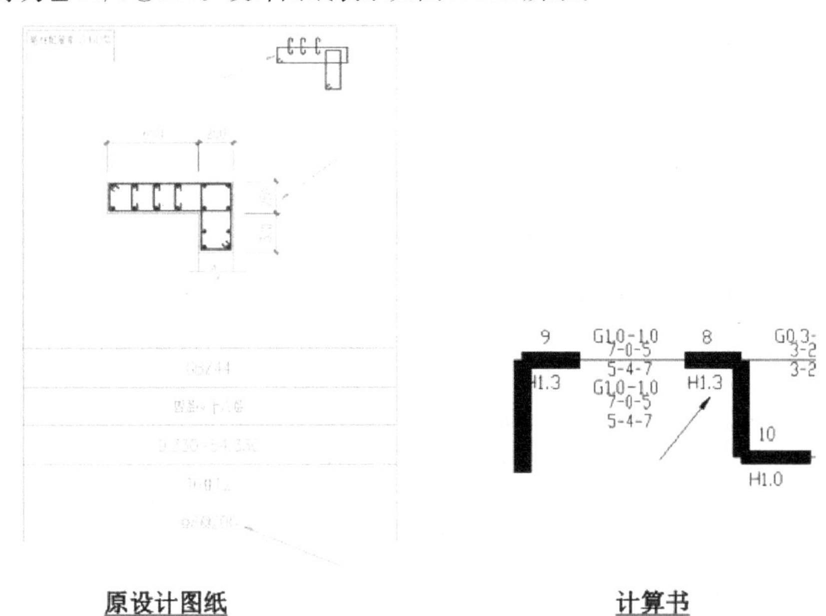

原设计图纸　　计算书

图 1-102　边缘构件配筋

1.9.4 柱

（1）柱根应采用 100mm 的间距；三、四级当柱纵筋直径小于 20mm 时，加密区间距改用 100mm。四级框架柱的剪跨比不大于 2 或柱全截面配筋率大于 3%时，箍筋直径不应小于 8mm。框支柱、一、二级框架角柱，柱箍筋全高加密。

(2) 箍筋加密区的肢距不宜大于 200mm（一级）、250mm（二、三级）、300mm（四级及非抗震）。

(3)《抗规》6.4.6 条说明为：抗震墙的墙肢长度不大于墙厚的 3 倍时，应按柱的有关要求进行设计；矩形墙肢的厚度不大于 300mm 时，尚宜全高加密箍筋。如图 1-103 所示。

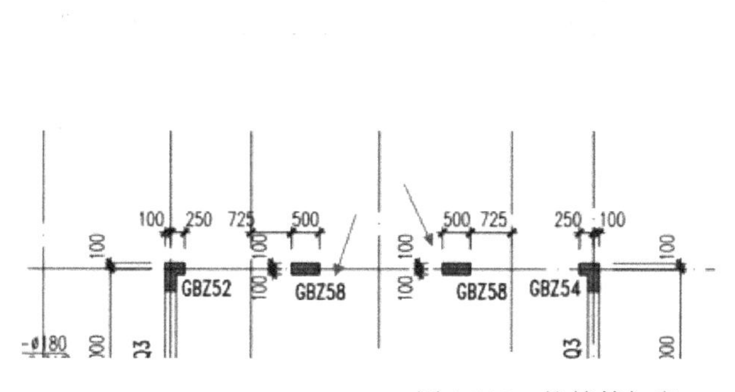

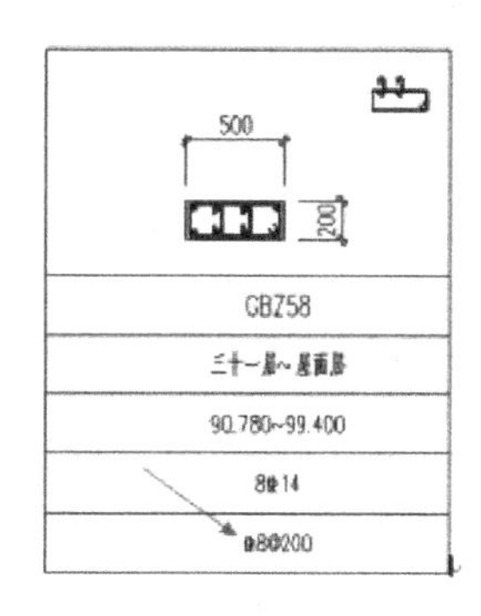

图 1-103　柱箍筋加密

1.10　地下室设计

(1) 地下室很大，可以先建塔楼模型（带地下室），然后在地下室所在的标准层中导入大地下室的 DWG 布置图（梁＋柱），进行地下室的建模；也可以先建地下室的模型（地下室底标高为负，顶标高为 0.00m），然后采用与塔楼拼接的方式；打开地下室的模型，点击“楼层组装/工程拼装”，弹出对话框，如图 1-104 所示。

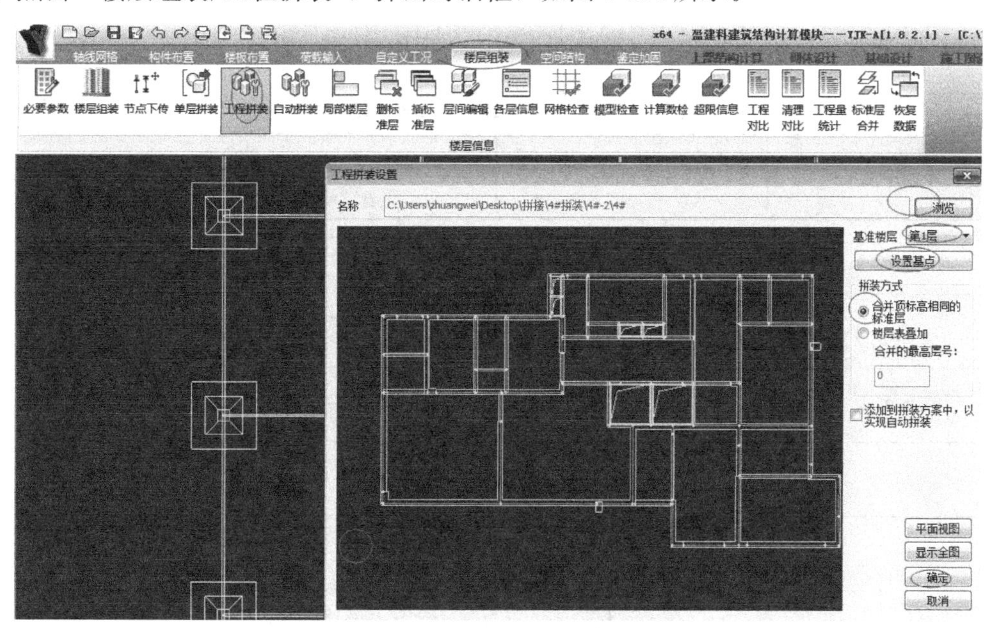

图 1-104　工程拼装

注：1. 拼装的两个模型（带地下室）底标高应相同；

2. “拼装方式”：合并顶标高相同的标准层。其他参数可按默认值填写。

（2）地下室很大，建模一般不难，由于柱网+覆土厚度一般不会改变很多，所以构件截面尺寸一般也不会变动太大。比如7.8m的柱网，覆土厚度1.2m，主梁一般取400mm×1000mm左右，次梁一般取（300～350mm）×（800～900mm）；如果采用加腋梁板，一般加腋后的板厚为400mm左右，加腋后的梁高为1000mm左右。

加腋的是有一个合理的尺寸的，在这个合理的尺寸范围内，就会产生好的空间拱效应，即有好的受力性能。一般来说，支托坡度取1∶4，高度小于等于0.4倍的梁高时，空间拱效应比较大，即此时的受力性能比较好。腋高按0.4h定为300mm，坡度1∶4，因此腋长定为1200mm。加腋板的腋长为板净跨的1/5～1/6，针对8.1柱跨地下室，梁宽500mm，因此腋长取1300mm；加腋区板总高为跨中板厚的1.5～2倍，跨中板厚可取柱跨的1/35.

对于地下室顶板（塔楼范围外），当考虑防水要求时，跨中可取250mm；不考虑防水要求时，跨中厚度根据覆土厚度及是否有梁体系，是否嵌固端等条件，可取160～200mm，但最小配筋率都按双向双向0.25%控制。

7.8m的柱网，覆土厚度1.2m，当采用无梁楼盖时，一般板厚可取300～350mm，柱帽宽度可取7.8/3=2.6m左右。

当构件布置后，地下室的荷载应该准确填写，比如消防车荷载（登高场地也应考虑消防车荷载），比如人防荷载等。绘制施工图时，要注意一些梁、柱、板、墙配筋的细节，然后绘制一些变标高、有高差处的大样图。

（3）对于地下室底板，由于地下室范围一般比较大，土可能有些变化（采用不同的基础类型，比如预应力管桩+独立基础），土可能变化不大（采用独立基础，局部换填）；水浮力大小也可能不同，可以点击“计算基础及结果输出/防水板设计”，用窗口的方式，局部修改水浮力。

（4）地下室外墙水平分布筋（单向受力时），可参考表1-19。

地下室外墙水平分布筋（用于单向受力时）　　表1-19

外墙厚度	迎土面	背土面	
		非悬臂墙	悬臂墙
200	Φ8@120 0.2096%	Φ8@150 0.1675%	Φ8@200 0.1250%
250	Φ10@150 0.2096%	Φ8@120 0.1677%	Φ8@150 0.1340%
300	Φ10@120 0.2181%	Φ10@150 0.1747%	Φ10@200 0.1310%
350	Φ10@100 0.2243%	Φ10@150 0.1497%	Φ10@200 0.1123%
400	Φ12@120 0.2356%	Φ10@120 0.1635%	Φ10@150 0.1310%
450	Φ12@120 0.2094%	Φ10@120 0.1453%	Φ10@150 0.1164%
500	Φ12@100 0.2262%	Φ10@100 0.1570%	Φ10@120 0.1308%

续表

外墙厚度	迎土面	背土面	
		非悬臂墙	悬臂墙
550	Φ12@100 0.2056%	Φ10@100 0.1427%	Φ10@120 0.1190%
600	Φ14@120 0.2138%	Φ12@120 0.15708%	Φ10@100 0.1308%
650	Φ14@120 0.1973%	Φ12@120 0.1450%	Φ10@100 0.1207%
700	Φ14@100 0.2199%	Φ12@100 0.1616%	Φ10@100 0.1121%
750	Φ14@100 0.2052%	Φ12@100 0.1508%	Φ12@120 0.1257%
800	Φ14@100 0.1923%	Φ12@100 0.1414%	Φ12@120 0.1178%

1.11 盈建科构件计算结果提取及施工图绘制

1.11.1 梁

(1) 梁配筋计算结果

点击“设计结果—配筋简图”，即可查看某一楼层的盈建科构件的计算结果。该值的单位为平方厘米，如图 1-105 所示。比如梁的左端面筋取 19-11-5 中的较大值，即 19；右端面筋取 0-7-16 中的较大值，即 16，通长钢筋一般采用两根角筋通长，不宜小于 5-0-0 中的较大值，即 5。底筋取“11-11-7”、“7-6-6”、“6-12-13”中的较大值，即 13；箍筋加密区间距在盈建科参数设置中填写过，一般为默认值 100，箍筋加密区计算值为“G0.4-0.3”中的 0.4，即加密区箍筋的总箍筋面积为 0.4，一般配置 2 肢，即单肢箍筋面积为 0.2，箍筋直径 6mm 满足要求（0.28），但应满足规范规定箍筋直径最小值要求，比如抗震等级为三级时，不宜小于 8mm。非加密区箍筋总箍筋面积为 0.3mm，由于非加密区一般间距为 200mm，即总面积为 0.3×2=0.6mm^2，即单肢箍筋面积为 0.6/2=0.3mm^2（两肢箍），箍筋直径 6mm 满足要求（0.28mm），但应满足规范规定箍筋直径最小值要求，比如抗震等级为三级时，不宜小于 8mm。

梁配筋时，应满足规范对纵筋的直径、间距的规定；应满足规范对箍筋的直径、间距的规定（最小间距、最大间距）；应满足规范对纵筋的最小配筋率、最大配筋率的规定；且同一根梁中，一般纵筋种类数不要超过 3 种，且当梁跨度不小于 4.5m，面筋与搭接筋的直径级别大于 2 时，才采用搭接的方式。

(2) 梁平法施工图

点击“施工图设计—梁施工图”，选择“参数”，在弹出的对话框中填写相关参数，如图 1-106 所示。一般“最小腰筋直径”可取 10mm，勾选“通长纵筋直径不宜超过柱尺寸的 1/20”(抗震等级为一、二、三级时)、12mm 以上的箍筋直径等级-不变；当抗震等级为三、四时，上下筋选筋库可增加 12mm；勾选“根据裂缝选筋”，其他参数一般可按默认值。

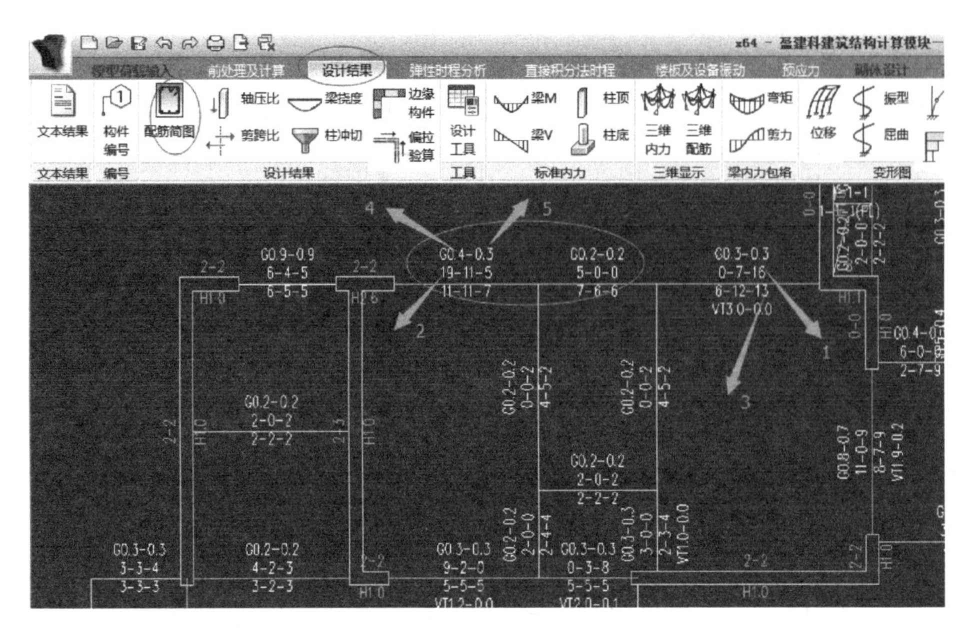

图 1-105　盈建科计算结果（1）

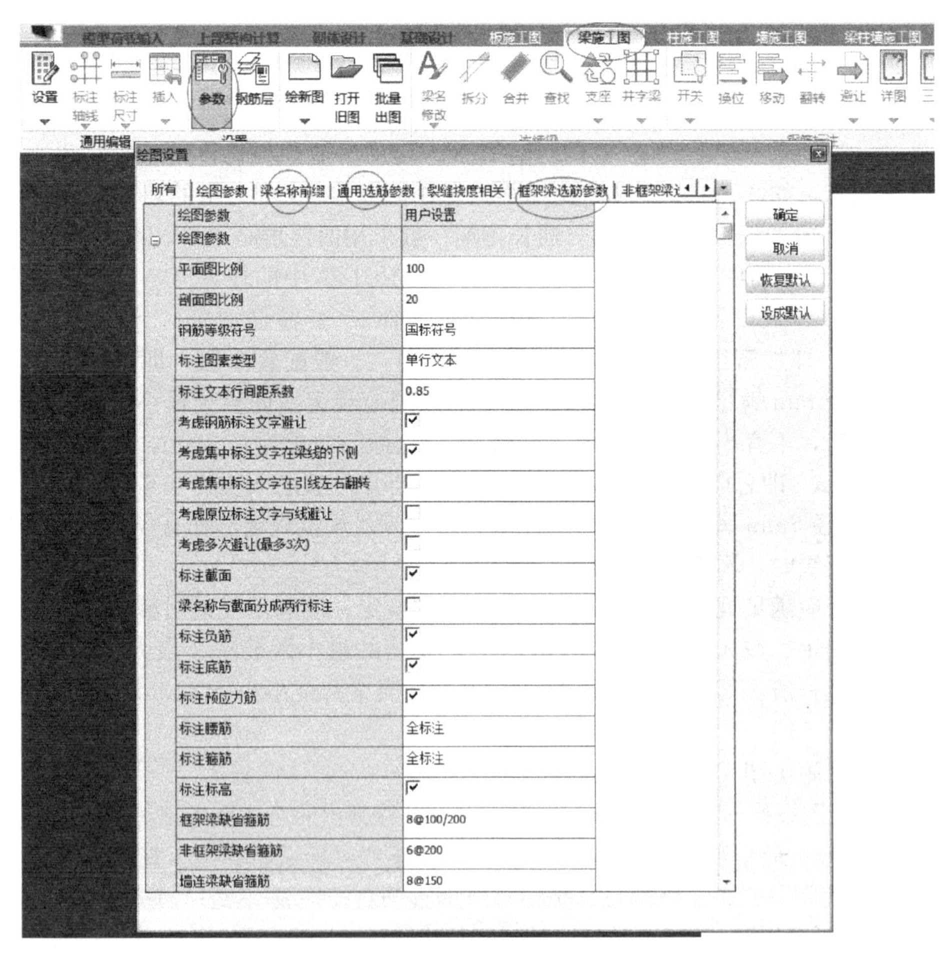

图 1-106　参数设置（1）

点击“钢筋层”，弹出“钢筋层”定义对话框，如图 1-107 所示。左边可以定义不同的钢筋层，右边可以把不同的自然层定义为同一个钢筋层，则盈建科软件在自动生成梁平法施工图时，把该钢筋层下的所有自然层的梁配筋进行归并，用一张梁平法施工图表示。

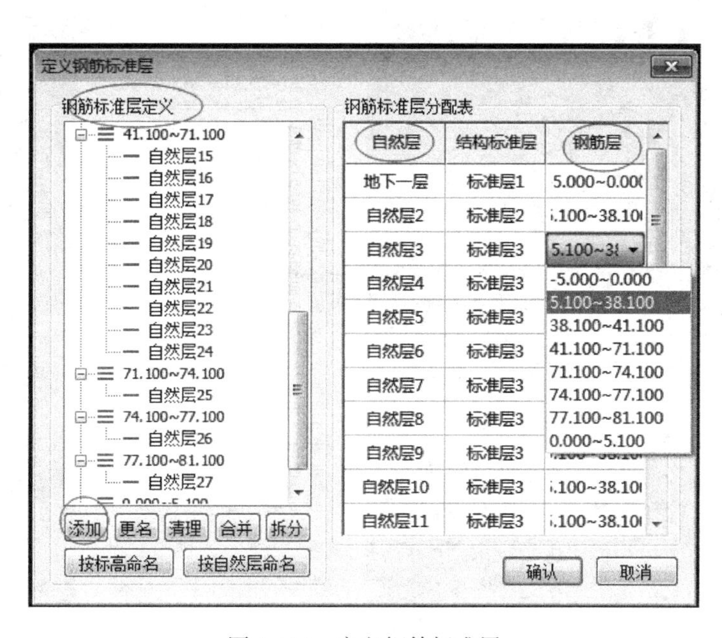

图 1-107　定义钢筋标准层

点击：“绘新图—重新归并选筋并绘制新图”，即可完成施工图的生成，如图 1-108 所示。

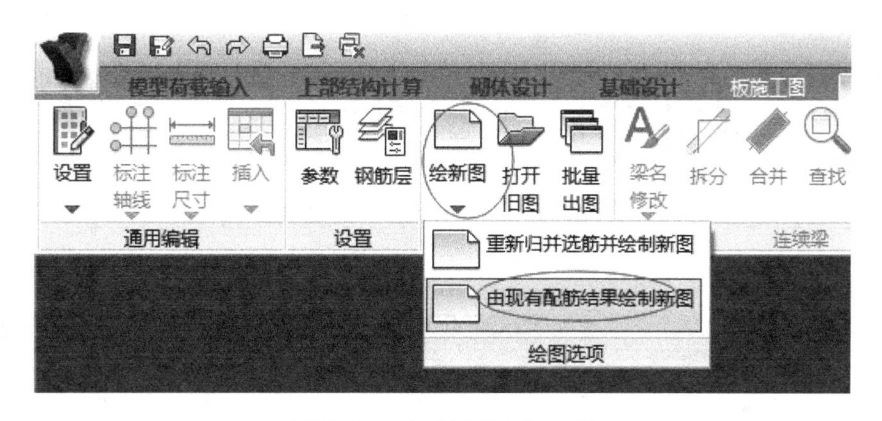

图 1-108　生成梁平法施工图

点击“批量出图”，如图 1-109 所示，程序自动在文件夹下生成施工图。

点击“施工图—挠度、裂缝”，即可查看梁的挠度与裂缝计算值，如图 1-110 所示。

在屏幕的右下方，点击“导出 DWG”，即可把施工图或者计算结果的 DWG 文件导出，如图 1-111 所示。

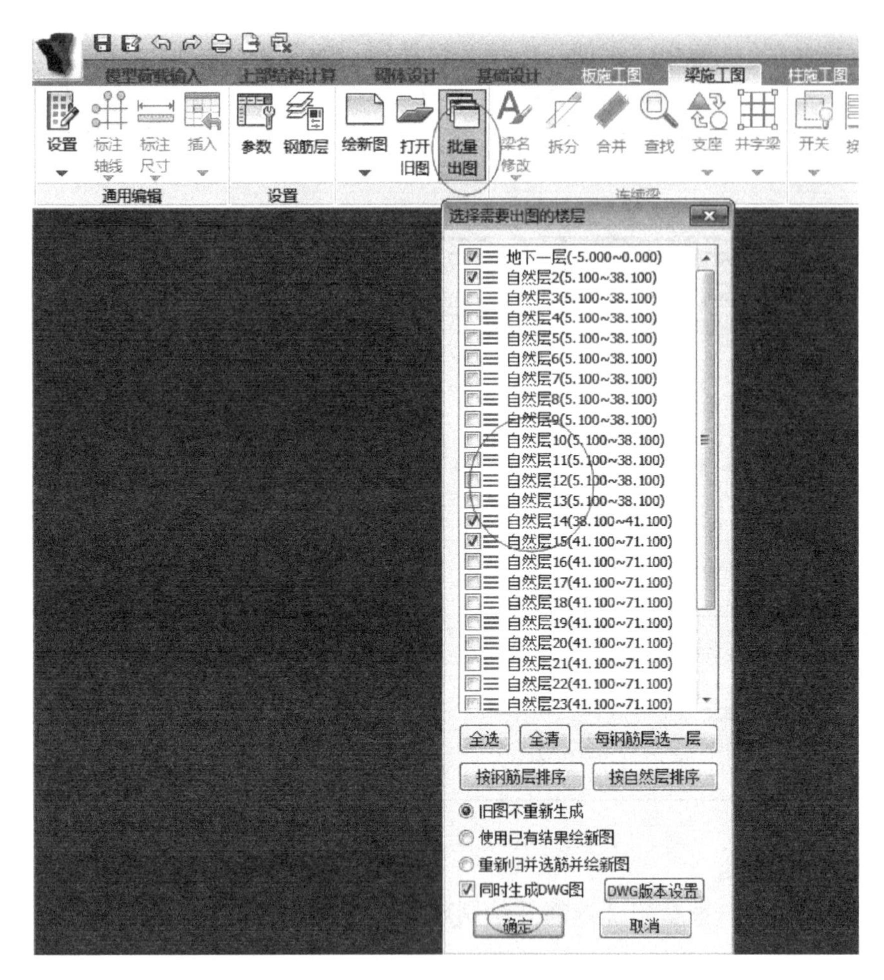

图 1-109　批量出图

图 1-110　挠度/裂缝

图 1-111　导出 DWG

1.11.2　墙、柱

（1）点击“设计结果—配筋简图”，即可查看某一楼层的盈建科构件的计算结果。该值的单位为平方厘米，如图 1-112 所示。

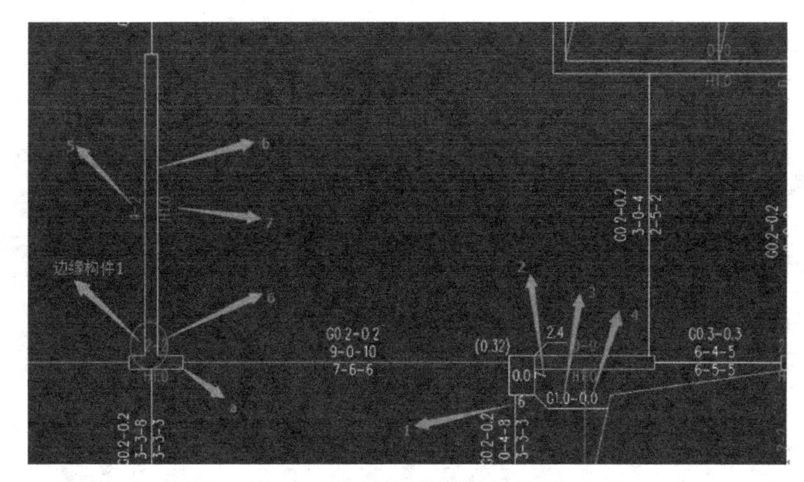

图 1-112 盈建科计算结果（2）

注：1. 柱子的计算结果 6，表示该侧配筋面积为 $6cm^2$；柱子的计算结果 7，表示该侧配筋面积为 $7cm^2$；柱子箍筋加密区的计算结果为 1.0，表示加密区箍筋的总面积为 $1.0cm^2$，该值的计算原则以 100mm 间距计算，如果配四肢箍，则单肢箍面积为 1.0/4=0.25，箍筋直径取 6mm 即可，但应满足规范规定箍筋直径最小值要求，比如抗震等级为三级时，不宜小于 8mm；柱子箍筋非加密区的计算结果为 0，表示构造配置；如果为某具体值 A，表示非加密区箍筋的总面积为 A，该值的计算原则以 100mm 间距计算，则非加密间距为 200mm 时，非加密区箍筋的总面积为 $2A$，如果配四肢箍，则单肢箍面积为 $2A/4=0.5A$，但应满足规范规定箍筋直径最小值要求，比如抗震等级为三级时，不宜小于 8mm。

柱配筋时，应满足规范对纵筋的直径、间距的规定；满足规范对箍筋的直径、间距的规定（最小间距、最大间距）；应满足规范对纵筋的最小配筋率、最大配筋率的规定；且同一根柱截面中，一般纵筋种类数不要超过 2 种。

2. 墙肢 a 的计算结果为 2-2，表示该墙肢两端的配筋分别为 $2cm^2$；墙肢 b 的计算结果为 4-2，表示该墙肢两端的配筋分别为 $4cm^2$、$2cm^2$；所以边缘构件 1 的配筋值不宜小于 2+2+4=8，且应满足规范对边缘构件配筋率及配筋值的最小要求的规定。

3. 墙肢受力时，一般边缘构件的纵筋去平衡弯矩、墙身水平筋抗剪，为计算控制，图中为 H1.0，竖向筋主要为构造，按规范的最小配筋率构造配筋即可。

由于在盈建科参数设置中，水平筋的间距一般填写 200mm，H1.0 表示该墙身的水平筋总面筋为 $1cm^2$，一般 200mm 厚的剪力墙双层配筋，则单侧配筋为 H1.0/2=0.5，即 $50mm^2$，水平筋直径可取 $8mm=50.3mm^2$。

4. 在右侧点击“配筋率”、“构件信息”，即可查看具体的配筋率，及构件计算过程，可以根据经济配筋率查看该构件是否合理。

5. 如果计算结果显示红色，则表示超筋，有一些计算指标不合理，需要改变结构布置。

（2）点击“施工图设计—墙施工图”，点击“参数设置”，根据具体项目填写参数，一般可按默认值。点击“钢筋层”，设定钢筋层；点击“绘新图”，完成该钢筋层下的墙边缘构件施工图绘制；点击“墙柱表”，即可生成“墙边缘构件施工图”中边缘构件的配筋，如图 1-113 所示。

1.11.3 板

（1）点击“施工图设计—板施工图”，根据具体工程，完成参数填写即可，一般可按图 1-114～图 1-116 中的默认值；计算方法一般可选择“手册算法”、也可以选择“有限元法”；最小配筋率如果是 C25，可以取 0.16%，最小配筋率如果是 C30，可以取 0.18%。

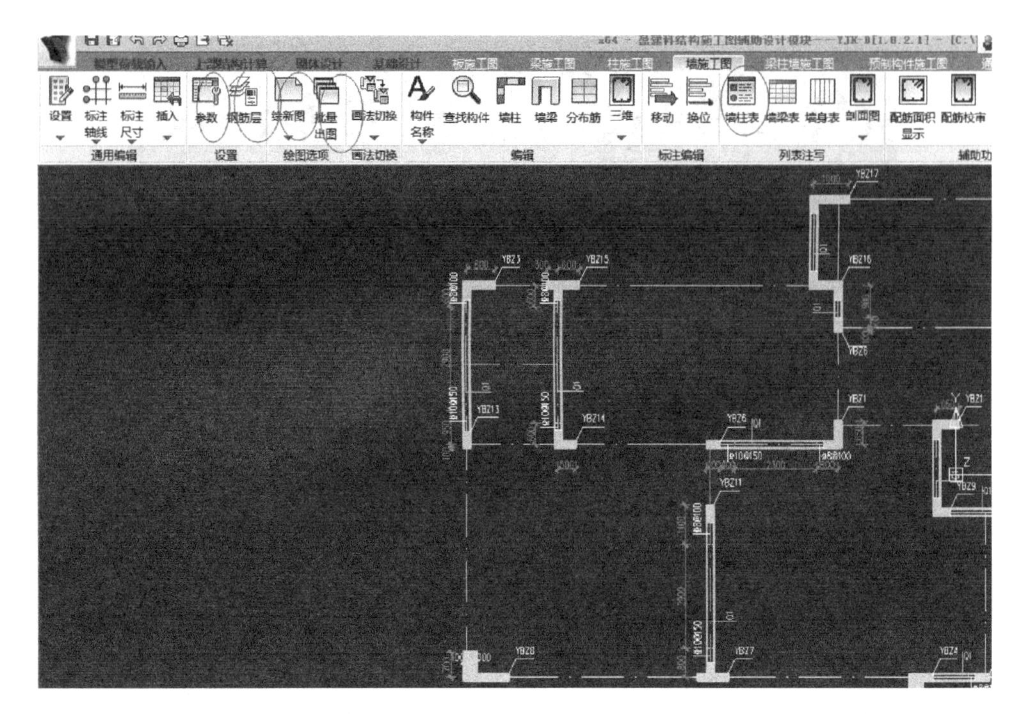

图 1-113　墙施工图

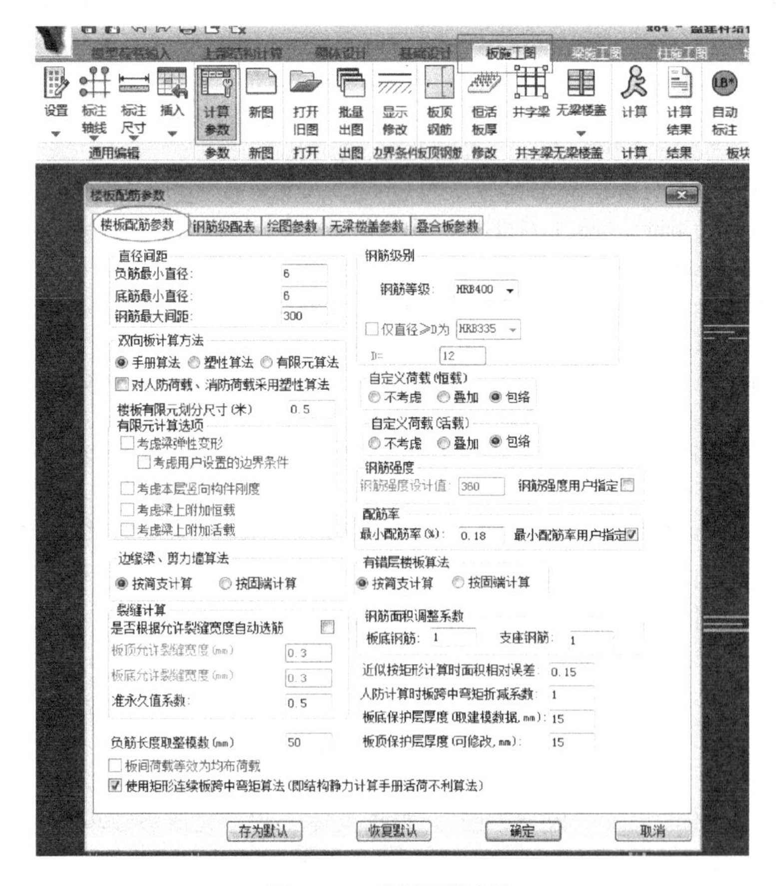

图 1-114　楼板配筋参数

图 1-115　钢筋级配表

楼板配筋参数

楼板配筋参数 | 钢筋级配表 | 绘图参数 | 无梁楼盖参数 | 叠合板参数

平面图比例

平面图绘图比例 100

钢筋采用简化标注

定义简化标注

多跨负筋

长度: 1/4跨长 1/3跨长 程序内定

两边长度取大值: 是 否

负筋长度取值采用净跨长度

负筋自动拉通距离 200

负筋长度自动归并距离 100

钢筋画法

平法 准平法 传统画法

板块编号圆圈直径(mm) 5

板底钢筋圆钩长度(mm) 1.2

板底钢筋圆钩半径(mm) 0.5

板顶钢筋直弯钩长度(mm) 2

负筋标注

界线位置: 梁中 梁边

尺寸位置: 上边 下边

标注方式: 尺寸标注 文字标注

端支座负筋标注钢筋总长度

钢筋编号

全部编号 仅负筋编号 不编号 钢筋编号圆圈直径(mm) 4

配筋相同的连续支座（板块），仅标注第1跨(板块)

存为默认 | 恢复默认 | 确定 | 取消

图 1-116　绘图参数

注：负筋伸出的长度，不同的设计院有不同的规定；该值有的是从梁边算起，取短跨轴线间距离的1/4的较大值，有的是从梁中心线算起，取短跨轴线间距离的1/4的较大值+1/2梁宽（非边跨）或短跨轴线间距离的1/4的较大值+梁宽（边跨）。

点击“显示修改”，在屏幕的右边弹出对话框，可以选择“固定”或“简支”，按照实际工程情况修改板的属性，有高差处的板，高差大于30mm时，一般都要点“简支”（或高差大于梁宽的1/6时）。点击“计算”，程序即可对该自然层的楼板进行计算，如图1-117、图1-118所示。

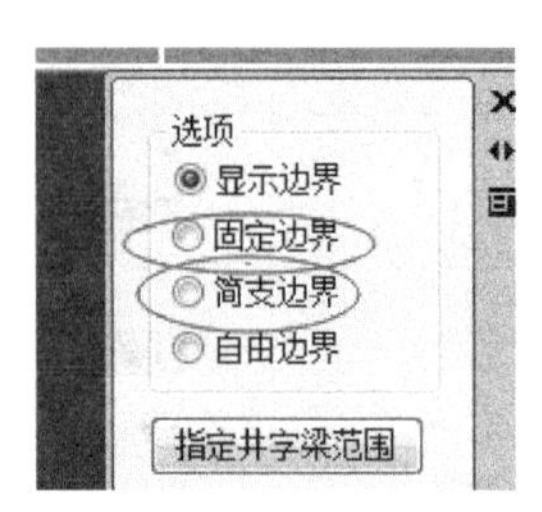

图1-117　边界选项

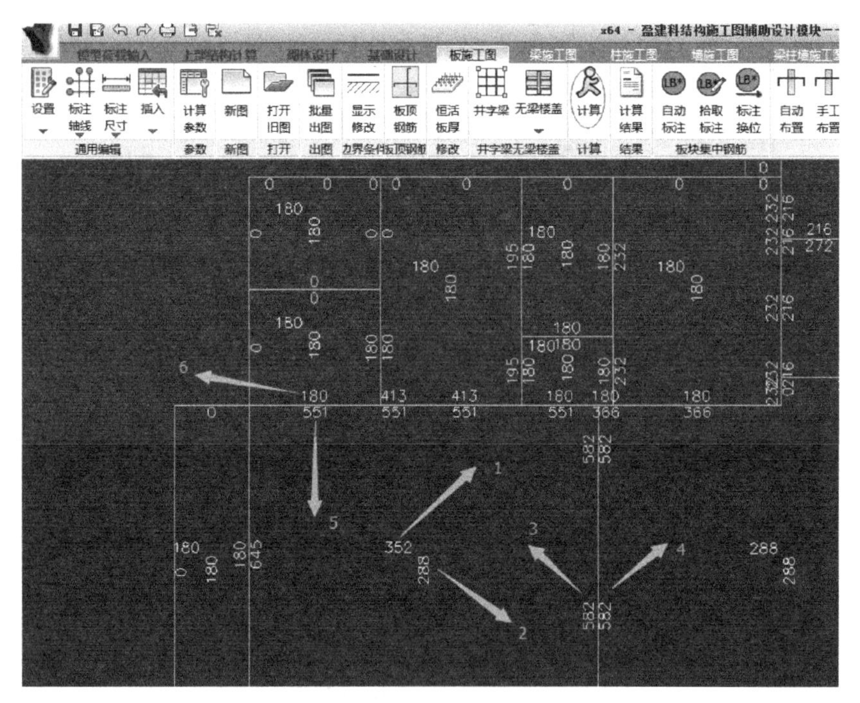

图1-118　楼板计算结果

注：1. “352”，表示X方向的底筋计算值；“288”，表示Y方向的底筋计算值；3与4处的“582”及“582”表示Y方向支座两侧的负筋计算值（配筋时负筋沿着X方向），由于面筋要拉通，一般取最大值；5与6处的“551”及“180”表示X方向支座两侧的负筋计算值（配筋时负筋沿着Y方向），由于面筋要拉通，一般取最大值；

2. 在实际设计中，要取计算配筋与构造配筋的最大值，一般程序给出的计算结果已经归并，是最大值。

（2）点击“新图—批量出图”，选中某个自然层，程序即自动完成对该自然层的板平法施工图绘制，如图1-119所示。

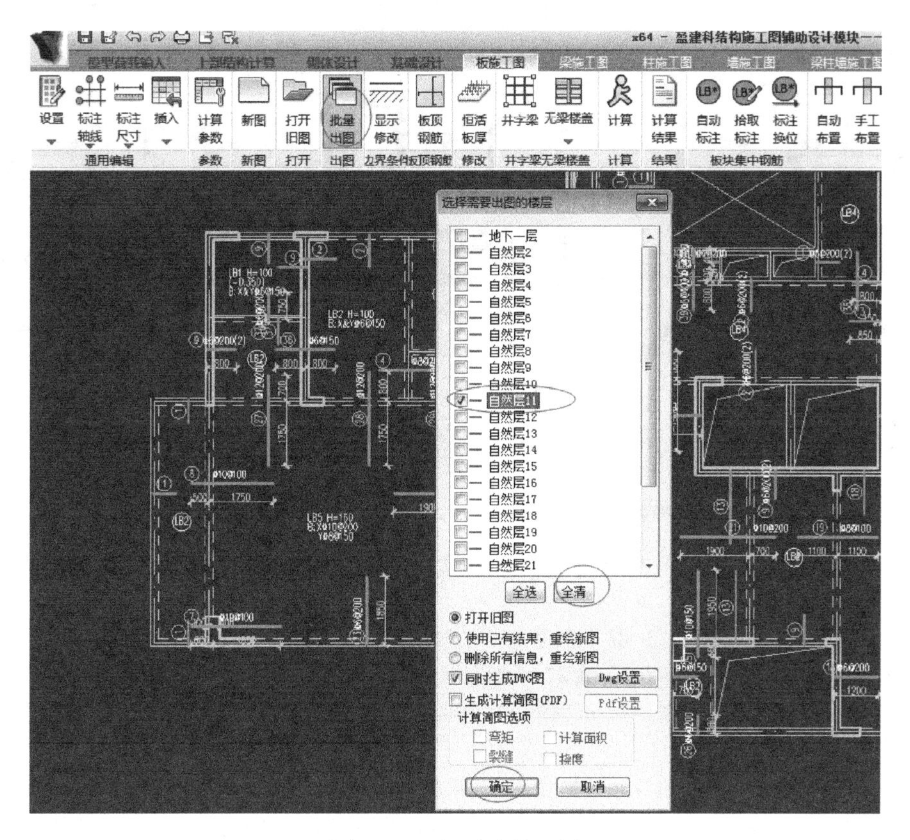

图 1-119　板平法施工图

1.12　其他剪力墙住宅案例分析（1）

某剪力墙住宅平面如图 1-120 所示，初步布置剪力墙及柱，遵循的原则就是在平面的四个角布置 L 形剪力墙，电梯井处布置剪力墙；但是发现有些梁的搭接没有支座，或者梁跨度太大，所以布置其他的墙肢，作为梁的支座，或减小梁的跨度（梁高），如图 1-121、图 1-122 所示。

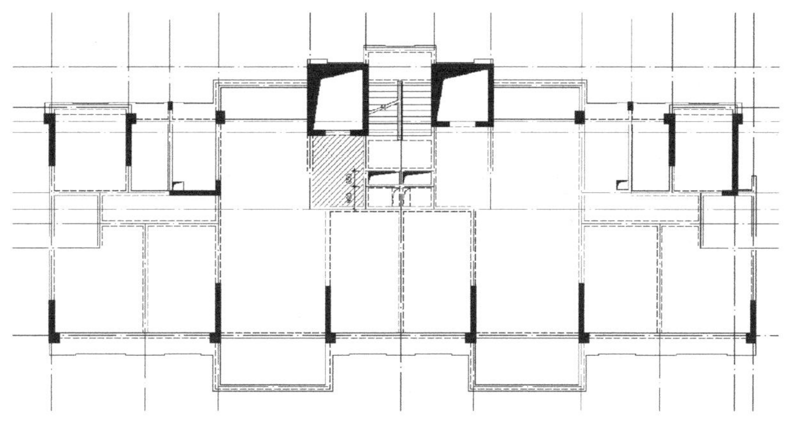

图 1-120　剪力墙初步布置（1）

注：本工程 18 层，风压 0.35kN/m^2，6 度区，底部剪力墙混凝土强度等级为 C40。

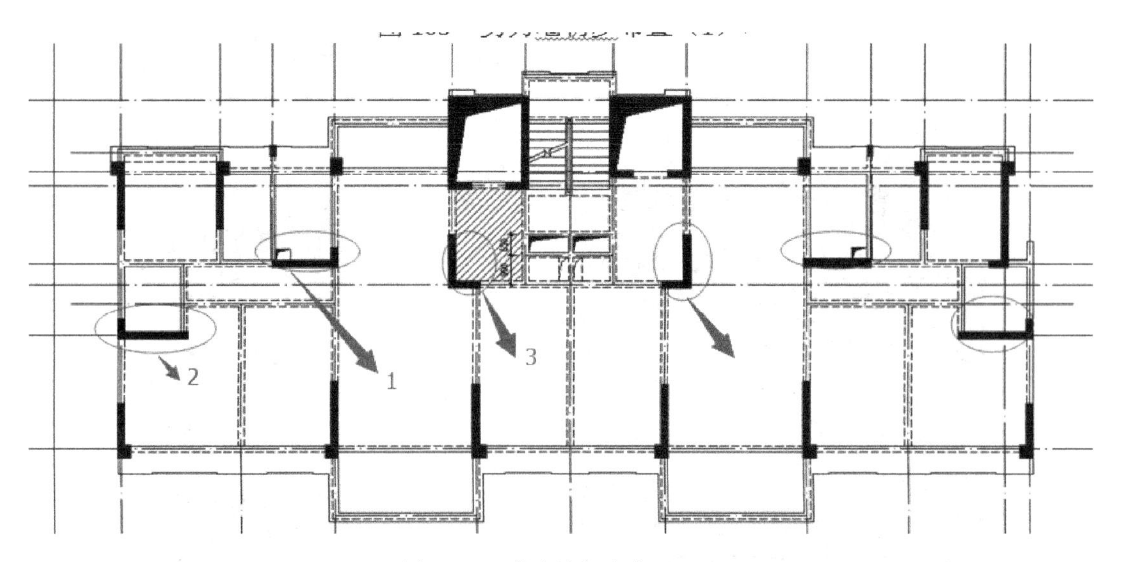

图 1-121　剪力墙初步布置（2）

注：1. 布置 L 形剪力墙时，一般 200mm 的剪力墙长度至少 1700mm（一般剪力墙，非短肢），此时会发现某些梁与墙肢垂直，比如墙 1、墙 2，不如把墙拉长，让梁直接搭接在墙肢上。

2. 墙 3 的有效翼缘长度本来 600mm 就够了，但是与之垂直搭接梁离翼缘太近，不如把墙 3 的翼缘拉长。

3. 一般不布置短肢剪力墙和一字形剪力墙；如果建筑不允许，也可以布置个别的短肢剪力墙和一字形剪力墙，短肢剪力墙的箍筋可参考其同层的边缘构件，并不宜小于墙身水平分布筋，比如 ϕ8@200。

4. 单个的电梯井一般满布置剪力墙，因为其功能的重要性，并且如果不满布置，有隔墙时，电梯的预埋件不好固定及安装。

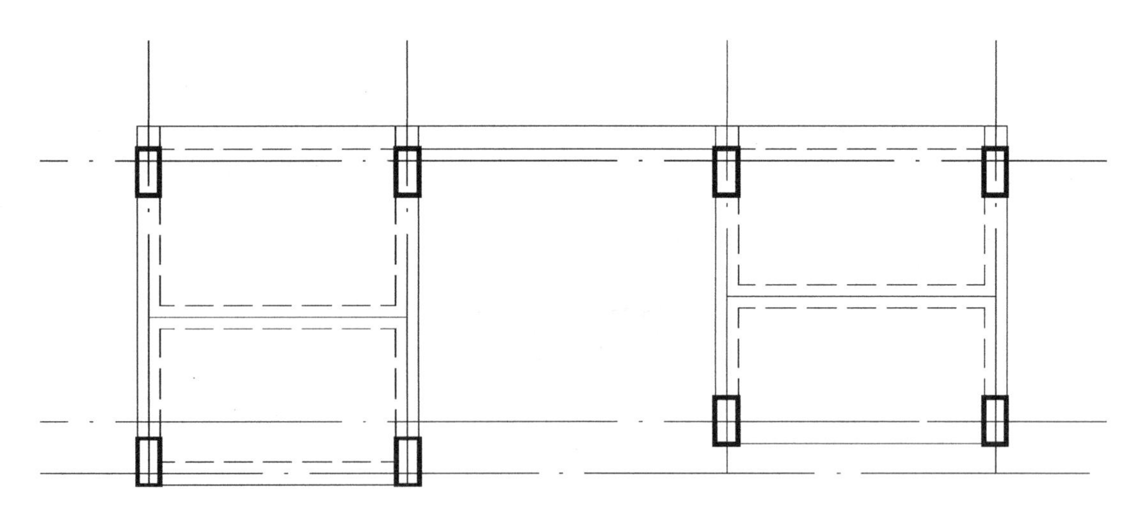

图 1-122　小屋面结构布置

注：1. 突出屋面的电梯机房等，一般喜欢把核心筒不上升上去，而在拐角的部位布置 200mm×400mm 的小柱子或者异形柱进行转换。

2. 电梯机房属于重要的部位，200mm×400mm 的小柱子可以箍筋加密，@100。

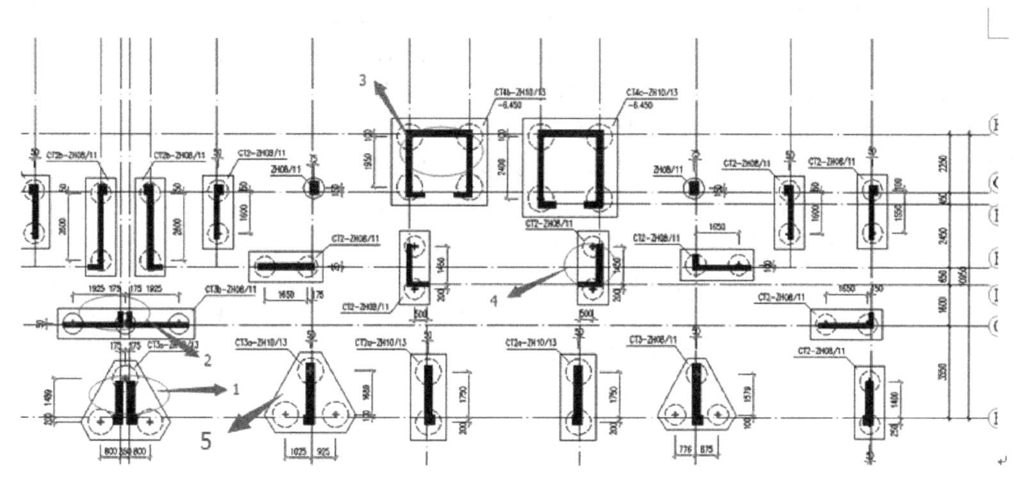

图 1-123　桩基础平面布置图

注：1. 本工程持力层为：中风化粉砂岩或中风化砂砾岩，采用旋挖桩基础，一般一片剪力墙下布置2根旋挖桩，如果墙比较长时，可能布置3根旋挖桩，比如墙2；如果墙荷载比较大，为了减小桩的种类，可以一片剪力墙下布置一个三桩等边承台，比如墙5；核心筒下面一般布置四桩或者六桩、八桩承台，因为此处受力比较大，桩间距不一定满足规范要求，比如墙3，可以适当地减小0.5d，前提是非挤土端承灌注桩。

2. 有时候墙的翼缘长度比较大，用模数的承台可能包不住，可以适当地加宽承台尺寸，以50mm为模数。

3. 有时候剪力墙形状比较怪，且不同的剪力墙靠的比较近，可以手动布置，满足桩间距及桩边距即可，如图1-123所示。

1.13　其他剪力墙住宅案例分析（2）

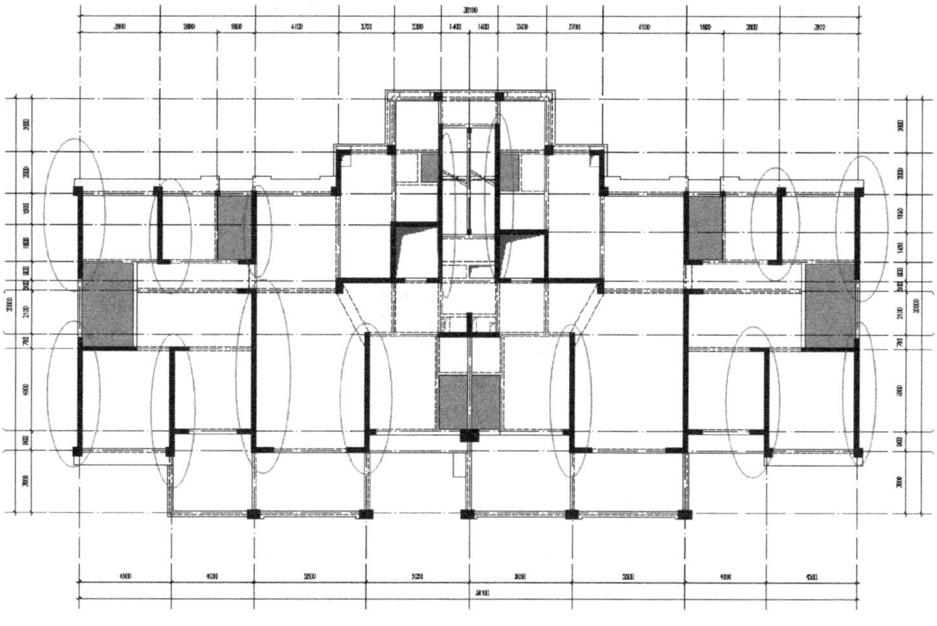

图 1-124　剪力墙初步布置（3）

注：1. 本工程 30 层，风压 0.6KN/m²，6 度区，底部剪力墙混凝土强度等级为 C45，根据经验，往往要布置长墙，特别是建筑的外部，图 1-124 中画圈的就是能多布置长墙的就布置长墙，如果没有经验，可以先布置短墙，会发现层间位移角太大，不满足规范 1/1000 的规定。

2. 从结构布置图可知，Y 方向平面尺寸短，X 方向平面尺寸长，所以一般 Y 方向需要的刚度大，便布置的墙多一些；X 方向平面尺寸长，剪力墙的翼缘刚度或者端柱的刚度与 KL 组合时，或许 X 方向刚度还是偏弱，应尽可能地把翼缘变长，甚至去和建筑沟通，增加翼缘的长度。

3. 结构首层有时候是架空层，层高比较高，部分剪力墙的稳定性及轴压比可能过不了，主要是稳定性，把部分稳定性过不了的墙宽加宽更好；有时候第二层及以上，稳定性也过不了，加大剪力墙的宽度可能会影响建筑功能使用，因为可能是卧室、客厅等，可以把墙长加长，减小墙身的 q，从而稳定性容易过一点，但是对于住宅层，墙宽加到了 250mm 甚至 300mm，梁宽也最高跟着墙宽走，即也做到 250mm 或 300mm，否则会留一道缺口，影响美观性。

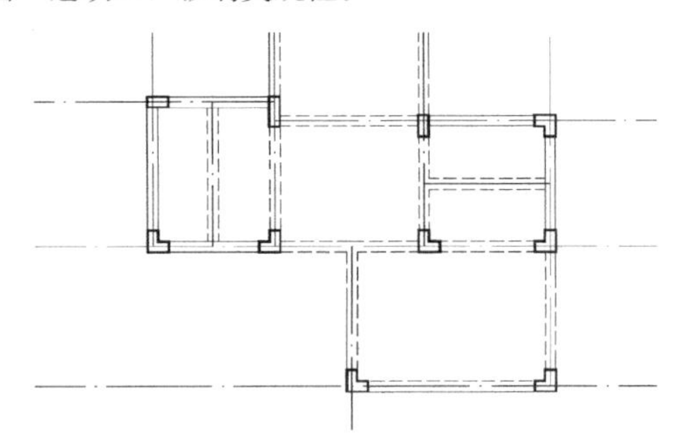

图 1-125　小屋面结构布置

注：1. 突出屋面的电梯机房等，一般喜欢把核心筒不上升上去，而在拐角的部位布置 200mm×400mm 的小柱子或者异形柱进行转换。对于异形柱，有的设计单位习惯于 200mm 厚时做 500mm 肢长，有的习惯于 200mm 厚时做 400mm 肢长。

2. 电梯机房属于重要重要的部位，200mm×400mm 的小柱子可以箍筋加密，@100，如图 1-125 所示。

1.14　其他剪力墙住宅案例分析（3）

本工程 6 度（0.05g）二组Ⅲ类 0.6 风压，18 层，底部剪力墙混凝土强度等级为 C35。

注：1. 风压 0.6kN/m²，6 度区，根据经验，往往要布置长墙，特别是建筑的外部，图中画圈的就是能多布置长墙的就布置长墙，如果没有经验，可以先布置短墙，会发现层间位移角太大，不满足规范 1/1000 的规定，如图 1-126 所示。

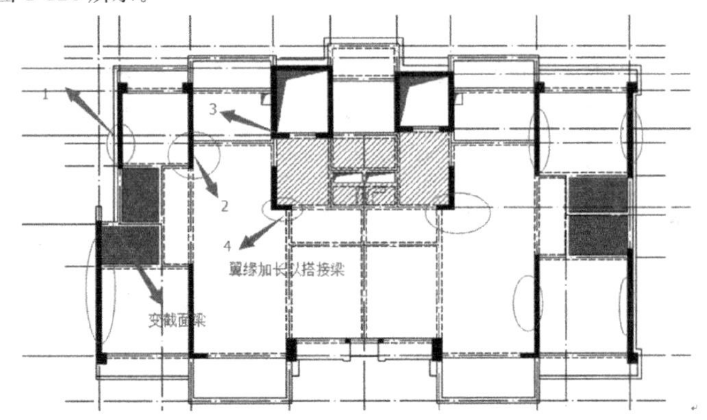

图 1-126　剪力墙初步布置（4）

2. 墙 1 及墙 2 加长，既是刚度要求，也为了方便卫生间处梁的搭接，提供一个硬支座，防止梁超筋；电梯井处的梁 3 翼一般顶着电梯井的洞口处；墙 4 的翼缘长度应让与之垂直的梁搭接过来。

3. 卫生间处可以用变截面梁，建模时还是按 410mm 高建模，偏保守设计，如图 1-127 所示。

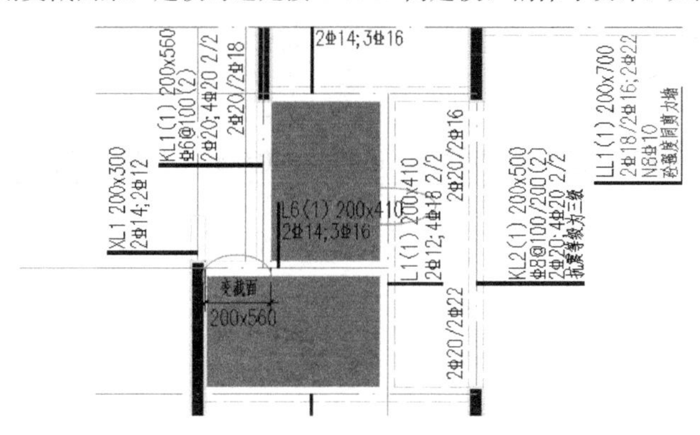

图 1-127　梁平法施工图（局部）

注：墙 2、墙 3、墙 4、墙 5 均为屋面造型的异形墙肢，部分搁置在剪力墙上，大部分搁置在梁上，所以搁置墙 2、墙 3、墙 4、墙 5 的板厚应加强，梁应加强，在建模时，力不能丢，如图 1-128 所示。

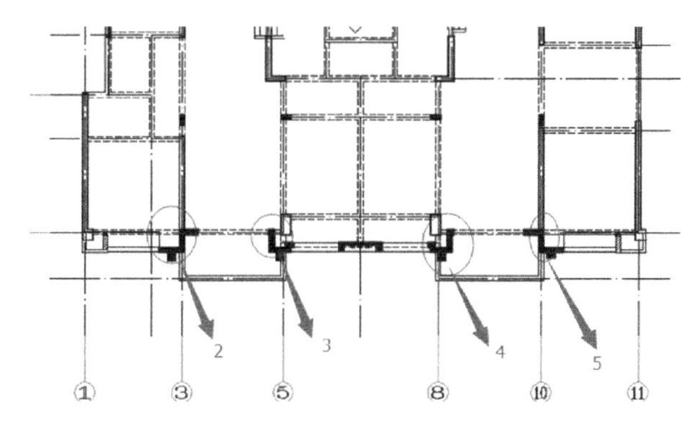

图 1-128　屋面平面布置图

注：柱 1 也是造型柱，搁置在图 1-129 中的造型异形墙肢 2 上。标高等，可以查看其平面图，也可以查看建筑立面图，突出的造型位置，均会在建筑立面图中反映出来。其大样如图 1-130 所示。

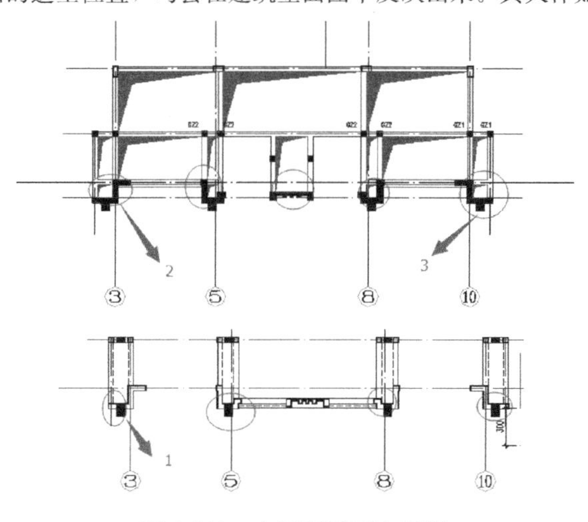

图 1-129　出屋面平面布置图

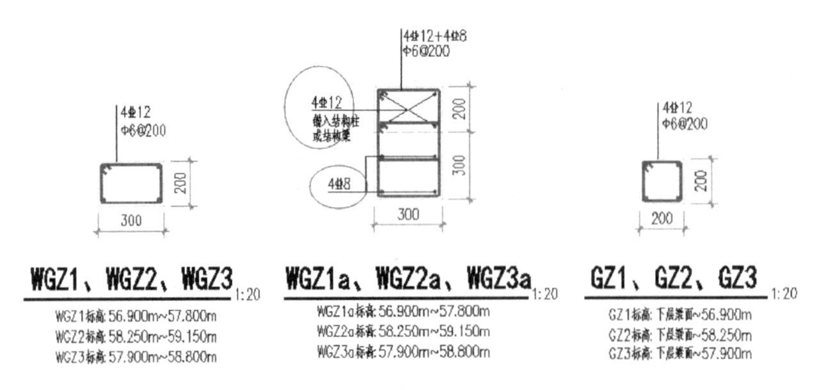

图 1-130　构造柱大样

注：画圈中的 WGZ，有的竖向筋用 12mm，有的用 8mm，用 8mm 的是悬挑在外面的部分，用 12mm 的是搁置在竖向构件上的。

2 别墅案例分析

2.1 工程概况

浙江省××县某别墅，采用异形柱框架结构体系，主体地上3层，地下1层，建筑高度10.525m。该项目抗震设防类别为丙类，建筑抗震设防烈度为6度，设计基本加速度值为0.05g，设计地震分组为第一组，场地类别为Ⅱ类，设计特征周期为0.35s，抗震等级为四。由于土不是太好，故本工程采用旋挖钻孔桩，桩直径600mm ZH06及桩直径600mm ZH06/10（扩底），桩端支承岩为4-2中风化粉砂岩或5-2中风化砂砾岩。

2.2 荷载取值

荷载取值如表2-1、表2-2所示。

使用荷载（kN/m^2） **表2-1**

楼面用途	客厅	卧室	餐厅	卫生间	厨房	楼梯	阳台	电梯机房	屋面（不上人）	屋面（上人）
活荷载	2.0	2.0	2.0	2.5	2.0	2.0	2.5	7.0	0.5	2.0
附加恒载	1.5	1.3	1.5	4.5	2.0	1.5	1.5	1.0	3.5	按实
选用（√）	√	√	√	√	√	√	√		√	√

填充墙荷载表（kN/m^2） **表2-2**

墙体厚度	100	120	180	200	240	250	300	370	
实心砖 选用（ ）		3.00	4.1	4.1	5.24			7.73	双面粉刷
		3.12	4.3	4.3	5.40			7.87	一面粉刷一面贴瓷砖
			5.3	5.3	6.40			8.87	外面石材贴面内面粉刷
KP1多孔砖 选用（ ）		2.52			4.12				双面粉刷
		2.68			4.28				一面粉刷一面贴瓷砖
		3.68			5.28				外面石材贴面内面粉刷
蒸压加气 混凝土砌块 选用（√）	1.60	1.80		2.60		3.10	3.50		双面粉刷
	1.80	2.00		2.75		3.20	3.70		一面粉刷一面贴瓷砖
				3.70		4.10	4.50		外面石材贴面内面粉刷
空心砖 空洞率>40% 选用（ ）									双面粉刷
									一面粉刷一面贴瓷砖
									外面石材贴面内面粉刷

2.3 构件截面取值及分析

该别墅左右对称，由于篇幅限制，取一半的结构平面布置图如图 2-1～图 2-14 所示。

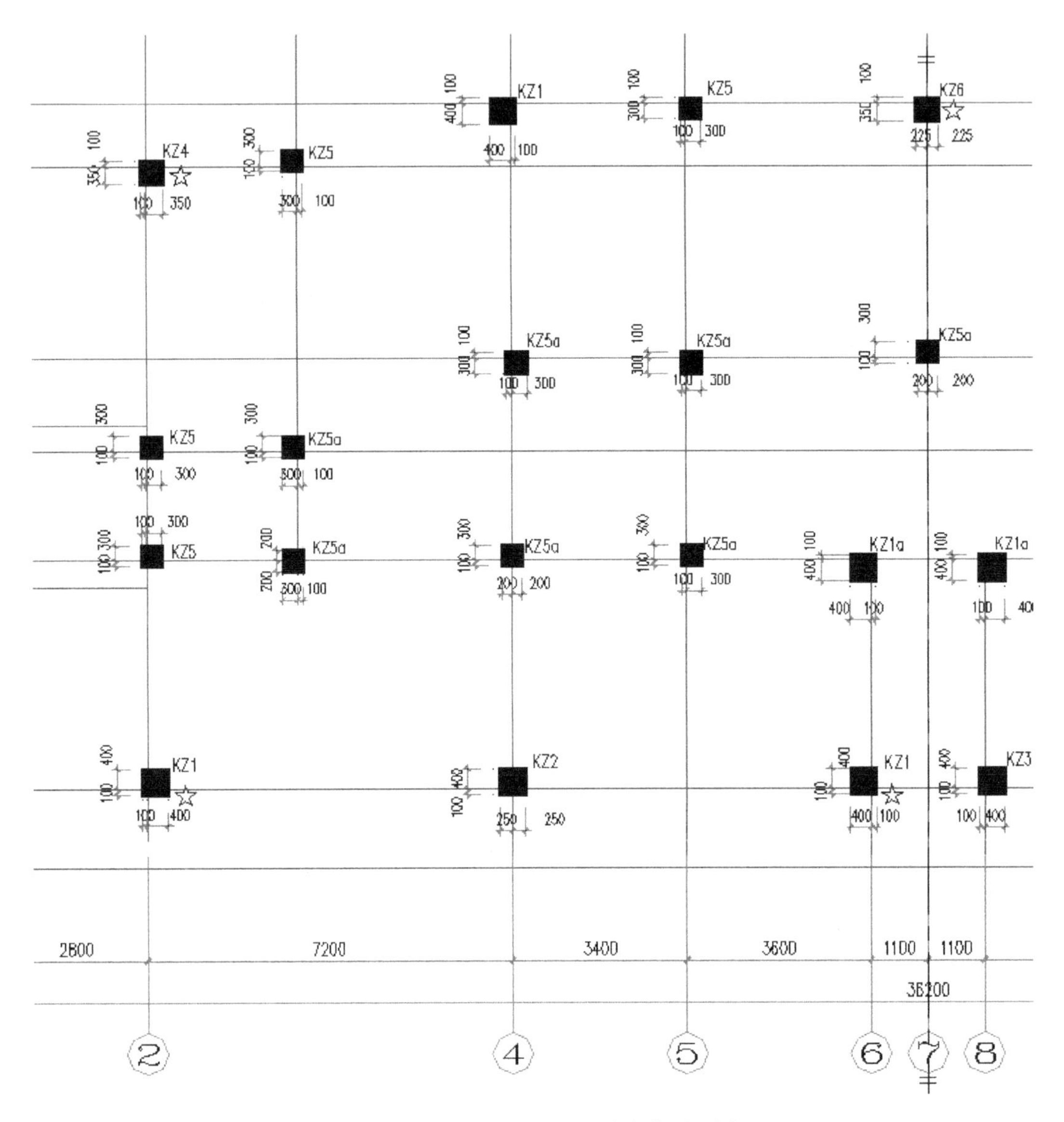

图 2-1　基础顶～－0.040m 柱定位平面图

注：1. 由于该三层别墅带有一层地下室（地下室不宜采用异形柱），地上采用了 300mm×300mm 的柱及肢高 500mm 的异形柱，为了包住异形柱，对应的地下部分柱子截面宜取 500mm×500mm，别墅与塔楼外地下室相交的部位柱子截面一般不宜小于 500mm×500mm，为了接塔楼外地下室相交的梁。

2. 柱子填实，表示该柱子继续向上面升。

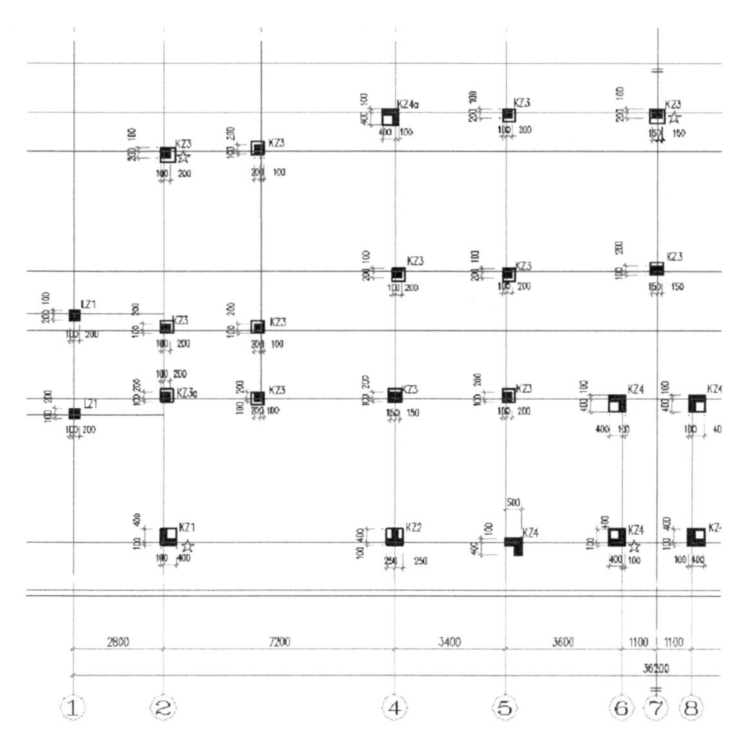

图 2-2　－0.040～屋面柱定位平面图

注：1. 最小柱子截面尺寸取 300mm×300mm，有些房间，比如卧室不宜露梁，采用异形柱，肢高取 500mm；对于 2～3 层的别墅，跨度不大，荷载不大，内部矩形柱子取 300mm×300mm 能满足要求。

2. 由于首层变截面，影响把底层的柱线用虚线的形式表示出来，显示柱子的变化。

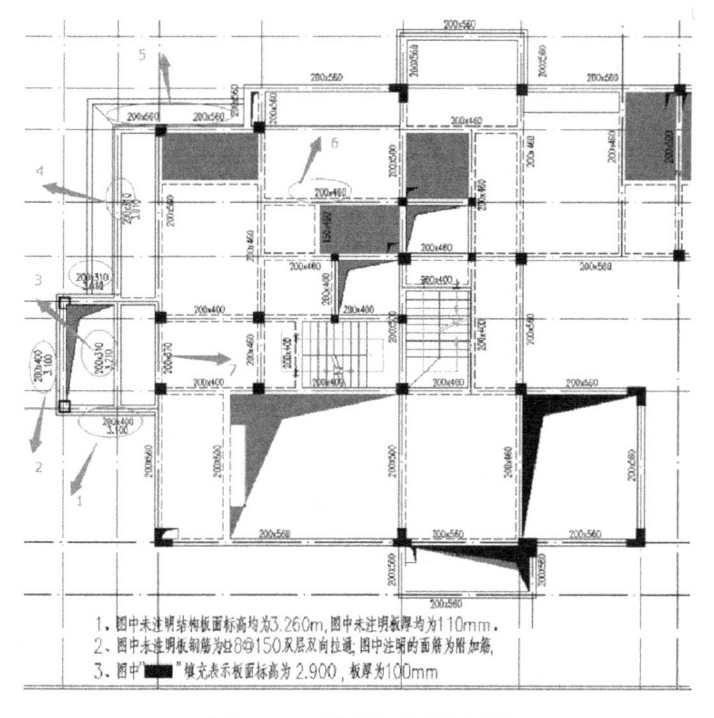

图 2-3　二层结构平面布置图

注：1. 梁 1、梁 2 可查看“图 2-4　墙身大样-局部 1”，梁高度可取 400mm，则梁 1 标高为 2.7＋0.4＝3.100m，并且满足梁 1 与梁 2 可以互相搭接，梁 1 与其垂直相交的梁：200mm×560mm，可以互相搭接上。

2. 梁 3 可查看“图 2-4　墙身大样-局部 1”，梁高度可取 310mm，梁顶标高为楼面标高 3.260m。

3. 梁 7 可查看“图 2-4　墙身大样-局部 1”，梁高度可取 310mm，梁顶标高为楼面标高 3.210m。

4. 梁 4 可查看“图 2-5　墙身大样-局部 2”，梁高度可取 310mm，梁顶标高为楼面标高 3.010m（梁顶齐露台板顶标高 3.010m）。

5. 梁 5 可查看“图 2-6　墙身大样-局部 3”，梁高度可取 560mm（600mm-40 面层）。梁 4 与梁 5 梁高不同，且顶标高不在同一标高上，可以补大样。

6. 卫生间梁高可取 460mm，如果隔墙为 100mm 厚且该梁偏向卫生间，则该梁可取 410mm 高，同时降标高 50mm，并补卫生间缺口梁大样（图 2-7）。

7. 根据建筑立面图可知道，二层梁高限值为 560mm，外梁如果没有节点特殊要求，都取 560mm，内部的梁高根据经验取值，一般不小于 400mm，且不小于 $L/12$。

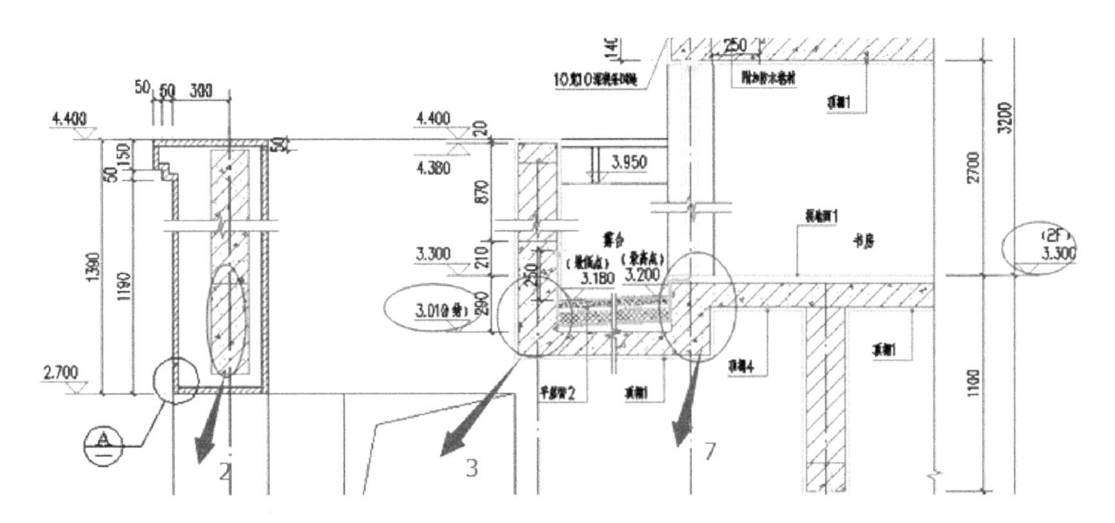

图 2-4　墙身大样-局部 1

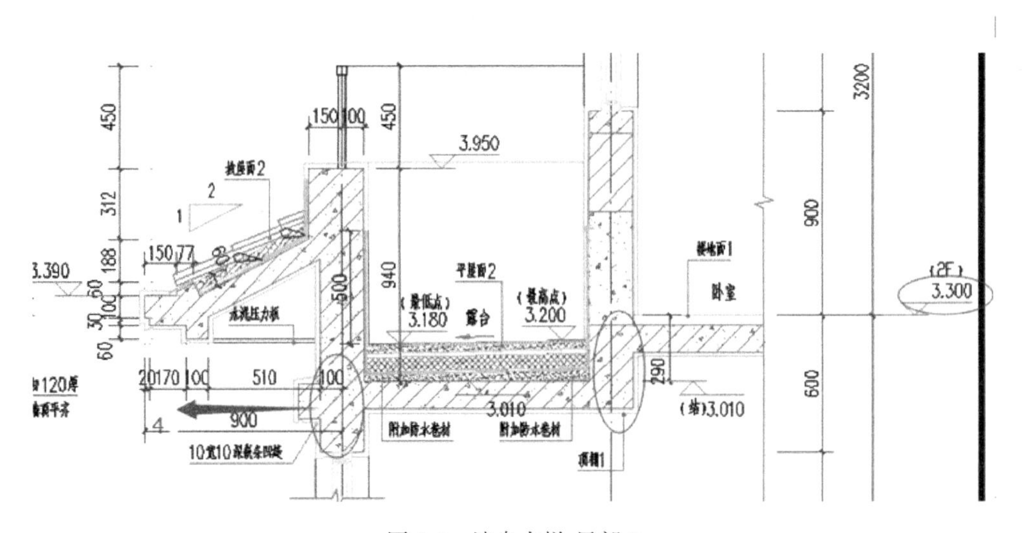

图 2-5　墙身大样-局部 2

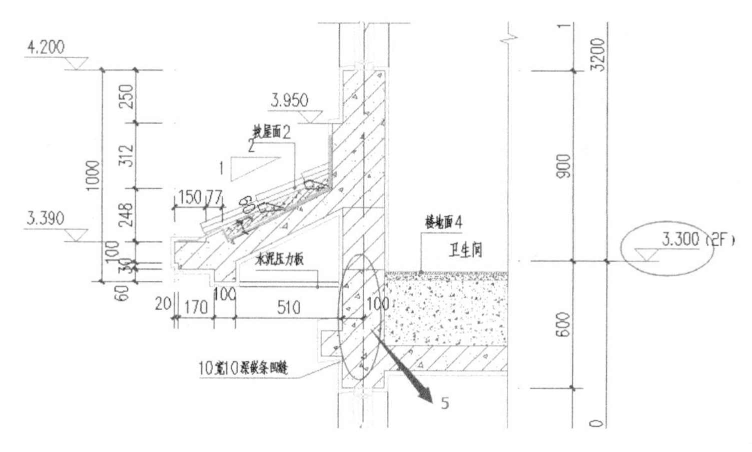

图 2-6　墙身大样-局部 3

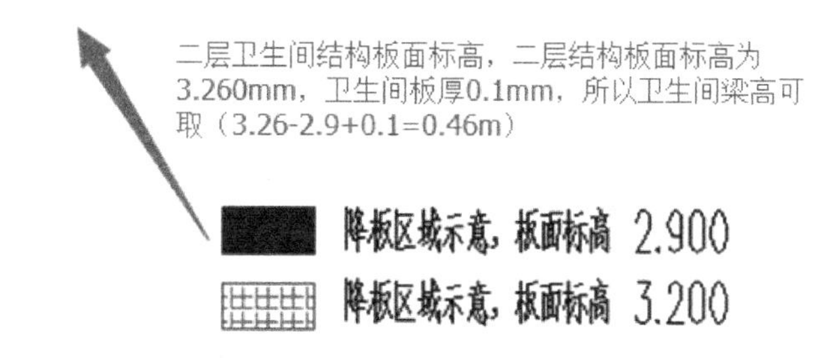

图 2-7　卫生间降板标高

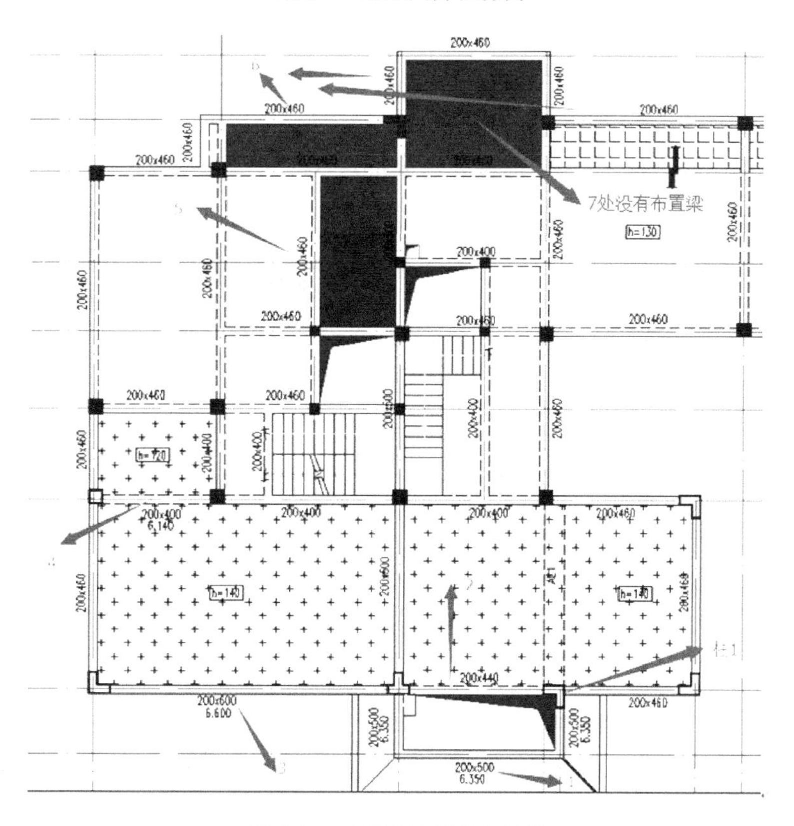

图 2-8　三层结构平面布置图

注：1. 梁 1 可查看“图 2-9 墙身大样-局部 3”，梁 1 是封口梁，与其两端的悬挑梁高度应取一样，于是也取 500mm，则顶标高为 6. 350m。

2. 梁 2 可查看“图 2-9 墙身大样-局部 3”，梁高度取 440mm。

3. 梁 3 可查看“图 2-10 墙身大样-局部 4”，由于露台（平屋面 2）的板厚度取 140mm，梁高自己取 600mm，则梁顶标高为 6. 600m。

4. 梁 4 顶标高与露台（平屋面 2）的顶标高相同，则梁 4 的顶标高为 6. 140m。

5. 卫生间梁高可取 460mm，如果隔墙为 100mm 厚且该梁偏向卫生间，则该梁可取 410mm 高，同时将标高 50mm，并补卫生间缺口梁大样。

6. 根据建筑立面图可知道，三层梁高限值为 460mm，外梁如果没有节点特殊要求，都取 460mm，内部的梁高根据经验取值，一般不小于 400mm，且不小于 $L/12$。

7. “7 处”由于降板，不应该设置梁。设置柱 1 是因为要给悬挑梁寻找一个可靠的支座关系。

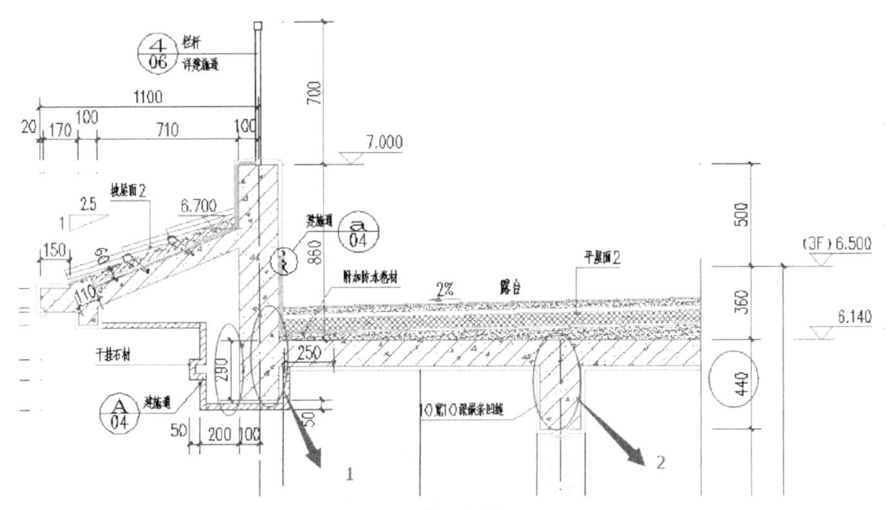

图 2-9 墙身大样-局部 3

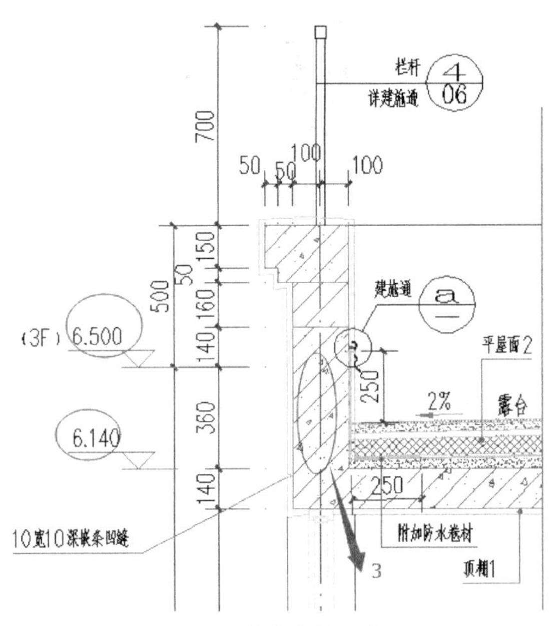

图 2-10 墙身大样-局部 4

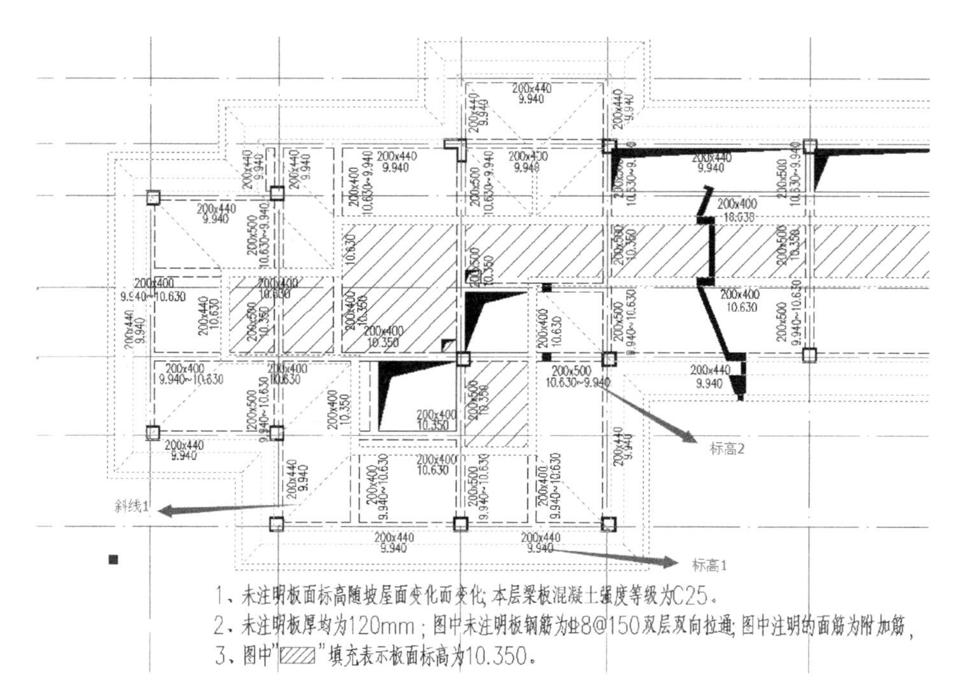

图 2-11　坡屋面结构平面布置图

注：1. 檐口处梁 1 的高度可直接在“图 2-12　墙身大样-局部 5”中量取，并不小于 $L/12$，梁 1 顶标高可取 9.940m，高度取 440mm；梁宽均取 200mm。檐口处的梁顶标高均为 9.940m。

2. 梁 2 的高度可以直接量取，0.280(10.630－10.350)＋0.12(板厚)＝0.4m。

3. 斜线 1 表示折板，表示屋面局部是坡屋面，标高一直在变。

4. 根据“图 2-12　墙身大样-局部 5”可知，斜屋面板及梁顶标高均为 10.630m，图 2-11 中很多斜梁的标高为 9.940～10.630m。阴影区的梁顶标高均为 10.350m，其与 10.630m 处的梁板均搭接不上，需要补充大样。

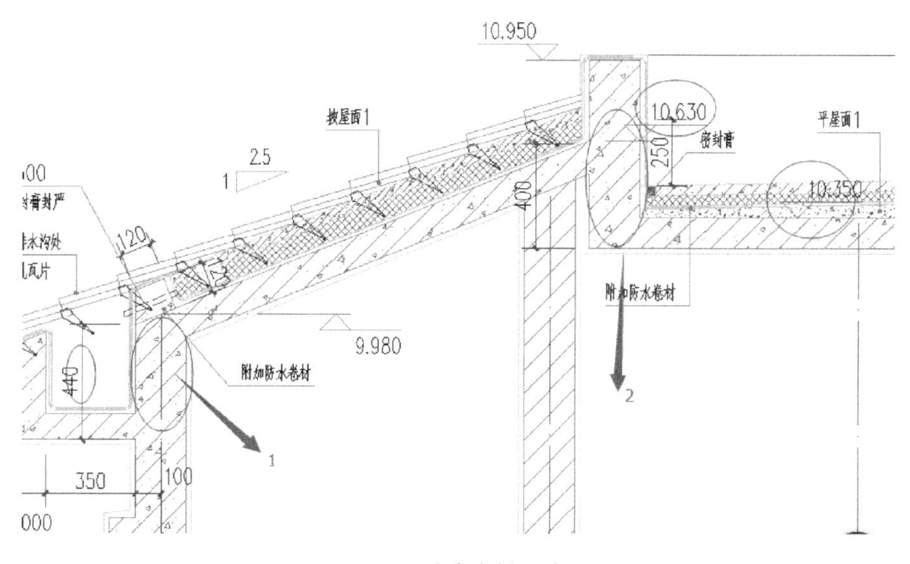

图 2-12　墙身大样-局部 5

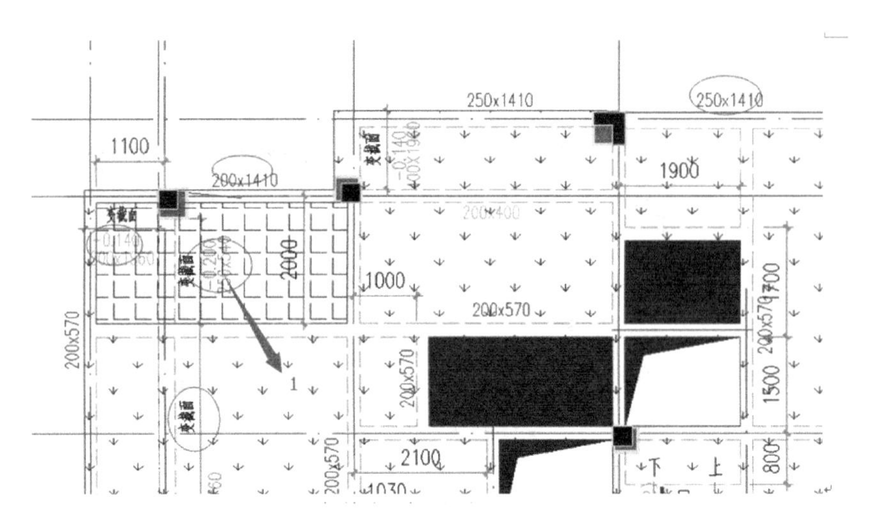

图 2-13　塔楼地下室顶板布置图（局部）

注：1. 塔楼地下室顶板外围的梁高为 1410mm(1300－140＋250)。

2. 阴影区的梁高取 570mm(550－140＋160)。

图中"▭"填充表示板面标高为 −0.140，板厚160mm，钢筋为Φ8@150双层双向拉通。
未填充的板表示板面标高为 −1.300，板厚均为250mm，未注明板钢筋为Φ10@150双层双向拉通；
图中"▦"填充表示板面标高为 −0.200，板厚160mm，钢筋为Φ8@150双层双向拉通
图中"■"填充表示板面标高为 −0.550，板厚160mm，钢筋为Φ8@150双层双向拉通

图 2-14　塔楼地下室顶板布置图中图例（局部）

2.4　节点设计

本案例中的节点大样如图 2-15～图 2-27 所示。

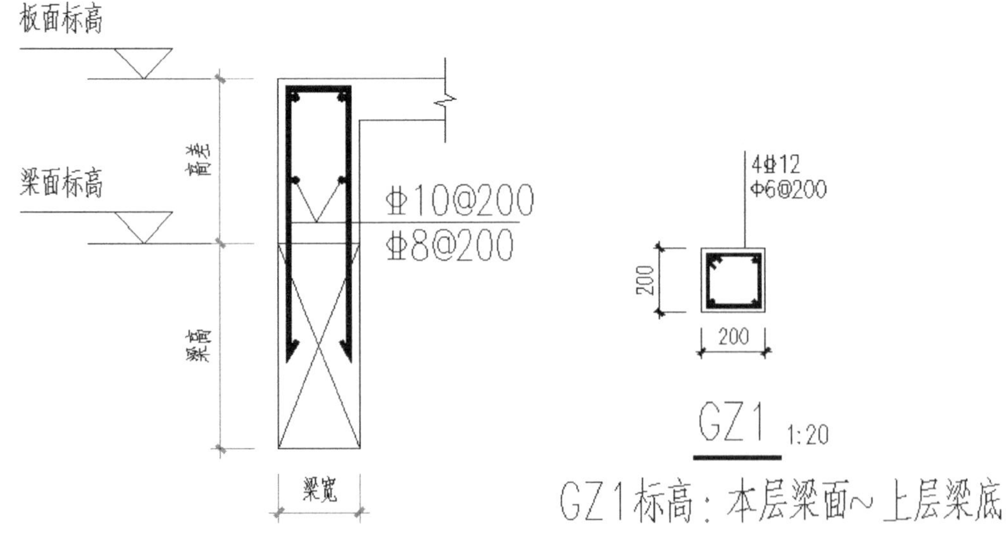

图 2-15　板底高于梁面做法　　　图 2-16　构造柱示意图

注：参考《混规》中表 8.5.1：板类受弯构件（不包括悬臂板）的受拉钢筋，当采用强度等级 400MPa、500MPa 时，其最小配筋百分率应允许采用 0.15%和 $45f_t/f_y$ 中的较大值。（对于梁类等受弯构件，一侧最小配筋率还是按 0.2%与 $45f_t/f_y$ 中的较大值）。所以单侧最小配筋率可按 0.18%配筋（$0.45f_t/f_y$）。

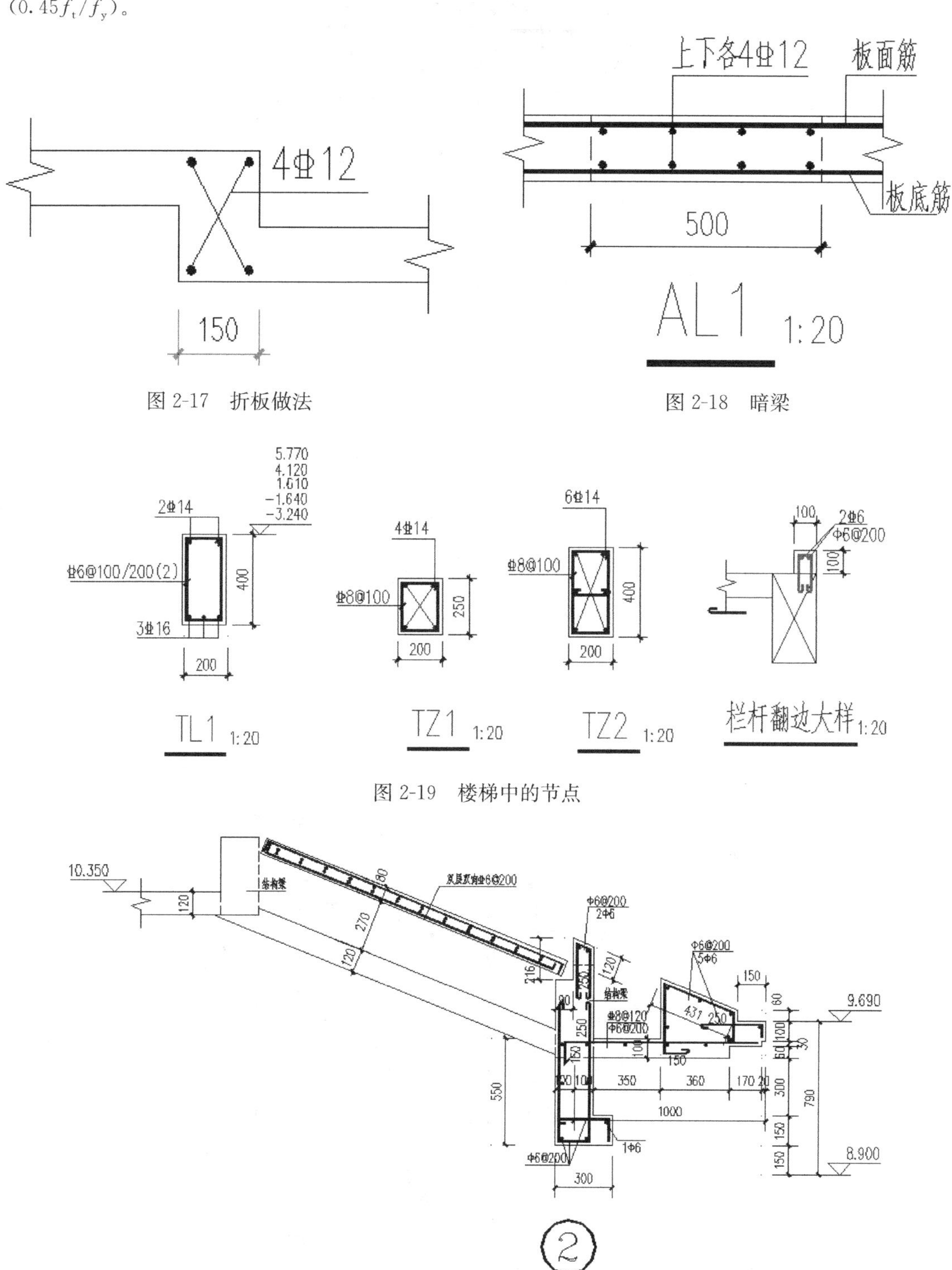

图 2-17　折板做法

图 2-18　暗梁

图 2-19　楼梯中的节点

图 2-20　坡屋面节点

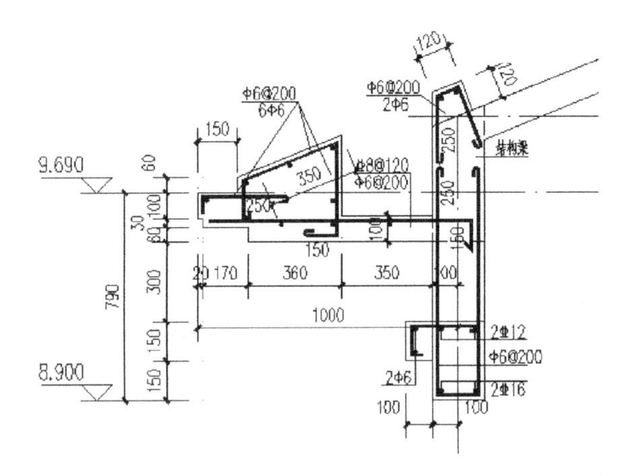

图 2-21　坡屋面节点 1

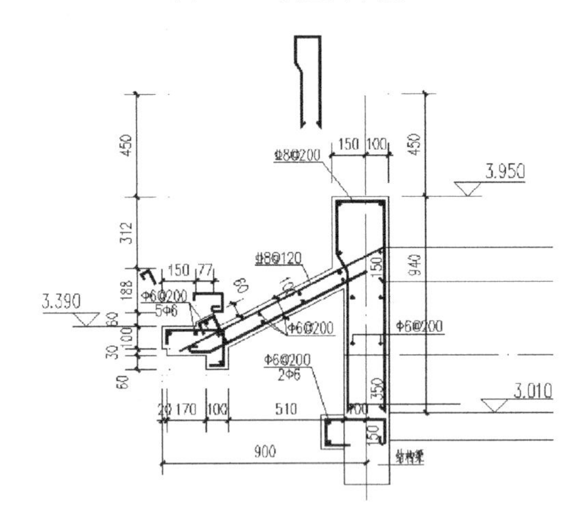

图 2-22　坡屋面节点 2

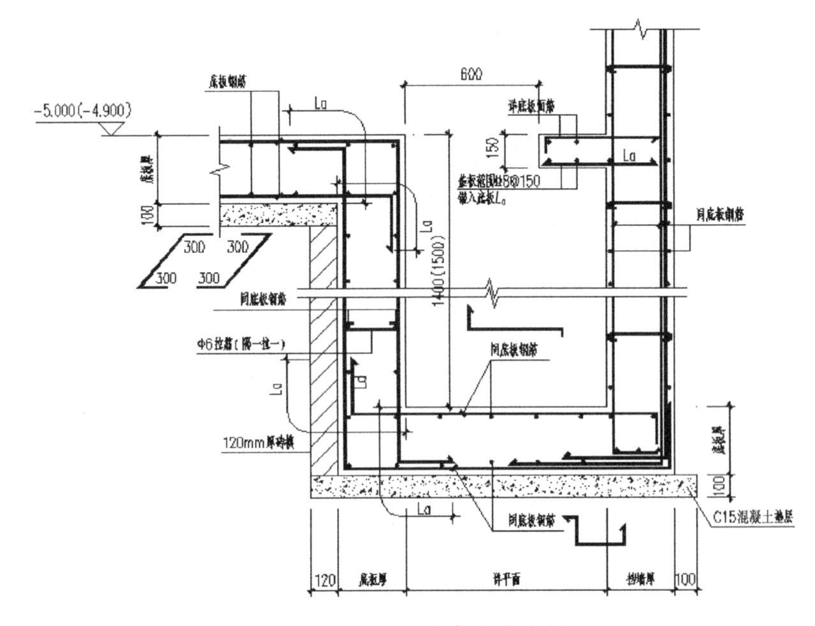

图 2-23　消防电梯集水井大样

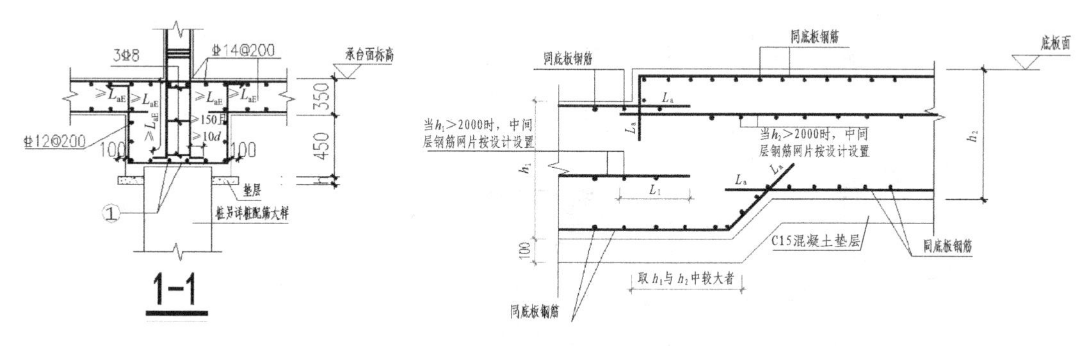

图 2-24　单桩承台大样

图 2-25　板顶、板底有高差时钢筋排布构造

注：对于单桩承台，最小配筋可不必按最小配筋率 0.15%进行控制，由于单柱单桩承台一般叫桩帽，其受力状态与承台是完全不同的，一般配 12@150～200 即可。

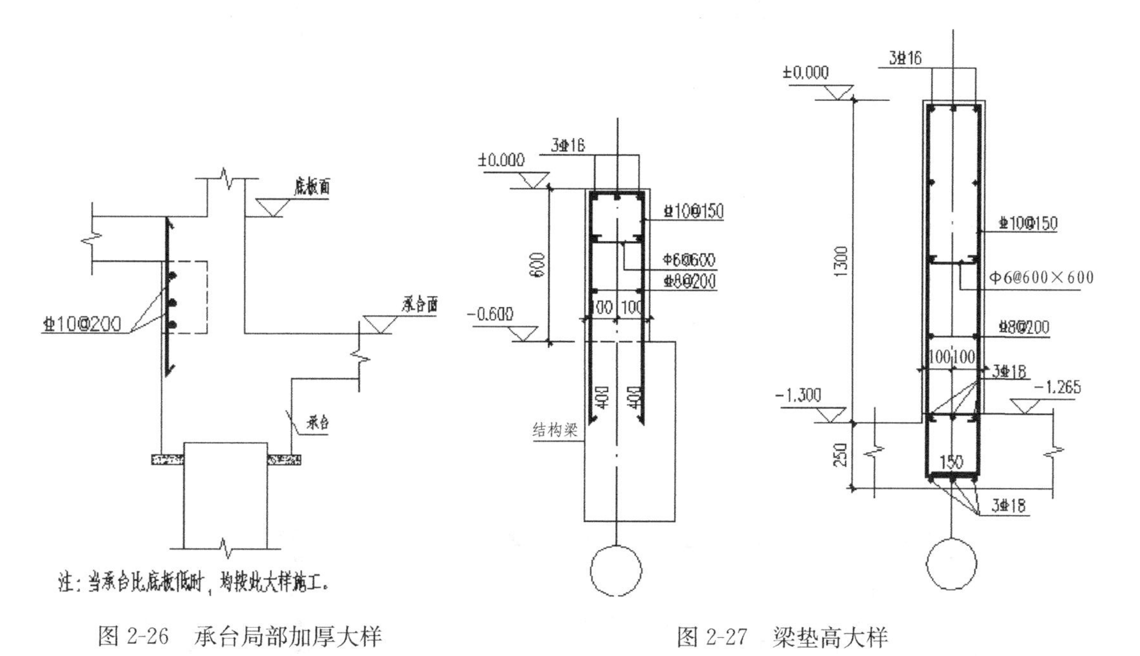

图 2-26　承台局部加厚大样

图 2-27　梁垫高大样

2.5　别墅结构施工图纸（部分）

别墅结构施工图纸（部分）如图 2-28～图 2-42 所示。

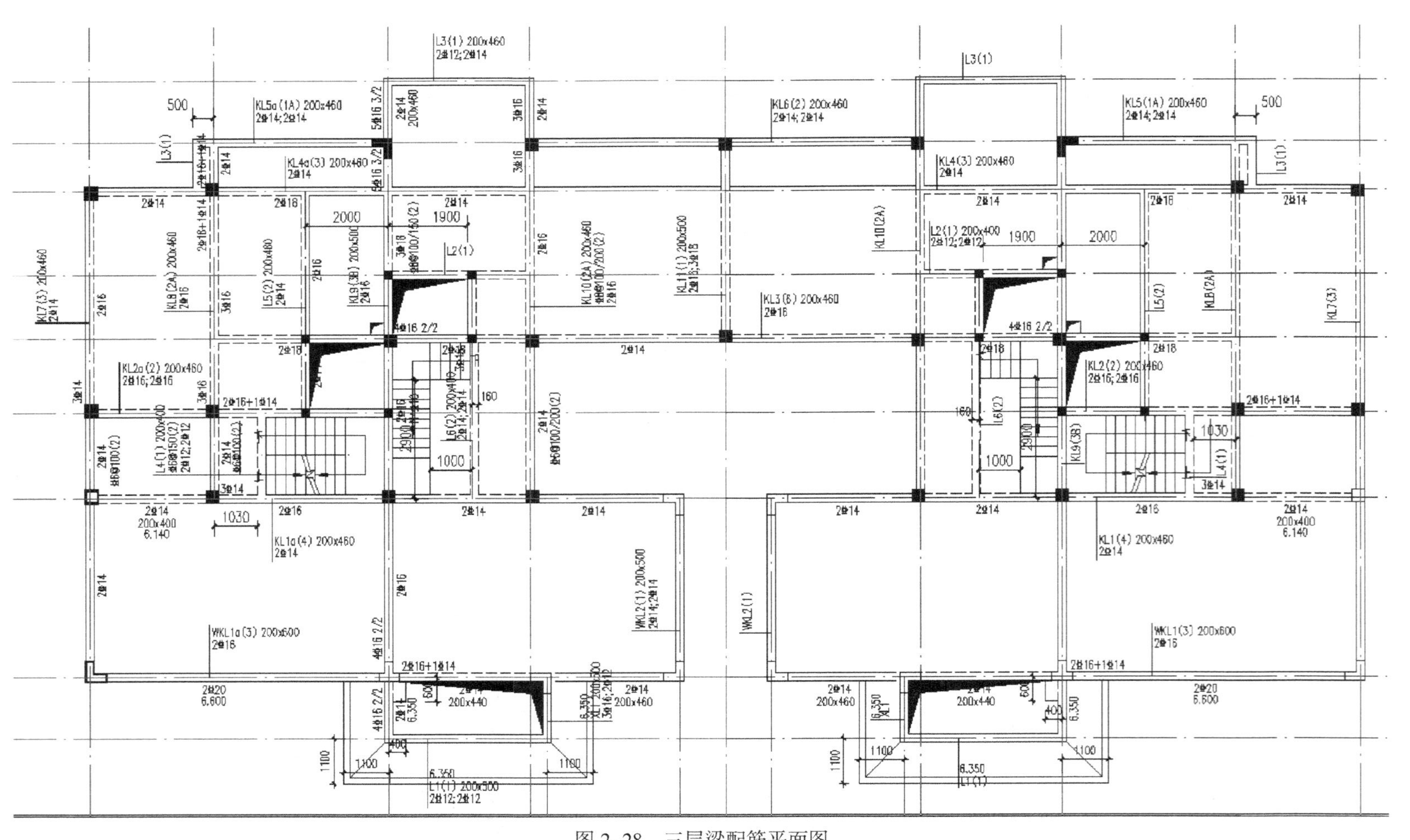

图 2-28　三层梁配筋平面图

注：主梁(KL、WKL)为ϕ6@100/200(2)；次梁(L)为ϕ6@200(2)；悬挑梁为ϕ6@100(2)。

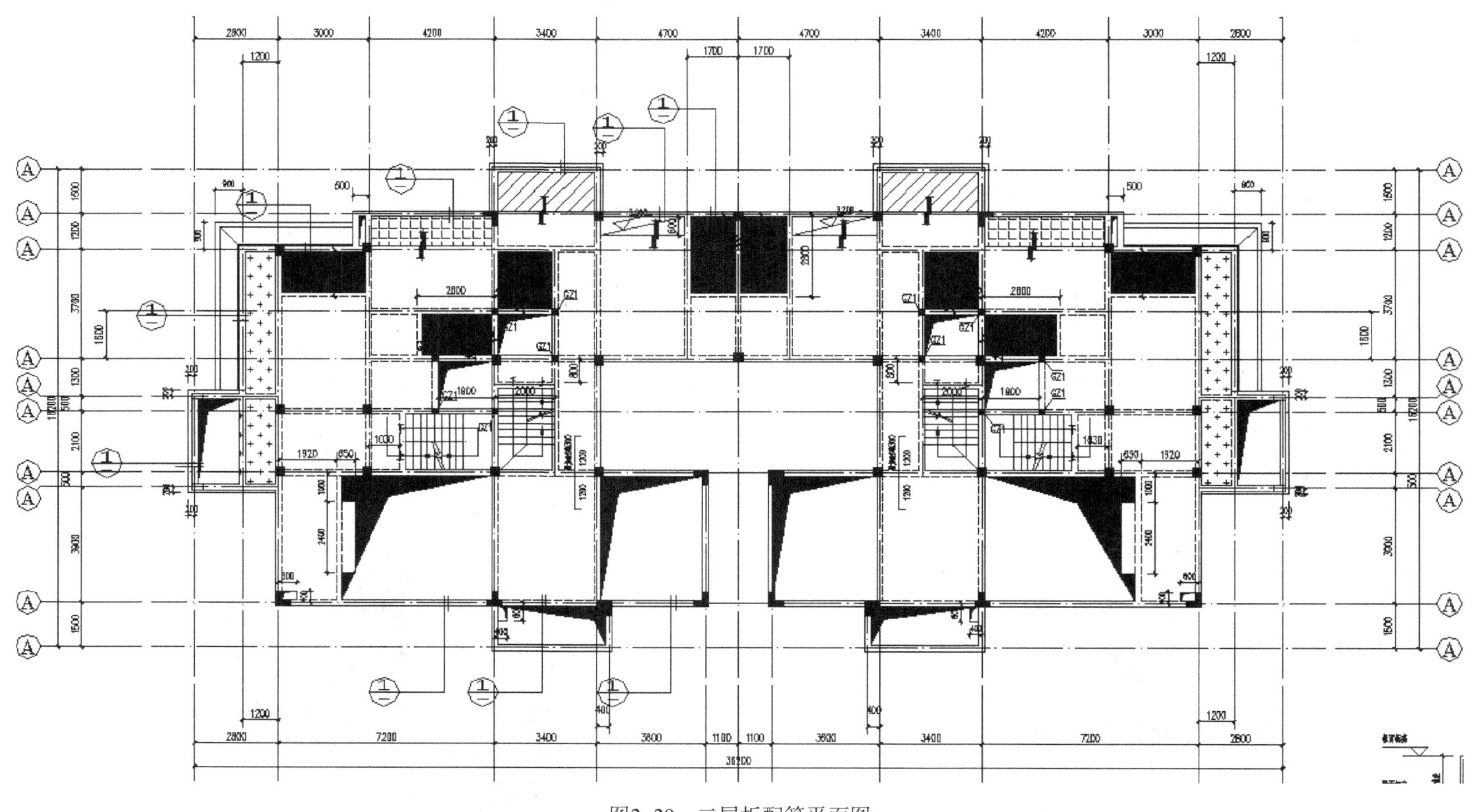

图2-29　二层板配筋平面图

注：图中未注明结构板面标高均为3.260m,图中未注明板厚均为110mm。图中未注明板钢筋为 8@150双层双向拉通;图中注明的面筋为附加筋。

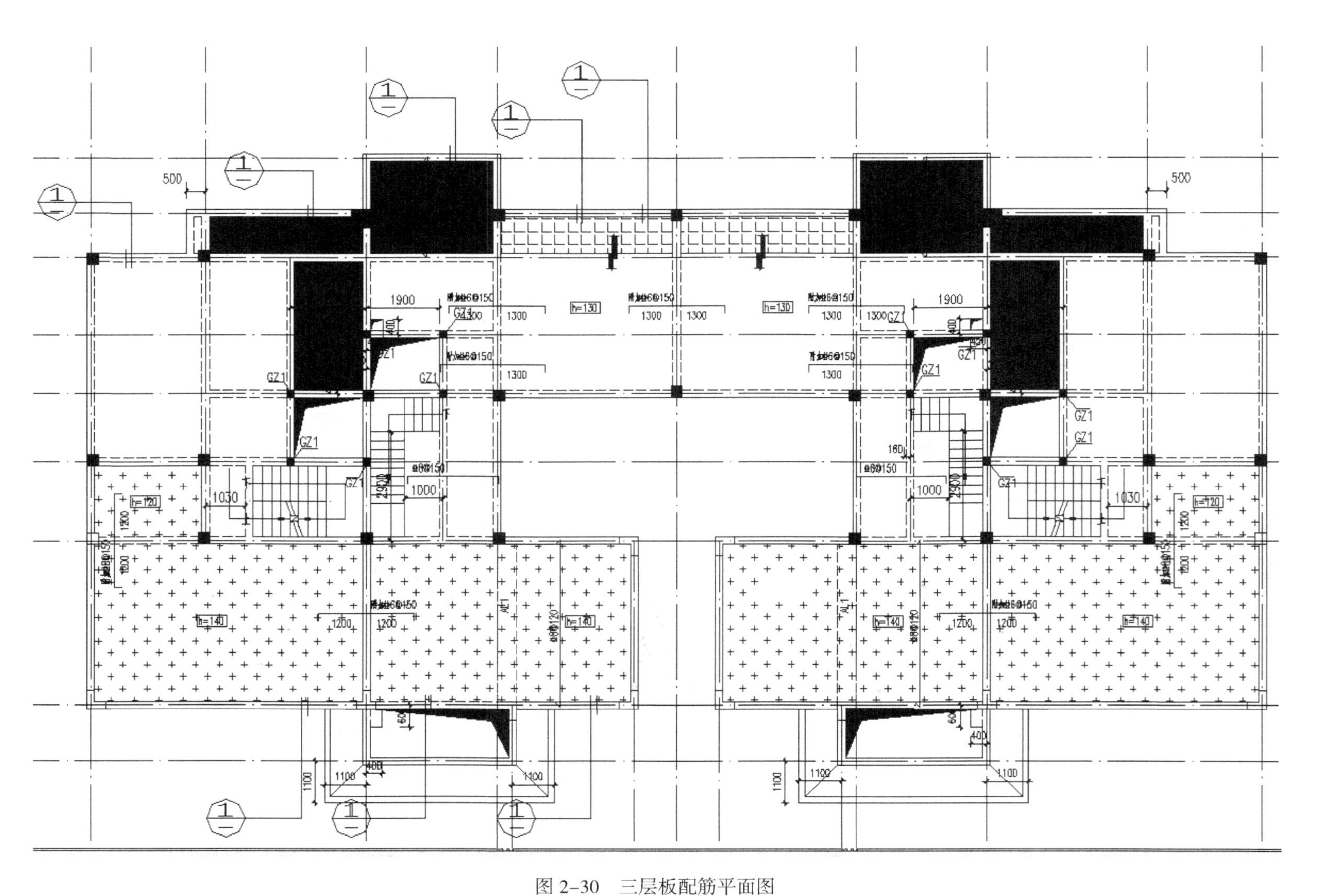

图 2-30　三层板配筋平面图

注：图中未注明结构板面标高均为6.460m,图中未注明板厚均为110mm。图中140mm板厚阴影区未注明板钢筋为8@150双层双向拉通;图中注明的面筋为附加筋。

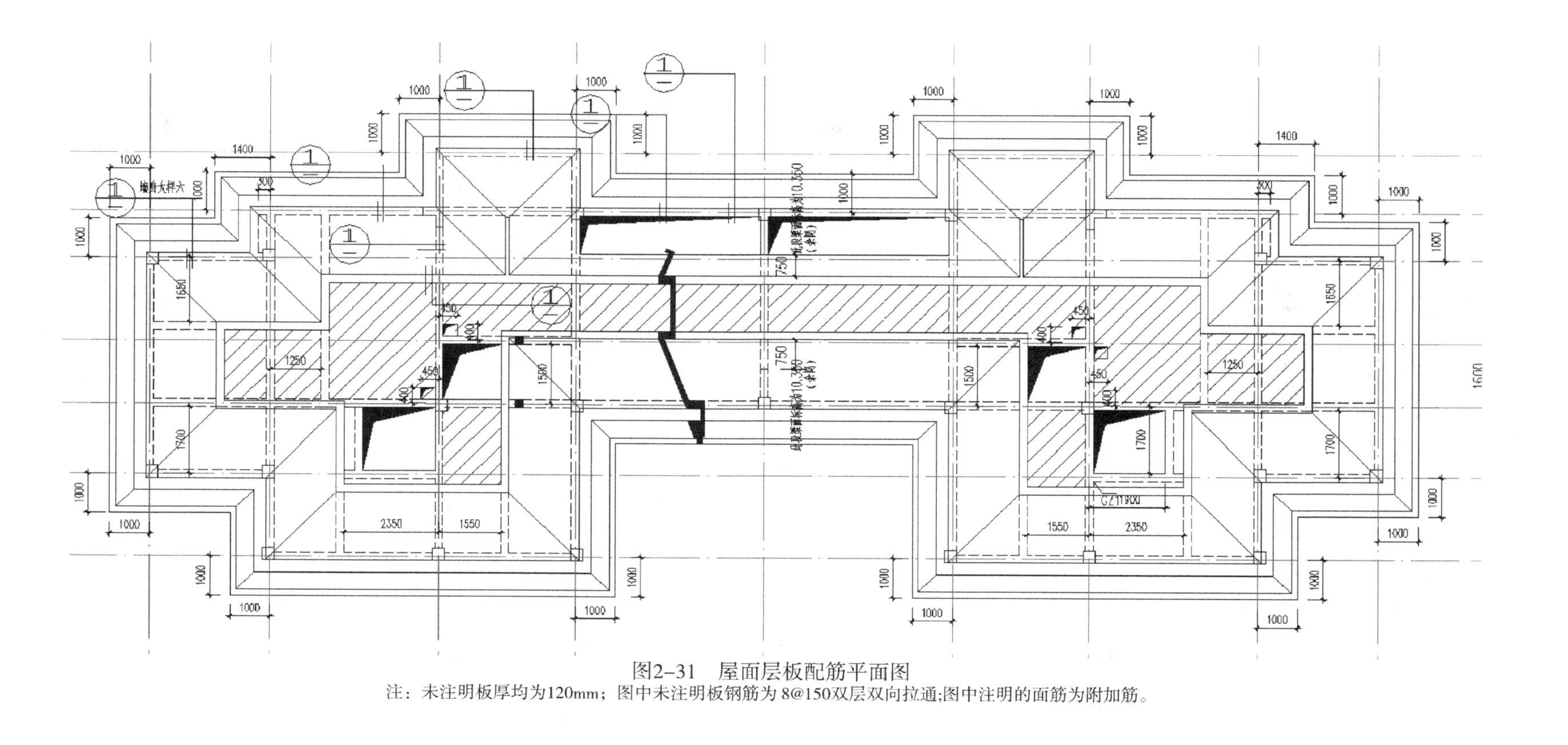

图2-31　屋面层板配筋平面图

注：未注明板厚均为120mm；图中未注明板钢筋为 8@150双层双向拉通;图中注明的面筋为附加筋。

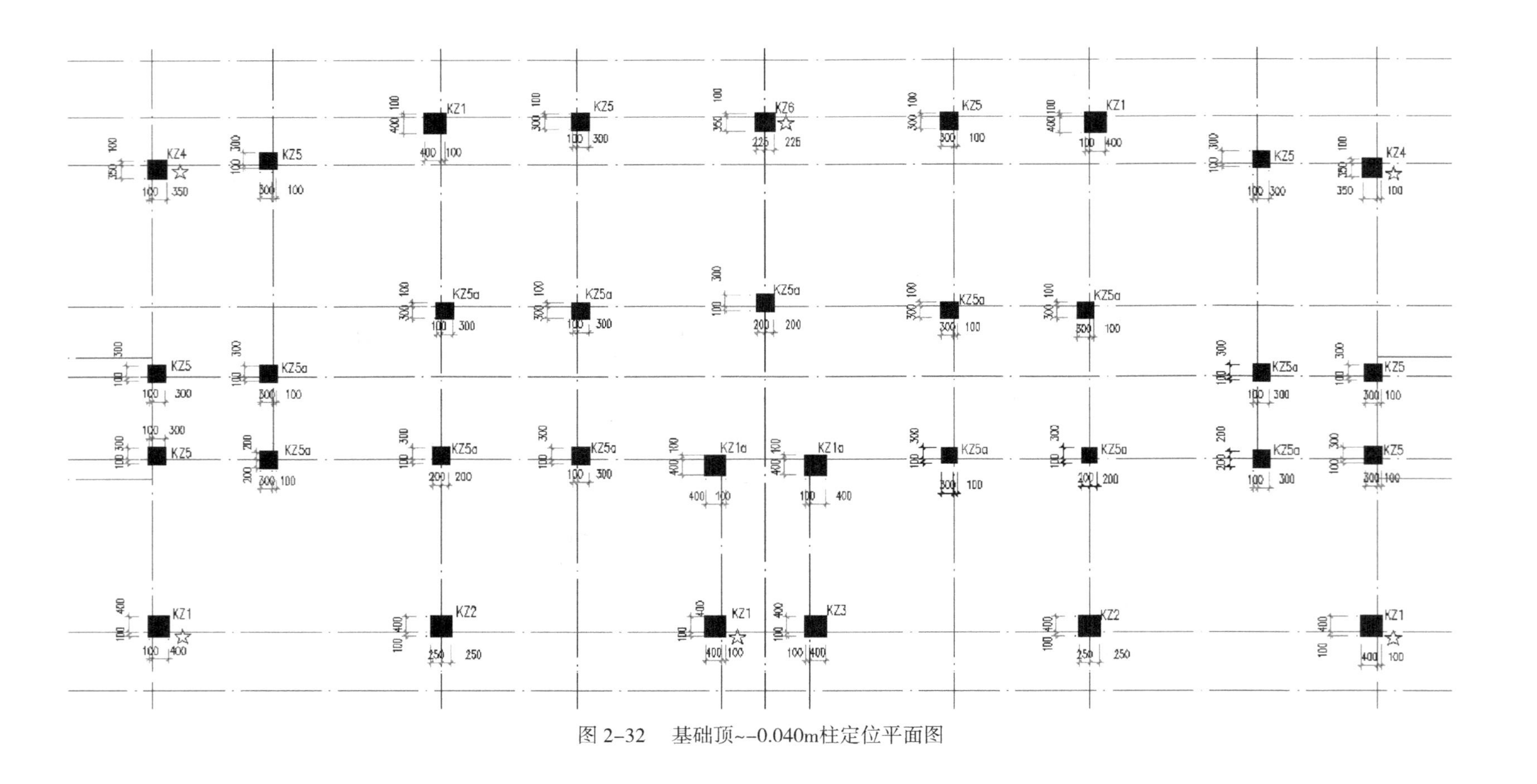

图 2-32　基础顶~-0.040m柱定位平面图

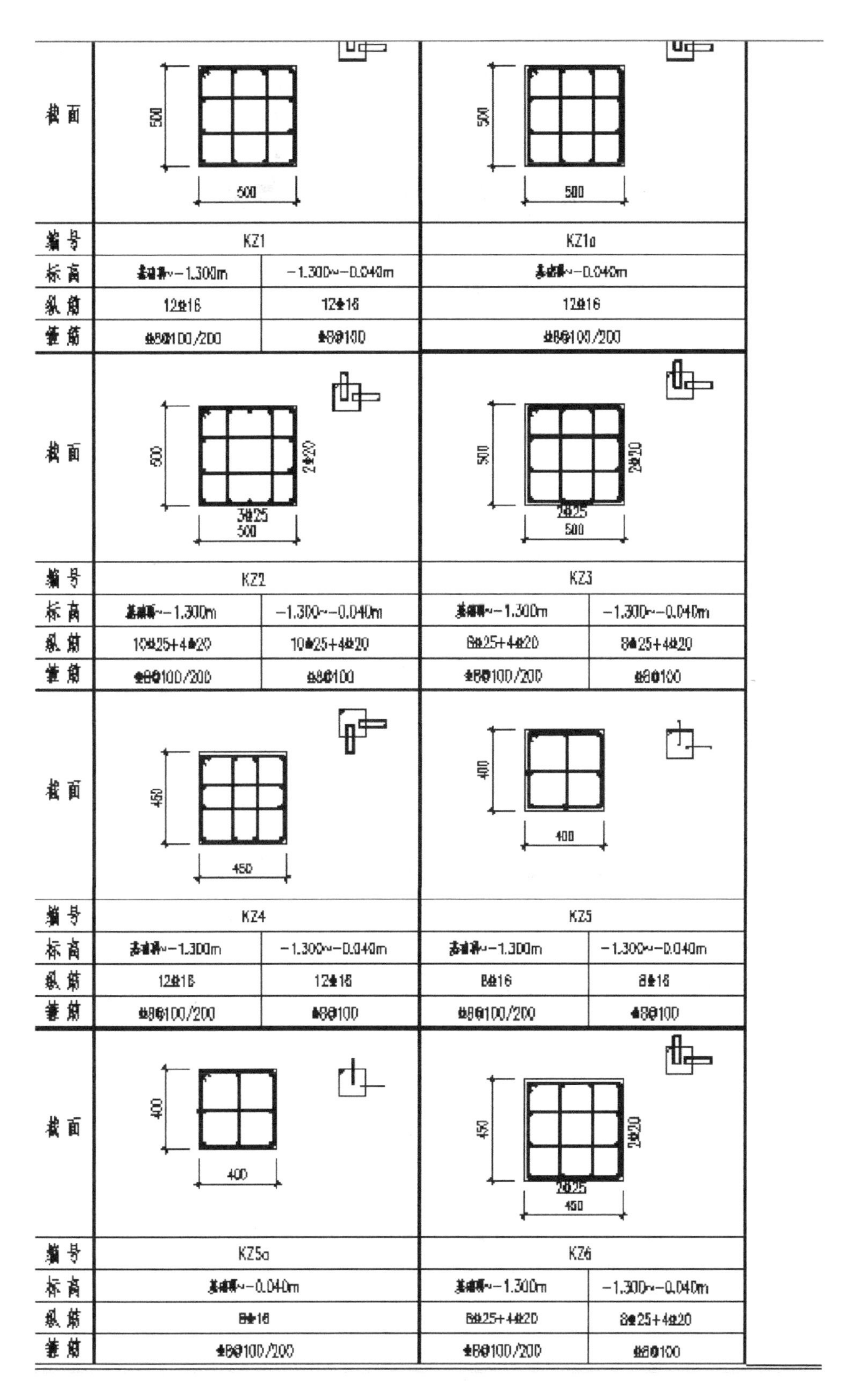

编号	截面	标高	纵筋	箍筋
KZ1	500×500	基础顶~-1.300m	12Φ16	Φ8@100/200
KZ1	500×500	-1.300~-0.040m	12Φ16	Φ8@100
KZ1a	500×500	基础顶~-0.040m	12Φ16	Φ8@100/200
KZ2	500×500（2Φ20，3Φ25）	基础顶~-1.300m	10Φ25+4Φ20	Φ8@100/200
KZ2	500×500（2Φ20，3Φ25）	-1.300~-0.040m	10Φ25+4Φ20	Φ8@100
KZ3	500×500（2Φ20，2Φ25）	基础顶~-1.300m	8Φ25+4Φ20	Φ8@100/200
KZ3	500×500（2Φ20，2Φ25）	-1.300~-0.040m	8Φ25+4Φ20	Φ8@100
KZ4	450×450	基础顶~-1.300m	12Φ16	Φ8@100/200
KZ4	450×450	-1.300~-0.040m	12Φ16	Φ8@100
KZ5	400×400	基础顶~-1.300m	8Φ16	Φ8@100/200
KZ5	400×400	-1.300~-0.040m	8Φ16	Φ8@100
KZ5a	400×400	基础顶~-0.040m	8Φ16	Φ8@100/200
KZ6	450×450（2Φ20，2Φ25）	基础顶~-1.300m	8Φ25+4Φ20	Φ8@100/200
KZ6	450×450（2Φ20，2Φ25）	-1.300~-0.040m	8Φ25+4Φ20	Φ8@100

图 2-33　基础顶~-0.040m柱配筋大样图

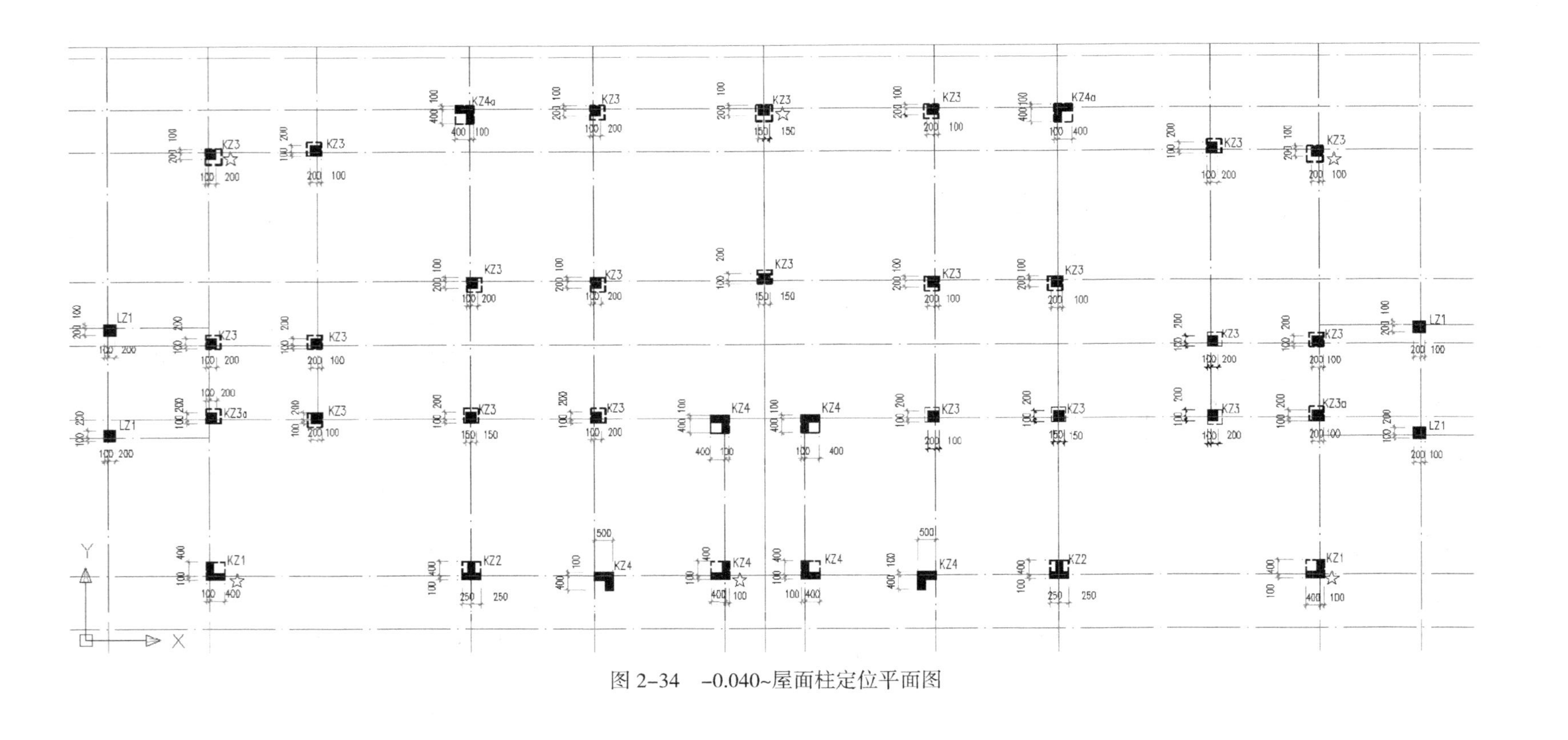

图 2-34　−0.040~屋面柱定位平面图

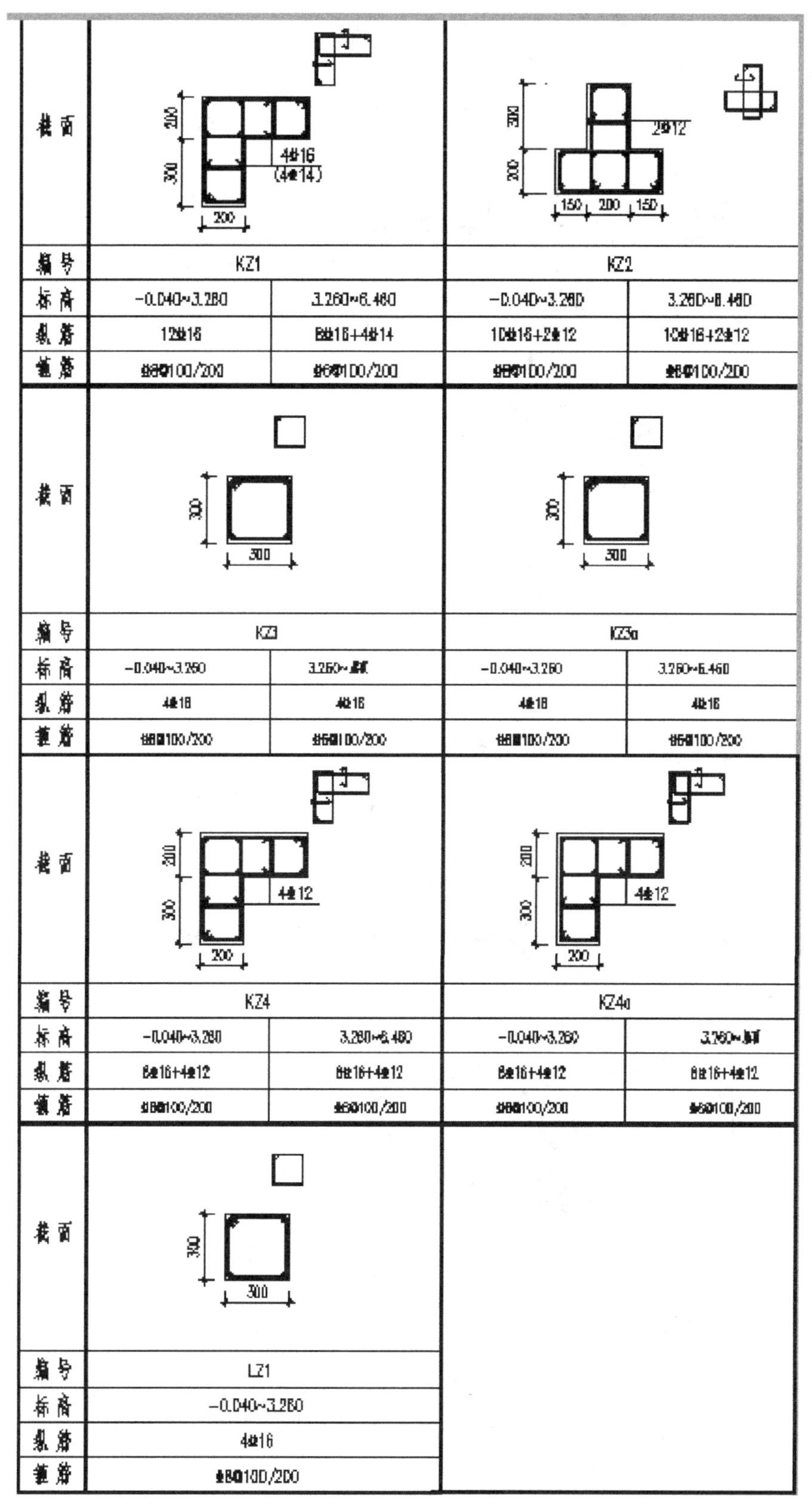

编号	KZ1		KZ2	
标高	-0.040~3.260	3.260~6.460	-0.040~3.260	3.260~6.460
纵筋	12Φ16	8Φ16+4Φ14	10Φ16+2Φ12	10Φ16+2Φ12
箍筋	Φ8@100/200	Φ6@100/200	Φ8@100/200	Φ8@100/200

编号	KZ3		KZ3a	
标高	-0.040~3.260	3.260~屋面	-0.040~3.260	3.260~6.460
纵筋	4Φ16	4Φ16	4Φ16	4Φ16
箍筋	Φ8@100/200	Φ6@100/200	Φ8@100/200	Φ6@100/200

编号	KZ4		KZ4a	
标高	-0.040~3.260	3.260~6.460	-0.040~3.260	3.260~屋面
纵筋	8Φ16+4Φ12	8Φ16+4Φ12	8Φ16+4Φ12	8Φ16+4Φ12
箍筋	Φ8@100/200	Φ6@100/200	Φ8@100/200	Φ6@100/200

编号	LZ1
标高	-0.040~3.260
纵筋	4Φ16
箍筋	Φ8@100/200

图 2-35 -0.040~屋面柱配筋大样

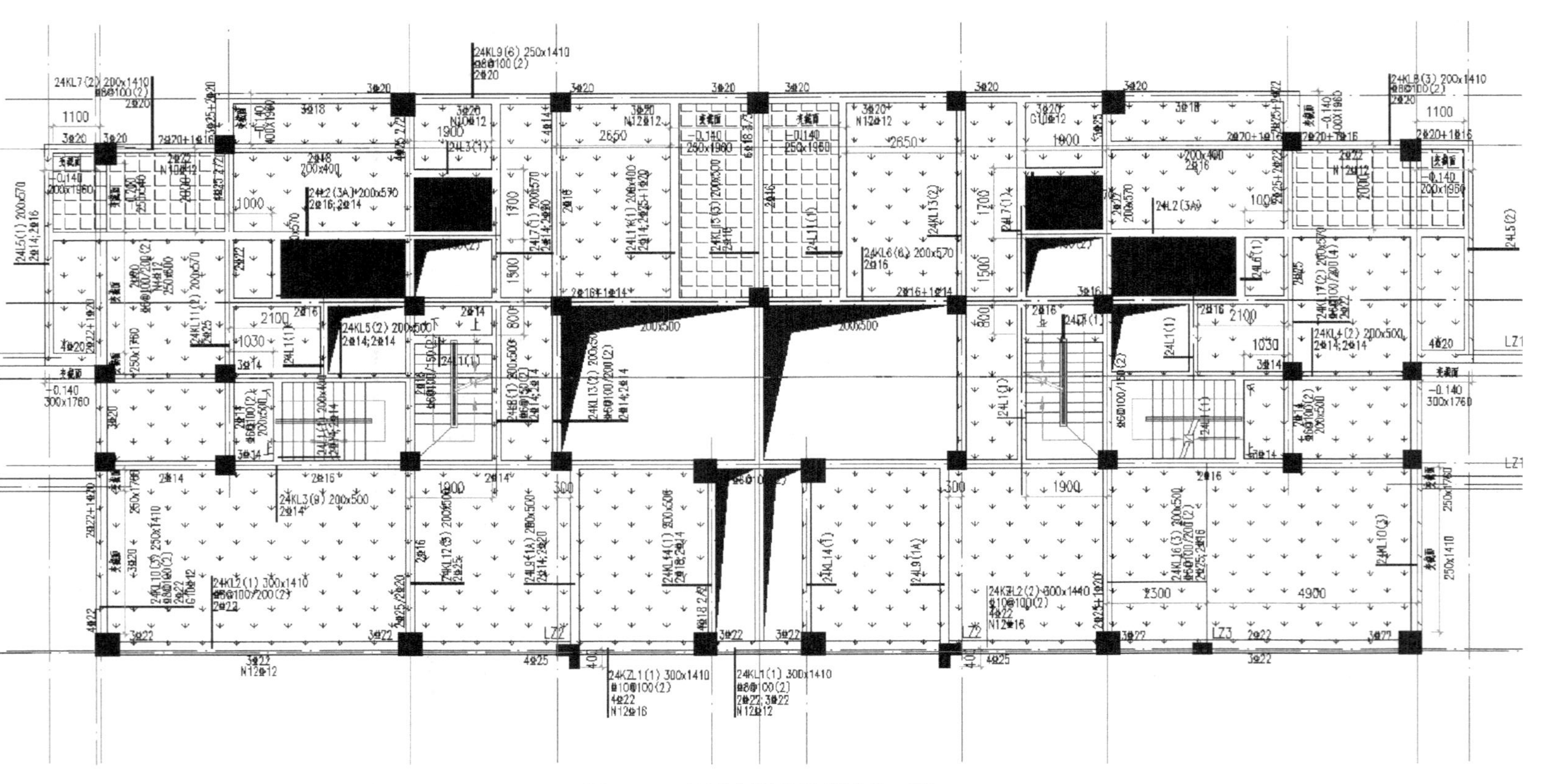

图 2-36　地下室顶板梁平法施工图

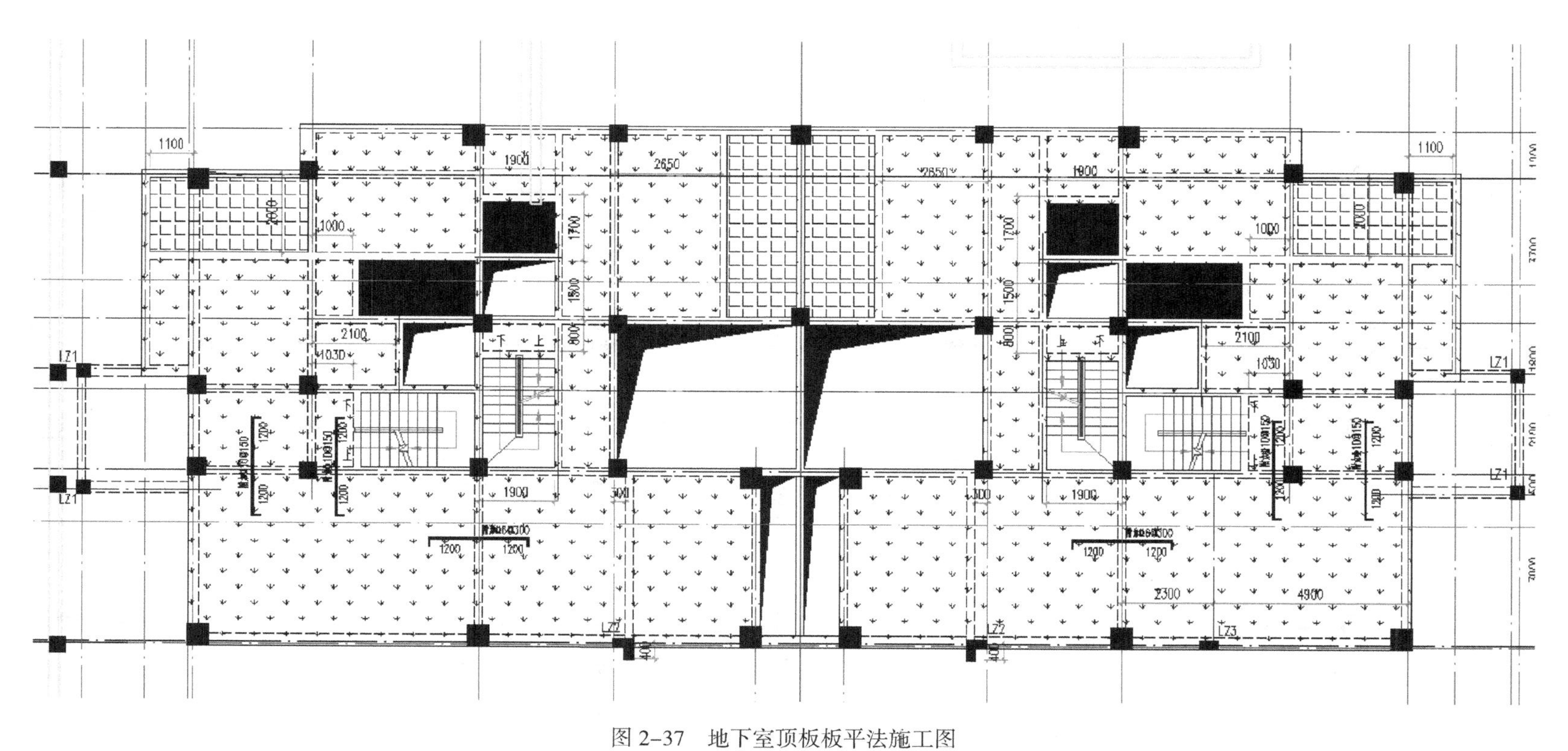

图 2-37　地下室顶板板平法施工图

注：图中阴影填充表示板厚160mm,钢筋为8@150双层双向拉通，板面标高为 -0.140。填充显黑的部分，表示板面标高为 -0.550,板厚160mm,钢筋为 8@150双层双向拉通。

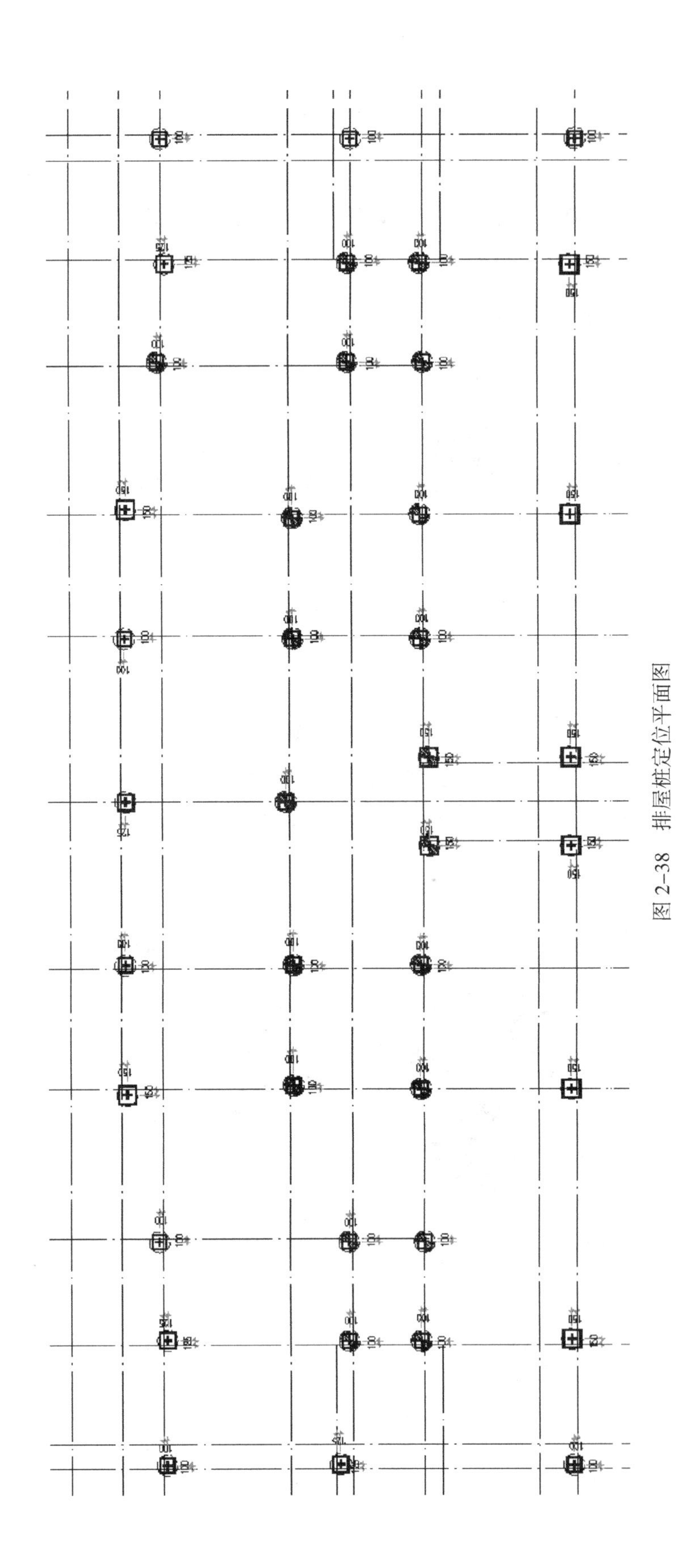

图 2-38 排屋桩定位平面图

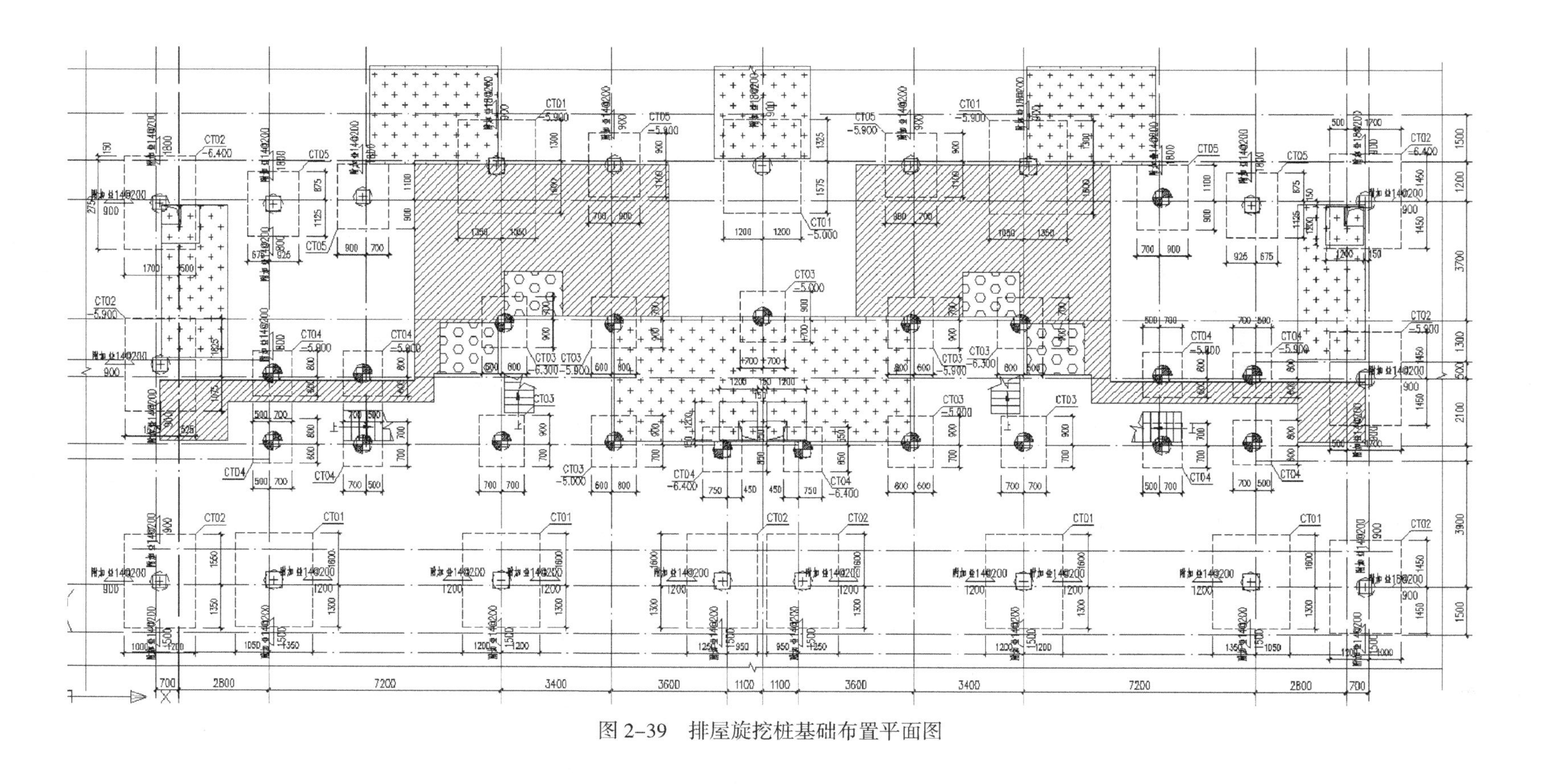

图 2-39　排屋旋挖桩基础布置平面图

板筋说明：

1. 未注明板厚为350mm，标高-4.900m。底板、梁、承台混凝土强度等级均采用C30。
   图中 填充部分，标高-5.900m。图中 填充部分，标高-5.000m。
   图中 填充部分，标高-6.300m。
2. 板筋说明：
   板底拉通筋：除注明外，双向均为⌀14@200。
   板面拉通筋：除注明外，双向均为⌀14@200。
   平面图原位所画附加筋在本跨范围内与通拉筋交错布置。板底通拉筋应在板跨中部搭接，板面通拉筋应在支座处搭接，
   板筋搭接长度为44*d*。搭接位置应相邻错开，确保同一连接区段内搭接通拉筋的数量不超过该方向通长筋总数的25%。
   板面、底筋锚入挡土墙、基础梁时，锚固长度为36*d*。
3. 图中附加钢筋注明长度：附加筋两边均标注的长度指从轴线算起的长度；
   附加筋中单一边所注明的长度为承台边以外的净长度，另一端锚入承台 L_a；未注明长度的附加筋为伸入承台长度 L_a。
4. 别墅区抗浮设计水位绝对标高44.50m，地下工程施工时，应采取降水措施，
   将场地下水位降至承台底下500mm处；降水井数量、深度及布置由施工单位确定。
   施工降水必须在后浇带达到设计强度顶板覆土完成后方可停止，而主楼部分需施工完第四层后方可停止。
   地下室底板、挡土墙混凝土防渗等级详见总说明。地下室混凝土垫层厚100，强度等级C15。
5. 地下室墙体外回填土应待本层结构混凝土达到设计强度后方可回填；回填土应用砂质粘土或
   中粗砂分层夯实，严禁采用建筑垃圾土或淤泥土回填。
6. 由于此结构为超长结构，混凝土收缩变形很大，浇注完混凝土必须采取可靠的养护措施。
   外墙须在混凝土中掺入适量UEA改进型膨胀剂，详见地下室总说明。
7. 板上预留洞与设备施工图对照施工，施工时各专业应密切配合。

图 2-40　防水底板板筋说明

承台编号	类型	承台面标高(m)	承台尺寸						承台配筋	备注
			A	a_1	B	b_1	H_1	h	①	
CT1	Ⅰ型	详平面	2400	详平面	2900	详平面	900	100	⌀16@100	
CT2	Ⅰ型	详平面	2200	详平面	2900	详平面	900	100	⌀16@100	
CT3	Ⅰ型	详平面	1400	详平面	1600	详平面	700	100	⌀14@100	
CT4	Ⅰ型	详平面	1200	详平面	1400	详平面	700	100	⌀14@100	
CT5	Ⅰ型	详平面	1600	详平面	2000	详平面	900	100	⌀16@100	

图 2-41　旋挖桩承台表

注：把旋挖桩承台放大，可以减小防水板的配筋。

桩号	桩型符号	混凝土强度等级	单桩竖向抗压承载力特征值Ra(kN)	单桩竖向抗拔承载力特征值Ra(kN)	设计桩顶标高(m)	桩身尺寸(mm)			桩端扩大头尺寸(mm)				截面型式	桩配筋及尺寸(mm)							备注
						d	H	H_2	D	b	L_b	h_b		①长纵筋	L_1	②长纵筋	L_2	③加劲箍	④螺旋箍	L_N	
ZH06a		C30	1100	350	详平面	600	≥8000	100			≥1500		A	6⌀16	通长	6⌀15	2/3L1	⌀12@2000	Φ8@200	3000	1. LN范围螺旋箍加密为@100； 2. 桩底有高差时须满足图一条件
ZH06/10a		C30	2300	350	详平面	600	≥8000	100	900	150	≥1500	200	A	6⌀16	通长	6⌀16	2/3L1	⌀12@2000	Φ8@200	3000	

图 2-42　旋挖桩参数表

3 框架-剪力墙案例分析

3.1 工程概况

湖南省××市某 17 层框架-剪力墙高层厂房，主体地上 17 层，地下 1 层，建筑高度 62.100m。该项目抗震设防类别为丙类，建筑抗震设防烈度为 6 度，设计基本加速度值为 0.05g，设计地震分组为第一组，场地类别为Ⅱ类，设计特征周期为 0.35s，框架抗震等级为三级，剪力墙抗震等级为三级，采用人工挖孔桩。

3.2 荷载取值

（1）主要均布恒、活载（表 3-1）

主要均布恒、活载 **表 3-1**

结构部位		附加恒载（kPa）	活载（kPa）	备注
住宅	卧房、餐厅	1.5（客厅 1.8）	2.0	
	厨房	1.5	2.0	
	卫生间	8.0	2.5/4.0（带浴缸）	沉箱 350mm 回填（图中注明回填重度不大于 $20kN/m^3$）；降板 80mm 时恒载取 2.0
	阳台	1.5	2.5	覆土恒载另计
	户内楼梯间	7.0	2.0	板厚输为 0，设定荷载传递方向
	转换层	4.5	2.0	300mm 陶粒混凝土垫层
公共区域电梯前室	首层大堂	1.5	4.0	活荷载考虑施工荷载 $4kN/m^2$
	公共楼梯间	8.0	3.5	按消防楼梯考虑，板厚输为 0，设定荷载传递方向，一个层高范围内大于 2 跑时，荷载应按比例增大
	走廊、门厅	1.5	2.0	住宅、幼儿园、旅馆
		1.5	2.5	办公、餐厅、医院门诊
		1.5	3.5	教学楼及其他人员密集时
	绿化层（屋顶花园）	覆土厚度+0.4	3.0	覆土按 $18kN/m^3$，覆土荷载与附加恒载不同时考虑
	露台	4.5	3.0	如考虑种植，覆土另算
	上人屋面	4.5	2.0	屋面做法按 300 厚考虑，混凝土找坡
	不上人屋面	4.5	0.5	屋面做法按 300 厚考虑
	地下室顶板	覆土重+0.6 无覆土时取 2.0	5.0	覆土按 $18kN/m^3$，覆土荷载与附加恒载不同时考虑，活荷载考虑施工荷载 $5kN/m^2$
	地下室底板	2.0	2.5	自承重底板、车库
	管道转换层	0.5	4.0	
	商业裙房首层板	2.5	4.0	覆土另算。活荷载考虑施工荷载 $4kN/m^2$

续表

结构部位		附加恒载（kPa）	活载（kPa）	备注
汽车通道及客车停车库	客车	2.0	4.0	单向板楼盖（板跨不小于 2m）或双向板楼盖（板跨不小于 3m）；覆土厚度按 1.5m 考虑，单向板跨度按 3m 考虑，双向板跨度按 4m 考虑
	消防车无覆土	2.0	35.0	
	消防车有覆土	覆土重+0.6	24.9（双向板） 28（单向板）	
	客车	2.0	2.5	双向板楼盖和无梁楼盖（板跨不小于 6m×6m）
	消防车无覆土	2.0	20.0	
	消防车有覆土	覆土重+0.6	20.0	
	重型车道、车库	2.0	10	荷载由甲方确定
商业	商铺	2.0	3.5	
	餐厅、宴会厅	2.0	2.5	
	餐厅的厨房	1.5	4.0	厨房降板做地沟时，附加恒载取 20×回填高度+0.5
	储藏室	1.5	5.0	
	自由分隔的隔墙	按附加活荷载考虑		每延米墙重的 1/3 且不小于 1.0
设备区	轻型机房	2.0（机房按回填设计时，取 20×回填高度）	7.0	风机房、电梯机房、水泵房、空调配电房
	中型机房		8.0	制冷机房
	重型机房		10.0	变配电房、发电机房

注：1. 楼板自重均由程序自动计算，甲方要求楼板混凝土重度严格按 2；

2. 消防车荷载输入模型时可按照消防车道所占板面积比例进行折减。$5kN/m^3$ 控制时，可相应减小附加恒载，如取 1.4。（本工程不这样考虑）双向板楼盖板跨介于 3m×3m～6m×6m 之间时，按规范插值输入。消防车荷载不考虑裂缝控制。消防车荷载折减原则：算板配筋不折减；单向板楼盖的主梁折减系数取 0.6，单向板楼盖的次梁和双向板楼盖的梁折减系数取 0.8；算墙柱折减系数取 0.3；基础设计不考虑消防车荷载。

3. 板上固定隔墙荷载按均布到板面的恒荷载输入后进行整体计算。但板跨较大时应按照楼板等效荷载进行楼板配筋计算（可用 morgain 程序计算楼板等效荷载），或对板配筋做适当放大。

（2）隔墙荷载（表 3-2）

内隔墙按加气混凝土砌块；重度：$7.5kN/m^3$

外墙采用蒸压灰砂砖；重度：$14.0kN/m^3$

内隔墙两侧按 20mm 抹灰考虑，

200 厚内隔墙线荷载为 $2.3kN/m^2$；

100 厚内隔墙线荷载为 $1.6kN/m^2$；

外隔墙按内侧 20mm 抹灰、外侧 30mm 厚石材（平均重度 $20kN/m^3$）考虑，

200 厚外墙线荷载 $3.8kN/m^2$；

面荷载乘以高度（层高-梁高）后按线荷载输入。外墙有门窗洞口（飘窗除外）的，可按 0.8 倍折算。主要楼层的隔墙线荷载详见表 3-2。

隔墙荷载 **表 3-2**

层高	墙体类型	隔墙线荷载（kN/m）	
		无门窗洞口	有门窗洞口
2.9m	外墙（$3.8kN/m^2$）	9.1	7.3 或按长度折算
	200 厚内墙（$2.3kN/m^2$）	5.5	4.4 或按长度折算
	100 厚墙体（$1.6kN/m^2$）	3.9	3.2 或按长度折算

注：1. 其他层高隔墙荷载可按面荷载×（层高－梁高）自行计算；（取一位小数，四舍五入）

2. 梁高按 500mm 高考虑。

(3) 其他线荷载（表 3-3）

其他线荷载 **表 3-3**

荷载类别	线荷载（kN/m）	备注
悬挑 600mm 凸窗	10	双层挑板凸窗，上翻 450mm。有侧板时，每个侧板增加 2.5
玻璃阳台栏杆	3.0	混凝土栏杆按实计算，请留意阳台转角处是否有砖柱集中荷载
推拉门	3.0	适用于标准层（3.0m 以下层高）。其他楼层按 1kN/m^2×层高计算
玻璃窗	3.0	通高窗，适用于标准层（3.0m 以下层高）。其他楼层按 1kN/m^2×层高计算
玻璃幕外墙	3.0	适用于标准层（3.0m 以下层高）。其他楼层按 1kN/m^2×层高计算
女儿墙	7.0	适用于高度 1.5m 以内的 150mm 混凝土女儿墙

注：1. 外墙外挂石材及外贴面砖时，应根据厚度另外附加恒线载；
2. 当隔墙上有较大门窗洞口时，可乘以 0.6～0.8 的折减系数。

(4) 主要恒面载（表 3-4）

主要恒面载 **表 3-4**

类别（包括建筑饰面，覆土另计）		板面附加恒荷载标准值（kN/m^2）
办公楼面板		2.0
住宅楼面板		1.5（此条初设使用，待后期建筑做法表再明确）
商业楼面板		2.0
180mm 转换层楼面板（计入隔墙等效荷载及 300 陶粒混凝土垫层）		4.5
卫生间楼面板（住户自行回填）		8.0
主要疏散楼梯间		8.0（两跑）12.0（3 跑）16.0（4 跑）
屋面板（计入防水保温找坡 3.0～4.0(kN/m^2)，根据建筑做法复核）		3.0/4.0（结构/建筑找坡）
电影放映厅（中、小厅/IMAX 厅）	恒面荷载（含看台阶梯钢结构做法及其面层）	4.0
	吊顶	1.0

注：1. 种植屋面恒载＝25×板厚＋2.2＋18×覆土厚度；
2. 当一个层高范围内楼梯大于 2 跑时，楼梯间荷载要按比例增大；
3. 楼板自重由程序自动计算；
4. 楼梯间处板厚输为 0；
全楼楼板自动计算板自重；
屋面按建筑屋面做法另计，一般附加 4.5；
客厅附加恒载 1.8；
电梯前室板厚 120；
活载按规范；
5. 影院看台建议考虑后期钢结构架空阶梯做法，招商更为灵活。

(5) 节点荷载（表 3-5）

节点荷载 **表 3-5**

荷载类别	荷载（kN）	备注
电梯挂钩荷载	30	作用在机房顶吊钩梁中间
电梯动荷载	125	作用在机房层电梯正、背面的梁（或墙）中间

3.3 构件截面取值及分析

该框架-剪力墙厂房标准层建筑平面布置图如图 3-1 所示；层高表如图 3-2 所示；结构平面布置图如图 3-3～图 3-5 所示。

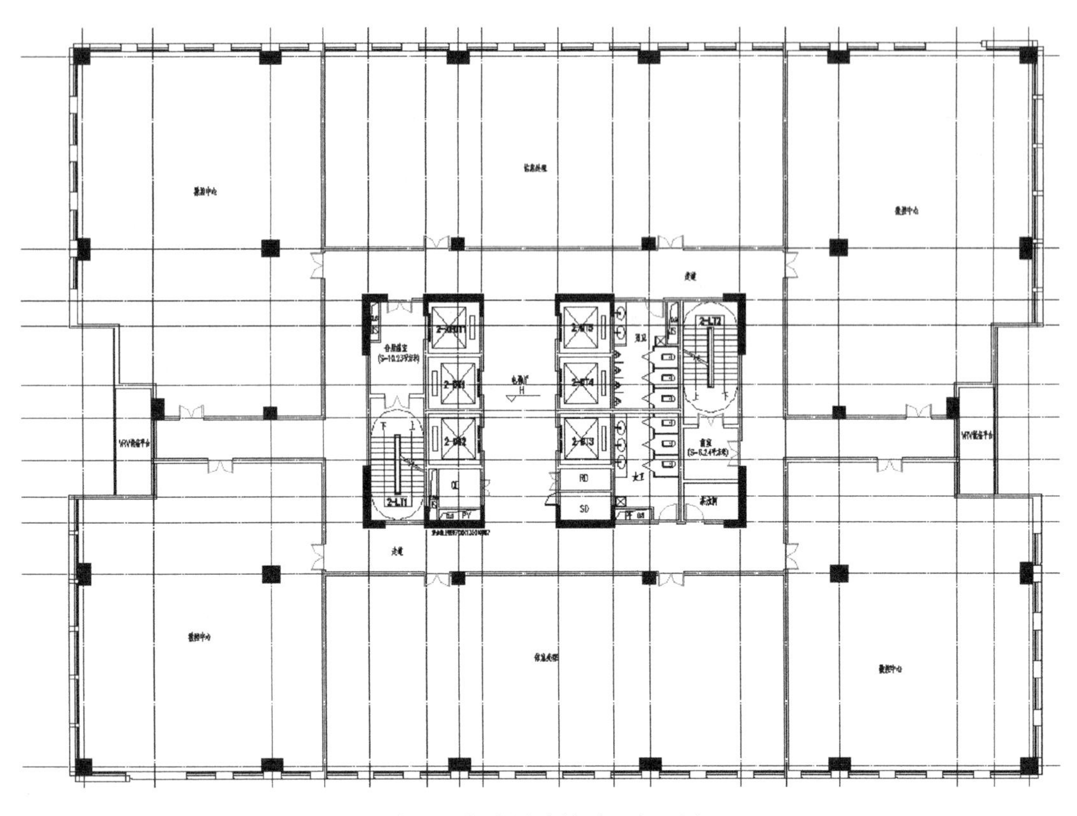

图 3-1　标准层建筑平面布置图

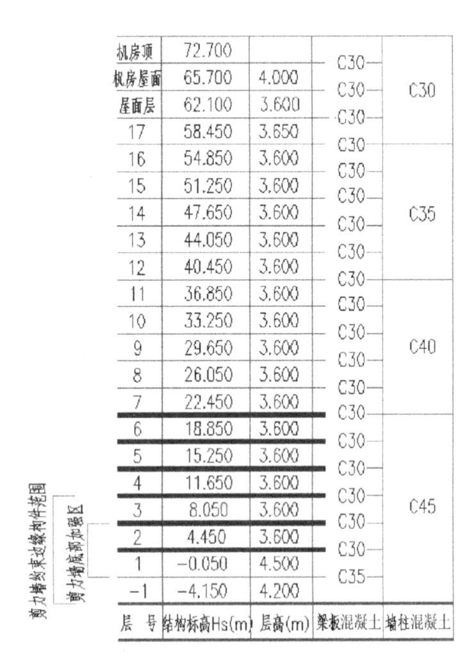

层　号	结构标高Hs(m)	层高(m)	梁板混凝土	墙柱混凝土
机房顶	72.700		C30	C30
机房屋面	65.700	4.000	C30	
屋面层	62.100	3.600	C30	
17	58.450	3.650	C30	
16	54.850	3.600	C30	C35
15	51.250	3.600	C30	
14	47.650	3.600	C30	
13	44.050	3.600	C30	
12	40.450	3.600	C30	
11	36.850	3.600	C30	C40
10	33.250	3.600	C30	
9	29.650	3.600	C30	
8	26.050	3.600	C30	
7	22.450	3.600	C30	
6	18.850	3.600	C30	C45
5	15.250	3.600	C30	
4	11.650	3.600	C30	
3	8.050	3.600	C30	
2	4.450	3.600	C30	
1	−0.050	4.500	C30	
−1	−4.150	4.200	C35	

剪力墙约束边缘构件范围
剪力墙底部加强区

塔楼结构层高表

图 3-2　塔楼层高表

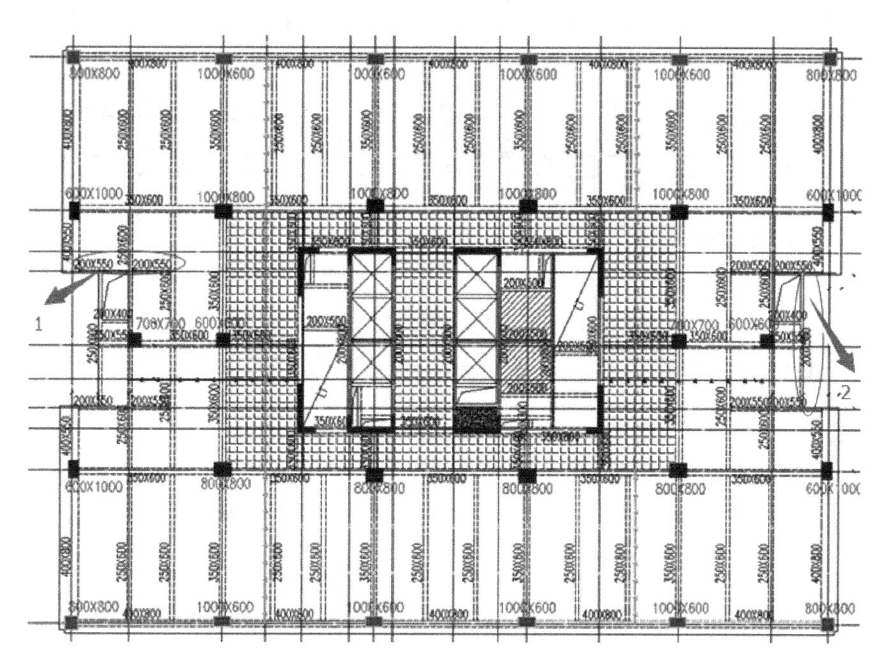

图 3-3　二～五层结构平面布置图

注：1. 未注明板厚为 100mm，核心筒阴影区内板厚为 120mm，周边框架梁外悬挑板为 250mm。图中未注明小梁截面尺寸为 200mm×400mm。

2. “1”处的次梁向内延伸一跨是因为悬挑处荷载比较大，否则梁容易超筋，安全性不能保证。

3. 由于核心筒处的剪力墙比较零散，不是整片墙布置，筒体作用比较弱，即使高层厂房的高度大于 60m，还是把该结构定义为：框架-剪力墙结构。

4. 调该模型时，由于内部筒体尺寸过大，周期比一般不好调过，可以把筒体内的梁高尽可能地减小，结构外围的梁高尽可能地加大。对于外围 600mm×1000mm 的柱子，在 X、Y 方向布置时应尽可能地遵循图中的布置原则，使得 X、Y 方向的外围刚度尽可能地大，内部 X、Y 方向的刚度尽可能地小（梁高尽可能地小），模型指标更容易调过。

5. 核心筒外围的剪力墙厚度最小以 350mm 延到顶层。底部由于稳定性要求，可能加厚到 400～450mm。本工程层数 17 层，荷载不大，350mm 厚的剪力墙可满足要求。

6. 画圈中的“2”处，由于没有外框梁拉结起来，Y 方向的刚度比较弱，往往第二周期容易为扭转，不符合“平平扭”的规则；可以把核心筒外的剪力墙拉长，让扭转跑到第三周期去。

7. 从本项目的平面布置图中可知，核心筒太大，并且第二排柱子距离核心筒的距离太短。往往会造成周期比不满足规范要求。如果只有外围一排大柱子搭接在核心筒墙处，周期比往往易满足规范要求。

8. 极个别的梁，在梁高受到建筑限制，不能再加高，且挠度不满足规范要求时。可以通过在梁平法施工图中，增加梁底筋等，使得挠度减小。

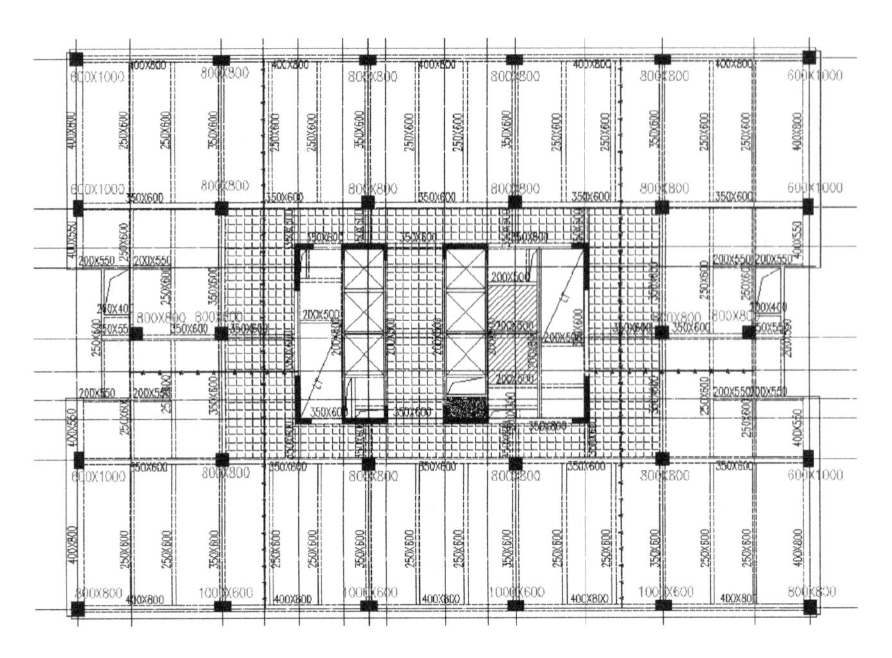

图 3-4 六～十层结构平面布置图

注：1. 柱网不是很大时，一般每 10 层柱截面按 0.3～0.4m² 取。当结构为多层时，每隔 3 层柱子可以收小一次，模数≥50mm；高层，5～8 层可以收小一次，顶层柱子截面一般不要小于 400mm×400mm。

2. 对于类似的框架-剪力墙或者框架-筒体结构，顶部楼层柱子的最小尺寸一般取 600mm×600mm。

3. 不同的层数，不同的形状，尤其是核心筒的形状不同，调模型指标难度相差很大。一般来说，核心筒越是内缩，即核心筒尺寸越小，在满足均匀，外强内弱的前提下，周期比更容易调过。有时候层数过高，混凝土强度等级用到了 C50 轴压比还是过不了，底部几层及地下室考虑采用 400～450mm 厚的墙，或者采用长墙（但墙太长，如果核心筒形状过大，容易造成周期比过不了），具体工程应具体分析。

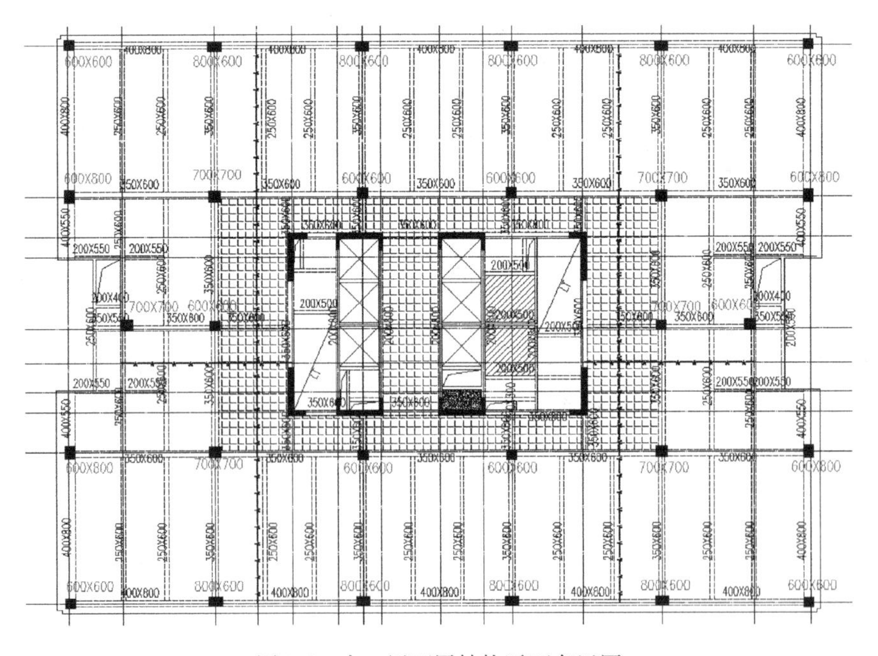

图 3-5 十～屋面层结构平面布置图

注：1. 由于外围柱建筑图中外包 800mm 宽的混凝土，“十～屋面层”的柱子截面尺寸本可以取 600mm×600mm，最后还是取了 600mm×800mm 及 800mm×600mm。

2. 对于类似的框架-剪力墙或者框架-筒体结构，顶部楼层柱子的最小尺寸一般取 600mm×600mm。

3. 框架-核心筒楼板四个角部需要板筋加强。框架-核心筒设计时，底部加强区水平分布筋和竖向分布筋的配筋率与一般剪力墙结构不同。框架-核心筒设计时，底部加强区约束边缘构件沿墙肢的长度与一般剪力墙结构不同。

框架-核心筒结构中，需要加厚核心筒内板厚，一般为 120～150mm，已保证设备穿管线和加强核心筒整体性，传递水平剪力。

3.4 其　他

3.4.1 框架-核心筒与框架-剪力墙的区别

框架-核心筒有内筒，且剪力墙比较集中；框-剪的剪力墙较分散，两者受力特性类似，框筒规范略严。《高规》3.9.3 条注 3 和 9.1.2 条中都提到：框架-核心筒结构高度不超过 60m 时，其抗震等级应允许按框架-剪力墙结构采用及可按框架-剪力墙结构设计。

3.4.2 框架-核心筒设计指引

（1）框架-核心筒内筒

在核心筒中布满剪力墙，筒四周剪力墙按轴压比要求加厚，电梯和楼梯分隔处 300mm 厚，电梯处及电梯分隔井 200mm 厚。经过设备专业的开洞，外墙和内墙均会被断成若干一般剪力墙，尽量保证墙长适中（4 倍墙厚＜墙长≤8m），且保证内筒薄墙与外筒厚墙相连。根据每段的轴压比适当增加或减少墙厚，墙厚由最大墙厚一直减少到 300mm 厚或 400mm 厚，分段按混凝土强度 C60、C55、C50、C45、C40、C35、C30 逐级降低。

（2）框架-核心筒框架柱

核心筒或内筒的外墙与外框架柱间的中距小于等于 10～12m，框架柱之间的间距为 10m 左右。先采用 C60 混凝土等级（项目确定的最高强度等级）确定底层框架柱截面的大小，以 100mm 为模块分段缩小柱截面至 600mm 左右，并逐级降低混凝土强度等级至 C35 或 C30。同层柱轴压比有区别时，可将柱编成不同编号，且注意区别角柱和非角柱。

3.4.3 框架-核心筒设计实例

本工程项目位于××市××中心区，办公楼为 29 层，屋面板高为 124.08mm，2 层商业裙房，3 层地下室，结构类型为钢筋混凝土框架-核心筒，抗震设防烈度 7 度（图 3-6）。

案例中框架-核心筒剪力墙厚度和框架柱截面变化如表 3-6～表 3-9 所示。

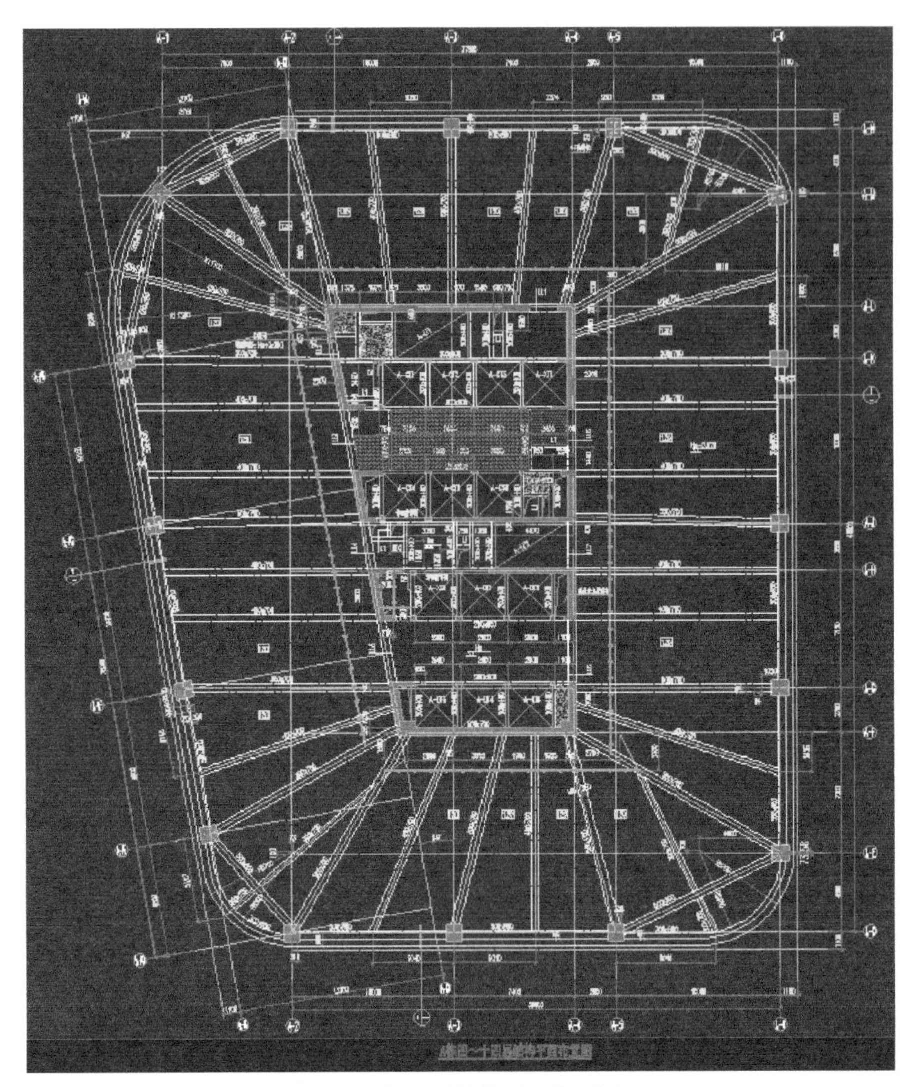

图 3-6　标准层结构平面布置图

剪力墙厚度　　**表 3-6**

墙编号	Q1
层数	墙厚
−3～3F	600
4～15F	500
16F 以上	400

框架柱截面　　**表 3-7**

柱编号	KZ1
层数	截面
−3～−2F	1200×1200
−1～3F	1000×1100（型钢混凝土柱）
4～15F	1000×1100
16～20F	1000×1000
21F 以上	900×900

剪力墙混凝土等级的变化 **表 3-8**

墙	Q1
层数	混凝土等级
−3～−12F	C60
13～15F	C55
16～18	C50
19～21F	C40
22F 以上	C35

框架柱混凝土等级的变化 **表 3-9**

柱编号	KZ1
层数	截面
−3～−3F	C60
4～9	C50
10～13F	C45
14～17F	C40
18F 以上	C35

3.4.4 框筒结构高度与剪力墙底部厚度和框架柱底部截面一览表

框筒结构高度与剪力墙底部厚度和框架柱底部截面一览表 **表 3-10**

框筒	剪力墙	框架柱	框架柱（加型钢）	框架柱（加钢管）
高度（m）	底部厚度（mm）	底部截面（mm）	底部截面（mm）	底部截面（mm）
100m	400	1100×1100		
130m	600	1200×1200	1000×1100	
150m	700	1400×1500	1200×1300	
180m	800		1400×1500	
200m	900	1900×1900	1400×1700	1300×1300
280m	1400		1800×1800	

注：通过附录一初步估测底部剪刀墙厚度和底部框架柱截面，对框筒设计进行初步了解。

3.4.5 相关规范

《高规》

9.1.1 本章适用于钢筋混凝土框架-核心筒结构和筒中筒结构，其他类型的筒体结构可参照使用。筒体结构各种构件的截面设计和构造措施除应遵守本章规定外，尚应符合本规程第 6～8 章的有关规定。

9.1.2 筒中筒结构的高度不宜低于 80m，高宽比不宜小于 3。对高度不超过 60m 的框架-核心筒结构，可按框架-剪力墙结构设计。

9.1.3 当相邻层的柱不贯通时，应设置转换梁等构件。转换构件的结构设计应符合本规程第 10 章的有关规定。

9.1.4 筒体结构的楼盖外角宜设置双层双向钢筋（图 9.1.4），单层单向配筋率不宜小于0.3%，钢筋的直径不应小于8mm，间距不应大于150mm，配筋范围不宜小于外框架（或外筒）至内筒外墙中距的1/3和3m。

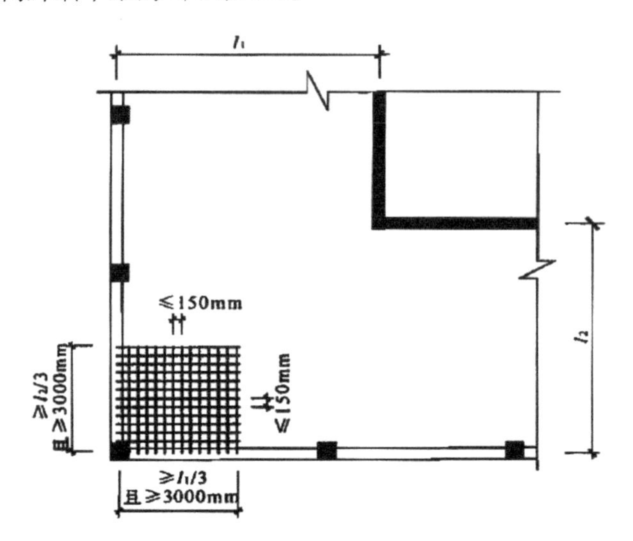

图9.1.4 板角配筋示意

9.1.5 核心筒或内筒的外墙与外框柱间的中距，非抗震设计大于15m、抗震设计大于12m时，宜采取增设内柱等措施。

9.1.6 核心筒或内筒中剪力墙截面形状宜简单；截面形状复杂的墙体可按应力进行截面设计校核。

9.1.7 筒体结构核心筒或内筒设计应符合下列规定：

1 墙肢宜均匀、对称布置；

2 筒体角部附近不宜开洞，当不可避免时，筒角内壁至洞口的距离不应小于500mm和开洞墙截面厚度的较大值；

3 筒体墙应按本规程附录D验算墙体稳定，且外墙厚度不应小于200mm，内墙厚度不应小于160mm，必要时可设置扶壁柱或扶壁墙；

4 筒体墙的水平、竖向配筋不应少于两排，其最小配筋率应符合本规程第7.2.17条的规定；

5 抗震设计时，核心筒、内筒的连梁宜配置对角斜向钢筋或交叉暗撑；

6 筒体墙的加强部位高度、轴压比限值、边缘构件设置以及截面设计，应符合本规程第7章的有关规定。

9.1.8 核心筒或内筒的外墙不宜在水平方向连续开洞，洞间墙肢的截面高度不宜小于1.2m；当洞间墙肢的截面高度与厚度之比小于4时，宜按框架柱进行截面设计。

9.1.9 抗震设计时，框筒柱和框架柱的轴压比限值可按框架-剪力墙结构的规定采用。

9.1.10 楼盖主梁不宜搁置在核心筒或内筒的连梁上。

9.1.11 抗震设计时，筒体结构的框架部分按侧向刚度分配的楼层地震剪力标准值应符合下列规定：

1 框架部分分配的楼层地震剪力标准值的最大值不宜小于结构底部总地震剪力

标准的10%。

2　当框架部分分配的地震剪力标准值的最大值小于结构底部总地震剪力标准值的10%时，各层框架部分承担的地震剪力标准值应增大到结构底部总地震剪力标准值的15%；此时，各层核心筒墙体的地震剪力标准值宜乘以增大系数1.1，但可不大于结构底部总地震剪力标准值，墙体的抗震构造措施应按抗震等级提高一级后采用，已为特一级的可不再提高。

3　当框架部分分配的地震剪力标准值小于结构底部总地震剪力标准值的20%，但其最大值不小于结构底部总地震剪力标准值的10%，应按结构底部总地震剪力标准值的20%和框架部分楼层地震剪力标准值中最大值的1.5倍二者的较小值进行调整。

按本条第2款或第3款调整框架柱的地震剪力后，框架柱端弯矩及与之相连的框架梁端弯矩、剪力应进行相应调整。

有加强层时，本条框架部分分配的楼层地震剪力标准值的最大值不应包括加强层及其上、下层的框架剪力。

9.2　框架-核心筒结构

9.2.1　核心筒宜贯通建筑物全高。核心筒的宽度不宜小于筒体总高的1/12，当筒体结构设置角筒、剪力墙或增强结构整体刚度的构件时，核心筒的宽度可适当减小。

9.2.2　抗震设计时，核心筒墙体设计尚应符合下列规定：

1　底部加强部位主要墙体的水平和竖向分布钢筋的配筋率均不宜小于0.30%；

2　底部加强部位约束边缘构件沿墙肢的长度宜取墙肢截面高度的1/4，约束边缘构件范围内应主要采用箍筋；

3　底部加强部位以上宜按本规程7.2.15条的规定设置约束边缘构件。

9.2.3　框架-核心筒结构的周边柱间必须设置框架梁。

9.2.4　核心筒连梁的受剪截面应符合本规程第9.3.6条的要求，其构造设计应符合本规程第9.3.7、9.3.8条的有关规定。

9.2.5　对内筒偏置的框架-筒体结构，应控制结构在考虑偶然偏心影响的规定地震力作用下，最大楼层水平位移和层间位移不应大于该楼层平均值的1.4倍，结构扭转为主的第一自振周期 T_t 与平动为主的第一自振周期 T_1 之比不应大于0.85，且 T_1 的扭转成分不宜大于30%。

9.2.6　当内筒偏置、长宽比大于2时，宜采用框架-双筒结构。

9.2.7　当框架-双筒结构的双筒间楼板开洞时，其有效楼板宽度不宜小于楼板典型宽度的50%，洞口附近楼板应加厚，并向采用双层双向配筋，每层单向配筋率不应小于0.25%；双筒间楼板宜按弹性板进行细化分析。

《抗规》(GB 50011—2010)：

6.7　筒体结构抗震设计要求

6.7.1　框架-核心筒结构应符合下列要求：

1　核心筒与框架之间的楼盖宜采用梁板体系；部分楼层采用平板体系时应有加强措施。

2　除加强层及其相邻上下层外，按框架-核心筒计算分析的框架部分各层地震剪力的最大值不宜小于结构底部总地震剪力的10%。当小于10%时，核心筒墙体的地震剪力应适当提高，边缘构件的抗震构造措施应适当加强；任一层框架部分承担的地震剪力不应小于结构底部总地震剪力的15%。

3 加强层设置应符合下列规定：

1）9度时不应采用加强层；

2）加强层的大梁或桁架应与核心筒内的墙肢贯通；大梁或桁架与周边框架柱的连接宜采用铰接或半刚性连接；

3）结构整体分析应计入加强层变形的影响；

4）施工程序及连接构造上，应采取措施减小结构竖向温度变形及轴向压缩对加强层的影响。

6.7.2 框架-核心筒结构的核心筒、筒中筒结构的内筒，其抗震墙除应符合本规范6.4节的有关规定外，尚应符合下列要求：

1 抗震墙的厚度、竖向和横向分布钢筋应符合本规范第6.5节的规定；筒体底部加强部位及相邻上一层，当侧向刚度无突变时不宜改变墙体厚度。

2 框架-核心筒结构一、二级筒体角部的边缘构件宜按下列要求加强：底部加强部位，约束边缘构件范围内宜全部采用箍筋，且约束边缘构件沿墙肢的长度宜取墙肢截面高度的1/4，底部加强部位以上的全高范围内宜按转角墙的要求设置约束边缘构件。

3 内筒的门洞不宜靠近转角。

6.7.3 楼面大梁不宜支承在内筒连梁上。楼面大梁与内筒或核心筒墙体平面外连接时，应符合本规范第6.5.3条的规定。

6.7.4 一、二级核心筒和内筒中跨高比不大于2的连梁，当梁截面宽度不小于400mm时，可采用交叉暗柱配筋，并应设置普通箍筋；截面宽度小于400mm但不小于200mm时，除配置普通箍筋外，可另增设斜向交叉构造钢筋。

6.7.5 筒体结构转换层的抗震设计应符合本规范附录E第E.2节的规定。

4 剪力墙住宅案例分析

4.1 工程概况

湖南省××市，剪力墙结构体系，主体地上 31 层，地下 1 层，建筑高度 97.950m。该项目抗震设防类别为丙类，建筑抗震设防烈度为 6 度，设计基本加速度值为 0.05g，设计地震分组为第二组，场地类别为Ⅲ类，设计特征周期为 0.55s，抗震等级为三级。

4.2 荷载取值

楼面、地面均布活荷载（可变荷载）标准值及主要设备控制荷载标准值，如表 4-1 所示。在 YJK 模型中，标准层的荷载值如图 4-1 所示。

使用荷载（kN/m²） **表 4-1**

楼面用途	卧室	走道	客厅	厨房	卫生间	卫生间（带浴缸）	阳台	楼梯	机房	上人屋面	不上人屋面
活荷载（kN/m²）	2.0	2.0	2.0	2.0	2.5	4.0	2.5	3.5	7.0	2.0	0.5
楼面附加荷载（kN/m²）	1.3	1.5	1.5	2.0	4.5	4.5	1.5	1.5	1.0	4.5	按实

注：1. 以上各楼面附加荷载为除楼板自重外装修荷载；若建施图中注明楼面做法有找坡层，则找坡层荷载需另计。

2. 本工程楼屋面荷载取值取上表外其他均按国家标准《建筑结构荷载规范》GB 50009—2012。

3. 施工时应按楼、屋面活荷载限值控制施工荷载和堆载，且施工荷载作用效应不得大于正常使用荷载的作用效应。

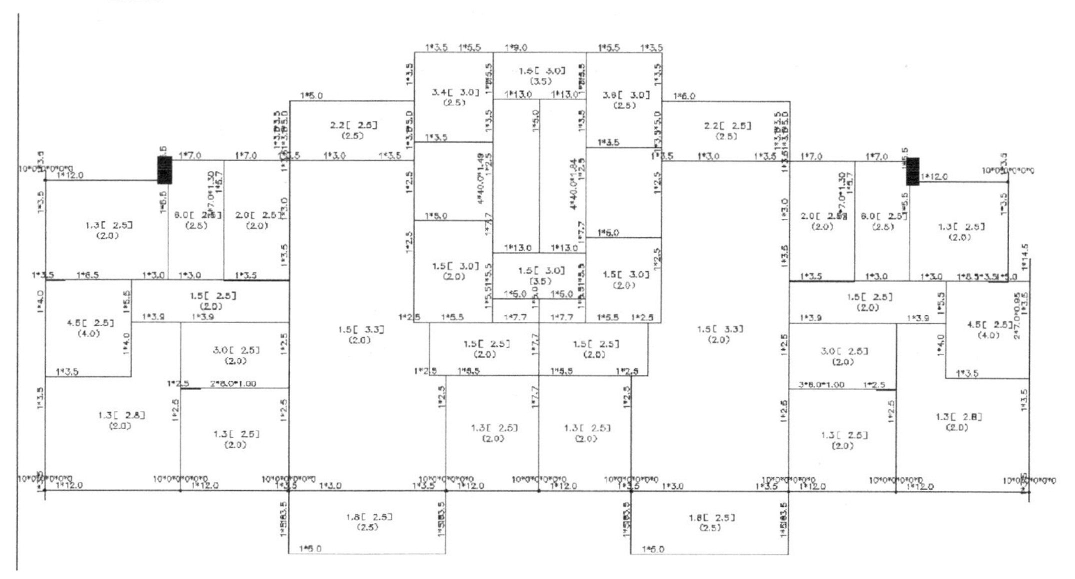

图 4-1 YJK 标准层荷载

4.3 构件截面取值及分析

（1）第三层结构平面布置如图 4-2 所示。根据工程概况与经验，绘制出结构层高表，如图 4-3 所示；第二层建筑平面布置如图 4-4 所示。

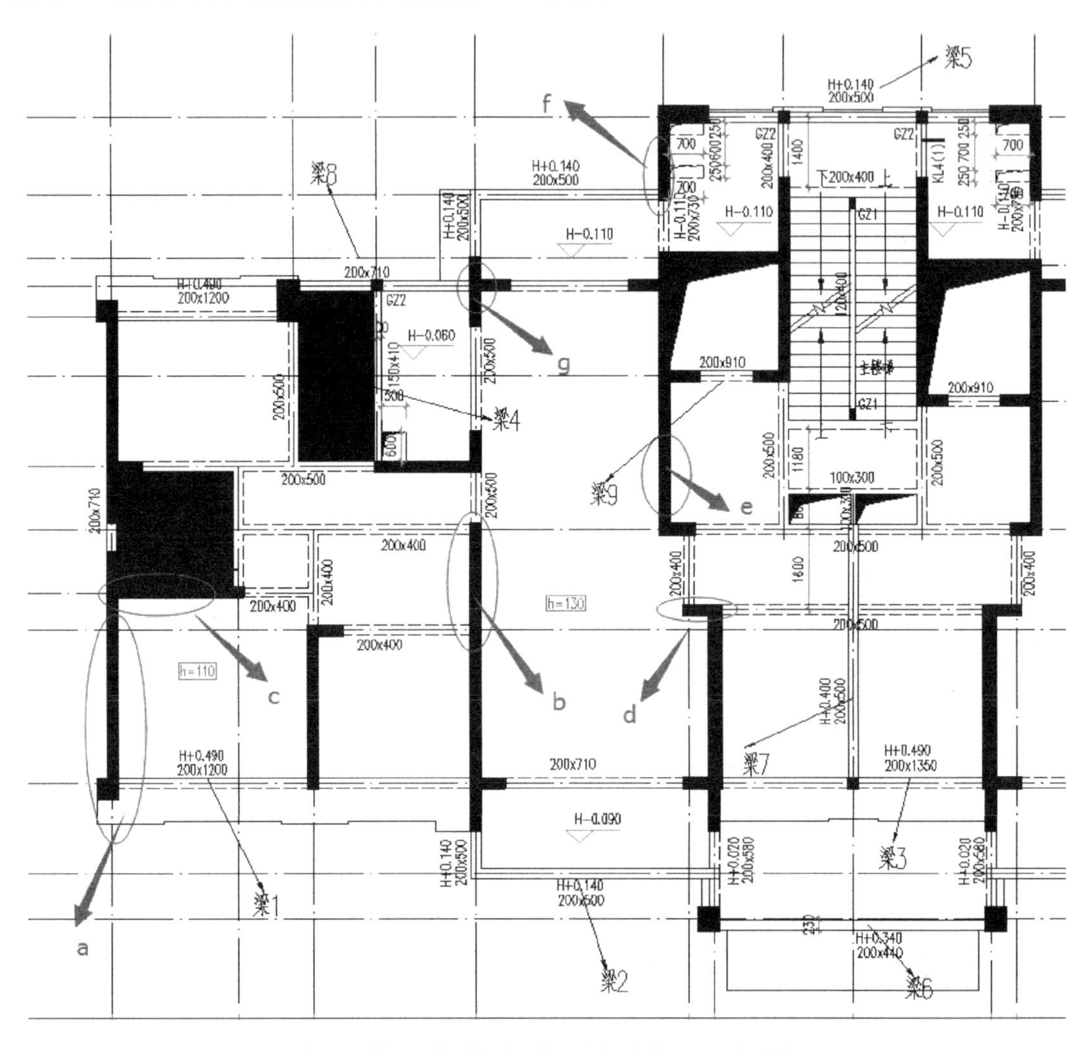

图 4-2　第三层结构平面布置图（局部，左右对称）

注：1. 梁 1 可查看“图 4-5　墙身大样-局部 1”，梁高度可取 1200mm，梁顶标高 $H+0.49$；

2. 梁 2 可查看“图 4-6　墙身大样-局部 2”，梁高度可取 500mm，梁顶标高 $H+0.140$；

3. 梁 3 可查看“图 4-7　墙身大样-局部 3”，梁高度可取 1350mm，梁顶标高 $H+0.490$；

4. 梁 4 可查看“图 4-8　墙身大样-局部 4”，梁高度可取 410mm；

5. 梁 7 可查看图 4-9、图 4-10，由于建筑二层平面图中的大堂上空一般不允许露梁，所以梁 7 高度取 500m，梁底标高与板底标高齐平，梁顶标高为 $H+0.400$。

6. 梁 5 可查看“图 4-11　墙身大样-局部 5”，梁高度可取 500mm，梁顶标高 $H+0.140$；

7. 梁 6 可查看“图 4-12　墙身大样-局部 6”，梁高度可取 440mm，梁顶标高 $H+0.340$；

8. 梁 8 可查看建筑立面图中关于外围梁高的限值，为 750mm，由于有 40mm 的建筑面层，所以梁 8

的高度值可取 710mm。

9. 电梯井处的梁高取 910mm，是考虑了电梯井洞口的高度的。一般该值如果不压着洞口顶，一般可取 400mm。

10. 剪力墙住宅中的内部梁高，一般应不小于 400mm，且最大梁高一般按 $L/12$ 估算，且不宜大于 550mm，洞口处的小次梁，一般可取(150～200)mm×300mm。

11. Y 方向墙 a 开了个小窗口的洞口，布置长墙是因为 Y 方向的刚度不够，最大层间位移角不能满足规范。墙 b 布置成长墙，也是因为因为 Y 方向的刚度不够，最大层间位移角不能满足规范。

12. 墙 c 本来属于墙 a 的翼缘，墙 c 的长度比较长，是因为不把墙 c 拉长，墙 c 方向的梁由于荷载太大，另一端支座刚度很小，会超筋；墙 d 方向加个翼缘，是方便梁的锚固。

13. 墙 e 与电梯井连在一起，墙 e 必须布置是为了形成客厅异性板的硬支座，墙 e 带了一个翼缘，也是为了形成×方向搭接过来梁的支座。

层号	标高(m)	层高(m)	梁、板混凝土强度等级
出屋面层			C25
屋面层	97.650	3.190	C25
31	94.460	3.150	C25
30	91.310	3.150	C25
29	88.160	3.150	C25
28	85.010	3.150	C25
27	81.860	3.150	C25
26	78.710	3.150	C25
25	75.560	3.150	C25
24	72.410	3.150	C25
23	69.260	3.150	C25
22	66.110	3.150	C25
21	62.960	3.150	C25
20	59.810	3.150	C25
19	56.660	3.150	C25
18	53.510	3.150	C25
17	50.360	3.150	C25
16	47.210	3.150	C25
15	44.060	3.150	C25
14	40.910	3.150	C25
13	37.760	3.150	C25
12	34.610	3.150	C25
11	31.460	3.150	C25
10	28.310	3.150	C25
9	25.160	3.150	C25
8	22.010	3.150	C25
7	18.860	3.150	C25
6	15.710	3.150	C25
5	12.560	3.150	C25
4	9.410	3.150	C25
3	6.260	3.150	C25
2	3.110	3.150	C25
1	-0.600	3.710	

结构层楼面标高 H

结构层高 混凝土强度等级

图 4-3 层高表

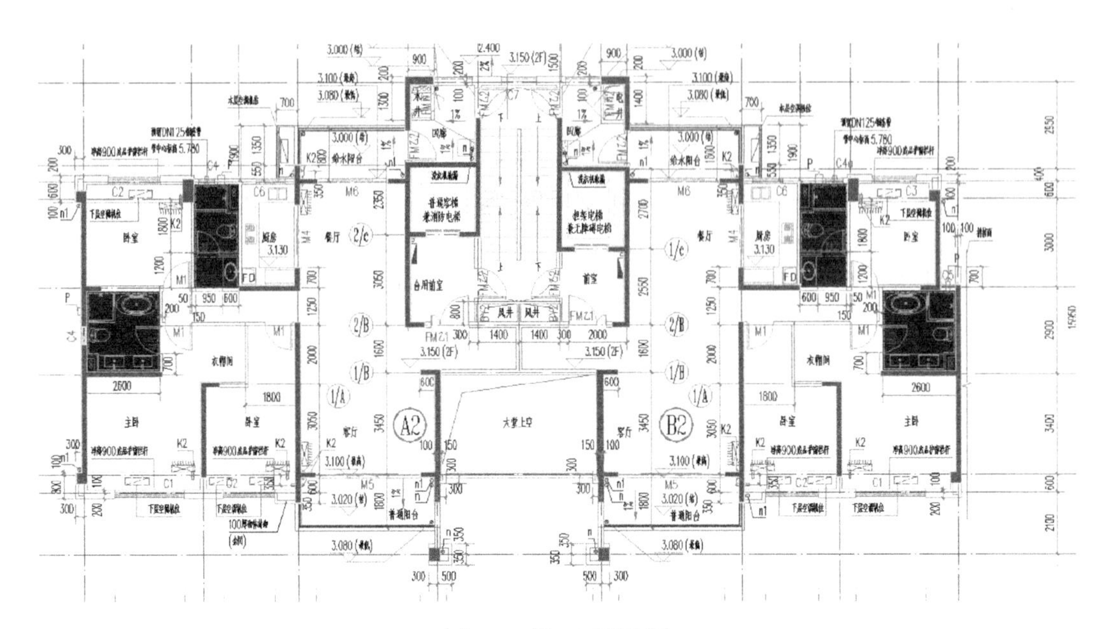

图 4-4　第二层平面图

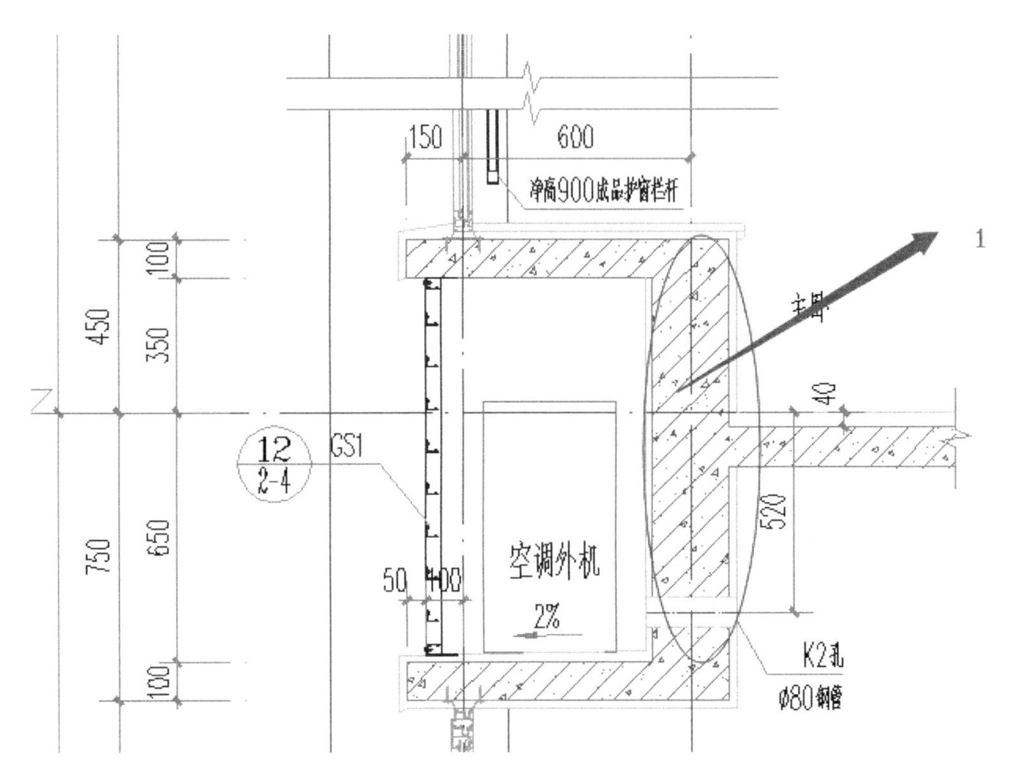

图 4-5　墙身大样-局部 1

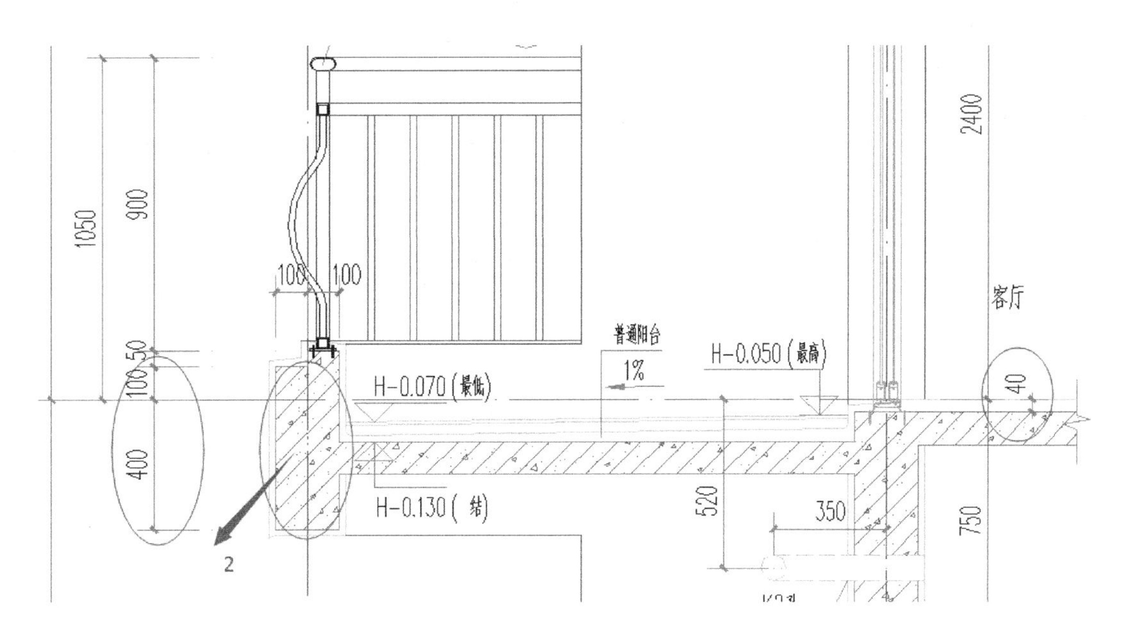

图 4-6　墙身大样-局部 2

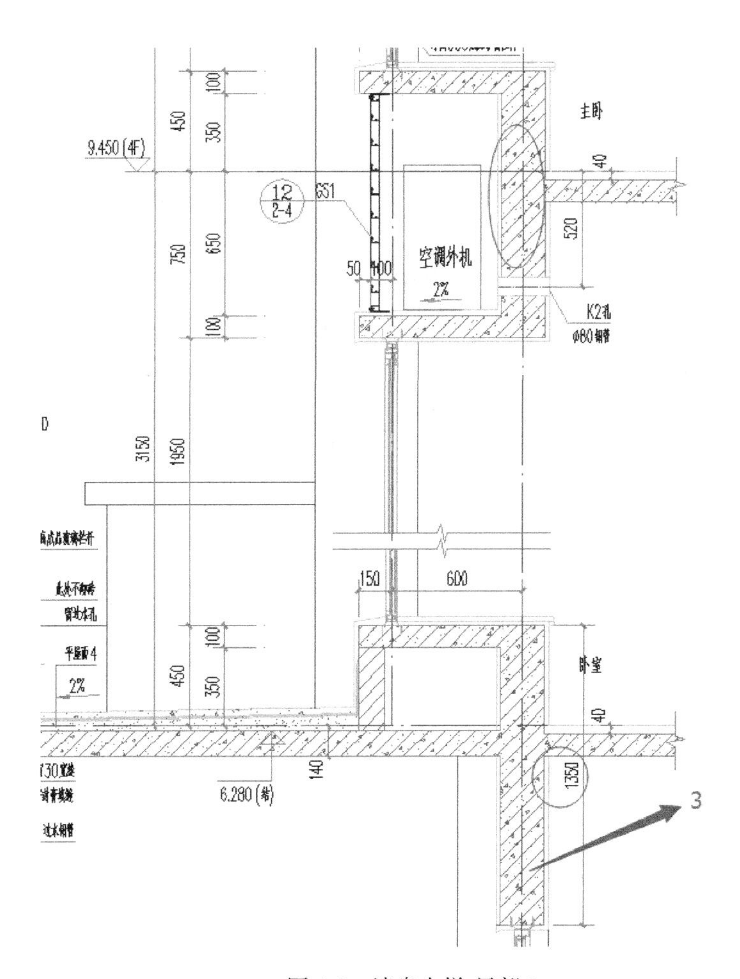

图 4-7　墙身大样-局部 3

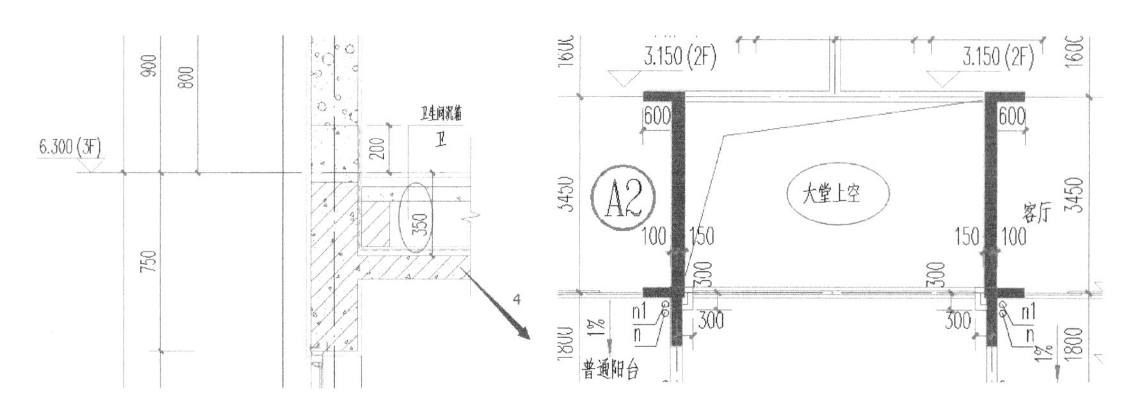

图 4-8　墙身大样-局部 4　　　　图 4-9　二层平面图（局部）

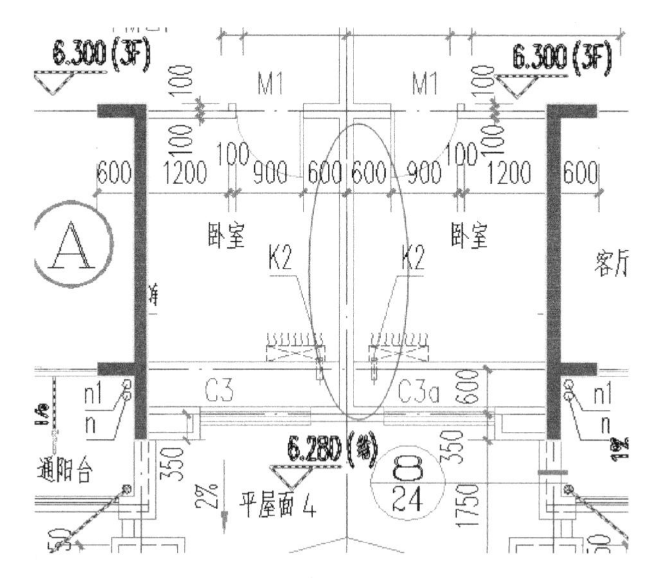

图 4-10　三层平面图（局部）

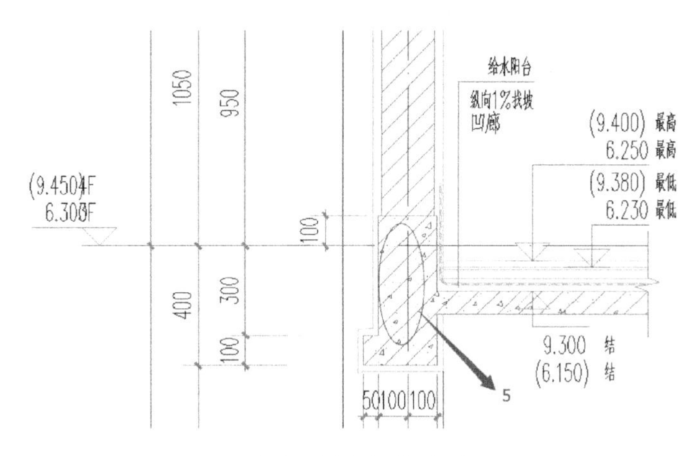

图 4-11　墙身大样-局部 5

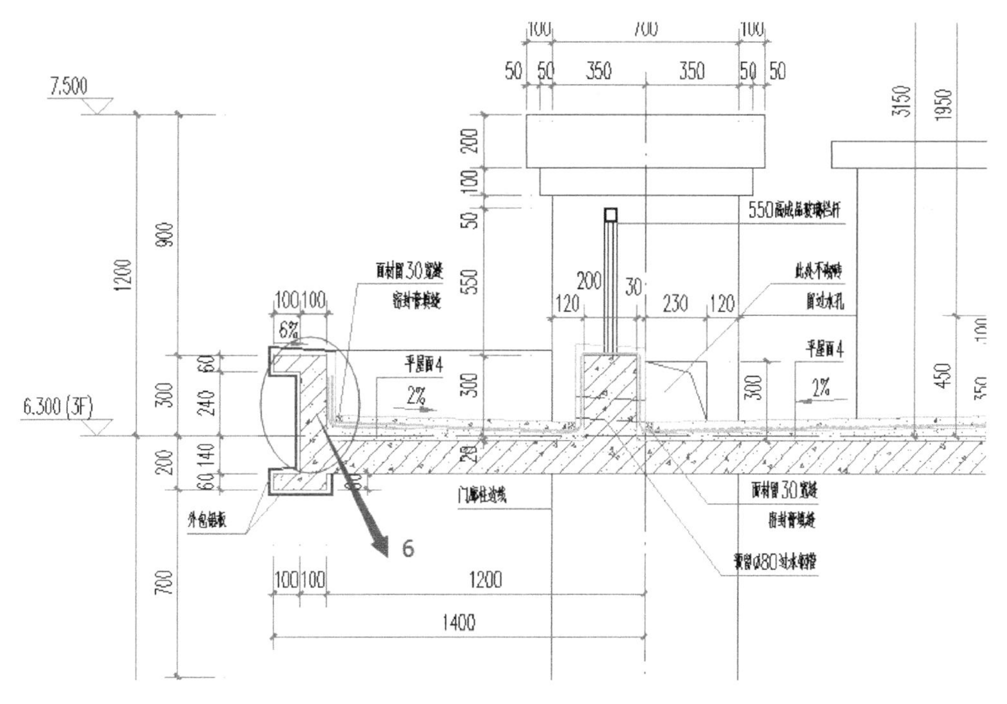

图 4-12 墙身大样-局部 6

(2) 屋顶花架

屋顶花架在建筑立面图中如图 4-13 所示；在结构图中，如图 4-14、图 4-15 所示。

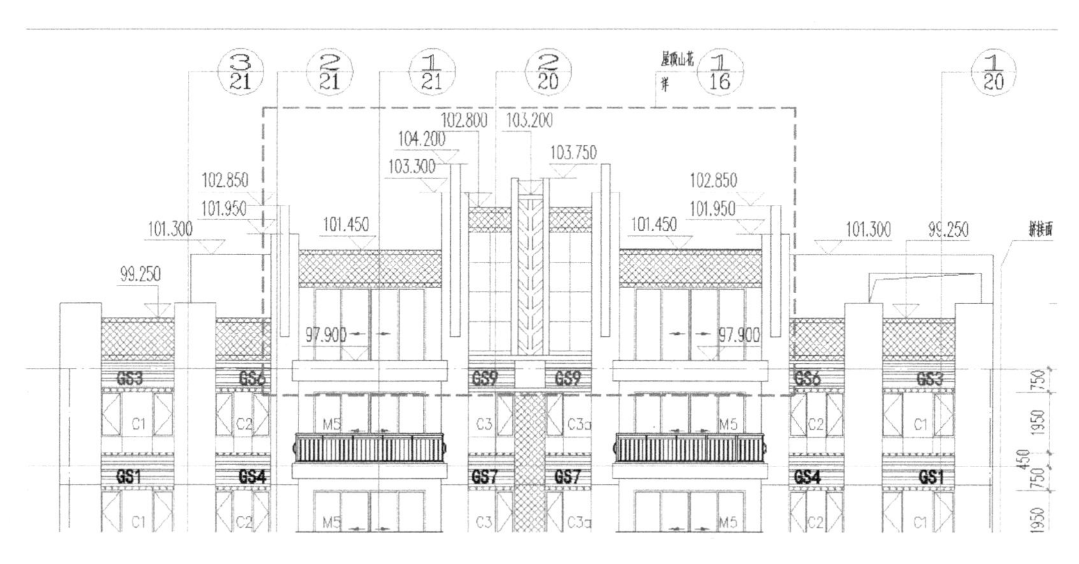

图 4-13 正立面图

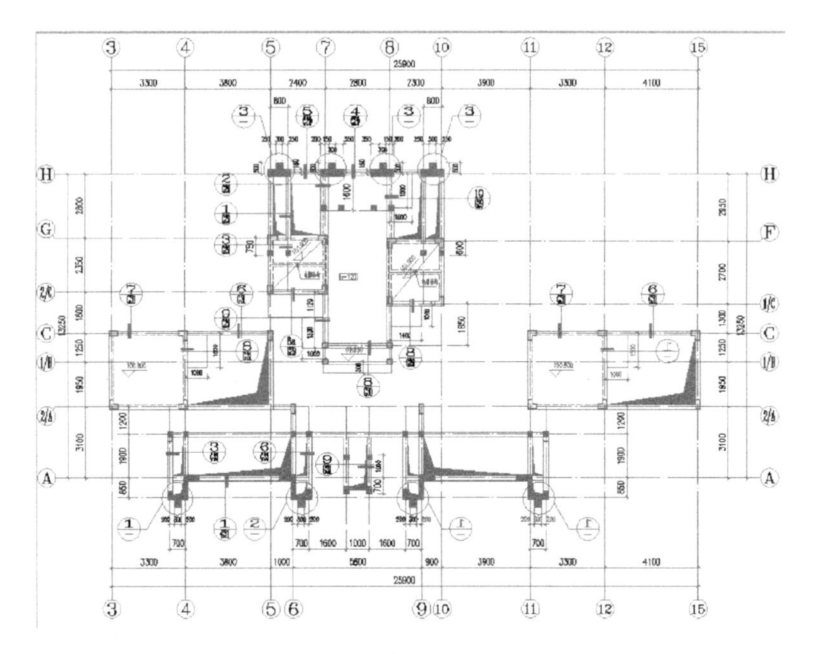

图 4-14 屋花架平面布置图（1）

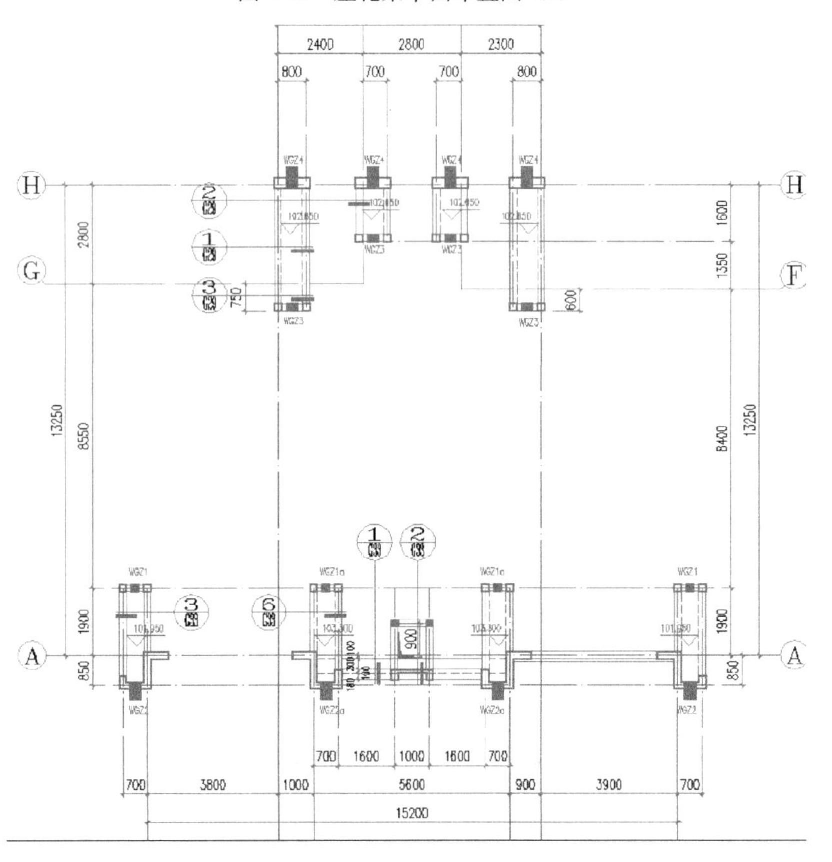

图 4-15 屋花架平面布置图（2）

注：由立面图和平面图，可确定突出的柱子造型从哪个 Z 标高位置设置的，并且受力柱到此位置不再上升，由造型构造柱继续上升。

4.4 节点设计

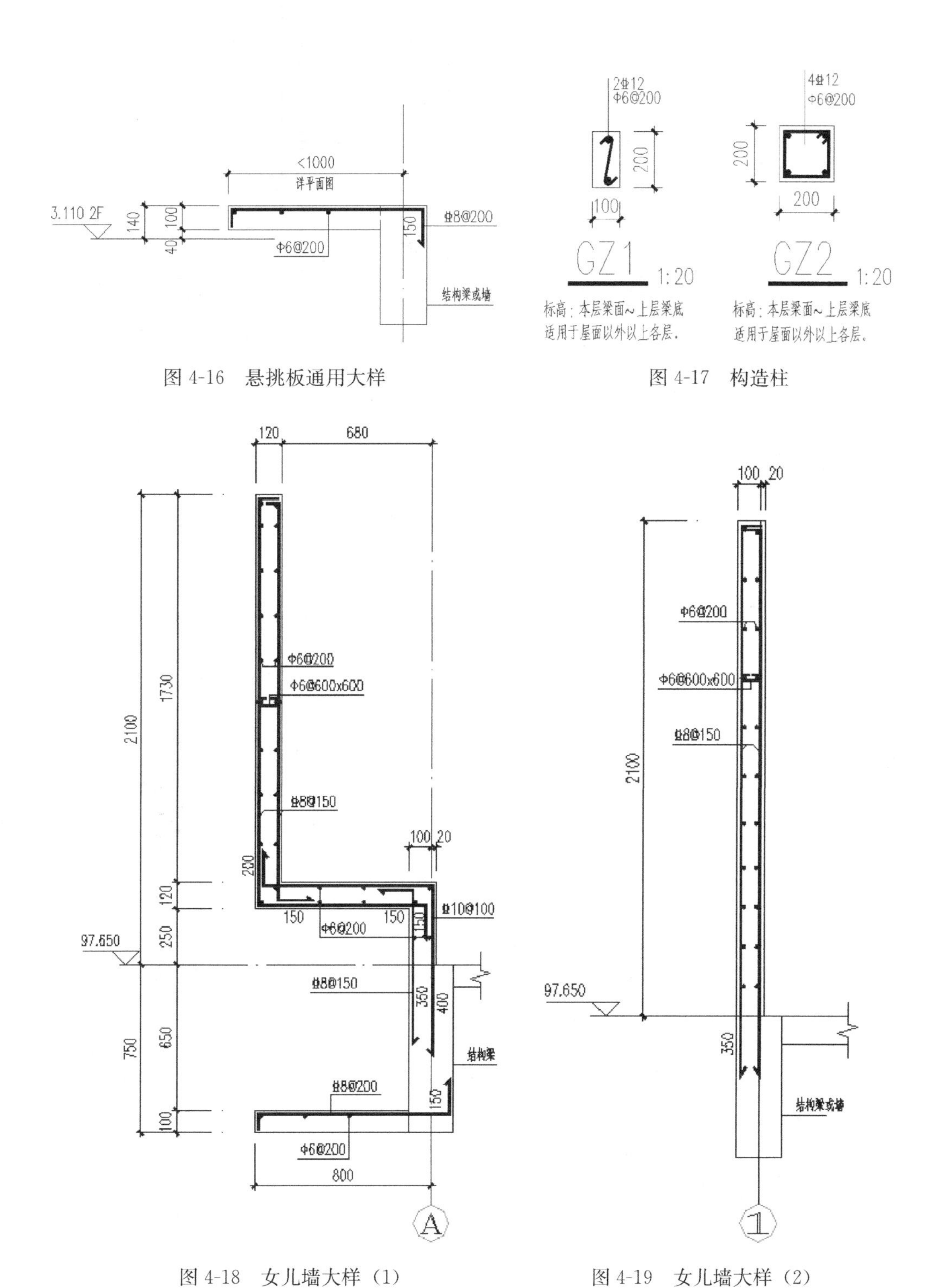

图 4-16　悬挑板通用大样

图 4-17　构造柱

图 4-18　女儿墙大样（1）

图 4-19　女儿墙大样（2）

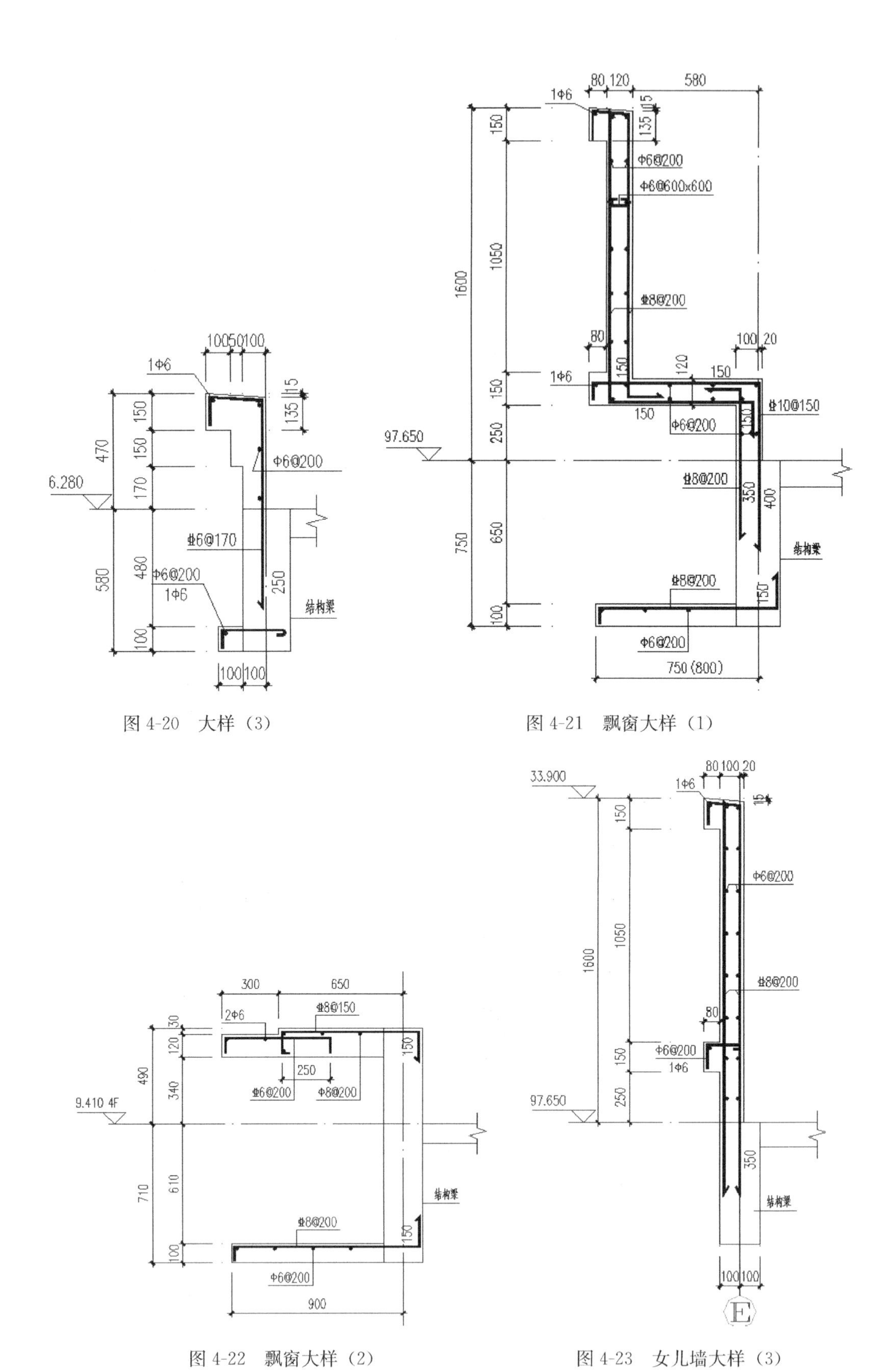

图 4-20 大样（3）

图 4-21 飘窗大样（1）

图 4-22 飘窗大样（2）

图 4-23 女儿墙大样（3）

4.5 剪力墙住宅结构施工图纸(部分)

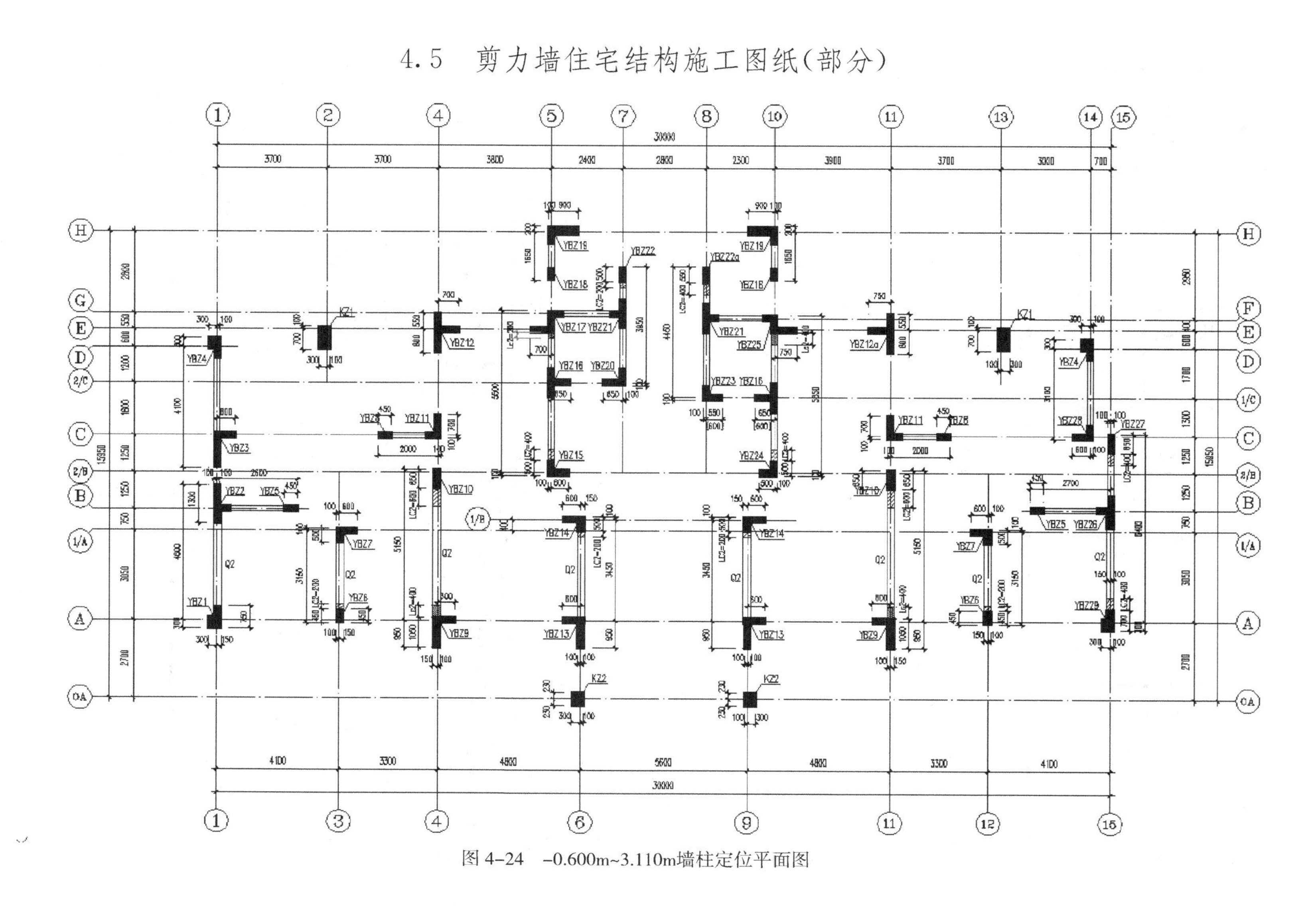

图 4-24 -0.600m~3.110m墙柱定位平面图

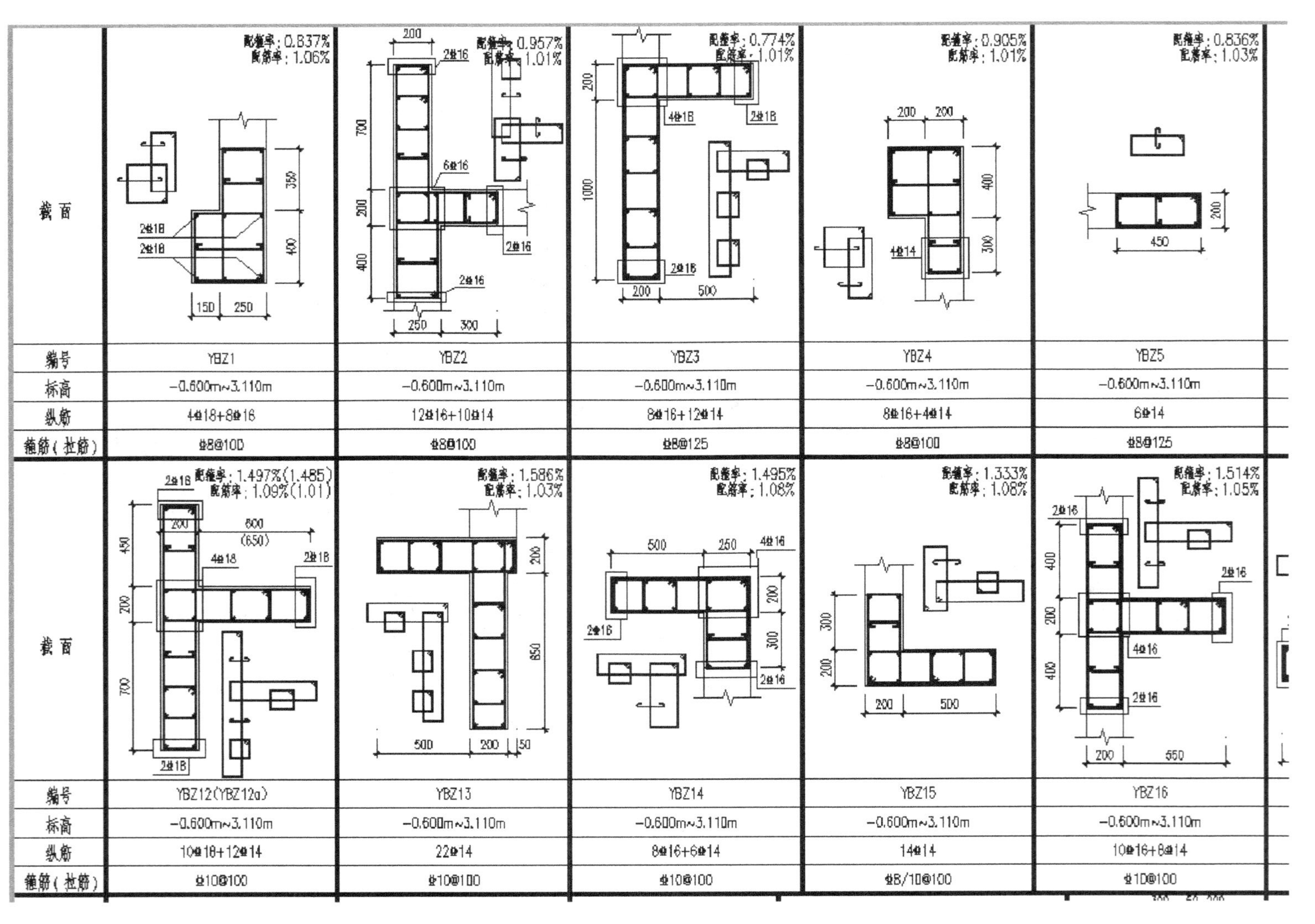

截面	配箍率：0.837% 配筋率：1.06%	配箍率：0.957% 配筋率：1.01%	配箍率：0.774% 配筋率：1.01%	配箍率：0.905% 配筋率：1.01%	配箍率：0.836% 配筋率：1.03%
编号	YBZ1	YBZ2	YBZ3	YBZ4	YBZ5
标高	−0.600m~3.110m	−0.600m~3.110m	−0.600m~3.110m	−0.600m~3.110m	−0.600m~3.110m
纵筋	4Φ18+8Φ16	12Φ16+10Φ14	8Φ16+12Φ14	8Φ16+4Φ14	6Φ14
箍筋（拉筋）	Φ8@100	Φ8@100	Φ8@125	Φ8@100	Φ8@125

截面	配箍率：1.497%（1.485） 配筋率：1.09%（1.01）	配箍率：1.586% 配筋率：1.03%	配箍率：1.495% 配筋率：1.08%	配箍率：1.333% 配筋率：1.08%	配箍率：1.514% 配筋率：1.05%
编号	YBZ12（YBZ12a）	YBZ13	YBZ14	YBZ15	YBZ16
标高	−0.600m~3.110m	−0.600m~3.110m	−0.600m~3.110m	−0.600m~3.110m	−0.600m~3.110m
纵筋	10Φ18+12Φ14	22Φ14	8Φ16+6Φ14	14Φ14	10Φ16+8Φ14
箍筋（拉筋）	Φ10@100	Φ10@100	Φ10@100	Φ8/10@100	Φ10@100

图 4-25 −0.600~3.110m墙柱配筋大样（部分）

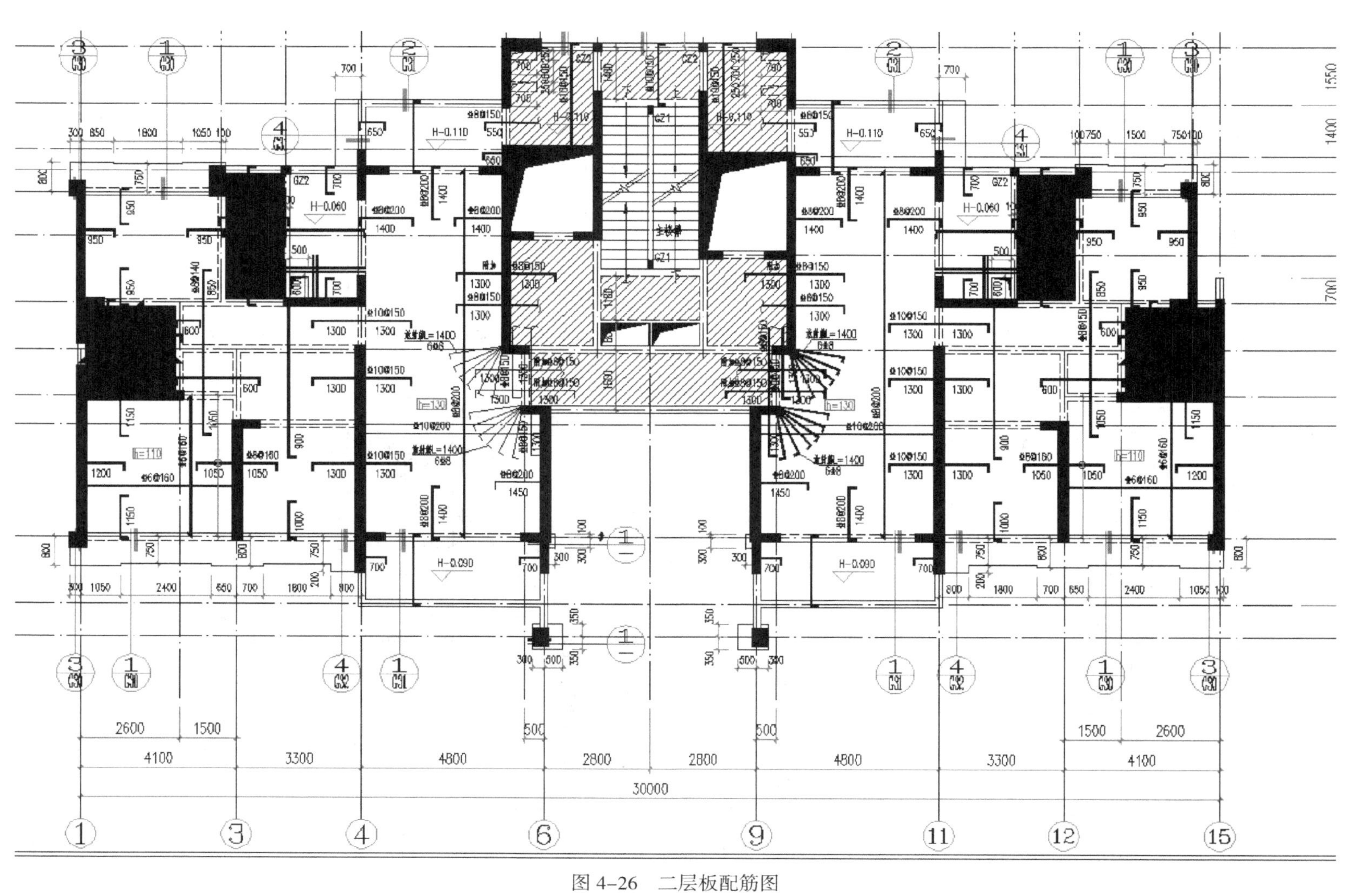

图 4-26　二层板配筋图

注：1.图中未注明板厚均为 100mm；已画但未标注的板面筋为：6@170；板底筋未绘出者为：6@170。已画但未标注的板面筋为：6@170；板底筋未绘出者为：6@170。
　　2.图中核心筒处阴影区的板厚均为120mm，除注明外配筋为8@150双向双层

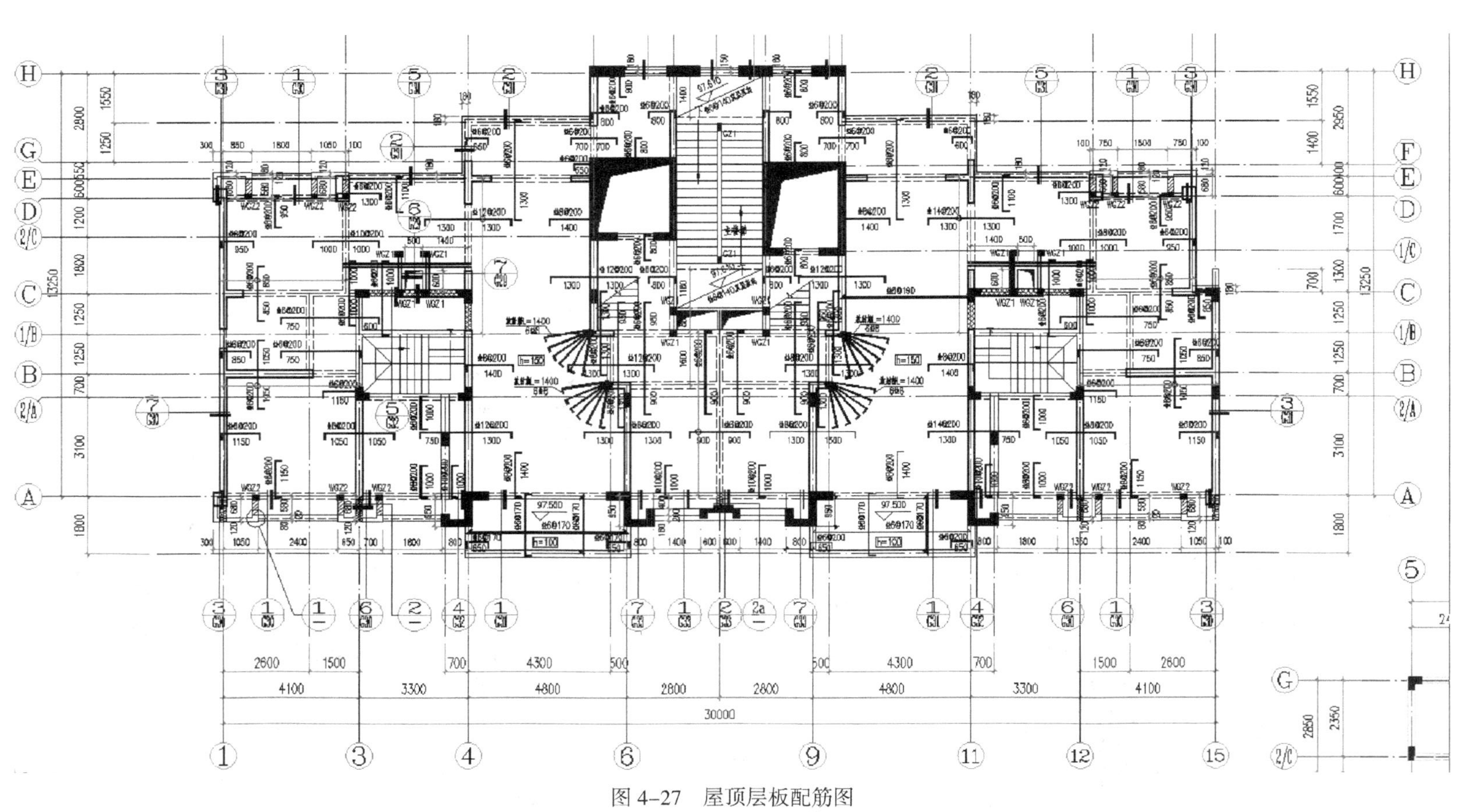

图 4-27　屋顶层板配筋图

注：未注明板厚均为120mm；未注明板面筋为6@200双向通长，图中注明的面筋仅为附加筋；板厚120mm的板底筋未绘出者为6@140，板厚150mm的板底筋未绘出者为8@200，图中注明的底筋非附加筋，按图配置即可。

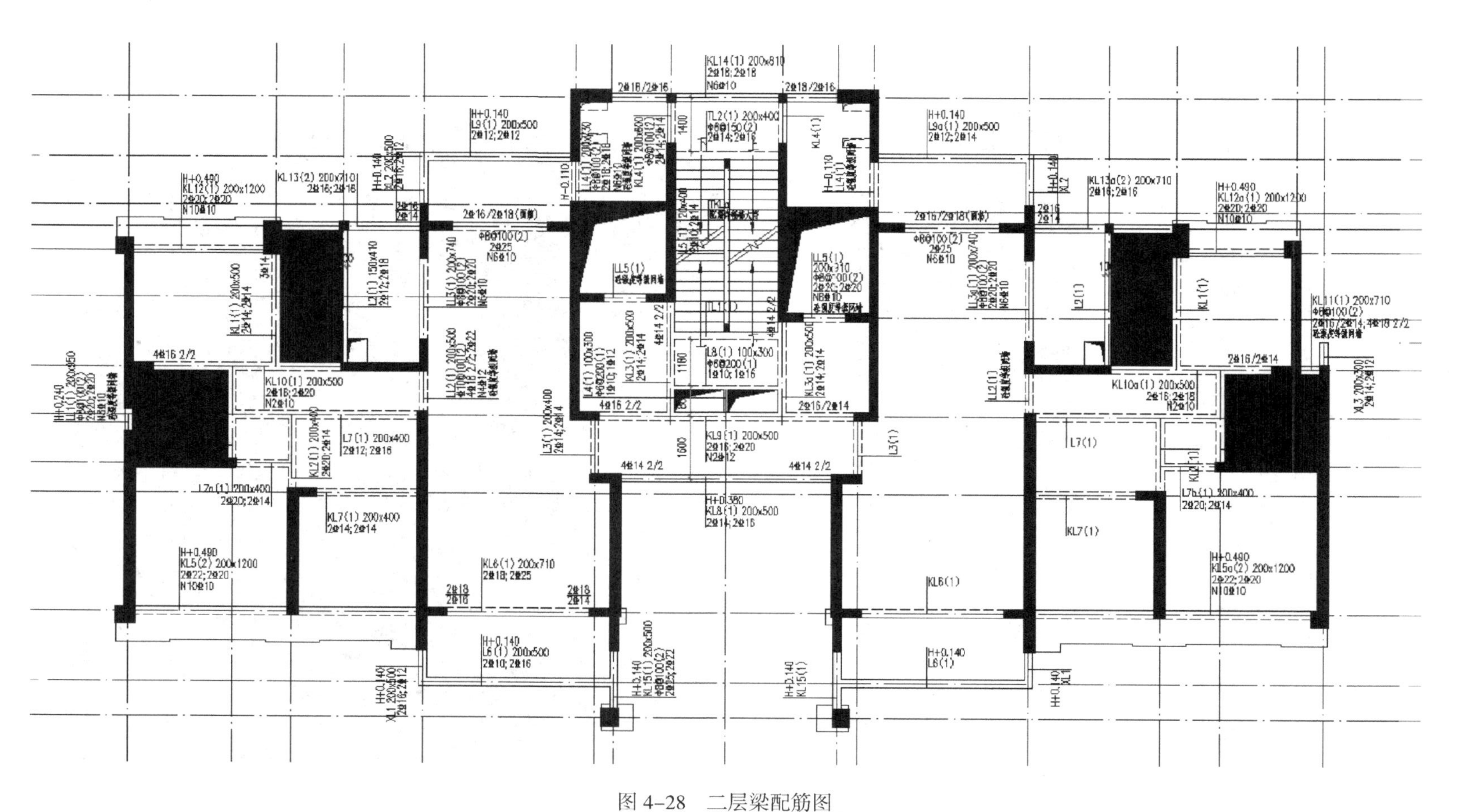

图 4-28　二层梁配筋图

注：主梁(KL、WKL)为8@100/200(2)；次梁(L)为6@200(2)；连梁(LL)为8@100(2)；梁悬挑部分及悬挑梁(XL)为8@100(2)。

4.6 制　　图

（1）制图图层、样式严格按照《结构制图统一标准》规定。

（2）画图时以《结构制图统一标准附图》为参照。

（3）对称的梁当两端支座筋、箍筋加密区长度、截面完全相同时，可以编同一个号；当不同时，需另编梁号，以“a”区分，如 KL1（1）和 KL1a（1）。

（4）当中间为墙肢时，梁支座两侧均标注面筋，当无墙肢或是柱时，只标一个，如图 4-29 所示。

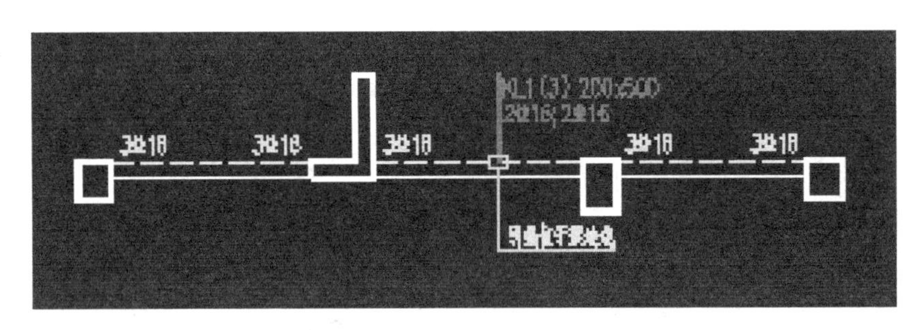

图 4-29　梁平法施工图表示

（5）变截面梁标注按图 4-30 所示。

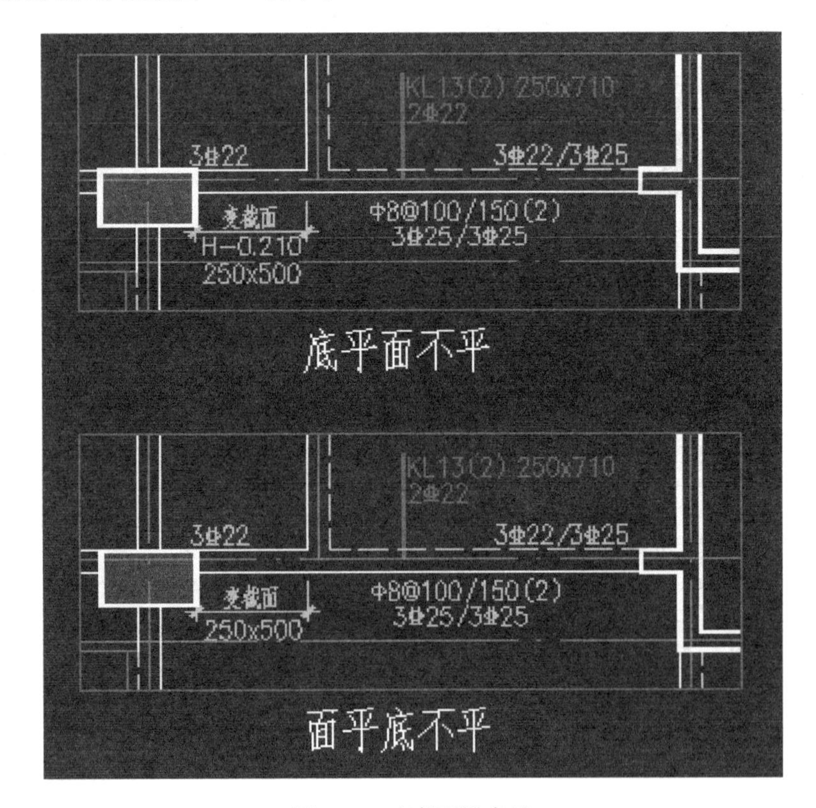

图 4-30　变截面梁表示

（6）标高 H 均为结构标高，别墅都用数字直接表示标高，不用 H 代替。

（7）梁、柱、墙编号按从左到右从下到上顺序编排。

（8）统一尺寸标注样式：

轴线尺寸样式 DIMN 如图 4-31～图 4-33 所示。

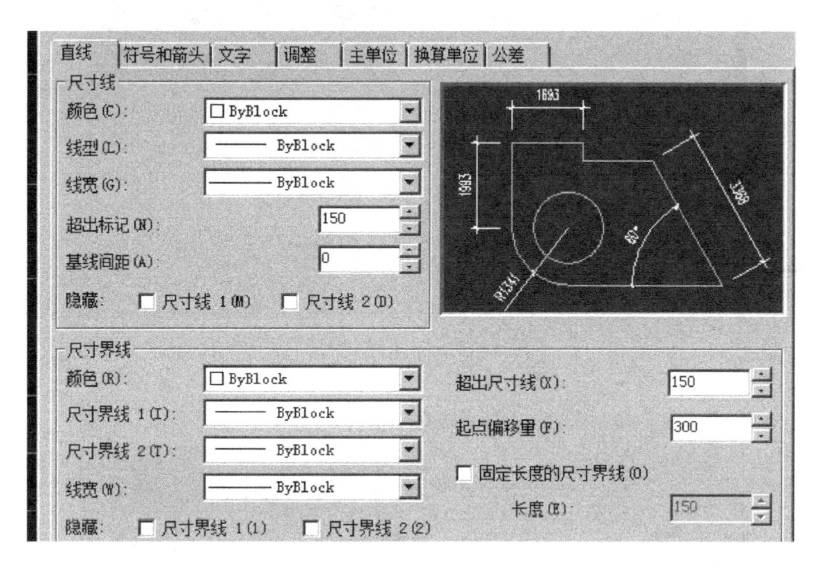

图 4-31　标注样式（1）

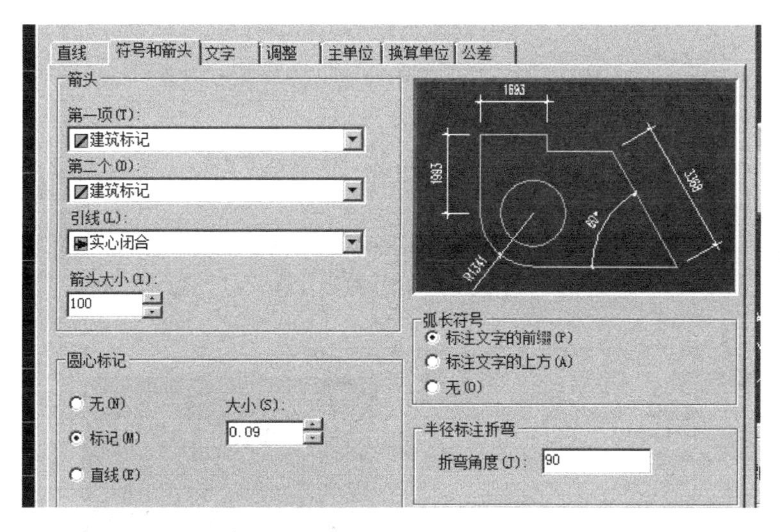

图 4-32　标注样式（2）

平面定位尺寸样式 TSSD _ 100 _ 100 如图 4-34～图 4-36 所示。

（9）制图时需提高图纸的统一性，按以下几点执行：

A. 统一轴号到尺寸线的距离为 500（图 4-37）。

B. 每排轴网尺寸线之间距离为 800（图 4-38）。

（10）轴号文字样式应与《结构制图统一标准附图》相同，当轴号字符照拷建筑时，属性中“旧圆圈文字”栏应选“是”（图 4-39）。

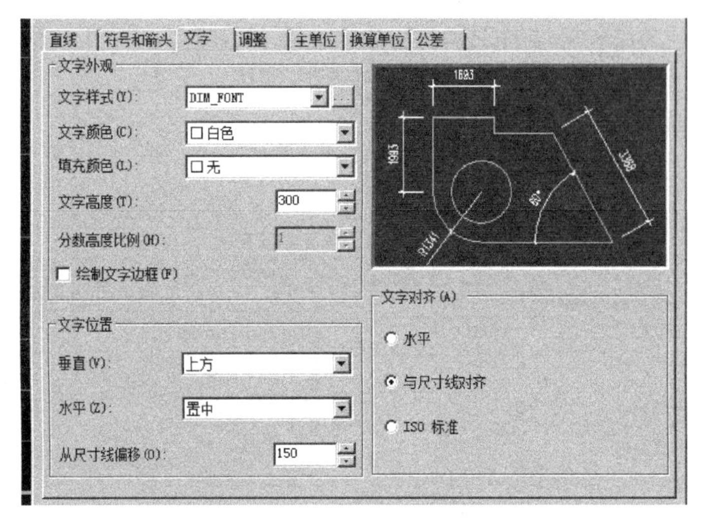

图 4-33　标注样式（3）

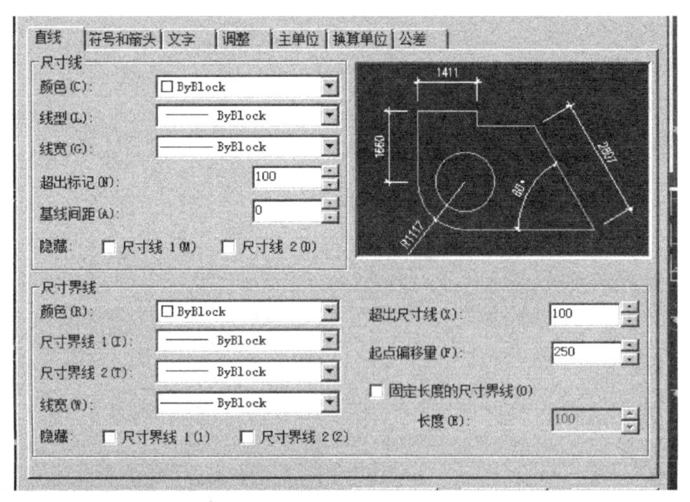

图 4-34　标注样式（4）

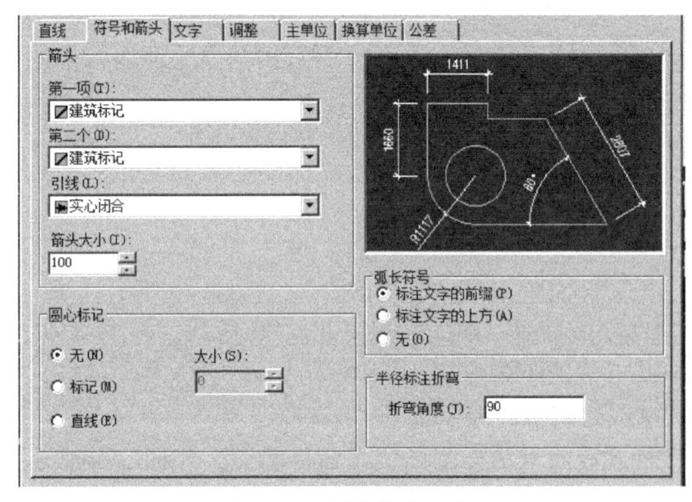

图 4-35　标注样式（5）

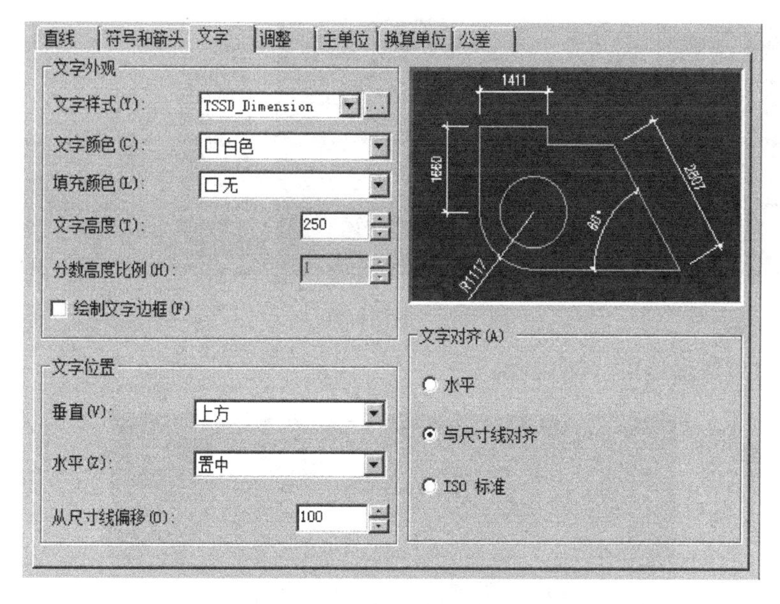

图 4-36　标注样式（6）

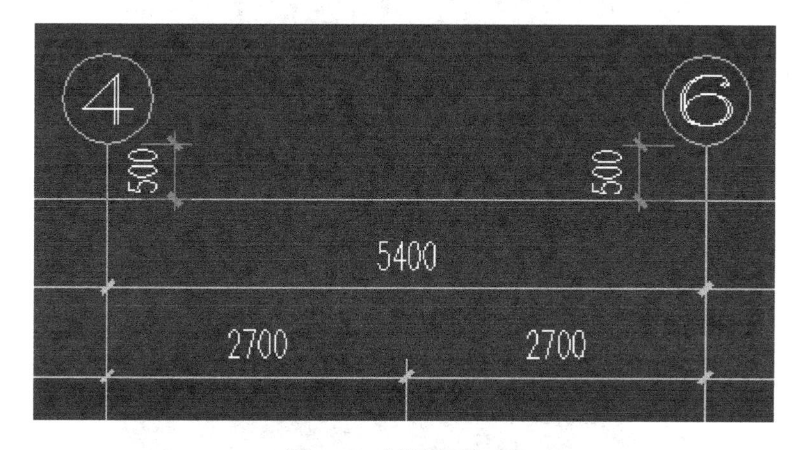

图 4-37　制图标准（1）

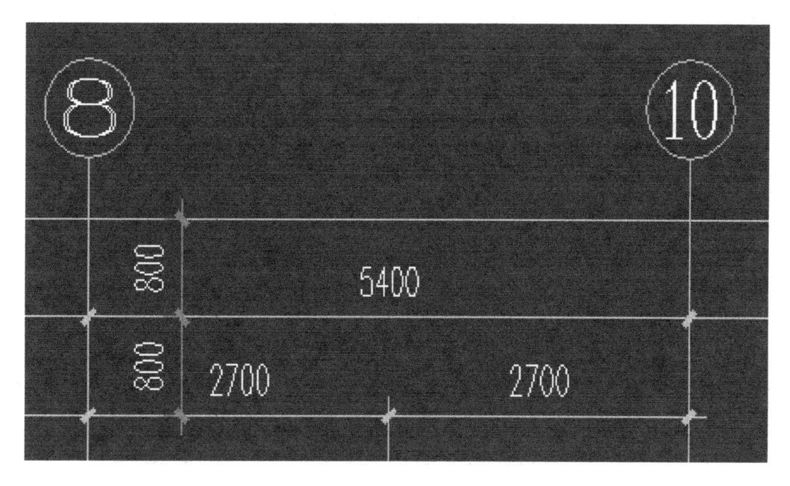

图 4-38　制图标准（2）

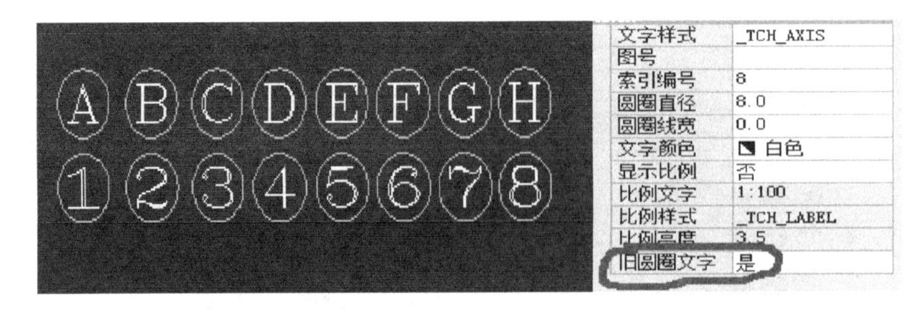

图 4-39 制图标准（3）

（11）索引号尽量拉平（图 4-40）。

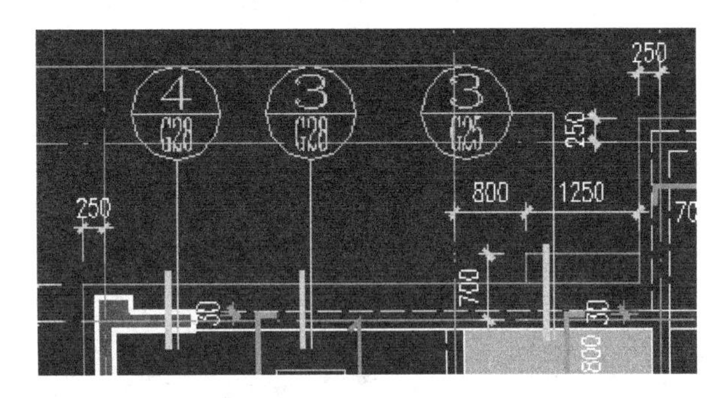

图 4-40 制图标准（4）

（12）当洞边附加筋不锚入梁时，长度为洞边出 500mm（图 4-41）。

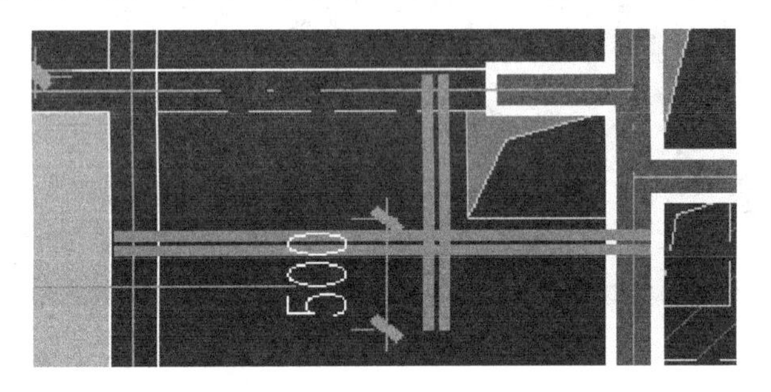

图 4-41 制图标准（5）

（13）支座面筋弯折长度为 200mm，简支边距离梁柱外边线为 40mm（图 4-42）。

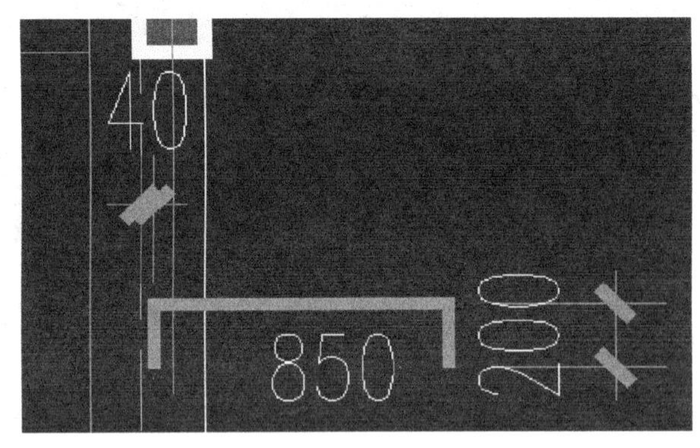

图 4-42 制图标准（6）

（14）如果条件允许，如不会造成字符重叠等，梁引线、板筋线尽量拉平，特别是一些对称的建筑（图 4-43）。

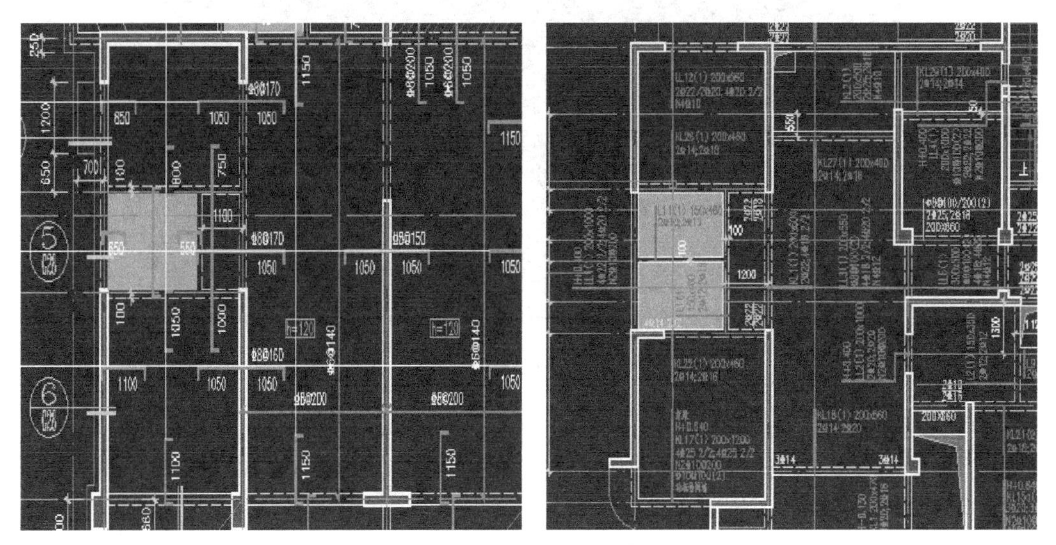

图 4-43　制图标准（7）

（15）索引的粗引线凸出被索引大样外边线 100mm，长度统一 600mm（图 4-44）。

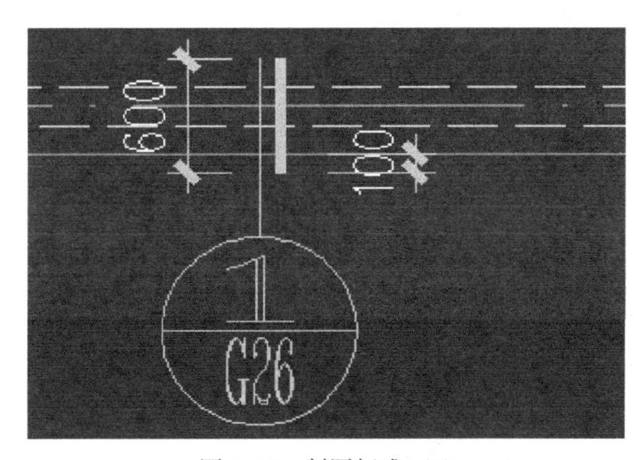

图 4-44　制图标准（8）

（16）板面筋长度应与标注的数值相等（图 4-45）。

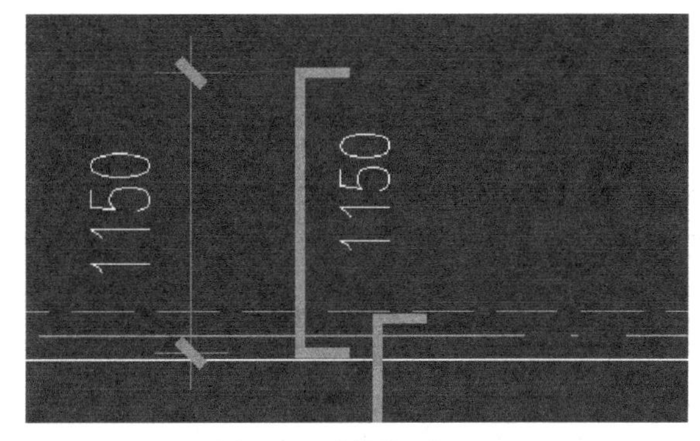

图 4-45　制图标准（9）

（17）梁引线至轴线中（图 4-46）。

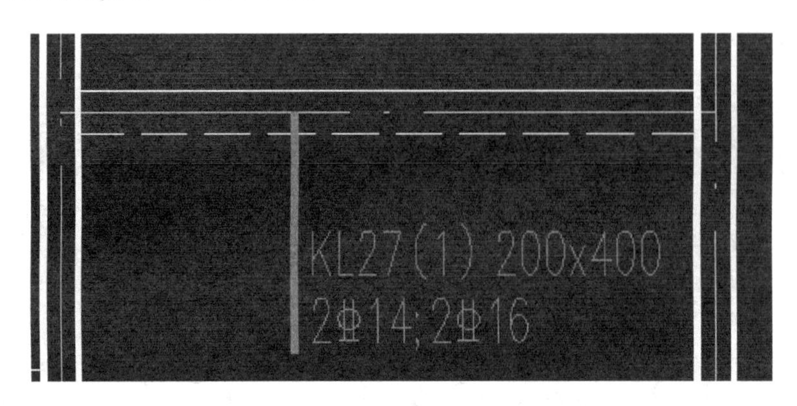

图 4-46　制图标准（10）

（18）构造柱（GZ）、立柱（LZ）、梯柱（TZ）图形、柱号、定位及配筋大样均在板图上表示，梁图仅表示图形，即模板图不变，具体可参照《结构制图统一标准附图》。在结构说明中有说明的 GZ，板图中可不表达。

（19）屋面小塔楼的墙柱定位及配筋参照标准层墙柱在墙柱定位图及大样配筋图中表示，屋面板图和梁图仅表示图形，具体可参照《结构制图统一标准附图》。

（20）支承于梁上的屋面小塔楼柱，按梁上立柱（LZ）编号，支承于剪力墙、核心筒等竖向构件上的按框架柱（KZ）编号。

4.7　技术措施

1. 墙

（1）剪力墙分布钢筋及非加强区构造边缘构件做法详图集《剪力墙构造边缘构件详图》（TJ01）。

（2）考虑到搭接时箍筋间距不大于 $10d$（《混规》11.1.8 条），约束边缘构件纵筋最小直径为 $\phi12$。

（3）约束边缘构件箍筋间距分两种：

a. 没有非阴影区时，不考虑水平分布筋作用，间距取 100mm、125mm、150mm，钢筋直径不混用，如 $\phi8@100$、$\phi8@125$、$\phi8@150$。

b. 有非阴影区时，考虑水平分布钢筋作用，阴影部分箍筋间距用 100mm，钢筋直径可混用，如 $\phi8/10@100$，非阴影区用水平分布筋加箍筋的做法。

（4）墙柱编号按以下统一：约束边缘构件—YBZ；构造边缘构件—GBZ；非边缘暗柱—AZ；扶壁柱—FBZ。

（5）转角窗侧翼缘不输入模型，画图时表达。当稳定性不够时而又不能加厚墙时，需考虑翼缘的那几层的飘板水平钢筋需锚入墙内，并满足 0.2%配筋率。

（6）转角窗暗柱长度为墙厚 3 倍，全高按约束边缘构件，纵筋直径≥16mm。

（7）非阴影区长度以 200mm 为单位。

（8）首层墙加厚时，不加长成为非短肢剪力墙。

(9) 除核心筒外，剪力墙两侧必须有一侧与板相连，否则视为无约束墙。

(10) 如为了增加梁筋锚固长度而设的小墙垛，模型中不输入，画图时表示。

(11) 图纸剪力墙的总长度＝输入模型时墙节点间距离。

(12) 开洞剪力墙 L_c 长度计算，如图 4-47：小洞口时：h_w 按两片墙总长度 L 考虑，洞口两侧设置构造边缘构件；大洞口时：h_w 按单片墙长度 L_1/L_2 考虑，洞口两侧设置约束边缘构件（《全国技术措施》5.3.16 条）。小洞口定义：距墙端大于 4 倍墙厚，高度小于层高 1/3。（《广东高规》5.3.6 条）

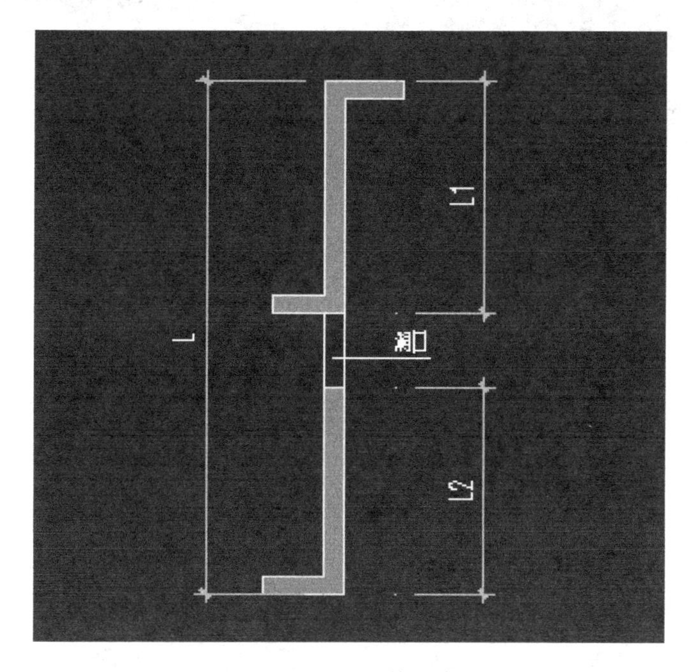

图 4-47　开洞剪力墙

(13) 电梯筒 L_c 长度按图 4-48 要求确定。

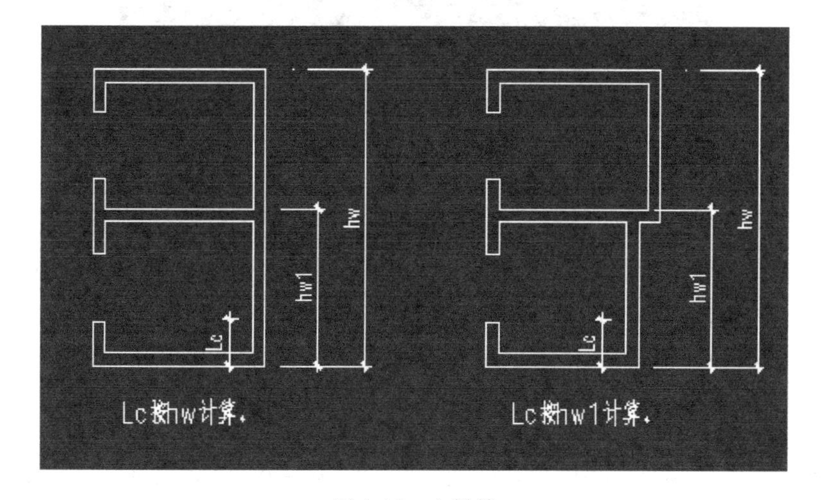

图 4-48　电梯筒

(14) F 形边缘构件按图 4-49、图 4-50 形式设置。

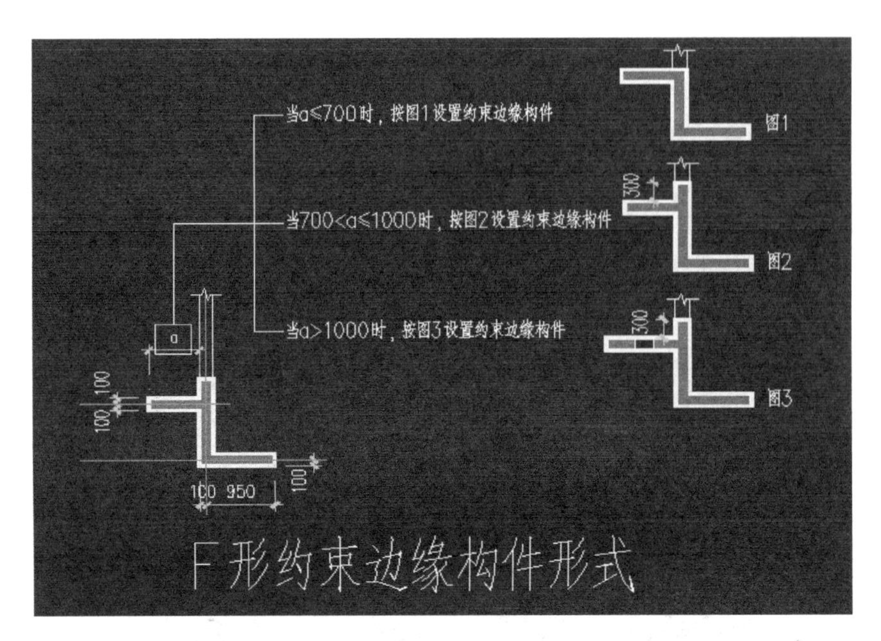

图 4-49　F形边缘构件设置形式（1）

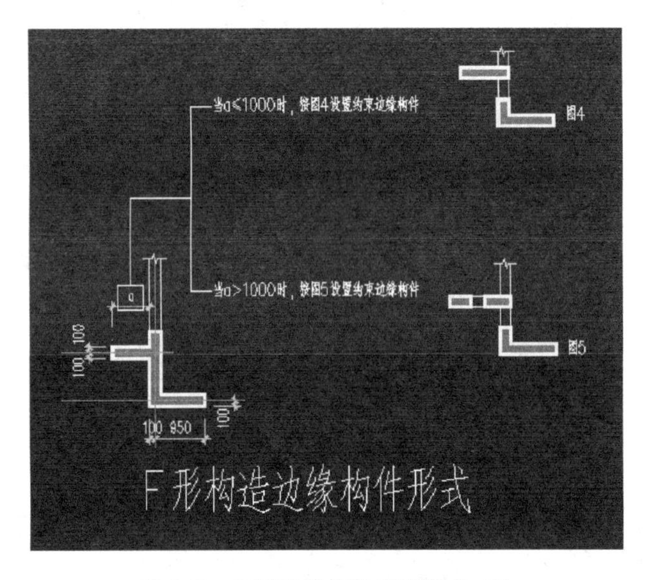

图 4-50　F形边缘构件设置形式（2）

（15）带端柱的剪力墙稳定性验算按两边支承，墙厚按计入端柱后的平均厚度。

（16）剪力墙三级以上，首层轴压比有大于 0.3 和不大于 0.3 两种同时存在时，不大于 0.3 的需做成构造边缘构件。

（17）剪力墙三级以上，当首层轴压比大于 0.3 而二层不大于 0.3 时，整个加强区均设置约束边缘构件。

（18）二、三级抗震时，当同一片墙的墙肢部分大于 0.4，部分小于 0.4 的情况，计算 L_c 长度及最小配箍率时按规范要求区分设计，不统一，如图 4-51 所示。

（19）约束边缘构件的小箍筋放在外侧，拉筋放内侧（图 4-52）。

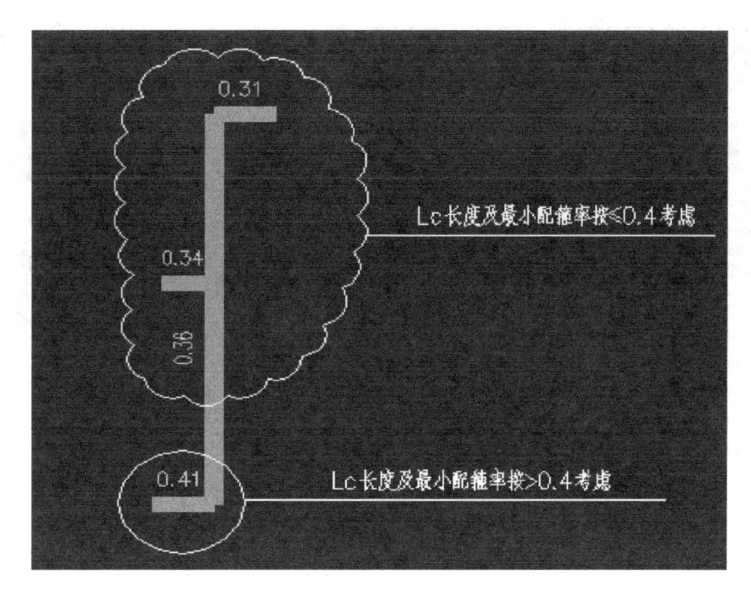

图 4-51　边缘构件轴压比

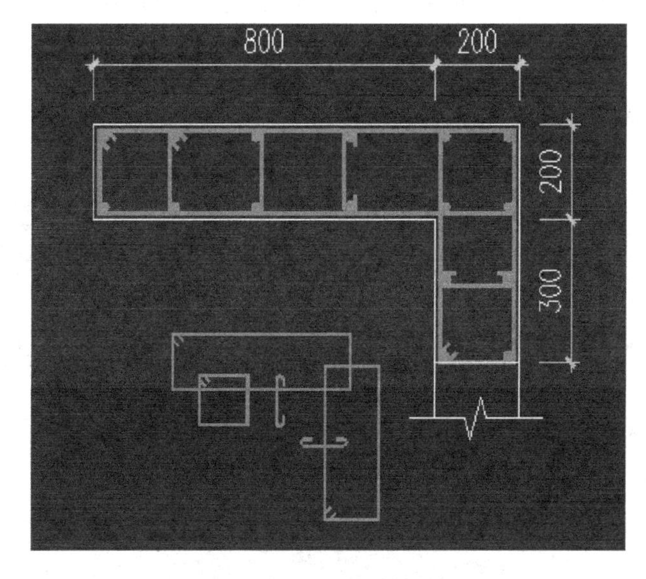

图 4-52　边缘构件箍筋拉筋形式

（20）当剪力墙端柱边长小于剪力墙厚度 2 倍时，L_c 长度需满足暗柱要求，且方柱伸入剪力墙肢的长度不小于 200mm，端柱仍按框架柱构造（图 4-53）。

（21）剪力墙计算书中带有“PL”时，竖向钢筋不应采用绑扎搭接。

（22）剪力墙平面外有梁搭接，当梁高大于 400mm 时，不管模型是否点铰，均需设置暗柱。梁支座弯矩较小时，暗柱截面为墙厚×400mm，抗震等级为一、二级时，纵筋 6ϕ14；三、四级时为 6ϕ12。抗震等级为一、二、三级时，箍筋 ϕ8@150（加强区用 HRB400 级钢），四级时为 ϕ6@200（加强区用 HRB400 级钢）。

（23）当建筑造型要求，墙端有较长端柱时，剪力墙端柱尽量只做 400mm，当确实需要加大时，增加长度不超 200mm，并且需在上层收至 400mm（图 4-54）。

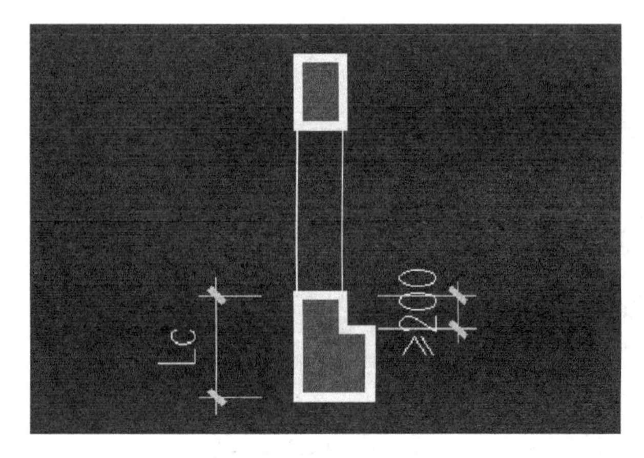

图 4-53　L_c 长度

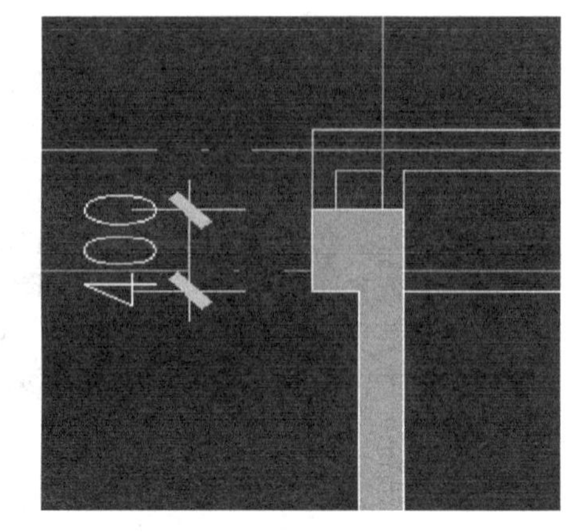

图 4-54　带端柱的剪力墙

(24) 四级剪力墙轴压比按《广东高规》控制，即不大于 0.7。

(25) 约束边缘构件和在底部加强区的构造边缘构件，采用箍筋或箍筋＋拉紧的配筋方式，不得只采用全部拉筋。

(26) 约束边缘构件和在底部加强区的构造边缘构件，与墙肢相连段 300mm 范围段需设拉筋，非底部加强区的构造边缘构件可不设拉筋，如图 4-55 所示。

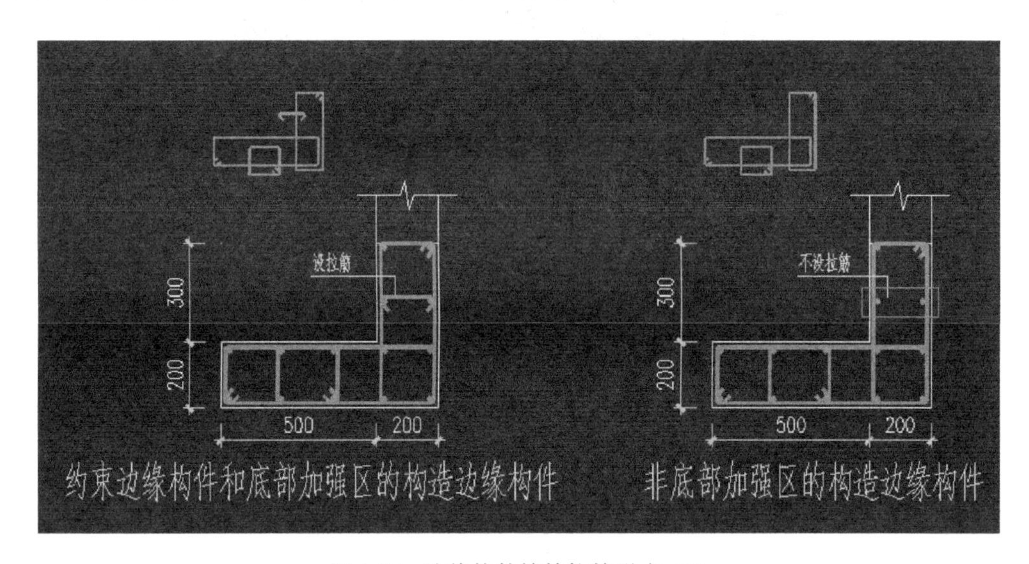

图 4-55　边缘构件箍筋拉筋形式（1）

(27) 三、四级抗震非独立墙肢段的构造边缘构件箍筋（包括四级的底部加强区），箍筋最小用 6，独立墙肢段考虑分布筋需不小于 8，所以最小用 8（图 4-56）。

(28) 二、三级抗震时，当同一片墙的墙肢部分大于 0.3，部分小于 0.3 的情况，均需设置约束边缘构件，如图 4-57 所示。

(29) 约束边缘构件截面需上下对齐，不能上大下小。

(30) 当非阴影区长度≤100mm 时，不设非阴影区，将阴影区尺寸加大，如果非阴影区长度是介于 100mm 与 200mm 之间时，做 200mm 的非阴影区，如图 4-58 所示。

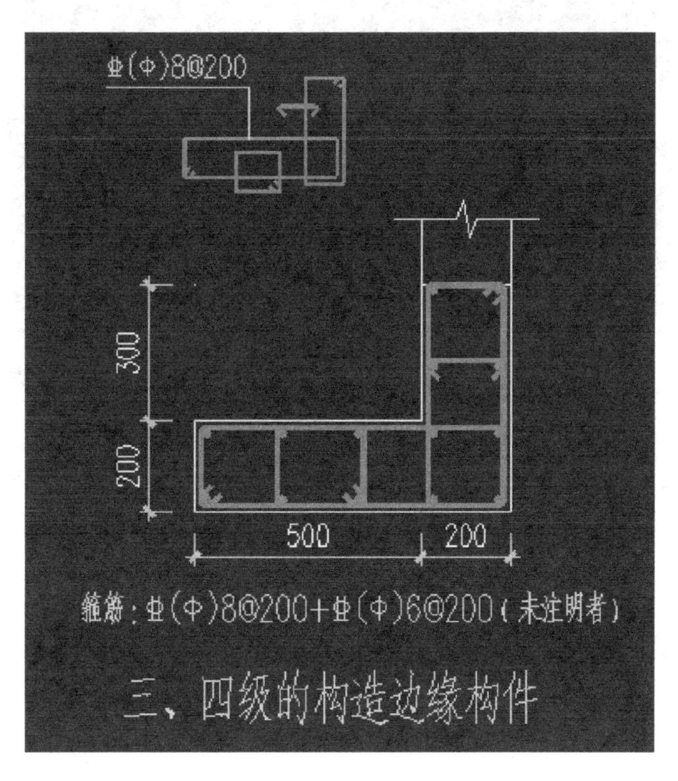

图 4-56 边缘构件箍筋拉筋形式（2）

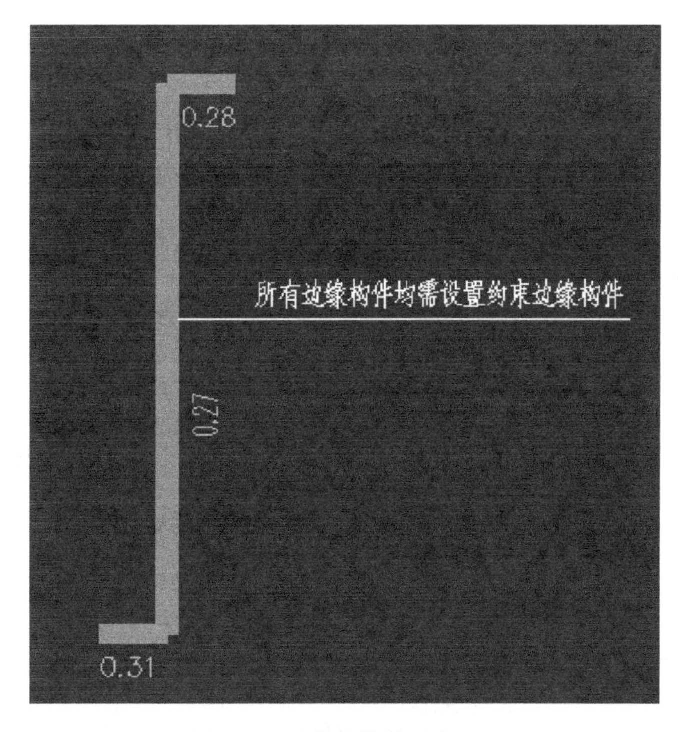

图 4-57 边缘构件轴压比（1）

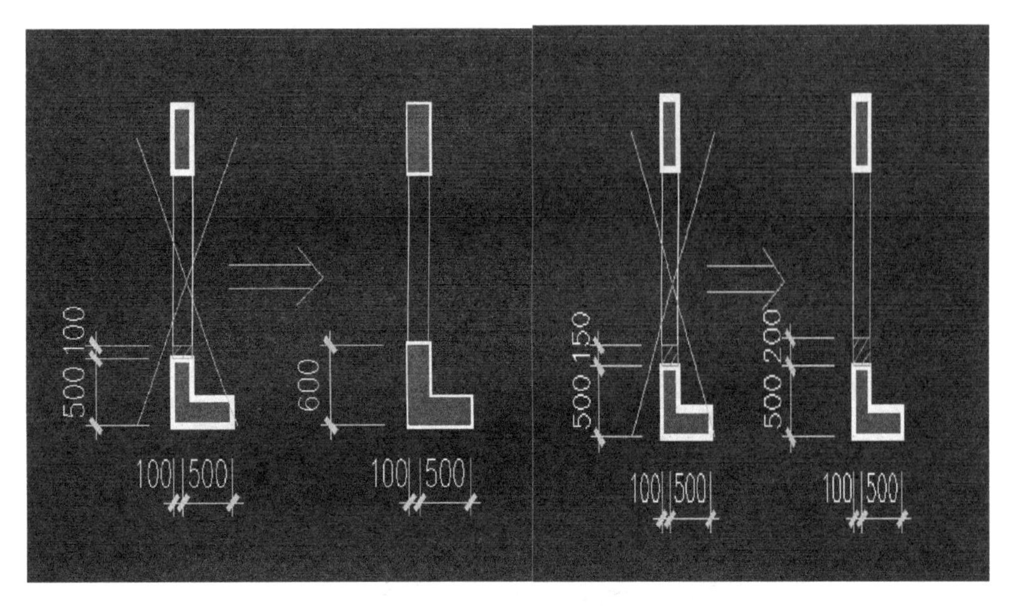

图 4-58　L_c 长度

(31) 对于长度大于 5m 的墙体，在强度、刚度富足的情况下，在适当楼层以上（例如顶部 2/3 的楼层）考虑结构开洞，以增加结构耗能机制及降低结构成本。洞口宽度 1.0～1.5m，洞口上下对齐，连梁的跨高比宜小于 2.5。长度大于 8m 的墙体，应设结构洞。

(32) 长度<300mm 的小墙肢不建入模型计算，短墙肢在 PM 模型输入时，节点间距离必须≥350mm。除非是构造配筋，短墙肢在 PM 模型中的节点间距离宜按实际墙肢长度输入。

(33) 水平分布筋和竖向分布筋。水平分布筋和竖向分布筋配筋率按 0.25%取值，四级抗震时除底部加强部位和顶层外，水平分布筋和竖向分布筋配筋率按 0.20%取值（200mm 墙厚取Φ8@250）。不同厚度墙体的水平分布筋和竖向分布筋设置如表 4-2 所示。

剪力墙构造分布筋　　**表 4-2**

抗震等级	类别	墙厚（mm）	200	250	300	350	400
一级	水平分布筋	底部加强部位	Φ8/10@200	Φ8/10@200	Φ10@200	Φ10/12@200	Φ12@200
		一般部位	Φ8@150	Φ8@150	Φ8/10@150	Φ10@150	Φ10@150
	竖向分布筋	所有部位	Φ8@200	Φ8/10@200	Φ10@200	Φ10/12@200	Φ12@200
二～三级	水平分布筋	底部加强部位	Φ8@150	Φ8@150	Φ8/10@150	Φ10@150	Φ10@150
		一般部位	Φ8@200	Φ8/10@200	Φ10@200	Φ10/12@200	Φ12@200
	竖向分布筋	所有部位	Φ8@200	Φ8/10@200	Φ10@200	Φ10/12@200	Φ12@200
四级	水平及竖向分布筋	底部及特殊部位	Φ8@200	Φ8/10@200	Φ10@200	Φ10/12@200	Φ12@200
		一般部位	Φ8@250	Φ8/10@250	Φ10@250	Φ10/12@250	Φ12@250

注：1. 特殊部位系指《高规》7.2.19 房屋顶层剪力墙、长矩形平面（长宽比≥3）房屋的楼梯间和电梯间剪力墙、端开间纵向剪力墙以及端山墙（特殊部位 0.25%，其他 0.20%）；
2. 层高>3000mm 时，200mm 墙厚的竖向分布筋采用Φ8/10 间隔放置的配筋方式。
3. 本表编制原则为水平分布筋间距与约束边缘构件箍筋间距模数相符。

（34）一般筒体结构分布筋可按表 4-3 选用（底部 0.3%，其他 0.25%）。

剪力墙构造分布筋 **表 4-3**

抗震等级	类别	墙厚	200	250	300	350	400	450	500
一级	水平分布筋	底部加强	Φ 8/10@200	Φ 10@200	Φ 10/12@200	Φ 12@200	Φ 12/14@200	Φ 10/12@200	Φ 12@200
		其他部位	Φ 8@150	Φ 8@150	Φ 8/10@150	Φ 10@150	Φ 10@150	Φ 8/10@150	Φ 8/10@150
二～三级	水平分布筋	底部加强	Φ 8@150	Φ 8/10@150	Φ 10@150	Φ 10@150	Φ 10/12@150	Φ 10@150	Φ 10@150
		其他部位	Φ 8@200	Φ 8/10@200	Φ 10@200	Φ 10/12@200	Φ 12@200	Φ 10@200	Φ 10/12@200
一～三级	竖向分布筋	底部加强	Φ 8/10@200	Φ 10@200	Φ 10/12@200	Φ 12@200	Φ 12/14@200	Φ 10/12@200	Φ 12@200
		其他部位	Φ 8/10@200	Φ 8/10@200	Φ 10@200	Φ 10/12@200	Φ 12@200	Φ 10@200	Φ 10/12@200
抗震等级	类别	墙厚	550	600	650	700	750	800	850
一级	水平分布筋	底部加强	Φ 12@200	Φ 12/14@200	Φ 12/14@200	Φ 14@200	Φ 12@200	Φ 12/14@200	Φ 12/14@200
		其他部位	Φ 10@150	Φ 10@150	Φ 10/12@150	Φ 10/12@150	Φ 10@150	Φ 10@150	Φ 10/12@150
二～三级	水平分布筋	底部加强	Φ 10/12@150	Φ 10/12@150	Φ 10/12@150	Φ 12@150	Φ 10/12@150	Φ 10/12@150	Φ 10/12@150
		其他部位	Φ 10/12@200	Φ 12@200	Φ 12@200	Φ 12/14@200	Φ 10/12@200	Φ 12@200	Φ 12@200
一～三级	竖向分布筋	底部加强	Φ 12@200	Φ 12/14@200	Φ 12/14@200	Φ 14@200	Φ 12@200	Φ 12/14@200	Φ 12/14@200
		其他部位	Φ 10/12@200	Φ 12@200	Φ 12@200	Φ 12/14@200	Φ 10/12@200	Φ 12@200	Φ 12@200

注：墙厚≤400mm 时为双排配筋，400mm<墙厚≤700mm 时为三排配筋，墙厚>700mm 时为四排配筋。

（35）250mm 墙翼缘箍筋

所有 250 厚翼墙外箍标Φ 8@200 不满足墙体水平筋不应小于 0.25%配筋率要求，应另标为Φ 10/8@200。

设计图纸表示见图 4-59。

强条原因：根据《高层建筑混凝土结构技术规程》的 7.2.17 规定：

7.2.17 剪力墙竖向和水平分布钢筋的配筋率，一、二、三级时均不应小于 0.25%，四级和非抗震设计时均不应小于 0.20%。

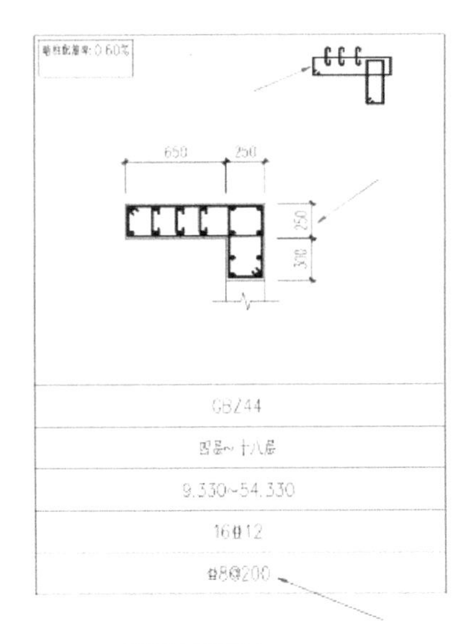

原设计图纸

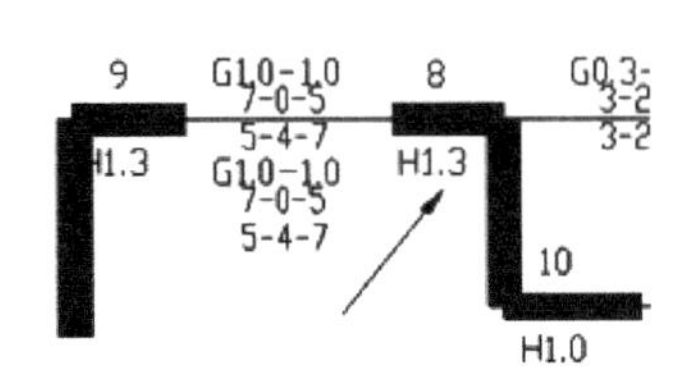

计算书

图 4-59　边缘构件配筋

主观原因：因往常做的项目标准层以上的墙多数都是 200mm 厚，惯性地没有注意到标准层以上有 250mm 厚的墙，故而忽略了考虑翼墙没有水平筋通过，实质外箍应该要满足墙体分布筋 0.25%配筋率的要求。解决方案：将 250mm 厚翼墙箍筋⌀ 8@200 改为⌀ 10/8@200，如图 4-60 所示。

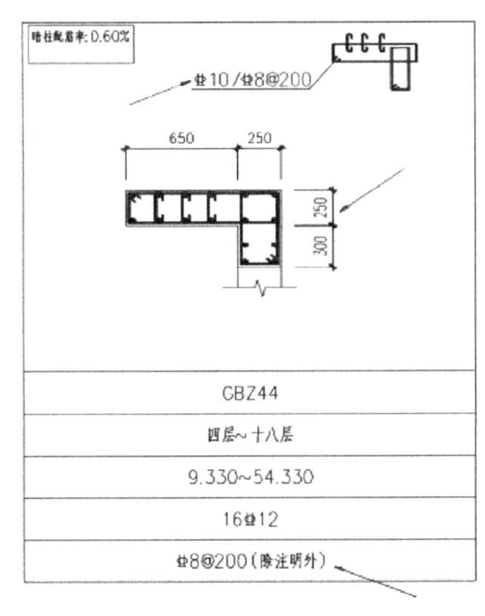

图 4-60　边缘构件配筋

(36)《抗规》6.4.6 条说明为：抗震墙的墙肢长度不大于墙厚的 3 倍时，应按柱的有关要求进行设计；矩形墙肢的厚度不大于 300mm 时，尚宜全高加密箍筋。如图 4-61 所示。

(37) 一字墙 $h_w/b_w>4$ 时，按短肢墙或者普通一字形剪力墙要求，但短肢墙整体式配筋时，箍筋（水平筋）间距应符合相应的 YBZ，GBZ 的规定。

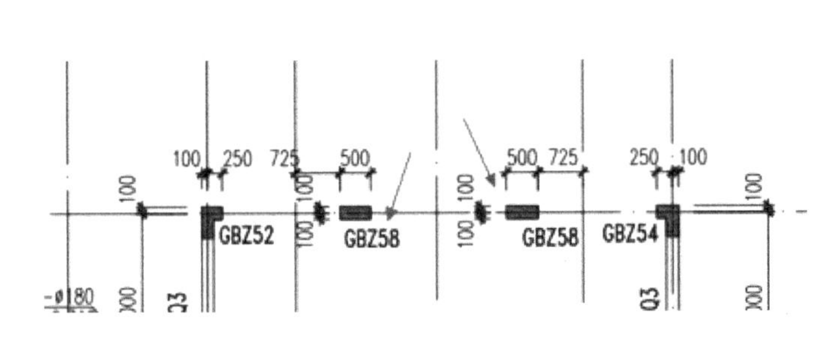

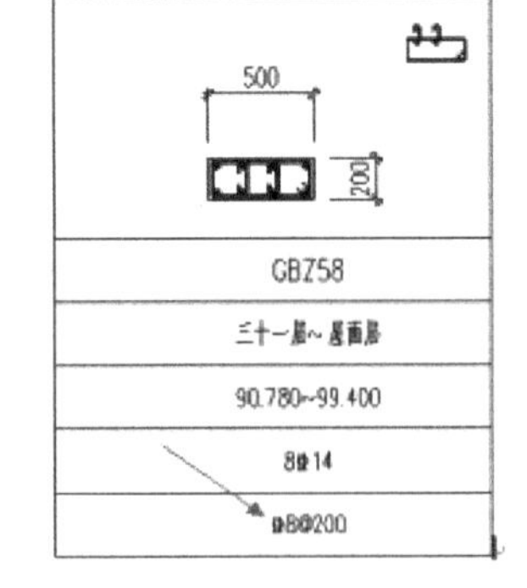

图 4-61　柱箍筋加密

短肢墙水平筋最小直径，最大间距 **表 4-4**

抗震等级		一级	二、三级	四级、非抗震
部位	YBZ	⌀8，@100；或⌀10，@200	⌀8，@150	
	GBZ 底部加强部位	⌀8，@100；或⌀10，@200	⌀8，@150	⌀8，@200
	GBZ 其他部位	⌀8，@150	⌀8，@200	⌀8，@200

（38）剪力墙配筋计算时，剪力墙水平分布筋应计入体积配箍率。

2. 板

（1）模板图（包括梁线、柱线及填充、外围尺寸及梁定位尺寸线、轴线与轴号、开洞线及填充）做成块。

（2）板的最小配筋率按 0.16%（C25）/0.18%（C30）。

（3）当阳台、露台、卫生间板跨不大于 2m 时，面筋拉通，大于 2m 时断开，如图 4-62 所示。

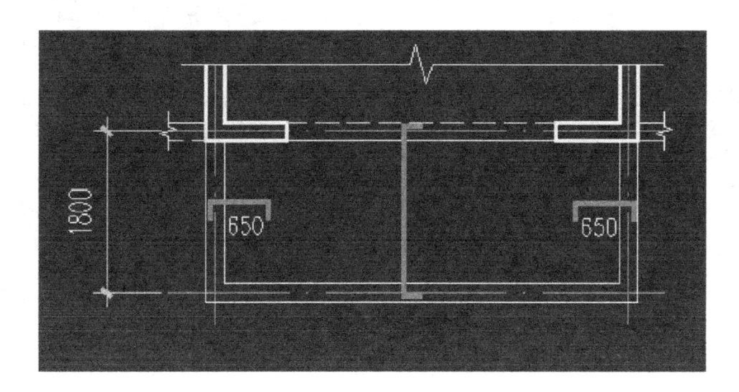

图 4-62 板平法施工图

（4）核心筒区域最小板厚 120mm，配筋双层双向⌀8@150。

（5）转角窗区域板厚至少 130mm，配筋双层双向⌀8@150。

（6）高层天面板厚至少 120mm，采用通长＋附加筋形式，通长筋⌀6@200，当屋面梁较多，大部分板跨较小时，经同意可采用⌀8@200 通长筋。

（7）别墅平屋面最小板厚 100mm，板筋按实配，参总说明设温度附加筋，不在图中表示；坡屋顶最小板厚 120mm，采用通长＋附加筋形式，通长筋⌀6@140。

（8）面筋长度计算方法：中间跨＝轴线间长度/4＋梁宽/2；边跨＝轴线间长度/4＋梁宽，以 50mm 为变化单位，最小锚固长度为 500mm。

（9）高层出面小塔楼板厚规定：除高出屋面 1.5m 的客厅屋面板做至少 120mm 厚外，其余小塔楼屋面板按实际计算，最小 100mm 厚，采用通长＋附加筋形式，通长筋⌀6@170，与屋面相平的雨篷板另附加⌀6@170。

（10）板厚＞120mm 简支边面筋用⌀8@200。

（11）如周边支承条件较好，长矩形客厅板厚，短跨 $L<3.8$m，板厚 $h=110$mm；$3.8\text{m}\leqslant L<4.2$m，板厚 $h=120$mm；$4.2\text{m}\leqslant L<4.5$m，板厚 $h=130$mm，短跨板底筋不少于⌀8@200。

（12）客厅与餐厅相连的大板 X 向（短向）底筋配筋时按 0.2%配筋率配置，模型计算参数的配筋率仍为 0.159%。支座按计算书配筋，当固端部分小于该板边长度的一半时，应改为简支，但需满足大板板厚的最小配筋率。

（13）客厅与餐厅相连的异形板当边界条件较为复杂时，按真实情况设置边界条件，按 PKPM 结果配筋，并用第三方软件（建议是用有限元计算）校核底筋及挠度，且需满足上述第（12）条的构造要求，如图 4-63 所示。

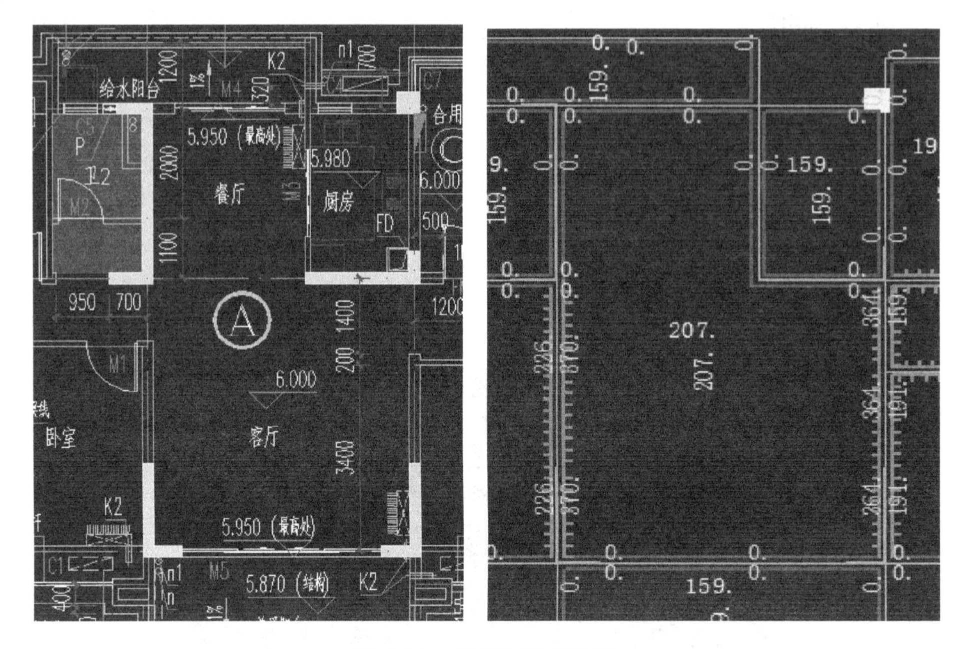

图 4-63　板支座形式设置

（14）当短跨 $L \leqslant 5.0$m，阳角放射筋用 7Ф8；$L>5.0$m 时用 7Ф10。

（15）板面筋之间空隙≤500mm 时，面筋拉通。

（16）当正方形的板底筋因两个方向的 h_0 不同而导致底筋不同时，按大值双向配一样的钢筋，如图 4-64 所示。厚板搭接薄板，对于厚板计算时，可以该端取简支，而对于薄板计算时，可以按固结或者连续端计算。

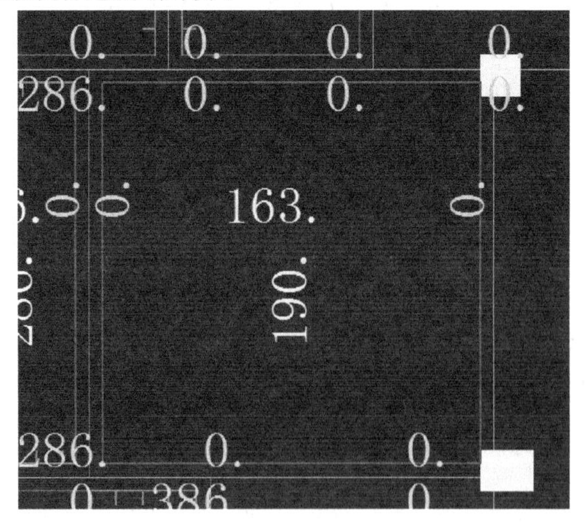

图 4-64　板配筋计算结果

(17) 简支边的板面筋，只有用 6mm 时才需满足最小配筋率，当直径不小于 8mm 时，只要Φ 8@200 和不小于相应跨中板底筋的 1/3 即可，无需满足最小配筋率。

(18) 楼梯分布筋参照结构说明的单向板分布筋放置，并非最小 8@250。

(19) 核心筒区楼板设双层双向拉通钢筋，最小配筋率 0.25%。对于 120mm 板厚，通长钢筋Φ 8@150。

(20) 卫生间双层双向通长配置，由计算确定。一般Φ 8@200 板面/Φ 6@150 板底，双层双向拉通。

(21) 屋面板设板面通长钢筋，最小配筋率不小于 0.1%。对于 120mm，板面通长钢筋Φ 8@200，支座不足设另加筋；板底钢筋按计算要求确定。

(22) 首层楼板（地下室顶板）设双层双向拉通钢筋，最小配筋率 0.25%。通长钢筋不小于Φ 10@170（180mm 板厚）、Φ 12@200（200mm）和Φ 12@180（250mm 板厚），板面钢筋视计算需要设支座另加筋。

(23) 边界条件：连续板，按固端处理；板支座为剪力墙时，当剪力墙在本跨的长度不小于 2/3 的板跨度时，按固端处理，否则按简支处理，且满足最小配筋率；边跨支座（含一侧为沉板的情形，沉板高差≥25mm）为梁时按简支处理，且满足最小配筋率。

采用 HRB400 及以上钢筋时，除悬臂板及特殊部位外，一般楼层板配筋率取 0.15% 和 $45f_t/f_y$ 的较大值。

(24) 当板短跨跨度大于 5.0m 时，板上筋的 50%应拉通。板厚度≥150mm 时，板面拉通设置构造面筋。

(25) 板上有墙而没设梁时，板计算应考虑线荷载。板跨大于 3m，板底放置相应加强筋，一般为 2Φ 12（图中应定位并用 50mm 厚粗实线标明），板跨≤3m 且其上隔墙高度≤3m 时，板底不设置加强筋。

(26) 首层板应采用双层双向拉通钢筋，双层双向不够时，面筋应采用附加短向钢筋，底筋应采用实配钢筋设计。

(27) 双层板的表示方法如图 4-65 所示。

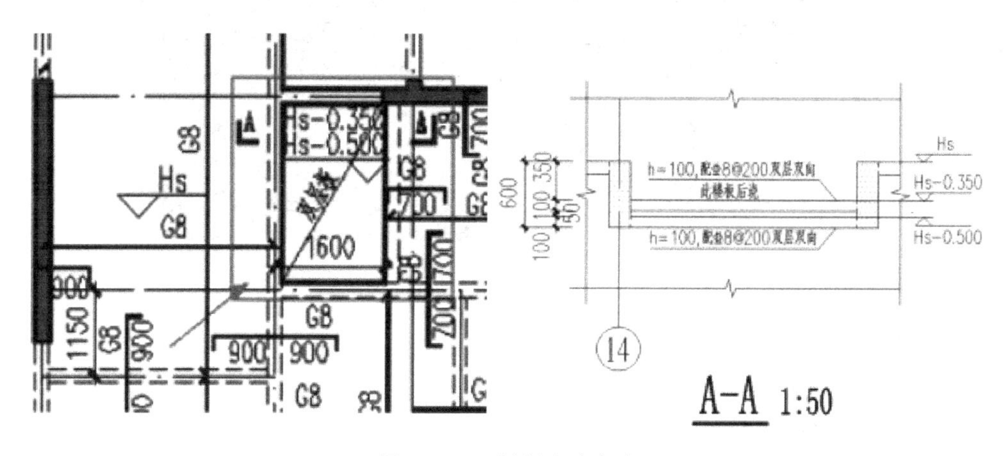

图 4-65 双层板表达方式

(28) 首层楼板、配置钢筋地骨（中间设置）、地骨的适用范围如表 4-5 所示。

首层楼板、配置钢筋地骨（中间设置）、地骨的适用范围　　　　表 4-5

地面做法	结构布置	适用地质情况
楼板	详见 6.2 条	淤泥≥3m，回填土＞4m（一般 5 年沉降仍未稳定）
配置地骨	配筋（A8@200～A10@200）； 板厚 120～150mm	淤泥＜3m，回填土＜4m（一般沉降 5 年基本稳定）
地骨		回填土≤4m，根据密实情况而定是否处理： 1. 压路机可处理 3m 内回填土 2. 强夯可处理＞3m（含水量不高）的回填土

注：1. 上述仅一般原则，实际工程设计时应综合土的性质、工期以及地面的重要性综合考虑。
2. 首层楼板结构布置：考虑首层底筋的保护层较大，垫层作为模板不平整，首层楼板厚度一般≥120mm。同时，首层楼板的板跨度应相应增大。通过经济比较，板跨在 4.5m 是最经济的。为了施工方便，地梁应数目少，宽度大。

（29）边板支座筋的设计

边板支座筋的设计如表 4-6 所示。

支座板设计　　　　表 4-6

支座类型	配筋设置
边板边支座	h＜150mm 时配 ϕ8@200 h≥150mm 时配 ϕ10@200
中间板筒支支座	配筋要求取 ρ_{min}

（30）转角窗板带，当板厚＜150mm 时，不加箍筋，只放纵向加强筋，板厚≥150mm 时板带需另设箍筋，如图 4-66 所示。

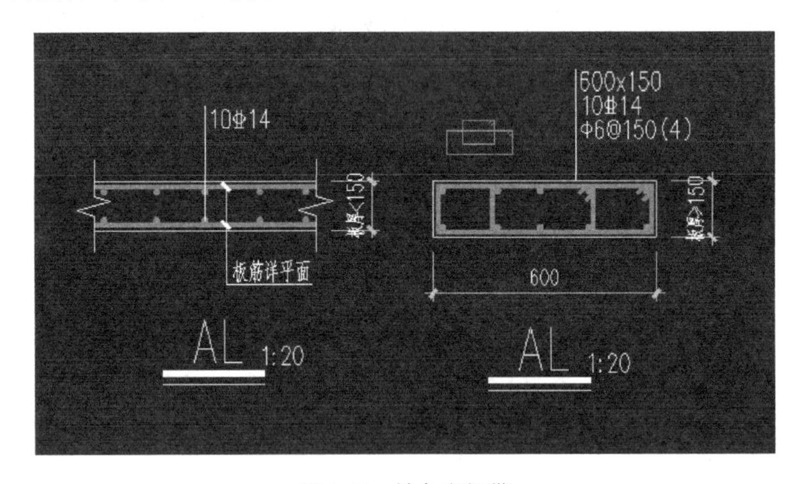

图 4-66　转角窗板带

（31）首层施工荷载一般可取 5.0/1.4＝3.6，首层不下地下室电梯基坑处，可以做成 250mm 的板，活荷载（面）取 10。

（32）露台、阳台、女儿墙、烟冲、雨篷、空调板处为防渗水，应设置完成面 200mm 高素混凝土。

（33）因露台、卫生间、阳台等影响产生整体降板的，降板后与建筑标高不一致后应注明填充材料、混凝土挡条高度。客餐厅之间不设置框架梁，采用大板或异形板。

外墙竖向线条（直接与剪力墙相连）外挑尺寸<200mm时与剪力墙整浇，配筋采用构造钢筋，其他竖向线条采用砖砌加拉结筋的形式。造型飘板尽量单层配筋，钢筋直径不宜过大。

首层商铺或住宅地面不做现浇板时，应在素混凝土地坪中增加单层双向 8@200 钢筋网，防止填土沉降造成地面开裂。

当商铺地面与地下室顶板有高差，商铺背面墙体和堆土时，该部位墙体应做钢筋混凝土反坎，用来挡土并防止地下水渗入商铺内。反坎顶标高高于覆土完成面 300mm。

在非楼层处的空调板，应加钢筋混凝土浇过梁，板面低于冷凝管留洞标高，可以考虑在梁底直接挂板。

（34）楼梯

主体结构计算时，剪力墙、框-剪、框筒结构可不考虑楼梯构件影响；框架结构楼梯需要建模计算（PM中用斜梁和斜撑模拟梯板和梯柱）以考虑楼梯构件的影响，当采用11G101-2中的滑动支座梯板时楼梯可不参与整体计算。楼层标高的楼梯梁应建入模型计算，并绘制在结构平面布置图中，定位详见楼梯图。

水平投影尺寸 L>5.6m时，宜采用梁式楼梯；水平投影长度 $L\leqslant$5.6m，采用板式楼梯。

板式楼梯板厚取水平投影长度的1/25～1/35，且不小于100mm。

板式楼梯计算可采用 Morgain 程序计算，跨中弯矩按 $M=qL^2/10$，支座弯矩按 $M=qL^2/20$ 计算确定配筋。

常用水平投影长度的楼梯，可按表4-7选用板厚和配筋。

楼梯板厚和配筋选用原则 　　　　**表 4-7**

水平投影长度 L(m)		板厚	配筋	
混凝土 C30	混凝土 C25		①	④
$L\leqslant$2.7m	$L\leqslant$2.7m	100	Φ10@200	Φ8@200
2.7<$L\leqslant$3.0m	2.7<$L\leqslant$2.9m		Φ10@150	Φ8@150
3.0<$L\leqslant$3.5m	2.9<$L\leqslant$3.4m	120	Φ10@140	Φ10@200
3.5<$L\leqslant$3.8m	3.4<$L\leqslant$3.6m		Φ10@110	Φ10@200
3.8<$L\leqslant$4.5m	3.6<$L\leqslant$4.4m	150	Φ10@100	Φ10@200
4.5<$L\leqslant$4.8m	4.4<$L\leqslant$4.6m		Φ12@110	Φ10@200
4.8<$L\leqslant$5.3m	4.6<$L\leqslant$5.2m	180	Φ12@125	Φ12@200
5.3<$L\leqslant$5.6m	5.2<$L\leqslant$5.4m		Φ12@100	Φ12@200

注：1. 用morgain计算附加恒载1.0kPa，活荷载3.5kPa。
　　2. 考虑到工地踩踏，面钢筋直径不小于Φ8。

（35）混凝土栏板、女儿墙高$\leqslant$600mm做成100mm厚，双面配筋，女儿墙高>600mm取 h/10且大于120mm，双面配筋。

3. 梁

（1）当梁跨度$\geqslant$6m且支座钢筋直径$\geqslant$25mm时，拉通筋用省筋方式。

（2）同一截面内梁、柱受力钢筋级别不相差两级以上，柱的上下层钢筋可相差两级以上。

（3）除特别重要的部位（如转换梁、大跨度梁、悬挑梁等）钢筋可放大外，梁钢筋一般不放大，尤其在支座位置。

（4）高层标准层梁配筋合并原则：大部分梁配筋相差不超10%即可归并，不再限定层数。

（5）除边梁截面用560mm（降板40mm），卫生间梁360mm（降板120mm时为400mm）以及建筑有特殊要求外，其余梁高按50mm取整。

（6）连梁（LL）都表示抗扭腰筋（N）。

（7）纯悬挑梁（如阳台挑梁）不属于框架梁，箍筋间距无需满足$h/4$要求，底筋不需要满足不小于面筋的0.3倍的规范要求，但内悬挑梁需按框架梁构造，并按框架梁编号等级与其余框架梁相同，注意修改PKPM，如图4-67所示。

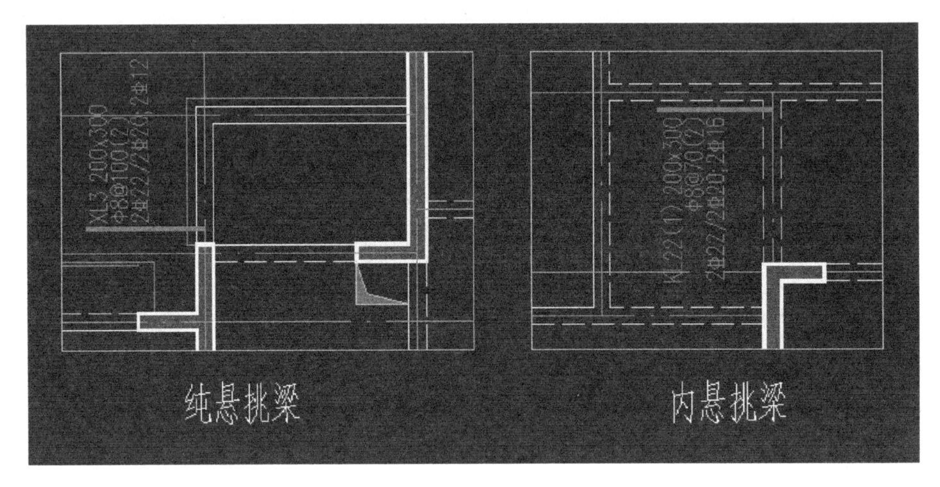

图4-67 悬挑梁形式

（8）如果梁上托的柱只是一层或是造型柱，不定义成转换梁，底筋人为放大1.1倍，箍筋用三级钢即可，如果梁上托的柱有2层及以上，才定义。

（9）框架梁结构底筋锚固长度能满足尽量满足，不满足时分两种情况：

1）如果柱弯矩较大如边跨柱，可适当加大柱截面；

2）如果柱弯矩不大（如中柱）且梁端没有底弯矩时可不满足。

（10）挑梁底筋不需要满足不小于面筋的0.3倍的规范要求。

（11）支承于剪力墙平面外的梁，支座点铰计算，按次梁（L）编号。若位移角不足时，可分两个模型，算位移角的模型取消点铰计算（图4-68）。

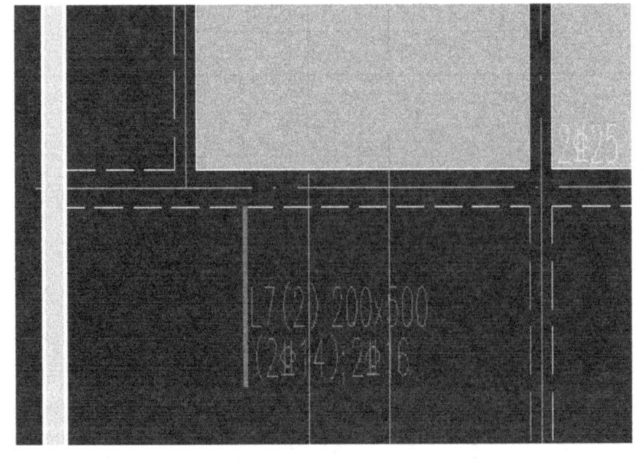

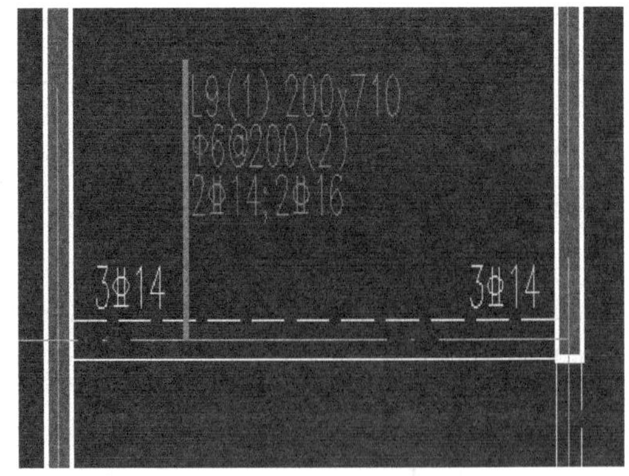

图4-68 梁平法施工图

（12）连梁宽于剪力墙的做法（图 4-69、图 4-70）：

a. 梁宽大于墙宽 50mm 时，梁纵筋斜锚入剪力墙中。

b. 梁宽大于墙宽 100mm 时，宽出部分另加开口箍。

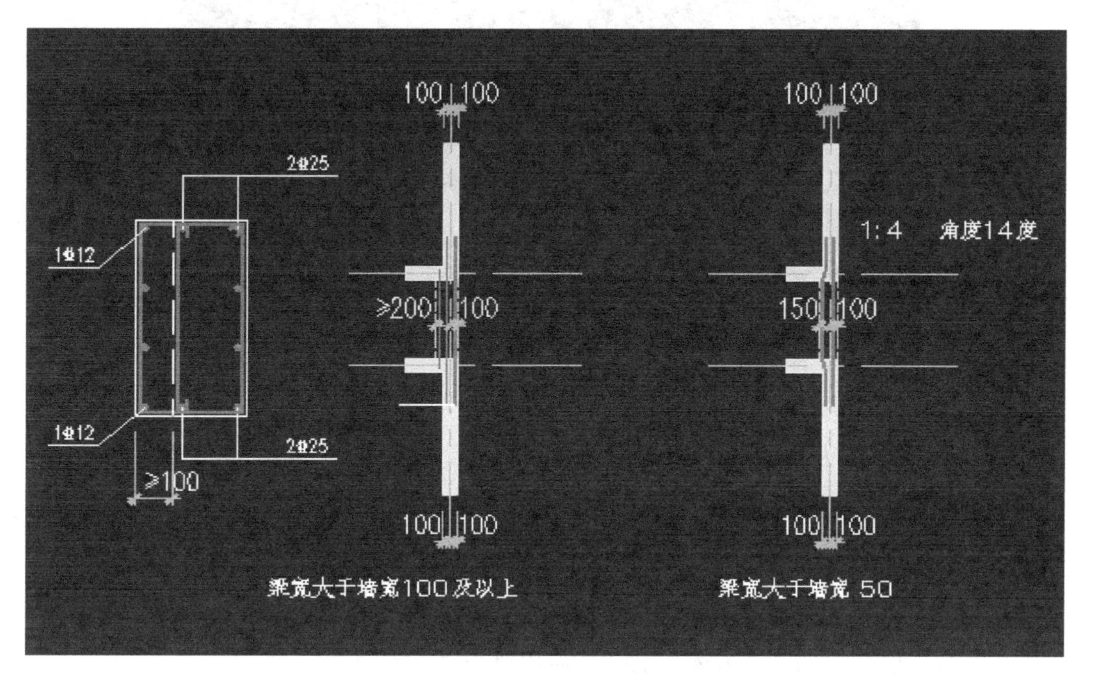

图 4-69 连梁宽于剪力墙的做法（1）

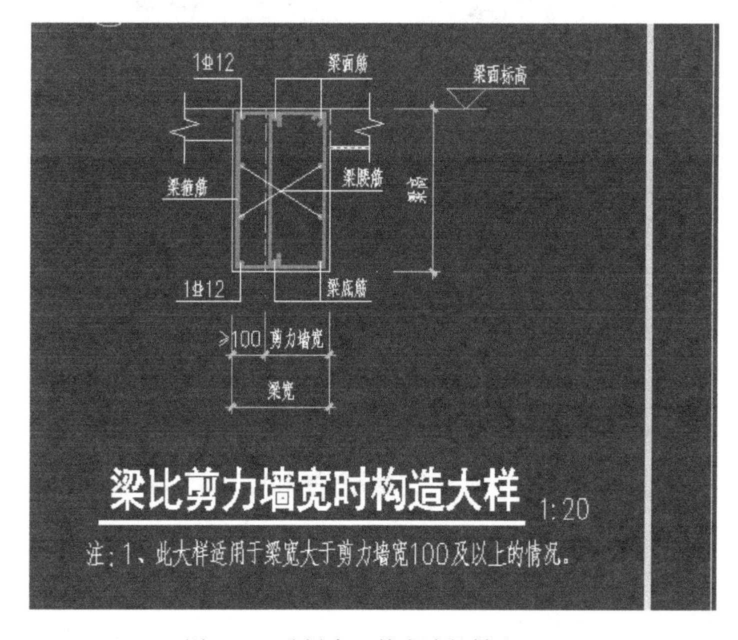

图 4-70 连梁宽于剪力墙的做法（2）

（13）当板短跨长度不大于 3m 时，墙下不设次梁，大于 3m 时墙下需设次梁，如图 4-71 所示。

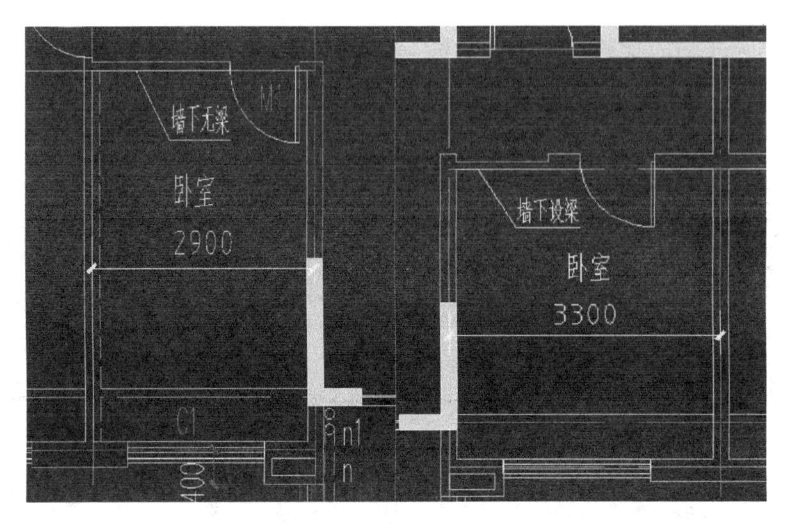

图 4-71　楼板不同跨度时建筑方案

（14）标高 H 均为结构标高，别墅都用数字直接表示标高，不用 H 代替。屋面上的小塔楼，需要按多塔定义。

（15）跨高比小于 2.5 并与剪力墙强肢相连时的连梁按连梁开洞输入；跨高比介于 2.5 与 5 之间时，与剪力墙弱肢平面内方向相连的梁，分两种情况：

a. 当 $h_b > h_w$ 时，设为框架梁（KL），按框架梁构造。

b. 当 $h_b \leqslant h_w$ 时，设为框架梁（LL），按连梁构造，如图 4-72 所示。

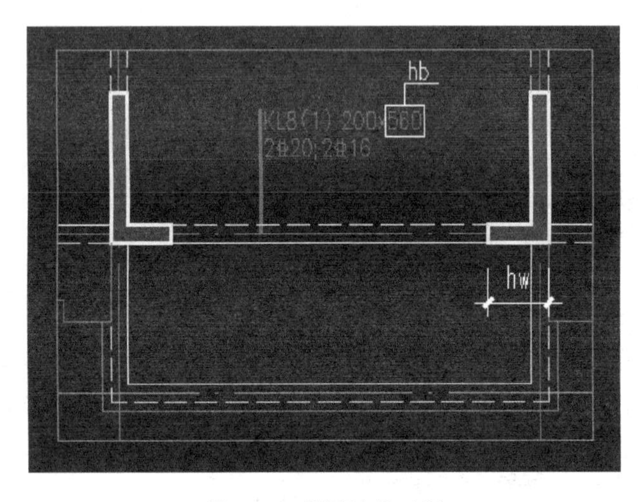

图 4-72　梁平法施工图

（16）边跨 1.2 高的飘窗边梁，如不设为连梁时，需把刚度系数设为 1.0。

（17）厚度为 200mm 或 250mm 的剪力墙，当只有一侧有框架梁搭在墙平面外时，只要建筑条件允许应设端柱，端柱宽度宜为 400mm；无端柱时应梁端支座面筋可取直径≤Φ 12 或采取机械锚固措施。

（18）卫生间沉箱小梁梁高 400mm（梁面比室内板面底 50mm，板底平梁底。图中设计时需注明该跨梁面标高为 H-0.05，且需附上缺口大样），次梁宽 150mm，主梁宽

200mm，其他外露的小梁梁高宜控制在400mm。与剪力墙顺接的卫生间梁仍应做200mm宽。

（19）必要时可充分利用的梁高：梁下均是隔墙时，梁高可做到600mm；卫生间窗户、飘窗如利用其窗台高度，请务必与建筑沟通，特别是飘窗，建筑有可能要预留改造空间。

（20）一般情况下，梁端支座为梁时，支承梁宽度＜300mm时均按铰接计算；支承梁宽度≥300mm时可按固接计算，端支座面筋宜采用小直径，满足$0.6l_a$水平锚固长度要求，并在图纸中原位注明或说明端支座设计及构造为充分利用钢筋的抗拉强度。当有构件剪扭计算超筋，调整结构布置仍无法满足要求时，考虑对支承在其上的部分次梁点铰处理。或梁与剪力墙单侧垂直相交时，如果梁跨度≥4m或梁面配筋面积超过$3cm^2$，则需在模型与实际设计图纸中设置暗柱，暗柱根据计算结果进行配筋或梁端点铰处理，加大梁底钢筋。或梁与侧壁单侧垂直相交时，如果梁面配筋面积超过$9cm^2$，则需在模型与实际设计图纸中设置暗柱，暗柱根据计算结果进行配筋或梁端点铰处理，加大梁底钢筋。暗柱也可不建入模型，其纵筋按手工计算配置，计算方法为：中间楼层取梁端弯距的一半（顶层取梁端弯距）作为非边缘暗柱的弯距，取暗柱截面范围的轴压力进行暗柱纵筋计算。暗柱截面高度取梁宽＋100mm且≥400mm和墙厚，箍筋一、二、三级取ϕ8@150，四级取ϕ6@200，纵筋配筋率一级0.95％，二级0.75％，三级0.65％，四级及非抗震0.55％。

（21）高低梁建模。商铺与塔楼层高与楼面标高不一致、塔楼与地下室顶板交界处，建模时应正确反映出相对高差关系，可通过调整上下节点标高实现。

（22）顶层连梁编号为WLL，且注意连梁的腰筋配筋率要求。连梁宽度一般同剪力墙宽度。连梁支承次梁时，按框架梁建模，按框架梁编号，箍筋全长加密；一般情况下指定为框架梁，若该连梁超限时，可指定为连梁，同时该连梁应按两端简支梁计算底筋。

（23）梁纵向钢筋数量不宜超过2排，当底筋有第三排钢筋时，第三排可放置数量减半（宜为2根）；同一部位受力钢筋级差不超过二级（架立钢筋除外，且底面钢筋和顶面钢筋分开考虑）。当梁与剪力墙同宽顺接时应考虑剪力墙暗柱纵筋的影响，200mm宽梁面筋不超过3⌀20，底筋不超过3⌀22。

（24）常规截面的框架梁和次梁、连梁的腰筋按结构通用图说明，图上无需另外表示；但框架梁或次梁梁宽大于800mm或梁高大于1200mm时，以及连梁宽度大于800mm时，框支梁，应自行标注，每侧的配筋量为腹板截面面积的0.1％，间距不大于200mm。梁截面有效高度减去楼板厚后的腹板高度，应尽量＜450mm（例：板厚100mm时，梁截面高度取550mm，不取600mm）。梁单侧有板时，腹板高度h_w同T形截面梁计算方法。当需要配置抗扭钢筋时，应自行标注抗扭钢筋。

（25）梁截面的高宽比一般情况下取$h/b=2\sim3$，h/b不宜大于4。梁截面高度大于800mm时，其箍筋直径不宜小于8mm。

（26）首层塔楼与地下室顶板交界处的梁、框架梁梁宽一般取300mm（最低250mm）。取消不必要的次梁。

（27）当支座钢筋直径小于20mm时，加密区间距改为100mm；当梁高小于400mm时，箍筋加密区间距改为$h/4$，非加密区为$h/2$。

地下室顶板覆土范围内的框架梁，若梁宽≥350mm时，面筋通长为2⌀D+(2⌀12)，

D 为 22 或 25 根据实际情况取，在施工图上直接写上 2⏀25 即可，梁配筋说明有注明“当梁内连续拉通钢筋根数少于箍筋肢数时”。

地下室顶板室内外高差处的大梁，需加大梁顶通长钢筋直径，可取支座最少配筋率拉通。

（28）框架梁贯通筋拉通原则

多跨框架梁的通长筋一般为同一直径，三、四级抗震设计拉通筋直径不应小于 2⏀12mm。当为四肢箍时，（梁宽≥350mm）跨中设 2⏀12 架立筋。箍筋肢距，三级不宜大于 250mm，四级不宜大于 300mm。当梁跨度≤2.5m 时，配置角部贯通钢筋（同直径拉通方式）；梁跨度≤3.5m 时，至少 2/3 的支座筋应贯通；其余情况可参见表 4-8 相应处理（最小经济跨度是指当梁的净跨小于此跨度时，不设置架立筋，设置同直径拉通钢筋更为经济）。

框架梁贯通筋拉通　　表 4-8

支座负筋直径	贯通筋直径	最小经济跨度（m）
20	12	2.5
18	12	3
16	12	5
14	12	11

注：简单处理方式：贯通筋取 12mm；当支座筋≥18mm 时，跨度小于 3m 拉通；支座筋 16m，跨度小于 5m 拉通；支座筋 14mm，全拉通。

（29）次梁箍筋最小直径 $\phi6$（梁高≤800mm）或 $\phi8$（梁高≥800mm），间距宜采用 200mm，当不满足抗剪要求时才允许减小间距或加大直径。

次梁顶面钢筋一般不设通长钢筋，仅设架立钢筋；次梁跨度小于等于 2.5m 且上筋数量不多时，可设置通长筋；架立筋集中标注应带小括号。次梁架立筋选择如表 4-9 所示。

架立筋直径　　表 4-9

梁跨度 L	L≤6m	6m<L≤9m	L≥9m
架立筋直径	⏀10	⏀12	⏀14

（30）一侧以剪力墙平面外为支座，另一侧以梁为支座时，按次梁编号及设计。多跨连续梁，其支座条件有差异时，宜分段分别按框架梁和次梁设计，但其两者相邻支座面筋应取相同。次梁边支座为柱或厚度较大的剪力墙平面外时，边支座可作为固定端。次梁边支座为 300mm 宽以下（不含 300mm）外边梁（含洞口边梁及两侧楼板有高差的梁），按铰接计算，应在 SATWE 构件特殊定义中点铰。按固接计算时，边支座为梁时面筋直锚长度需满足 $0.6l_a$，边支座为墙时面筋直锚长度需满足 $0.4l_{aE}$（墙宽 200mm，面筋直径≤12mm），一般情况下较难满足。

（31）井字次梁面筋不设架立筋，取两根通长筋（不少于 2⏀14）。非计算需要，一般情况下，次梁无加密区，但地下室单向板楼盖的次梁可根据计算需要按加密/非加密区箍筋配置以节省钢筋。转角窗梁不宜调幅，设计时按折梁设计，箍筋全长加密。

（32）悬挑梁端箍筋间距 100mm，直径和肢数按计算和构造要求。支座梁顶钢筋实配钢筋放大系数详见表 4-10。

悬挑梁选筋原则 **表 4-10**

情形	梁顶钢筋放大系数
悬挑长度 L 与梁高 h 的比值≤4，且 L≤2.5m	1.10
悬挑长度 L 与梁高 h 的比值 >4 或 L>2.5m	1.25

注：悬挑梁出挑长度小于梁高时，应按牛腿计算或按深梁构造配筋。一般情况下，悬挑梁按非框架梁的配筋构造处理，底筋配筋率可按 0.2%进行修正。

(33) 大跨度梁（塔楼梁跨不小于 5m，地下室位置梁跨不小于 8m），其底筋放大 1.05～1.1 倍。框支梁计算结果非构造钢筋时，跨中钢筋放大 1.2 倍。

(34) KL 的支座两侧跨度相差较大时，短跨底筋可能偏小，容易不满足：梁端截面的底面和顶面纵向钢筋配筋量的比值，除按计算确定外，一级不应小于 0.5，二、三级不应小于 0.3。

(35) 框支柱、框支梁在满足计算的前提下是否满足规范的构造要求。板面有反梁处理：车库、屋面、露台等一般板面跨中不设反梁，条件限定必须设反梁时须双方确认，并在梁紧贴板面的标高处预留过水洞，并做疏水处理，保证洞口通畅。

露台：根部设 250～300mm 高（相对于结构面）混凝土反梁或反槛或做 250～300mm 高的降板，露台边缘和分户墙处至少做 500mm 高（相对于结构面）的反梁或反槛，反梁、反槛宜和主体一起浇筑。

闷层只设置框架梁外围梁（因规划局明确此处不能开洞）建议此处不作开洞表达同时板也不配筋。卫生间内不宜设置梁，当不可避免时应满足设备专业管线要求；建筑结构降板范围不一致时应注明挡水条及填充材料。卫生间内避免有梁穿过，有梁穿过时应注意卫生器具楼面留孔与梁的关系，同时需注意给水管、排水管不发生冲突。

(36) 跨度比较大但是 KL。比如，大于 10m，一般要校核一下箍筋，一般用到直径 10mm。

(37) KL 的最小直径一般不要小于 14mm，次梁可以为 12mm，因为 KL 的加密区二、三、四级时，有一个 $8d$ 最小间距的要求，用常用的 100mm 可能会出现错误。当直径为 12mm 时，KL 加密区的间距为 96mm。

(38) 大跨度框架只跨度不小于 18m 的框架，要提高一级抗震等级，箍筋最小直径可能增大一级。

(39) 9m 及以上较大跨度的梁配筋应重点校对挠度及裂缝。

(40) LL 跨高比在 0.5～1.5 之间时，上下纵筋均不应小于 0.25%最小配筋率。且 LL 要全长加密。

(41) KL 的最小配筋率，要同时满足《混规》与《高规》，如表 4-11 所示，否则按最小 0.2%的配筋率，容易不满足强条，尤其是抗震等级为一级，二级时。

梁纵向受拉钢筋最小配筋率 **表 4-11**

抗震等级	位置	
	支座（取较大值）	跨中（取较大值）
一级	0.40 和 $80f_t/f_y$	0.30 和 $65f_t/f_y$
二级	0.30 和 $65f_t/f_y$	0.25 和 $55f_t/f_y$
三、四级	0.25 和 $55f_t/f_y$	0.20 和 $45f_t/f_y$

（42）连梁截面高度大于 700mm 时，其两侧面腰筋的直径不应小于 8mm，间距不应大于 200mm；跨高比不大于 2.5 的连梁，其两侧腰筋的总面积配筋率不应小于 0.3%。

（43）梁高受限时，可以上反。梁配筋率大于 2%时，箍筋直径应该提高一级。

（44）小于 1m 的翼缘长度，一般左右 2 跨要编为同一个编号，这样钢筋好锚固拉通，如图 4-73 所示。

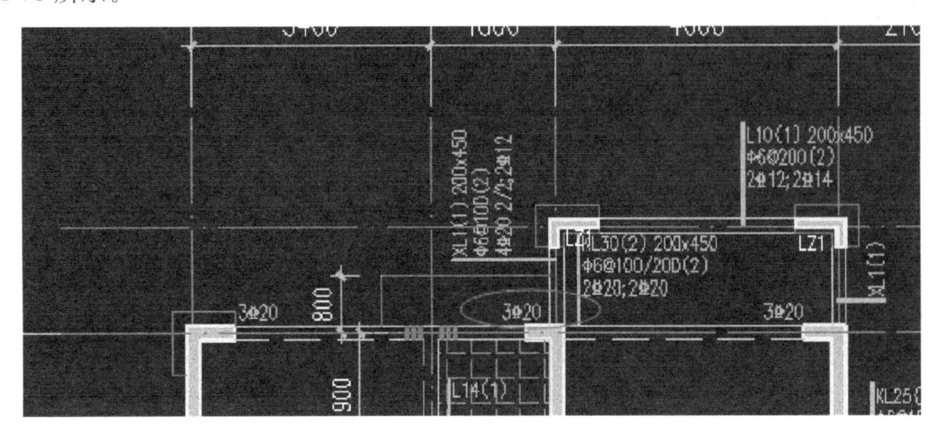

图 4-73　梁平法施工图

（45）楼梯设置时如碰窗户，应取消相关楼梯平台梁，用以窗户安装。因室外车位影响形成高差处建筑外围地梁应复核其高度。

（46）注意入户门与梁的对应关系，尽量结合布置（避免开门前、后很近距离内有梁）。厨房内不宜设置梁，当不可避免时应满足设备专业管线要求。次梁不应搭在房间入口门洞的正上方。

阳台外围梁高应与建筑外立面一致，不宜做变截面梁高，并确保反坎不小于建筑完成面 200mm。

电梯门洞上方梁高应确保洞口高度为 2270，以便电梯安装。阳台等部位悬挑梁应结合建筑造型避免做成梁高变高的形式，以方便铝膜加工。客餐厅之间不应布置梁，采用异形板的形式。包括赠送面积位置的所有外墙窗户上方的梁高应保持一致。两卫生间相邻时，卫生间中间隔墙下不设梁，将两卫生间做成一块大板。不得出现梁压门头及门前后较近位置设有结构梁。

卫生间结构专业应考虑排气孔位置，当墙上无法设置排气孔时，通过将梁底筋上抬，梁下加构造钢筋的形式，以便增设排气孔。结构梁布置在保证结构经济性的同时充分满足建筑使用要求。餐厅和客厅之间不得布置结构梁，大板厚度以控制在 130mm 以内为宜，含钢量不应有大幅度增加。梁边不允许外露的顺序：厅—主人房—主卧过道—次卧—厨厕。

梁端部负筋与梁中贯通负筋应分别配置、搭接处理，贯通负筋满足规范最低要求即可，不应用端部负筋拉通作贯通负筋。电梯门洞口定为 2270mm，应考虑洞口处梁布置，以便电梯安装。各层平面周边梁高应统一，以保证建筑立面窗顶标高齐平，梁高由建筑专业确定。户内梁高（除特殊条件且不影响建筑使用的情况外）宜控制在 500mm 内。

4. 柱

（1）所有 LZ 均按框架柱构造。

（2）柱平面定位图中应标注沉降观测点。

（3）柱根应采用100mm的间距；三、四级当柱纵筋直径小于20mm时，加密区间距改用100mm。

四级框架柱的剪跨比不大于2或柱全截面配筋率大于3%时，箍筋直径不应小于8mm。框支柱、一、二级框架角柱，柱箍筋全高加密。

设计时，三、四级抗震箍筋可为@150/200（剪跨比≥2，且纵筋不小于20mm，箍筋间距取8d与150mm的较小值），纵筋小于20则箍筋选@100/200仅当不满足抗剪要求才允许减小间距或加大直径。计算结果为根据100mm间距得出的结果，应进行换算配筋。箍筋加密区的肢距不宜大于200mm（一级）、250mm（二、三级）、300mm（四级及非抗震）。

剪跨比小于2但大于1.5的柱，箍筋全高加密为100mm。

（4）剪力墙底部加强部位边框柱的箍筋宜全高加密（本项目不执行）；当带边框剪力墙上的洞口紧邻边框柱时，边框柱的箍筋宜全高加密。带边框剪力墙应设置暗梁或框架梁（公寓楼中在底部加强层设置）。

（5）准层TZ按总工室文件要求：200mm×300mm，4Φ12，Φ6@100。注意首层层高较高时，会导致TZ高度较大，柱截面需相应加大如200mm×400mm，200mm×500mm，有条件时也可加宽。

5. 异形柱（抗震等级为二级）

（1）条文（审核意见）

13	LZ2为异形柱，箍筋间距不应大于6倍受力纵筋直径。

根据《异形柱混凝土结构设计规程》6.2.10：异形柱箍筋加密区箍筋的最大间距应满足纵向钢筋直径的6倍和100mm的较小值。

原设计为：

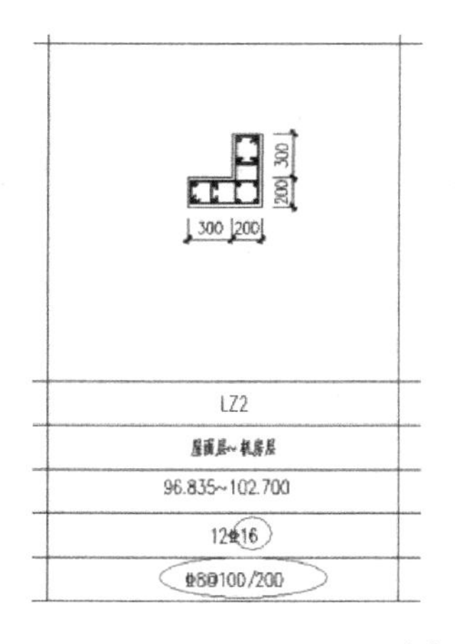

修改结果：

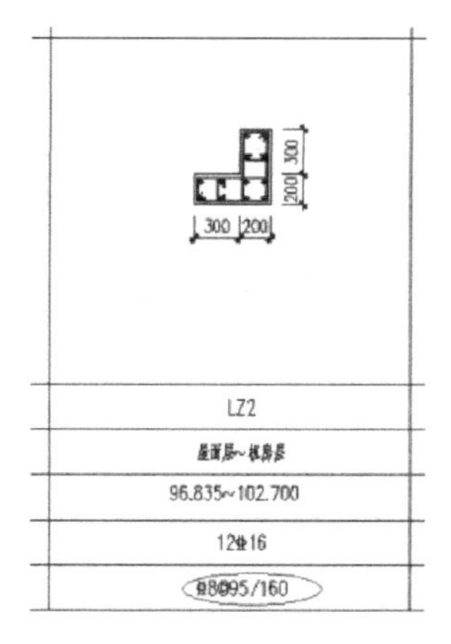

图4-74　异形柱配筋

注：三四级时为加密区最大间距有7d的规定

（2）构造柱的设置原则：

与结构墙柱相连的建筑小墙垛，若长度小于150mm，应采用混凝土构造柱。100mm厚的侧板全部为构造柱。空调机侧板100mm厚时，墙端部侧板带200mm宽构造柱；中部侧板延伸内墙面，不做构造柱200mm端头。外墙不大于300mm的门窗墙垛需做成构造柱。

外墙阳角（包括悬挑结构的阳角）端部设200mm×200mm抗震构造柱。根据砌体结构总说明的要求设置。除地下室外，其余楼层的构造柱应在结构平面布置图中表达。

6. 地下室

(1) 地下室现在流行采用加腋梁板体系，常见覆土厚度为1.2m，对于加腋梁，腋是有一个合理的尺寸的，在这个合理的尺寸范围内，就会产生好的空间拱效应，即有好的受力性能。一般来说，支托坡度取1∶4，高度小于等于0.4倍的梁高时，空间拱效应比较大，即此时的受力性能比较好。腋高 h 定为300mm，坡度1∶4，因此腋长定为1200mm。

对于加腋板，加腋板的腋长为板净跨的1/5～1/6，针对8.1m×8.1m柱跨地下室，梁宽500mm，因此腋长取1300mm；加腋区板总高为跨中板厚的1.5～2倍，跨中板厚可取柱跨的1/35。

(2) 地下室侧壁

地下室侧壁按静止土压力、水土分算计算，静止土压力系数取0.5，土重度取18kN/m³，强度计算时土压力、水压力分项系数均取1.2。迎土面支座配筋按0.2mm裂缝控制，裂缝计算时板、墙保护层厚度取20mm。

一般情况下，侧壁按单向连续板计算，底层固端，顶层铰接。竖向钢筋按计算确定，通长钢筋间距200mm或150mm，迎土面支座不足设另加筋（1/3净高处截断）；水平分布筋按0.15%最小配筋率控制，间距150mm，对于300mm厚侧壁为Φ12@150。总配筋率一般控制在0.6%以内为宜。

当侧壁顶端没有楼盖时，应按悬臂板计算配筋。配筋原则同一般情况。当层高较高时，为减小侧壁厚度改善经济性，可考虑结合柱网增设扶壁柱（需与建筑协商）。当扶壁柱截面高度大于板跨（层高）的1/6（或悬臂高度的1/4）和侧壁厚度的2倍时，侧壁可按四边支承（一般情况）或三边支承（顶端无楼盖），竖向钢筋和水平钢筋均按计算配筋，竖向通长钢筋间距200mm，迎土面支座不足另加；水平钢筋间距150mm。扶壁柱按计算要求配筋。

特别注意地下室范围以外的车道，应按两侧悬臂板计算。地下室侧壁无需做暗梁。地下室侧壁按纯弯构件计算，地面荷载取5kN/m²。地下室侧壁按墙输入，在框架梁与外墙交接处，跨度较大（≥5m）时设置壁柱。

(3) 消防车荷载输入模型时可按照消防车道所占板面积比例进行折减。双向板楼盖板跨介于3m×3m～6m×6m之间时，按规范插值输入。消防车荷载不考虑裂缝控制。消防车荷载折减原则：算板配筋不折减；单向板楼盖的主梁折减系数取0.6，单向板楼盖的次梁和双向板楼盖的梁折减系数取0.8；算墙柱折减系数取0.3；基础设计不考虑消防车荷载。

(4) 地下一层侧壁厚度300mm，底板和侧壁临土面钢筋按0.2mm裂缝控制（计算裂缝时保护层厚度按25mm考虑），考虑人防工况，人防工况考虑材料强度提高并不考虑挠度和裂缝要求。

(5) 地下室底板采用无梁楼板形式，配筋形式采用柱上板带＋跨中板带的形式，采用“贯通筋＋支座附加筋（计算需要时）”即拉通一部分再附加一部分的配筋形式。计算程序可用复杂楼板有限元计算。

桩承台为抗冲切柱帽，部分承台可通过适当加大柱帽尺寸的方法降低底板配筋。

底板正向计算时为自承重体系，向下荷载为底板自重、建筑面层重量及底板上设备及活荷载，底板下地基土承载力须满足要求，不满足时应由基础承受底板自重、面层及其活荷载。底板反向计算时向下荷载为底板自重、建筑面层重量，向上荷载为水浮力，并按照规范取用相应荷载组合，其中水浮力分项系数取 1.2。

底板下地基土承载力特征值不应小于 130kPa（淤泥土或扰动土时，换填不小于 500mm 厚中粗砂密实处理或同垫层的素混凝土）。

底板与地下室外墙连接处应充分考虑外墙底部固端弯矩对底板的影响，伸出外墙边 300mm。

底板计算裂缝时混凝土护层取 20（图注 50mm），裂缝控制宽度为 0.2mm。

（6）地下室外墙下部除确有必要外不设置基础梁。当部分部位设置基础梁时，其配筋计算时只考虑垂直荷载；一般情况下，基础梁不能用列表表达法，而用平面表达法（即支座面筋不全长拉通，另设置小直径架立钢筋，抗剪不够时可采取梁端 1.5h 范围内，箍筋加密至@150 或@100）。

覆土厚度。根据成本控制要求，顶板覆土厚度原则上按 1200mm 设计。消防车荷载。由于消防车荷载较大，应与建筑协调尽量减少消防车通道面积。在结构设计中，应只在消防车通道和扑救面范围内考虑消防车荷载。消防车等效静荷载应考虑覆土厚度的有利影响。由于消防车是偶然作用，顶板裂缝验算应不包含消防车荷载。

人防荷载。应根据《人民防空地下室设计规范》GB 50038—2005 确定合理的顶板等效静荷载。有人防荷载组合时，分项系数应按规范取值，材料强度相应按规范进行调整。由于人防荷载是偶然作用，顶板裂缝验算应不包含人防荷载。

（7）地下室挡土墙

地下室挡土墙一般按竖向构件设计，底端与底板刚接，顶端根据顶板厚度考虑为刚接或简支，也可取二者的平均值，局部车道等开口处应按顶端自由设计。挡土墙厚度大于等于 300mm 时，挡土墙不设壁柱。对于多层地下室应按竖向连续构件设计。挡土墙外侧竖向钢筋应按通长钢筋加支座短筋方式配置。

（8）无梁楼盖层高不大于 3500mm，梁板结构层高不大于 3600mm。地下室底板优先采用无梁楼盖的基础形式。多层地下室时，地下室除顶板外应进行普通梁板体系及无梁楼盖方案比较。

（9）地下室顶板优先采用无梁楼盖的基础形式。当地下室顶板采用加腋框架梁加大板的结构形式时，板厚控制在 280～320mm。非人防地下室加腋梁跨中梁高不得大于 750mm，人防地下室加腋梁跨中梁高不得大于 850mm，以保证车库 2.2m 净高使用要求。

顶板覆土厚度原则上按 1000～1200mm 设计，景观有特殊要求除外。应只在消防车通道和扑救面范围内考虑消防车荷载。消防车等效静荷载应考虑覆土厚度的有利影响。由于消防车是偶然作用，顶板裂缝验算应不包含消防车荷载。

地下室（地库部分）底板马凳筋直径采用 ϕ14，顶板马凳筋直径采用 ϕ12，马凳筋间距均为 1.5m×1.5m。筋直径 $d<12$mm 时采用绑扎搭接，14mm$\leqslant d\leqslant$20mm 时采用焊接，$d>20$mm 时采用机械连接。地下室底板找坡采用结构找坡。因地下室布置特殊原因采用建筑找坡时，需专门进行讨论。

（10）纯地下室部分一般采用钢筋混凝土框架结构体系。地下室一般不设伸缩缝，超长地下室可根据当地经验设置后浇带、加强带。当地下室与塔楼合并设计时，为了减少沉降差对结构构件的不利影响，可在塔楼周边设沉降后浇带。当地下室与塔楼差异沉降较大、设置沉降后浇带不能解决问题时应提出处理方案，必要时调整基础方案，以减少差异沉降。

（11）地下室距离周边建筑物边线的距离，应根据工程实际条件进行综合考虑、优化设计，做到结构安全，经济合理，应尽可能减少基坑支护的费用。距离建筑物边线距离，主要与地质条件、基础形式、地下室底板标高、工程进度以及基坑支护等因素有关。在规划设计时，应配合建筑专业确定经济合理退缩距离。

（12）对于抗震设防区，纯地下室结构抗震等级根据具体情况采用三级或者四级。当地下室与塔楼合并设计时，塔楼和塔楼外的地下室应分别考虑。当地下室顶层作为上部结构的嵌固端时，塔楼下地下一层的抗震等级按上部结构采用，地下一层以下采用三级或四级；地下室中超出上部塔楼范围且无上部结构部分，结构抗震等级可根据具体情况采用三级或四级。

地下室层高会直接影响：①土石方工程量；②基坑支护投资；③竖向构件如柱、挡土墙工程量；④抗浮设计成本。地下室层高应考虑以下因素：①结构梁高；②通风管高度；③喷淋头高度；④车位净高；⑤地面耐磨层厚度。

地下室采用底板建筑找坡。对于局部设备房，需要较高的净空要求时，应由结构专业解决（顶板局部反梁、减小梁高、局部挖深等措施），不得因为局部设备房净空要求而增加整个地下室的层高。结构板面预留排水沟，并合理布置集水井位置。

地下室混凝土强度不宜太高，混凝土强度太高，不仅成本增加，而且由于水化热提高、不利于地下室裂缝控制。混凝土强度宜C30～C35，不得高于C35。

地下室抗浮设防水位是影响地下室抗浮设计、底板厚度及配筋的关键因素，因此应根据地区水文资料、建筑周边环境等因素确定合理的抗浮水位至关重要。抗浮水位取值过高会增加结构成本，取值过低可能埋下安全隐患。对于山地建筑，应根据现场实际情况确定安全、合理的抗浮水位。当条件许可时可以采用排水措施降低抗浮水位。

（13）当地下室重量小于底板水浮力时须进行抗浮设计，一般有以下方案：①增加地下室重量抗浮；②采用抗拔桩抗浮；③采用抗拔锚杆抗浮。应根据地下室埋深、设防水位、地质情况、基础形式综合考虑，进行多方案技术经济比较确定最优方案。上部重量与水浮力相差不多时可以采用增加地下室重量的方式进行抗浮设计，相差较大时应选择抗拔桩或者抗拔锚杆等方案。

7. 大样

（1）大样画法参照《精工户型（三个气候区）统一大样详图》。

（2）悬挑板配筋原则：

a. 净跨≤300mm且只承受自重荷载时，板面筋ϕ6@200，不按最小配筋率；

b. 窗台上下悬挑板板厚不小于100mm，面筋不小于ϕ8@200；

c. 所有悬挑板面筋配筋率不小于0.2%且不小于ϕ6@140。

d. 悬挑板底筋（温度分布筋）按结构总说明，不在大样图中表示。

（3）当窗台飘板支承较多砖墙时，需复核板面筋是否足够，不能盲目按照ϕ8@200，如图4-75。

（4）外墙节点配筋一致性：所有的分布钢筋选用如下：①140mm厚度以下的飘板分布筋均为ϕ6@200，150～180mm板厚分布筋为ϕ6@150；180mm厚度以上分布筋为ϕ8@200。②受力钢筋除计算要求外，100～120mm厚飘板为ϕ8@200，130～15mm厚飘板为ϕ8@150，180～200mm板厚为ϕ10@200。

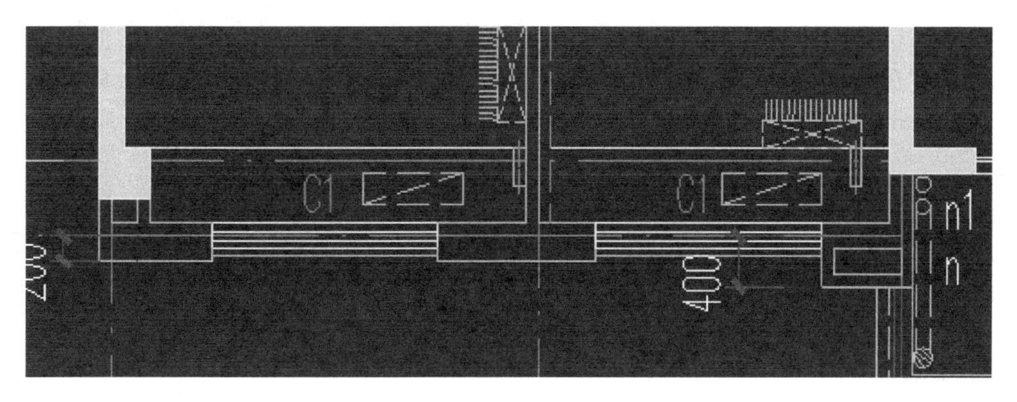

图 4-75　窗台飘板支承较多砖墙

(5) 梁下挂板大样错误做法

梁下挂板大样错误做法如图 4-76 所示，正确做法如图 4-77 所示。

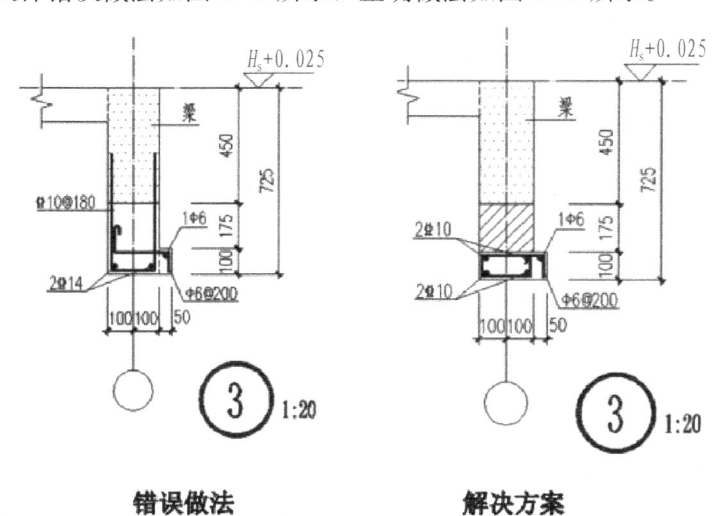

图 4-76　梁下挂板大样做法

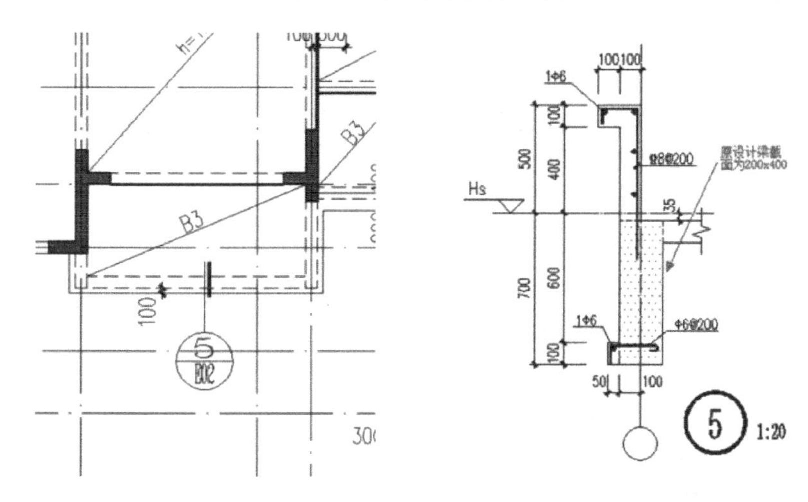

图 4-77　梁下挂板大样做法

注：要验算最小配筋率。

（6）首层外墙外侧有覆土的，须做钢筋混凝土墙挡土。在厕所范围内的剪力墙厚度变截面处应在沉箱板面，并附上大样图。勿漏屋面风井、烟道盖板的配筋大样。卫生间梁下沉 50mm，需在图中表达缺口梁大样。剪力墙在卫生间位置变厚度时应补充大样表达。

8. 后浇带

后浇带间距以控制在 40m 以内，宽度 800mm，宜设在跨中 1/3 的部位，应避免后浇带范围内有顺向的次梁（离梁、墙边至少 300mm）、基础、集水井、电梯基坑、竖向构件、人防口部等位置，在侧壁处应上下层位置一致。后浇带做法按结构总说明。

9. 基础

（1）受力采用 HRB400 钢筋；构造钢筋宜采用 HPB300 钢筋，设计中不再采用冷轧带肋钢筋。

场地地质条件复杂时基础形式应与甲方协商后确认，必要时通过专家会的形式确认建筑物基础形式。基础形式的优先顺序为天然基础、复合地基、桩基础。

（2）当持力层承载力较高，建筑物可采用筏形基础时，筏板厚度宜复核下列规定：24 层建筑物筏板厚度宜为 1200～1300mm；33 层建筑物筏板厚度宜为 1400～1600mm。筏板配筋应合理。

当建筑采用桩基础时，桩基根数应合理，工程桩最终应根据试桩结果进行优化。桩基类型应注明为端承桩还是摩擦桩。桩身混凝土强度和配筋应合理，特别是需要水下灌注时，避免用到 C50 以上混凝土。

（3）别墅、商业及 11 层以下小高层，当地基较好时，可选用柱下独立基础；局部土质较差时，采用降低基础底标高或 C15 素混凝土回填的方式。当地基条件较差时，可采用夯实复合基础、400mm 直径管桩。

地下车库部分，地基条件较好时可采用独立基础。当地基条件较差时，采用 400mm 直径管桩的基础形式。

11 层以上高层当地基承载力较好时，可采用筏形基础；当地基承载力较差，但能满足复合地基设计要求时，宜采用复合地基基础形式；当筏板或复合地基无法满足结构的荷载和变形要求，或经经济比较，采用筏板或复合地基的基础形式造价反而比桩基础高时，可以选用桩基础。

桩基础一般采用管桩或钻孔灌注桩。50m 以下高层，当地质条件合适时可采用管桩。一般宜采用钻孔灌注桩，当荷载较小时，可采用 600mm 直径。

（4）桩基反力

桩基反力一般查看以下三种，如图 4-78 所示。

（5）相邻桩的桩底标高差，对于非嵌岩的端承桩不宜超过桩的中心距，对于摩擦桩不宜超过桩长的 1/10。桩最小长度不应小于 6m。

人工挖孔桩以强风化泥质粉砂岩为持力层时，扩大头单侧扩出尺寸不宜超过 500mm；以中风化泥质粉砂岩为持力层时，800mm 直径桩扩大头单侧扩出尺寸不应超过 400mm；超出该尺寸时，应征询勘察单位和施工单位的意见。桩长≥15m 时，桩径不宜小于 900mm；桩长≥20m 时，桩径不宜小于 1000mm。

抗拔桩计算裂缝宽度时，保护层厚度的计算值取 25mm。

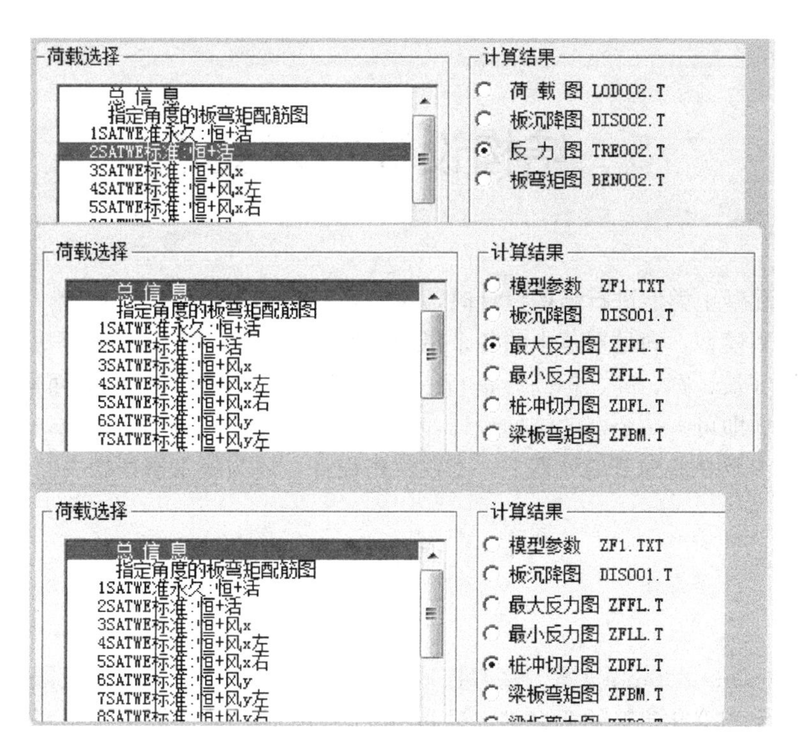

图 4-78 桩基反力查看

主楼基础采用筏形基础时，筏板厚度应严格控制，且计算筏板配筋时应考虑上部结构刚度，以减小配筋。

5　结构设计技术要点

对不同的混凝土类型进行结构设计时，按照经验对结构进行初步布置，对构件进行截面取值，然后调模型，满足规范中的各个指标的要求；满足建筑及设备等功能需求，对构件的截面属性（长、宽、高、标高）进行一定的调整，满足建筑的外立面形状、开洞处、变标高处的大样即可。一个好的结构设计，不仅仅是满足建筑等功能需求，更是具有经济性及安全性，涉及一些细节的处理上，不仅仅是设计，还与施工密切相关。

5.1　截面取值与配筋

5.1.1　梁

主梁≥250mm×400mm（宽、高双控），梁高一般可取 $L/12$，并不超限建筑功能的最大允许梁高，大型公共建筑的宽扁梁，梁高不受 $L/12$ 控制。外围主梁梁高一般可顶着窗户做，比如立面上是 750mm，则可以做成 750-40mm（或 50mm 建筑面层厚度）。对于主梁宽度，剪力墙住宅一种宽度一般跟着墙厚走，比如 200～250mm，大型公建，一般可取 300～400mm。对于梁高，剪力墙住宅的跨度不大，梁高一般不超过 550mm。首层塔楼与地下室顶板交界处的梁、框架梁，梁宽至少 300mm。

次梁≥200mm×400mm（宽、高双控），梁高一般可取 $L/15$，并不超限建筑功能的最大允许梁高，也不宜超过与之垂直搭接的主梁梁高。对于某些洞口处的小次梁，一般可取(150～200mm)×300mm。卫生间等处的梁高底应兜住卫生间底板（降板后）。剪刀梯中间往往有一道隔墙（防火墙），有时候次梁宽度取值与该墙宽度一致，比如 120mm、150mm。

主梁梁高-次梁梁高一般≥50mm，也可以取值一样。

在配筋时，沿梁全长顶面和底面应至少各配置两根纵向配筋，一、二级抗震设计时钢

筋直径不应小于 14mm，且分别不应小于梁两端顶面和底面纵向配筋中较大截面面积的 1/4；三、四级抗震设计和非抗震设计时钢筋直径不应小于 12mm。楼梯间梯梁纵筋直径一般最小取 14mm。

受偏拉力的梁：当程序计算结果显示梁受偏拉力时，该梁跨的纵筋（含贯通筋）直径不小于 16mm。连梁箍筋全长按框架梁箍筋加密区要求加密。

梁与剪力墙同宽顺接时应考虑剪力墙暗柱纵筋的影响，200mm 宽梁面筋不超过 3Φ20，底筋不超过 3Φ22。

抗剪要求时才允许减小间距或加大直径。地下室顶板覆土范围的次梁箍筋 $\phi8$，架立筋用 $\phi12$。转角窗梁不宜调幅，设计时按折梁设计，箍筋全长加密。悬挑梁端箍筋间距 100，直径和肢数按计算和构造要求。一般情况下，悬挑梁按非框架梁的配筋构造处理，底筋配筋率可按 0.2%进行修正。

次梁箍筋最小直径 $\phi6$（梁高≤800mm）或 $\phi8$（梁高≥800mm），间距宜采用 200mm。连梁箍筋全长按框架梁箍筋加密区要求加密。对于三、四级抗震，$\phi8$@150（梁高≥600mm）或 $\phi8$@100（梁高<600mm）。仅当不满足抗剪要求才允许减小间距或加大直径。对于一、二级抗震，LL 加密区间距可取 100mm，参考《抗规》表 6.3.2-2。

地下室顶板室内外高差处的大梁，需加大梁顶通长钢筋直径，可取支座最少配筋率拉通（一般把两个角部纵筋直接拉通），由于该处是错层，一般箍筋应加密，可取 10@100～150mm。地下室顶板采用有梁体系时，一般次梁跨度为柱网，次梁的上部两根贯通钢筋可以用 2 根直径为 12mm 的钢筋，在集中标注中如下表示：(2Φ12)，主梁的集中标注如下表示：2Φ25+(2Φ12)。

5.1.2 板

一般部位的楼板厚度可参照 $L/35$（单向板）或 $L/40$（双向板）取值。楼板厚度一般≥100mm。

转角窗部位楼板不小于 120mm，框架不封闭的楼板厚度不小于 150mm。屋顶电梯机房的板厚为 150mm。屋面楼板不小于 120mm，一般取 120mm 满足要求（双层双向拉通）。悬臂板厚度不小于悬挑长度的 1/10，且不宜小于 100mm。

如周边支承条件较好，长矩形客厅板厚，短跨 $L<3.8$m，板厚 $h=110$mm；$3.8\text{m}\leqslant L<4.2$m，板厚 $h=120$mm；$4.2\text{m}\leqslant L<4.5$m，板厚 $h=130$mm，短跨板底筋不少于 $\phi8$@200。

核心筒区楼板，设双层双向拉通钢筋，最小配筋率 0.25%。对于 120mm 板厚，通长钢筋 $\phi8$@150。转角窗区域板厚至少 130，配筋双层双向 $\phi8$@150。

板的最小配筋率按 0.16%（C25)/0.18%（C30)，对于 100mm 的板，最小配筋分别为 6@170 与 6@150。此条参考《混规》中表 8.5.1：板类受弯构件（不包括悬臂板）的受拉钢筋，当采用强度等级 400MPa、500MPa 时，其最小配筋百分率应允许采用 0.15 和 $45f_t/f_y$ 中的较大值（对于梁类等受弯构件，一侧最小配筋率还是按 0.2%与 $45f_t/f_y$ 中的较大值）。

如果板筋伸出长度从梁或墙中心线算起，则板面筋长度计算方法：中间跨=轴线间长度/4+梁宽/2；边跨=轴线间长度/4+梁宽，以 50mm 为变化单位，最小锚固长度为 500mm。如果板筋伸出长度从梁或墙边线算起，则板面筋长度计算方法：中间跨=边跨=短跨轴线间长度/4。由于板筋伸出长度在两边都相同，应该两边板筋伸出长度的最大值。

简支边的板面筋，只有用 6mm 时才需满足最小配筋率，当直径不小于 8mm 时，只要 8@200 和不小于相应跨中板底筋的 1/3 即可，无需满足最小配筋率。

板上有墙而没设梁时，板计算应考虑线荷载。板跨大于 3m，板底放置相应加强筋，一般为 2ϕ12（图中应定位并用 50 厚粗实线标明），板跨≤3m 且其上隔墙高度≤3m 时板底不设置加强筋。

5.1.3 柱

柱网不是很大时，一般每 10 层柱截面按 0.3～0.4m^2 选取。对于高层框筒结构，一般最顶层的柱子截面不宜小于 600mm×600mm 或者 500mm×500mm。混凝土强度等级，对于高层，一般不宜大于 C50，柱子截面每隔 5 层变一次，竖向构件的混凝土强度等级一般每隔 5 层变一次，但截面与混凝土强度等级不宜同时变，可以错开一层变，比如柱子第一次变截面时，每隔 4 层，混凝土强度等级每隔 5 层，以后均按 5 层一变去调模型。有时候按照此规定时，查看模型会发现某层的轴压比不满足要求，可以调混凝土强度等级，把混凝土的强度等级一变的层数提高到 6 层，或 7 层或 8 层以满足轴压比的要求。由于首层层高比较大，往往第二层也要变截面以满足抗剪刚度的规定。

对于高层框架或者框筒结构，轴压比按 0.9 控制，柱网 8.1m 时，一般最底层的柱子截面可取 1.4m×1.4m（C60，40 层）、1.25m×1.25m（C50，30 层）、1.05m×1.05m（C45，30 层）、0.75m×0.75m（C40，10 层）。柱子截面的布置，有时候也与建筑立面要求、调模型刚度有关。

错层处的框架柱截面高度不应小于 600mm，混凝土强度等级不应低于 C30，抗震等级应提高一级，柱全高箍筋加密。柱纵向钢筋净距不应小于 50mm，截面尺寸大于 400mm 的柱，纵筋最大间距 200mm（一、二、三级）、300mm（四级及非抗震）。

设计时，三、四级抗震箍筋可为@150/200（剪跨比≥2，且纵筋不小于 20mm），纵筋小于 20mm 则箍筋选@100/200 仅当不满足抗剪要求才允许减小间距或加大直径。计算结果为根据 100mm 间距得出的结果，应进行换算配筋。

箍筋加密区的肢距不宜大于 200mm（一级）、250mm（二、三级）、300mm（四级及非抗震）。

5.1.4 墙

住宅部分竖向构件布置应避免房间竖向构件外露，标准层剪力墙厚度宜为 200mm 厚（稳定及强度不够时才考虑加厚）。对剪力墙住宅进行结构布置时，一般 200mm 的墙，其长度可取 1700mm。

剪力墙住宅底层为架空层，层高往往比标准层要高很多吧，比如 4～5m，由于轴压比、稳定性的要求，底部楼层的某些墙厚往往要做 250mm 及 300mm。对于塔楼外围的地下室外墙，一般墙厚可取 300mm。

剪力墙的长度，有时候由于建筑功能的要求，不能布置成一般剪力墙，需要布置成短值剪力墙，也是可以的，但此墙应尽可能地少。有时候出于稳定性的要求，把墙肢加长或者加宽，需要注意的是，加宽后应尽量不影响建筑功能的使用，比如卧室等不宜露墙，可以将墙厚取为 250mm，但翼缘取 200mm。

尽量避免短肢剪力墙（200mm 厚和 250mm 的墙体长度分别不小于 1700mm 和 2100mm，或大于 300mm 厚墙体长度不小于 4 倍墙厚。注：广东省工程和其他地区规定不同：短肢剪力墙是指截面高度不大于 1600mm，且截面厚度小于 300mm 的剪力墙）。为了规避短肢剪力墙，底层墙肢厚度有时候取 310mm 或者 320mm，因为《高规》7.1.8 条：短肢剪力墙是指截面厚度不大于 300mm、各肢截面高度与厚度之比的最大值大于 4 但不大于 8 的剪力墙。

厚度为 200mm 或 250mm 的剪力墙，当只有一侧有框架梁搭在墙平面外时，只要建筑条件允许应设端柱，端柱宽度宜为 400mm。

抗震设计时，错层处平面外受力的剪力墙厚度不小于250mm，应设置与之垂直的墙肢或扶壁柱；错层处剪力墙的混凝土强度等级不低于C30，水平和竖向分布筋配筋率不小于0.5%，抗震等级提高一级。

5.1.5 地下室

地下室顶板作为嵌固端时，塔楼范围内的板厚可取180mm，不作为嵌固端时，塔楼范围内的板厚可取160mm，地下室中间楼层板厚可取120mm，人防区一般不宜小于250mm。塔楼范围外的板厚有防水要求，应根据地区的要求与经验取值，有点地方要求取250mm，而有的地区可以取160mm、180mm、200mm、250mm。塔楼范围内与塔楼范围外的顶板，不管是否作为嵌固端，其配筋率可参考《高规》10.6.2条，最小配筋率按0.25%（单层单向）控制。

地下室顶板：设双层双向拉通钢筋，最小配筋率0.25%。通长钢筋不小于Φ10@200（160mm板厚）、Φ10@170（180mm板厚）、Φ12@200（200mm）和12@180（250mm板厚），板面钢筋视计算需要设支座另加筋。地下室底板：设双层双向拉通钢筋，最小配筋率0.2%，250mm板厚板面通长钢筋Φ10@150。如果不考虑防水，则最小配筋率可按0.15%控制。

后浇带间距以控制在40m以内，宽度800mm，宜设在跨中1/3的部位，应避免后浇带范围内有顺向的次梁（离梁、墙边至少300mm）、基础、集水井、电梯基坑、竖向构件、人防口部等位置，在侧壁处应上下层位置一致。

《高层建筑混凝土结构技术规程》JGJ 3—2010 第12.2.5条：高层建筑地下室外墙设计应满足水土压力及地面荷载侧压作用下承载力要求，其竖向和水平分布钢筋应双层双向布置，间距不宜大于150mm，配筋率不宜小于0.3%。一般情况下，侧壁按单向连续板计算，底层固端，顶层铰接。竖向钢筋按计算确定，通长钢筋间距200mm或150mm，迎土面支座不足设另加筋（1/3净高处截断）；水平分布筋按0.15%最小配筋率控制，间距150mm，对于300mm厚侧壁为Φ12@150。底板与地下室外墙连接处应充分考虑外墙底部固端弯矩对底板的影响，伸出外墙边300～600mm。

一般情况下，侧壁按单向连续板计算，底层固端，顶层铰接。竖向钢筋按计算确定，通长钢筋间距200mm或150mm，迎土面支座不足设另加筋（1/3净高处截断）；水平分布筋按0.15%最小配筋率控制，间距150mm，对于300mm厚侧壁为Φ12@150。总配筋率一般控制在0.6%以内为宜。

地下室现在流行采用加腋梁板体系，依前所述，腋长定为1200mm，梁截面可取500mm×700mm，Y1200mm×300mm，板厚为200/400mm（中间板厚200mm，加腋后板厚400mm）。

对于加腋板，非人防地下室加腋梁跨中梁高不得大于750mm，人防地下室加腋梁跨中梁高不得大于850mm，以保证车库2.2m净高使用要求。

当地下室采用有梁体系时，7.8m的柱网，1.0～1.5m覆土，主梁截面一般取400mm×1000mm，次梁一般取（300～350）mm×（750～900）mm。需要在地下室顶板有高差处加高差大样，在地下室顶板与覆土连接处加挡土大样。

地下室防水板一般可取300～400mm厚。塔楼范围内的防水板一般不用设置承台拉梁

（400mm 厚时），防水板一般构造配筋。对于正方形柱网，防水底板（带桩承台）或者无梁楼盖（带柱帽）配筋时，一般从独立基础或承台或柱帽边伸出的长度为独立基础与基础、承台与承台、柱帽与柱帽之间距离的 1/4，加腋大板从轴线处伸出的长度为柱网的 1/4，并能包络柱 YJK 有限元的计算结果，附加钢筋的范围为柱上板带（柱跨的 1/2＝每边柱跨的 1/4＋每边柱跨的 1/4），分别如图 5-1～图 5-5 所示。

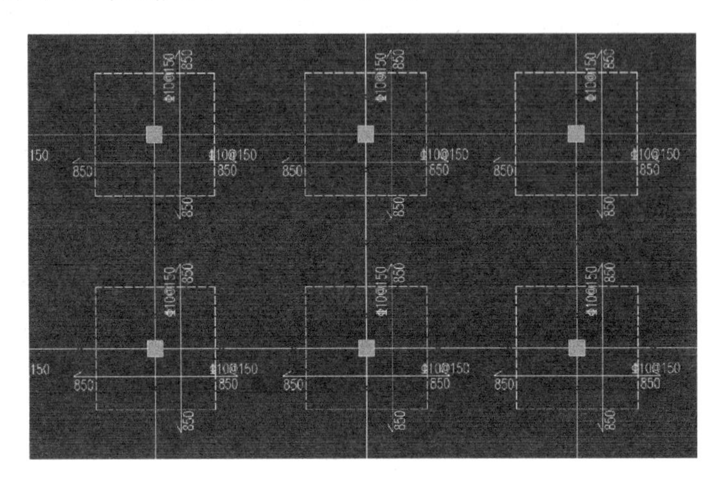

图 5-1　底板配筋平面图

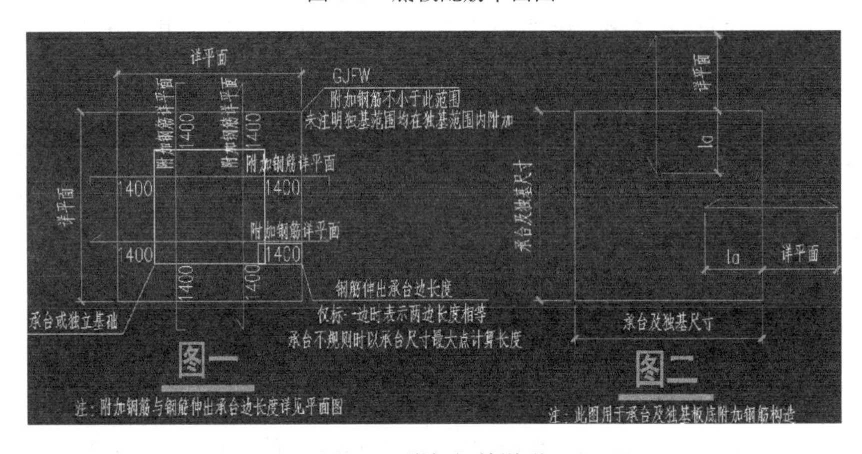

图 5-2　附加钢筋说明

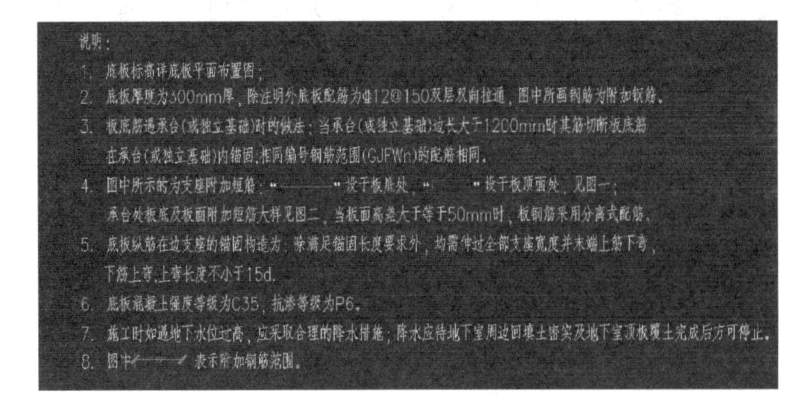

说明：

1. 底板标高详底板平面布置图；
2. 底板厚度为300mm厚，除注明外底板配筋为Φ12@150双层双向拉通，图中所画钢筋为附加钢筋。
3. 板底筋遇承台（或独立基础）时的做法：当承台（或独立基础）边长大于1200mm时其筋切断板底筋在承台（或独立基础）内锚固；相同编号钢筋范围（GJFWn）的配筋相同。
4. 图中所示的为支座附加短筋："———"设于板底处，"┌——┐"设于板顶面处，见图一；承台处板底及板面附加短筋大样见图二，当板面高差大于等于50mm时，板钢筋采用分离式配筋。
5. 底板纵筋在边支座的锚固构造为：除满足锚固长度要求外，均需伸过全部支座宽度并末端上筋下弯，下筋上弯，上弯长度不小于15d。
6. 底板混凝土强度等级为C35，抗渗等级为P6。
7. 施工时如遇地下水位过高，应采取合理的降水措施；降水应待地下室周边回填土密实及地下室顶板覆土完成后方可停止。
8. 图中↙——↙表示附加钢筋范围。

图 5-3　底板配筋平面图-说明

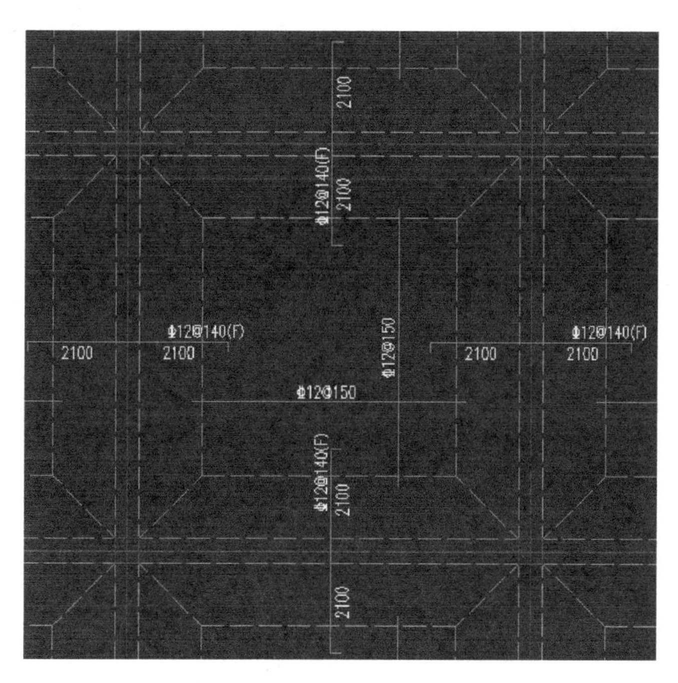

图 5-4　加腋大板配筋图（局部）

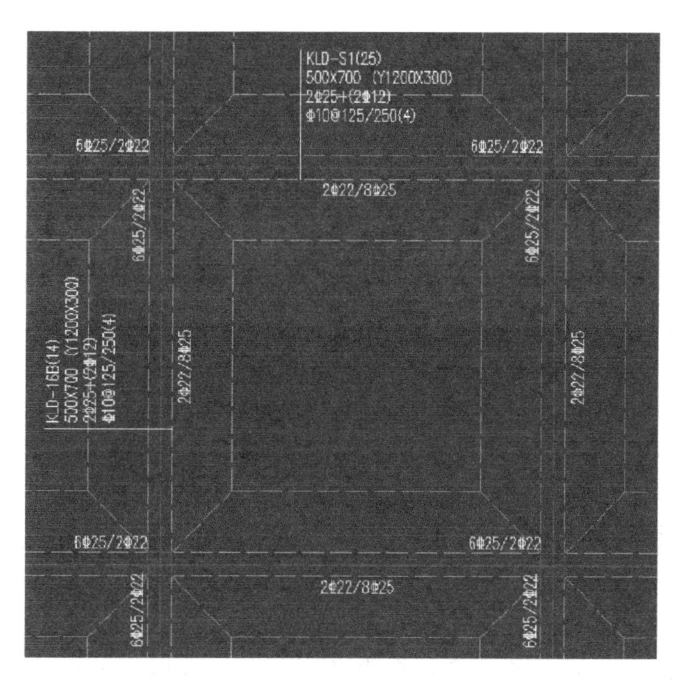

图 5-5　加腋梁配筋图（局部）

对于非正方形柱网，防水底板（带桩承台）或者无梁楼盖（带柱帽）配筋时，一般从独立基础或承台或柱帽边伸出的长度为独立基础与基础（钢筋伸出对应方向）、承台与承台（钢筋伸出对应方向）、柱帽与柱帽（钢筋伸出对应方向）之间距离的 1/4，加腋大板从轴线处伸出的长度为柱网（钢筋伸出对应方向）的 1/4，并能包络柱 YJK 有限元的计算结果，附加钢筋的范围为柱上板带（柱跨的 1/2＝每边柱跨的 1/4＋每边柱跨的 1/4），但是有时候短向跨度之间的附加钢筋距离太短，不如直接拉通，如图 5-6 所示，并且一般短跨之间的附加钢筋大小值一般比较小。

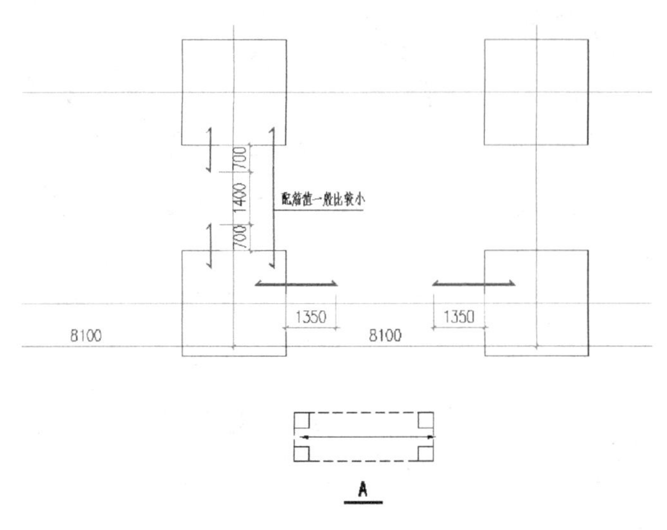

图 5-6　防水板附加钢筋示例

5.1.6　基础

对于独立基础、条形基础，一般截面尺寸可以估计软件自动生成的结果选取，适当归并即可。

对于筏形基础，一般按 50mm 每层估算一个筏板厚度，当按估算的板厚布置筏板后，一般可以用以下两种方法判断筏板厚度是否合适，第一，点击【筏板/柱冲板、单墙冲板】，看 R/S 值大小，柱、边剪力墙的抗冲切 R/S 应大于 1.2，因为不平衡弯矩会使得冲切力增大，对于中间的柱或剪力墙，其 R/S 应大于 1.05，留有一定的安全余量，如果比值远远大于上面的 1.2 或 1.05，说明板厚可减小；第二，点击【桩筏、筏板有限元计算/结果显示/配筋量图 ZFPJ.T】，如果单层配筋量（按 0.15%计算）为构造，一般可能板厚有富余，可减小，如果配筋量太大，则有可能板厚偏小。筏板的基床系数要取得准确，一般基床系数越大，配筋可能越小，筏板边的面筋当开始出现附加时，此时筏板板厚可能趋近于平衡。当筏板的强度合适但剪切不平衡时，可以局部加厚筏板，满足剪切。当持力层承载力较高，建筑物可采用筏形基础时，筏板厚度宜复核下列规定：24 层建筑物筏板厚度宜为 1200～1300mm；33 层建筑物筏板厚度宜为 1400～1600mm，筏板配筋应合理。

YJK 计算筏板时，基床系数填写很重要。一般可根据经验选一个，比如 20000～50000，再看沉降；或者按照地勘报告建议值填写，实在不确定，可以按照规范建议值进行包络设计。基床系数越大，筏板的配筋会越小。一般筏板边缘出现计算配筋时，此时筏板的选型一般是比较经济的。筏板配筋时，如果刚性角范围内（一般 45°）配筋较大，一般可以不用太去理会，构造配筋即可。

对于预应力管桩基础，其采用的情况一般如下：别墅、商业及 11 层以下小高层，当地基局部土质较差时采用降低基础底标高或 C15 素混凝土回填的方式。当地基条件较差时，可采用夯实复合基础、400mm 直径管桩。地下车库部分，当地基条件较差时，采用 400mm 直径管桩的基础形式。

对于灌注桩，最小直径一般取 800mm。钻（冲、磨）孔灌注桩：桩径 800～2400mm。需泥浆护壁，应避免沉渣过厚，可通过注浆方法提高其单桩承载力。它的优点是可适用于任何的地质条件挖孔桩：人工挖孔桩直径一般为 800～2000m，最大可达 3500mm，当持力层承载力低于桩身混凝土受压承载力时，桩端可扩底，扩底端直径与桩身直径之比 D/d 不宜超过 3，最大扩底直径可达 4500mm。挖孔桩的桩身长度宜限制在 30m 以内，当桩长 ≤8m 时，桩身直径（不含护壁）不宜小于 0.8m；当 8m<L≤15m 时，桩身直径不宜小于 1.0m，当 15m<L≤20m 时，桩身直径不宜小于 1.2m；当桩长 L>20m 时，桩身直径应适当加大。人工挖孔桩以强风化泥质粉砂岩为持力层时，扩大头单侧扩出尺寸不宜超过 500mm；以中风化泥质粉砂岩为持力层时，800mm 直径桩扩大头单侧扩出尺寸不应超过 400mm；超出该尺寸时，应征询勘察单位和施工单位的意见。桩长≥15m 时，桩径不宜小于 900mm；桩长≥20m 时，桩径不宜小于 1000mm。

计算灌注桩承载力特征值时，可以用经验系数法，根据《地基规范》或《桩基规范》计算；对于大直径桩，一般根据《桩基规范》5.3.6 计算，可以自己编制 Excel 表格计算，根据标准，目标组合、N_max 值的大小，并且一根剪力墙下尽量布置 2 根灌注桩。布置桩时，一般要满足最小桩间距的要求（《建筑桩基设计规范》JGJ 94—2008 第 3.3.3-1 条），有时候剪力墙下为了墙下布置桩（传力直接），桩间距可以适当地大于规范要求。当根据实际工程情况减小 1/4 或 1/2 的的侧摩阻时，桩间距可以适当地减小，一般对于旋挖桩等，扩底后的外间距不宜小于 500mm（一般至少比桩身扩大 300～400mm）。对于核心筒下面的桩间距，最小桩间距一般最大减小 0.5d，并还要有一定的承载力富余。

承台布置方法（图 5-7）：

（1）方法一：两桩中心连线与长肢方向平行，且两桩合力中心与剪力墙准永久组合荷载中心重合，布一个长方形大承台；

（2）方法二：在墙肢两端各布一个单桩承台，再在两承台间布置一根大梁支承没在承台内的墙段；

（3）方法三：两桩中心连线与短墙肢和长墙肢的中心连线平行，布一个长方形大承台。

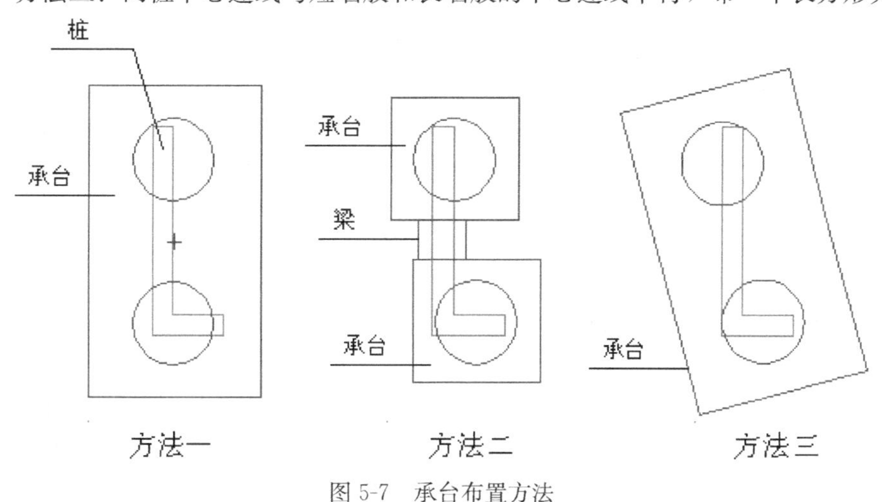

图 5-7　承台布置方法

注：1. 一般“方法一”，“方法二”用得比较多一点，方法二更节省，中间的承台梁基本上购置设置，拉梁截面一般可取 400mm×700mm，上下纵筋配筋率取 0.4%，抗扭腰筋⏀16@200，箍筋⏀10@100（4），当梁跨度较大或房屋高度超过 100m 时应适当加大截面和配筋。

2. 如果按方法二去布置桩承台，一般根据墙的形心去布置，然后以 50mm 为模数移动桩承台的位置；有时候墙长比较长，为了让剪力墙的力更多更直接地传给桩，一般在墙下直接布置桩，这个时候承台可能比之前的承台更大，比如之前的桩间距为 3.0d，现在可能取 3.5d 或者 4.0d。承台的宽度，一般桩外径距离承台外边缘的距离为 200mm，有时候为了包住剪力墙，承台宽度可能做得更大。承台配筋时，抗扭腰筋⏀12@200，箍筋 10@100（4），上下纵筋按 0.2%的构造配筋率＋计算配筋值的最大值取值。

3. 对于单桩承台，桩承台为抗冲切柱帽，部分承台可通过适当加大柱帽的尺寸的方法降低底板配筋。

对于桩的抗压刚度，一般对于 400mm 的预制管桩，可以取 10 万左右，对于灌注桩等，可以取 50 万左右；而对于桩的抗拔刚度，不同桩刚度应该有差异（之前全是采用 10 万），如果无实验数据，建议 100×抗拔承载力。

5.2 大　　样

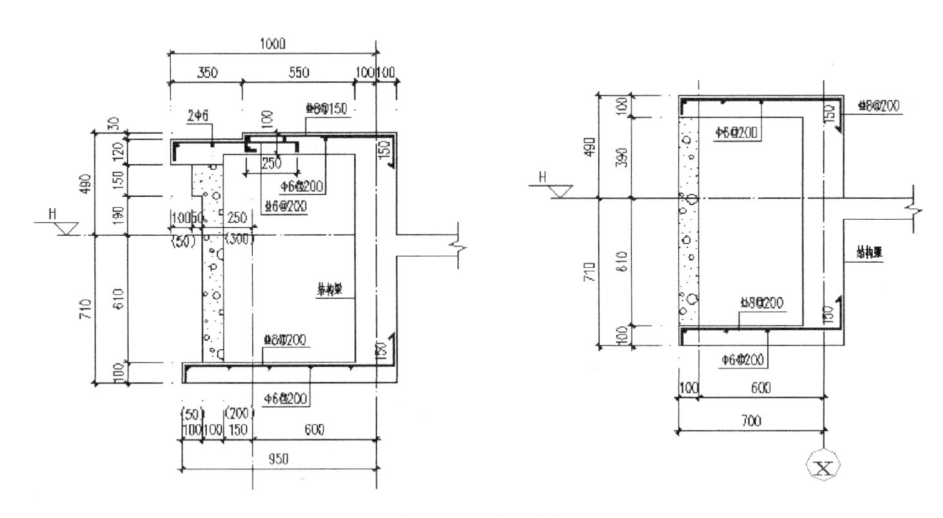

图 5-8　墙身大样（1）

注：1. 外部造型处应补充大样，大样要能完整地表示建筑造型；有高差的地方要绘制大样，开洞的地方要绘制大样。不连续的部位要绘制大样；研究混凝土大样的画法，其实很简单，一般都是受力筋＋抗裂筋＋锚固筋，或者把钢筋做成一个套筒（小于 150mm 时单层配筋，单套筒，否则双层配筋，做成双套筒），到类似的地方，就向上套就行，直锚不行，就采用直＋弯的形式。一般厚度大于 150mm 的悬臂板，非支座处的四周一般都要有钢筋，如图 5-8、图 5-9 所示。

2. 大样，也可以这样理解，一系列成一定角度的板（一般为 90°）组成在一起，构件与构件之间的钢筋能拉通的就直接拉通，不能拉通的在满足锚固受力的前提下，用弯钩套上，或者直接寻找新的支座锚固。

一般厚度不大于 50mm 的局部突出的混凝土（可能为倾向造型的混凝土），可以不配钢筋。

3. 对于悬挑板，净跨≤300mm 且只承受自重荷载时，板面筋 ϕ6@200，不按最小配筋率；窗台上下悬挑板板厚不小于 100，面筋不小于 ϕ8@200；所有悬挑板面筋配筋率不小于 0.2%且不小于 ϕ6@140。

外墙节点配筋一致性：参见前述。受力比较大的悬挑板除外，需要单独计算，配筋可能不满足以上原则（图 5-10）。

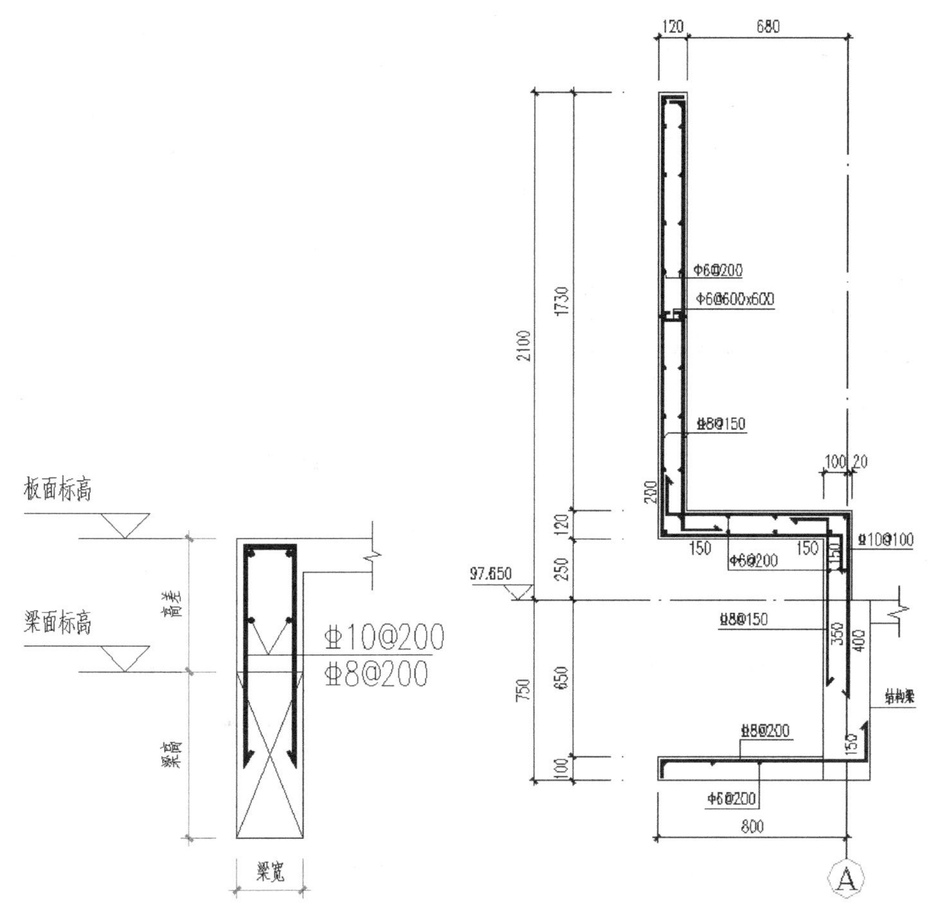

图 5-9　板底高于梁面做法　　　　图 5-10　女儿墙节点

注：参考《混规》中表 8.5.1：板类受弯构件（不包括悬臂板）的受拉钢筋，当采用强度等级 400MPa、500MPa 时，其最小配筋百分率应允许采用 0.15%和 $45f_t/f_y$ 中的较大值（对于梁类等受弯构件，一侧最小配筋率还是按 0.2%与 $45f_t/f_y$ 中的较大值）。所以单侧最小配筋率可按 0.18%配筋（$0.45f_t/f_y$）。

注：1. 混凝土栏板、女儿墙高≤600mm 做成 100mm 厚，双面配筋，女儿墙高＞600mm 取 $h/10$ 且大于 120mm，双面配筋。

2. 用手算女儿墙时，女儿墙体型系数可参考《荷规》续表 8.3.1“项次 34”，取 1.3，其他参数查看荷载规范，按照公式 $\omega_k=\beta_z\mu_s\mu_z\omega_0$ 计算即可。

5.3　地下室与基础选型

5.3.1　某工程地下室方案论证（1）

（1）基础及结构方案比选篇-地下部分-地下车库，如图 5-11～图 5-21 所示。

方案 1：承台＋地梁＋底板，方案 2：承台＋底板（底板一般取 400mm）；取标准跨进行计算，进行经济性比较；方案1砖胎模较多，施工进度慢；方案2模板数量少，施工进度快。推荐方案2。

（2）结构方案比选篇-地下室顶板方案对比

① 单向次梁方案（覆土厚度1.5m）

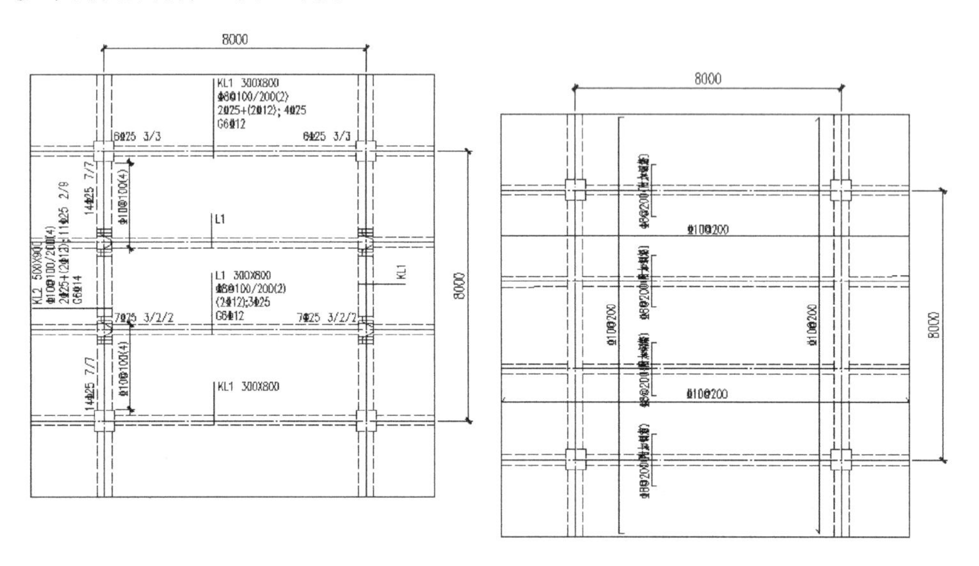

图5-11　单向梁方案梁配筋图　　图5-12　单向方案板配筋图

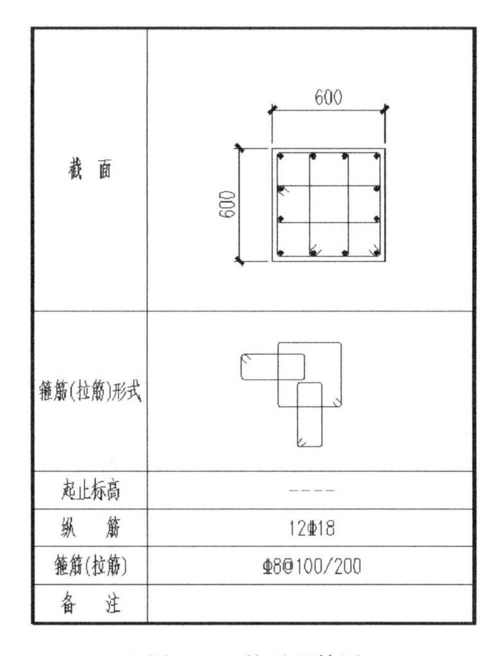

截面	600×600
箍筋(拉筋)形式	
起止标高	----
纵筋	12Φ18
箍筋(拉筋)	Φ8@100/200
备注	

图5-13　柱子配筋图

② 井字梁方案结构布置图（覆土厚度 1.5m）

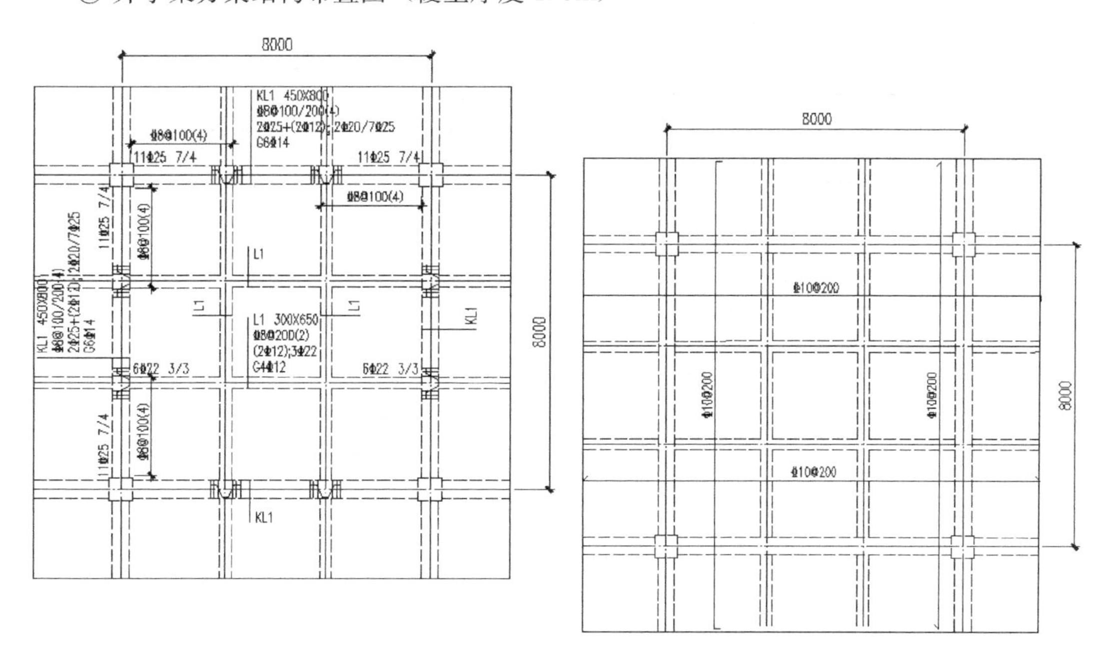

8000
KL1 450X800
Φ8@100/200(4)
2Φ25+(2Φ12);2Φ20/7Φ25
G6Φ14
Φ8@100(4)
11Φ25 7/4
L1
L1 300X650
Φ8@200(2)
(2Φ12);3Φ22
G4Φ12
6Φ22 3/3
KL1
8000
井字梁方案梁配筋图
1.混凝土强度等级C30,板厚180mm.
2.附加恒载1.5x18+0.5=27.5kN/m²,活载5.0kN/m².
3.次梁两侧共附加箍筋2x3Φ8@50(2).
4.主梁未注明附加吊筋为2Φ14

图 5-14　井字梁方案梁配筋图

8000
Φ10@200
8000
井字梁方案板配筋图
1.混凝土强度等级C30,板厚180mm.
2.附加恒载1.5x18+0.5=27.5kN/m²,活载5.0kN/m².

图 5-15　井字梁方案板配筋图

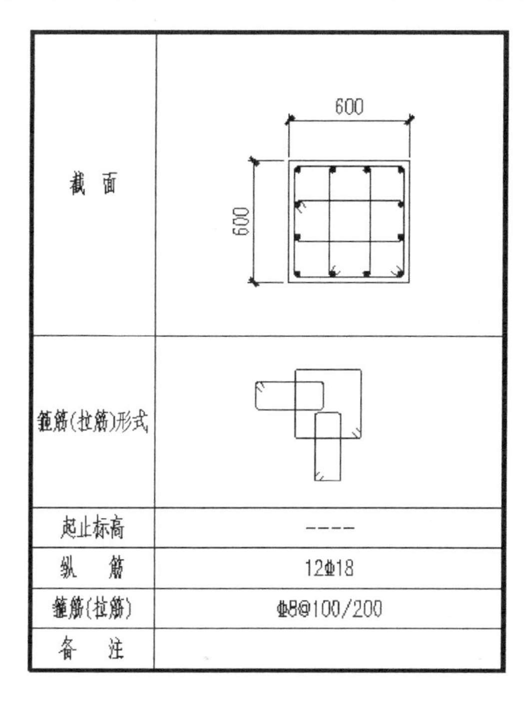

截　面	600
600
箍筋(拉筋)形式	
起止标高	----
纵　筋	12Φ18
箍筋(拉筋)	Φ8@100/200
备　注	

图 5-16　柱子配筋图

③ 加腋梁板方案结构布置图（覆土厚度 1.5m）

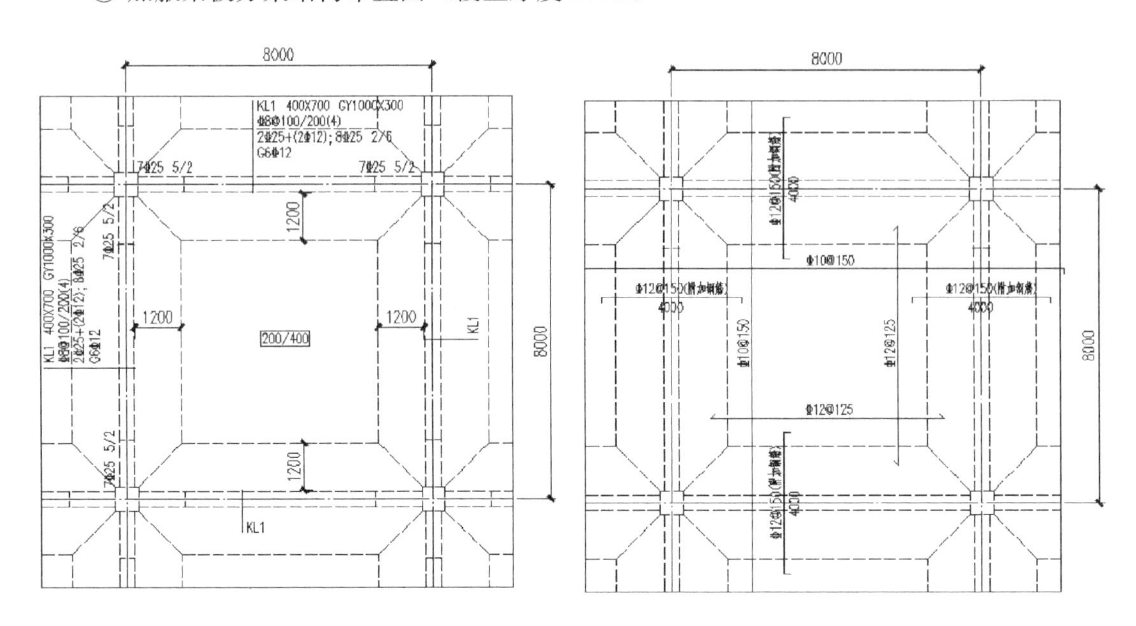

8000
KL1 400X700 GY1000X300
Φ8@100/200(4)
2Φ25+(2Φ12);8Φ25 2/6
G6Φ12
7Φ25 5/2
1200
200/400
KL1
8000
加腋梁板方案梁配筋图
1.混凝土强度等级C30
2.附加恒载1.5x18+0.5=27.5kN/m²,活载5.0kN/m²。

图 5-17　加腋梁板方案梁配筋图

8000
Φ12@150(附加钢筋)
4000
Φ10@150
Φ12@125
8000
加腋梁板方案梁配筋图
1.混凝土强度等级C30,板厚200mm，加腋200mm。
2.附加恒载1.5x18+0.5=27.5kN/m²,活载5.0kN/m²。

图 5-18　加腋梁板方案板配筋图

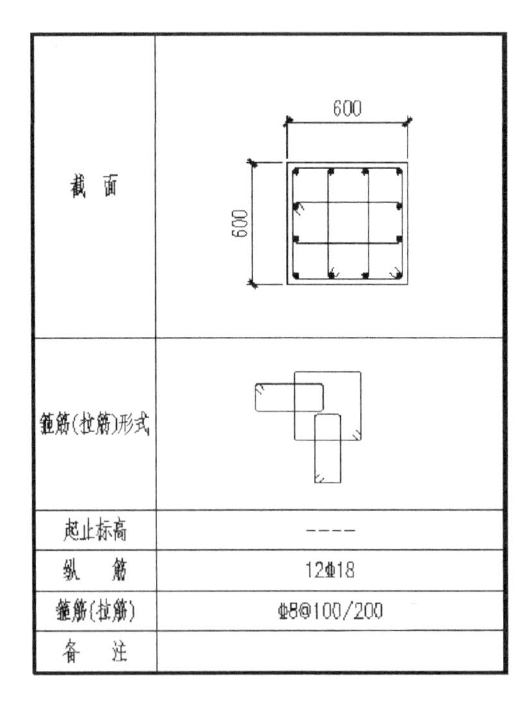

截　面	600 600
箍筋(拉筋)形式	
起止标高	----
纵　筋	12Φ18
箍筋(拉筋)	Φ8@100/200
备　注	

图 5-19　柱子配筋图

④ 无梁楼板方案结构布置图（覆土厚度 1.5m）

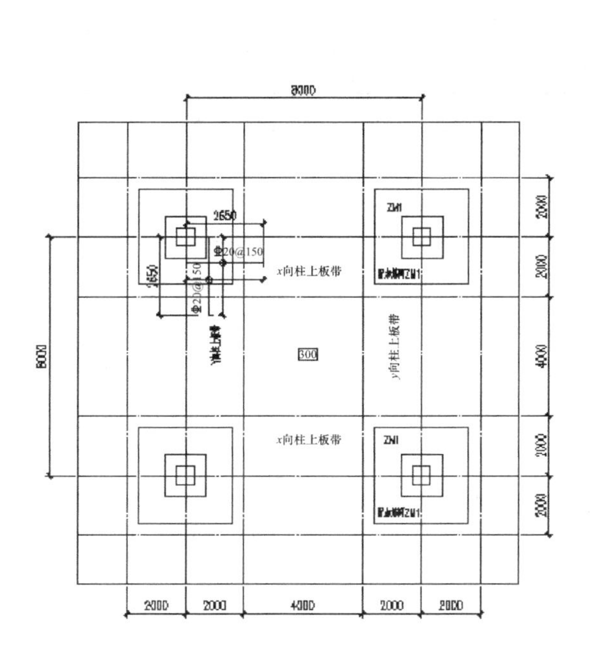

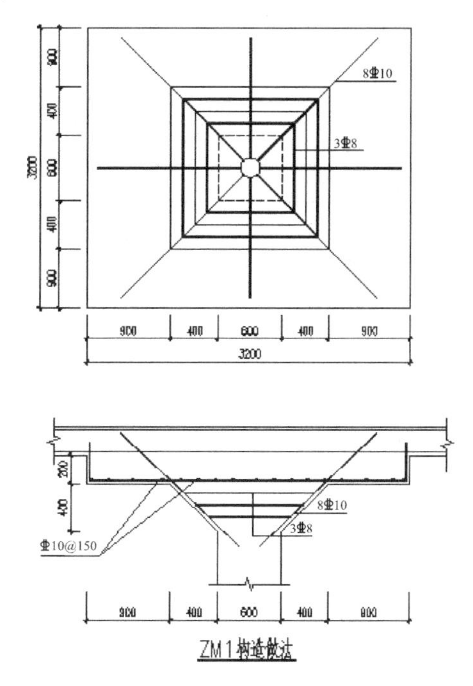

无梁楼板方案梁配筋图

1.混凝土强度等级C30

2.附加恒载1.5x18+0.5=27.5kN/m²,活载5.0kN/m²。

3.楼板钢筋柱上板带顶筋配筋X向 Φ12@150拉通，Y向Φ12@150拉通，跨中板带顶筋配筋 X向12@180拉通，Y向12@180拉通

楼板钢筋柱上板带顶筋配筋X向 Φ12@125拉通，Y向Φ12@125拉通，跨中板带顶筋配筋 X向Φ12@125拉通，Y向Φ12@125拉通，图中所示均为附加钢筋。

图 5-20　无梁楼板方案配筋图

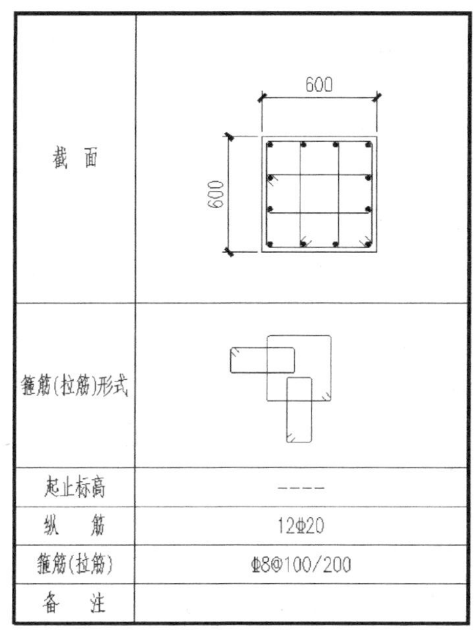

截面	600 × 600
箍筋(拉筋)形式	
起止标高	----
纵　筋	12Φ20
箍筋(拉筋)	Φ8@100/200
备　注	

图 5-21　柱子配筋图

⑤ 地下室顶板方案对比

如表 5-1 所示。

地下室顶板方案对比 **表 5-1**

顶板形式	钢筋含量（kg/m²）	混凝土含量（m³/m²）	模板用量（m²/m²）	造价（元/m²）
单向次梁方案	46.5	0.318	1.6	445.15
井字梁方案	50.7	0.34	1.72	480.91
加腋梁板方案	49.6	0.344	1.3	453.4
无梁楼板方案	46.3	0.367	1.2	443.1

结论：无梁楼盖综合单价最省，单向梁结构次之，井字梁方案最费，但单向次梁方案梁高比井字梁方案高 100mm，比大板加腋方案高 200mm。

结合以往项目经验，地下室每增加 10cm，地下室含钢量增加 2kg/m²，且土方量增加，因此考虑综合因素，无梁楼盖方案比其他三个方案更经济，也更节省层高，加腋大板次之。当采用无梁楼盖时，当嵌固端在地下室顶板时，塔楼周边一跨需做有梁结构，该区域需将结构标高往上抬，结合地下室平面布置图，由于楼间距较短，因此本项目采用加腋大板比较合适。

说明计算原则：

1）采用压弯构件，考虑压力的有利作用减少配筋；

2）采用通长钢筋＋支座附加短筋的配筋形式，节约配筋；

3）适当提高混凝土等级，减小柱截面；

4）设计成扁柱：沿着停车方向长度拉长，另外一个方向适当缩短。

（3）某工程地下室方案论证（2）

① 工程概况

根据建筑图，顶板覆土厚度 1.2m，分消防车及非消防车区域，层高 3.9m，柱网尺寸为 7.9m×5.0m。现我们对消防车、非消防车区域分别进行两种方案的经济性比较，以确定经济性最优方案。

非消防车区域：X 向单次梁、Y 向双次梁、加腋梁板；

消防车区域：十字梁、加腋梁板。

② X 向单次梁单向板方案（非消防车区域）

混凝土等级 C35，柱子 500mm×500mm，板厚：180mm，最小配筋率 0.25%，附加恒载 1.2×18+0.6=22.2kN/m²，活载 5.0kN/m²。

配筋图如图 5-22～图 5-24 所示。

③ Y 向双次梁双向板方案（非消防车区域）

混凝土强度等级 C35，柱子 500mm×500mm，板最小配筋率 0.25%，附加恒载 1.2×18+0.6=22.2kN/m²，活载 5.0kN/m²。

配筋图如图 5-25～图 5-27 所示。

④ 加腋梁板方案（非消防车区域）

混凝土等级 C35，柱子 500mm×500mm，板最小配筋率 0.25%，附加恒载 1.2×18+0.6=22.2kN/m²，活载 5.0kN/m²。

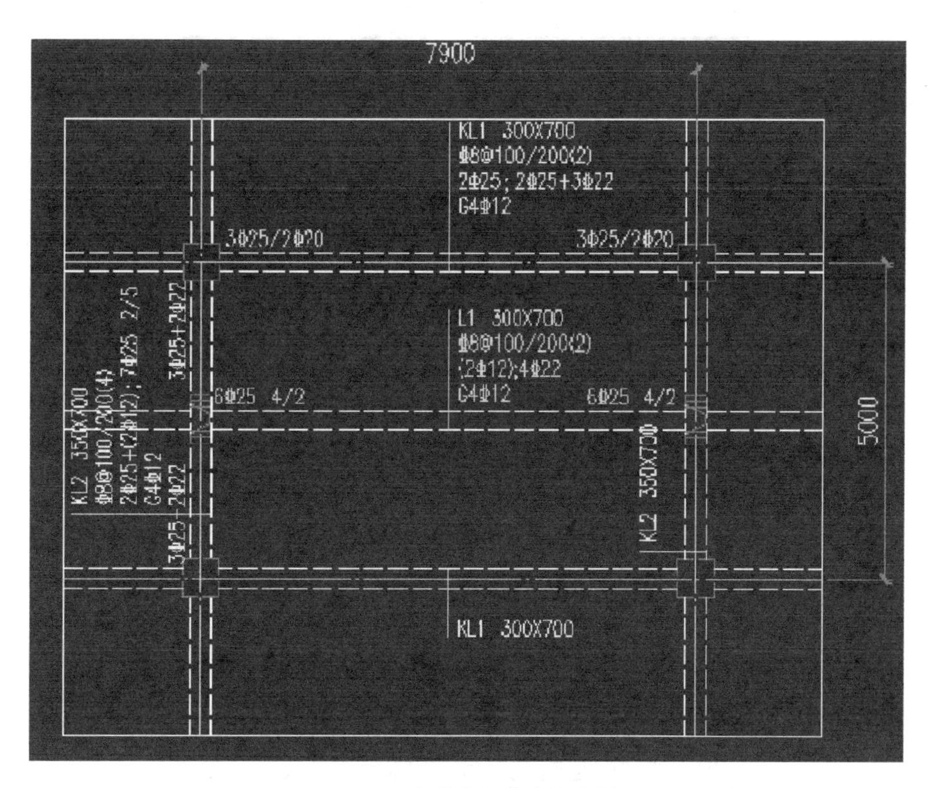

图 5-22 X 向单次梁方案梁配筋图

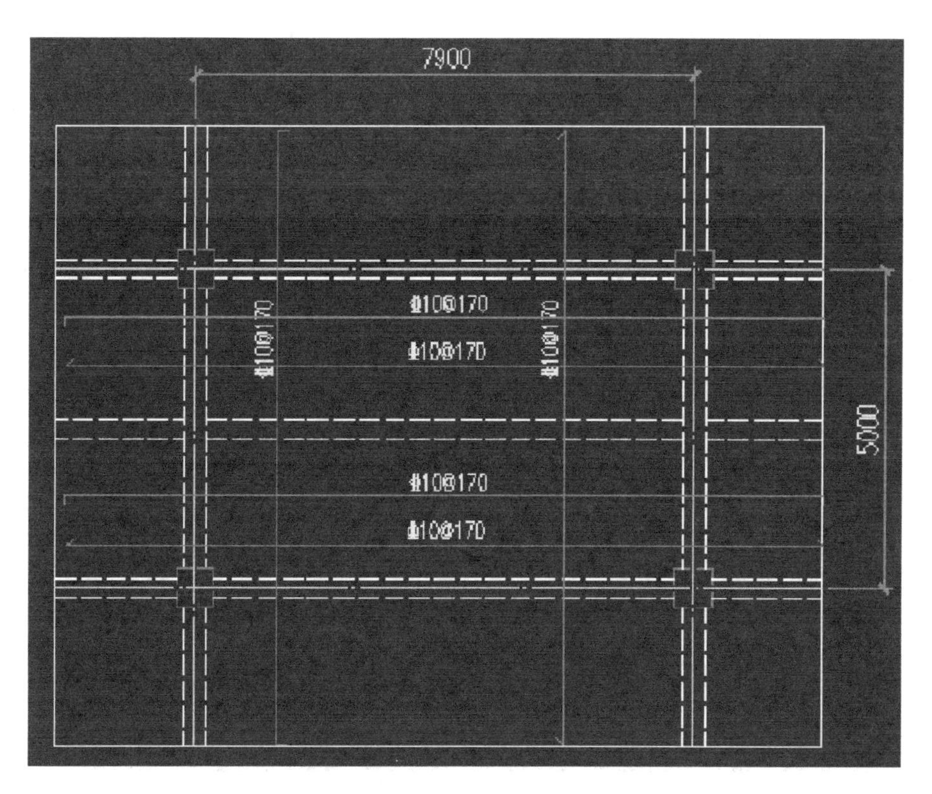

图 5-23 X 向单次梁方案板配筋图

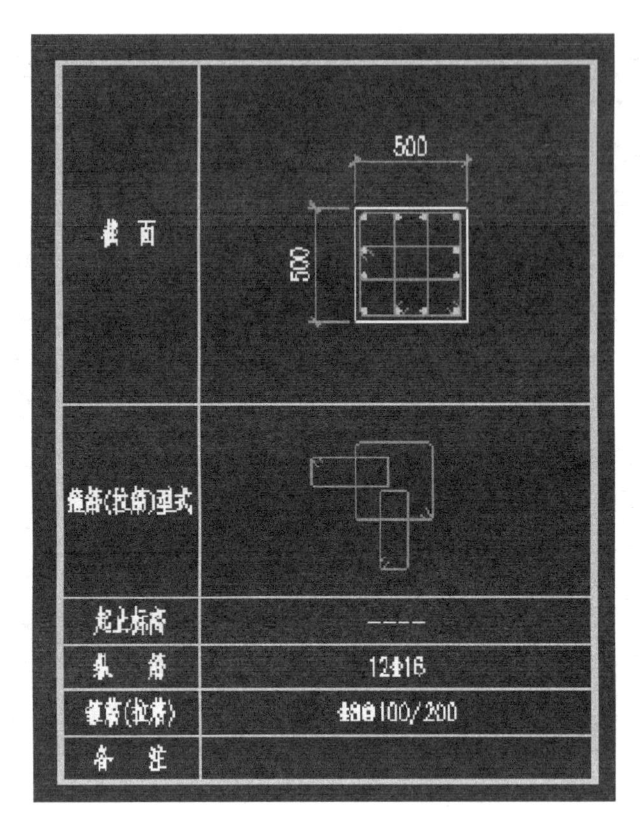

图 5-24 柱子配筋图

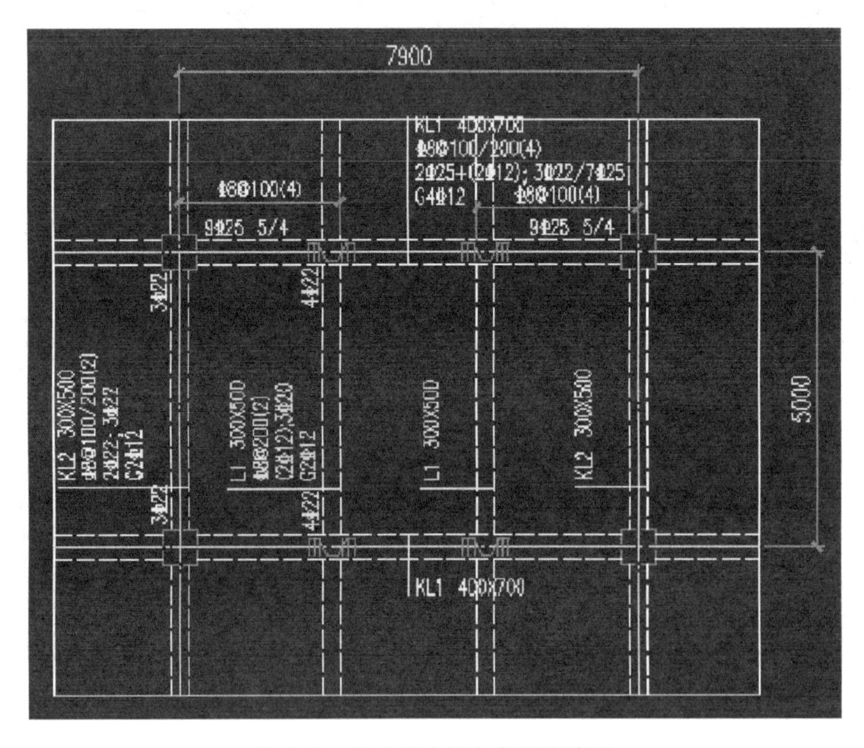

图 5-25 Y 向双次梁方案梁配筋图

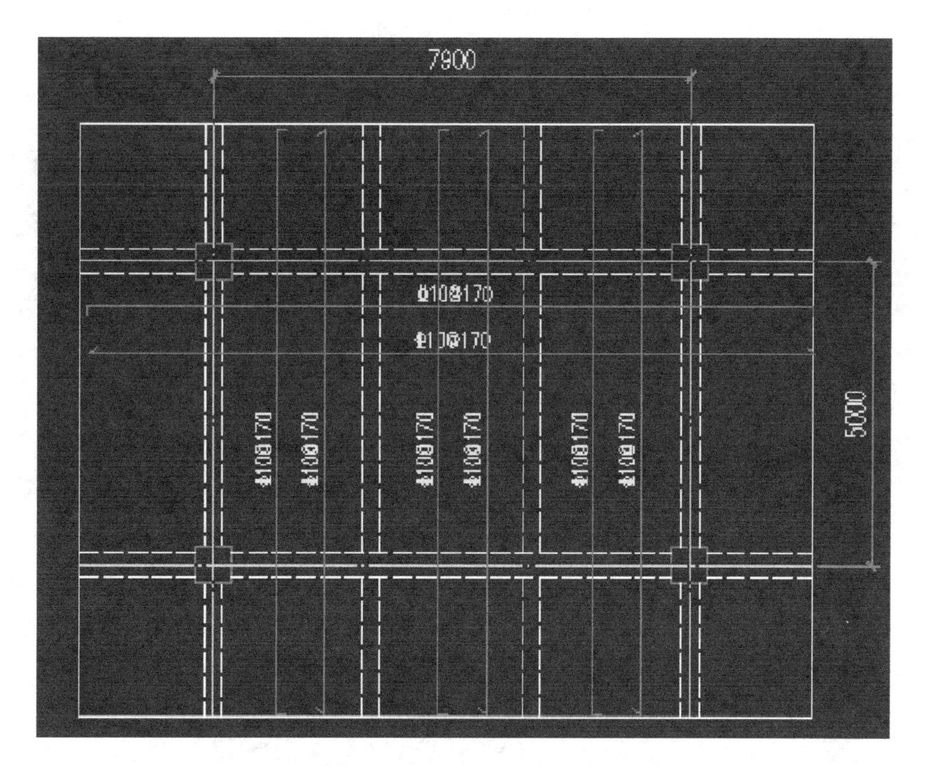

图 5-26　Y 向双次梁方案板配筋图

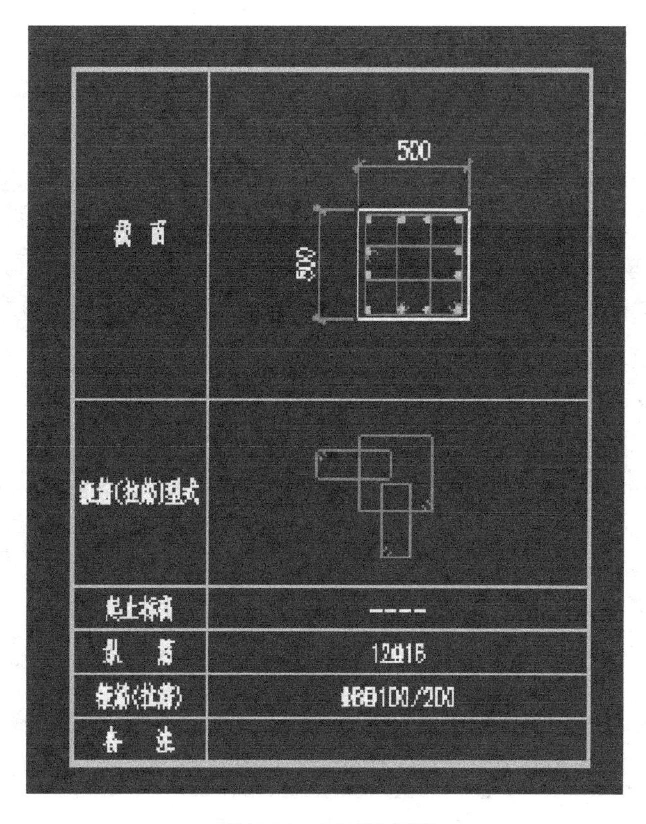

图 5-27　柱子配筋图

配筋图如图 5-28～图 5-30 所示。

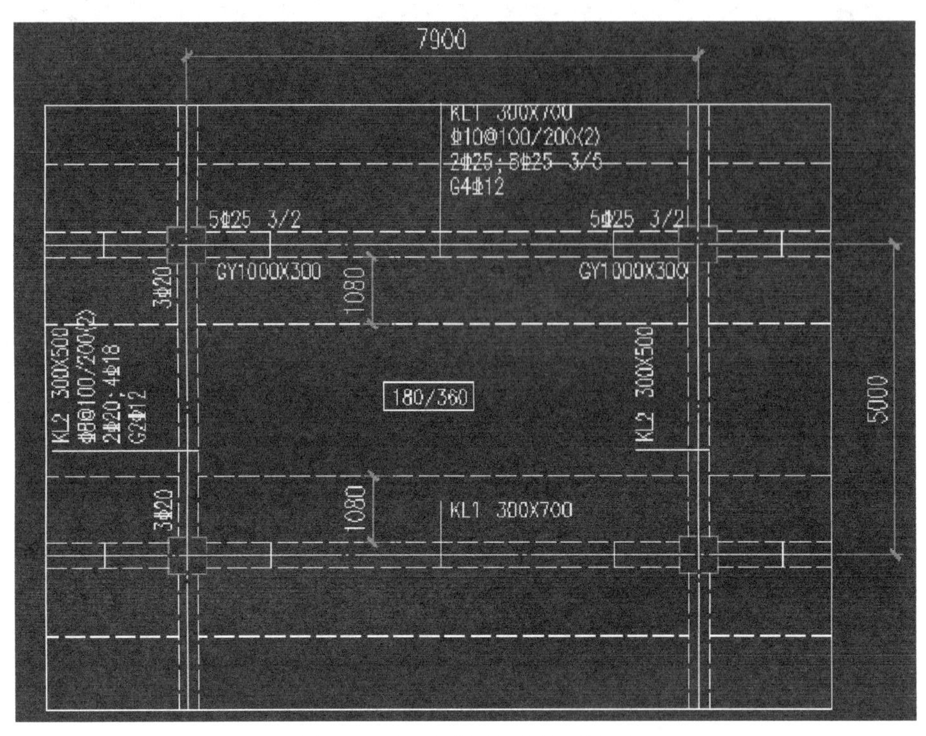

图 5-28　加腋梁板方案梁配筋图

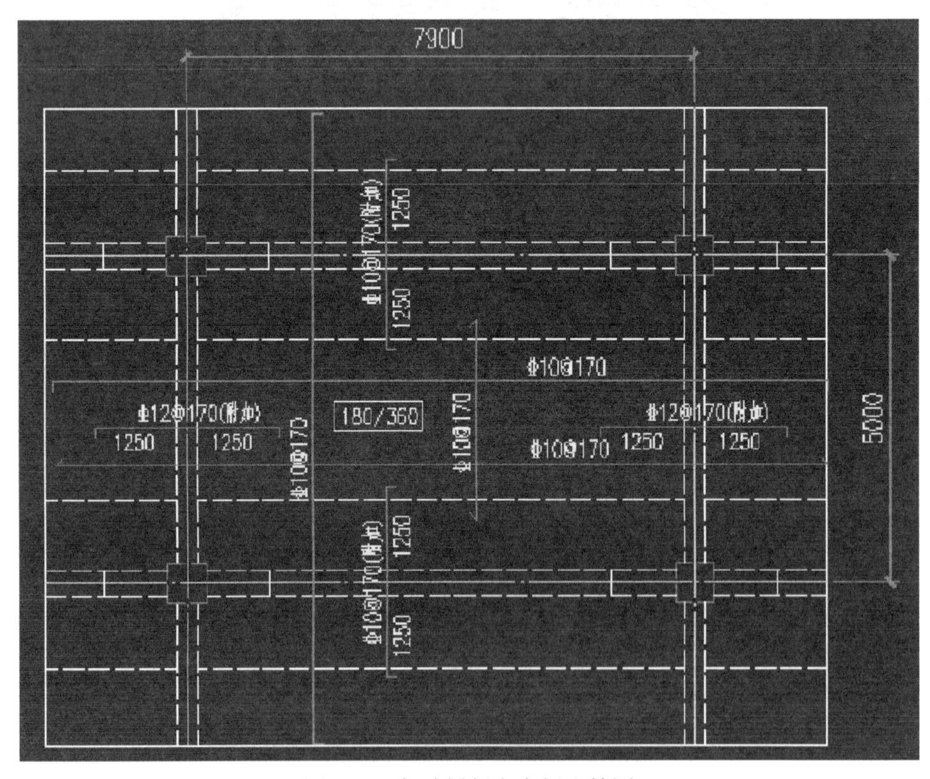

图 5-29　加腋梁板方案板配筋图

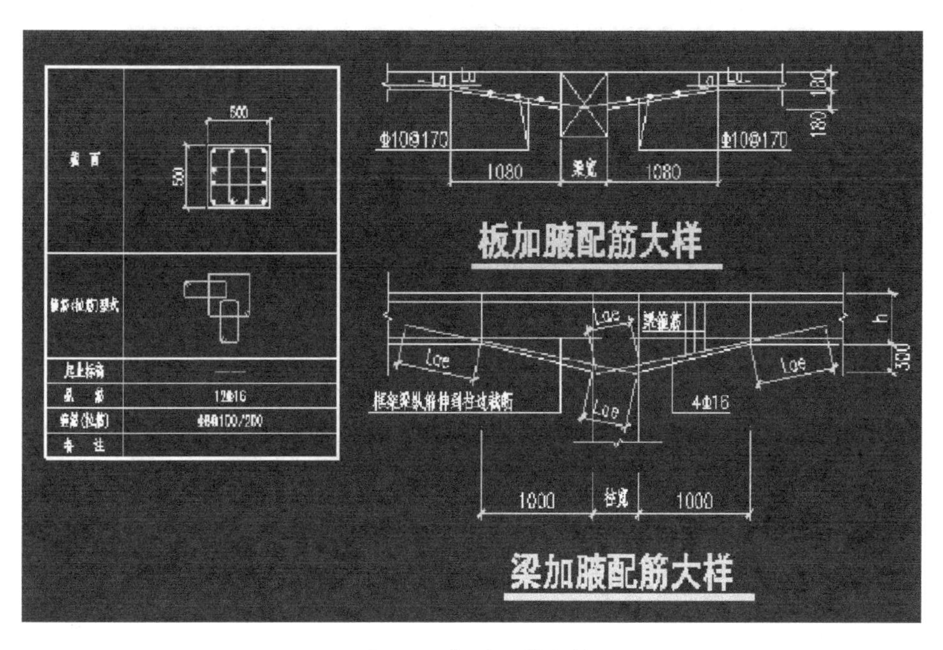

图 5-30　加腋配筋大样

⑤ 十字梁方案（消防车区域）

混凝土等级 C35，柱子 500mm×500mm，板厚 180mm，板最小配筋率 0.25%，附加恒载 1.2×18+0.6=22.2kN/m²，消防车荷载 29.5kN/m²，梁柱计算消防车荷载折减按照《荷规》。

配筋图如图 5-31～图 5-33 所示。

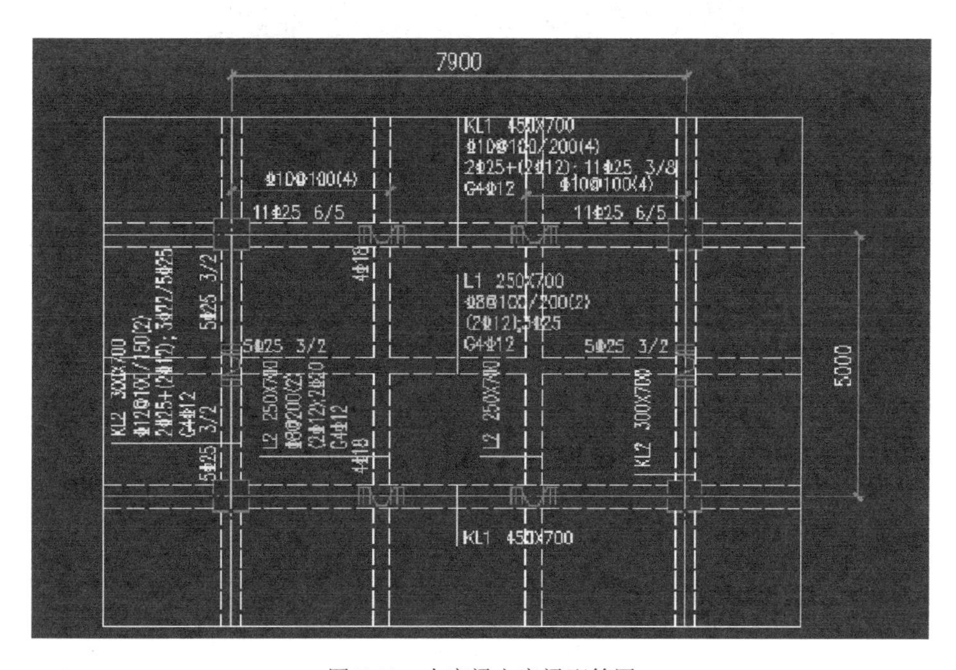

图 5-31　十字梁方案梁配筋图

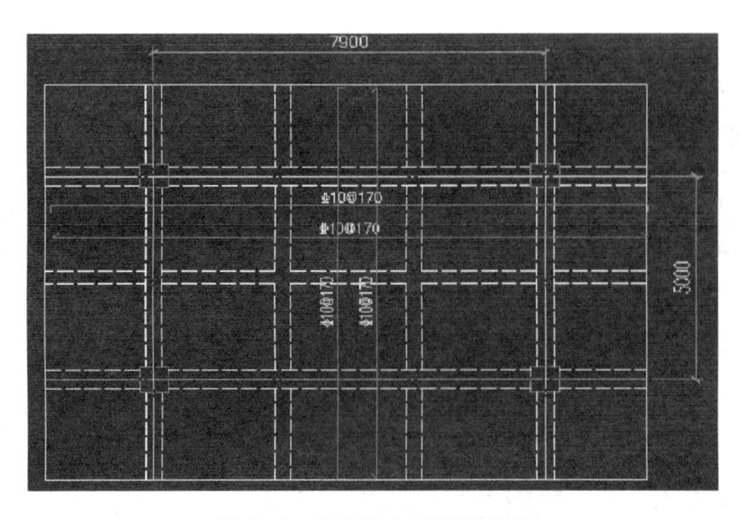

图 5-32　十字梁方案板配筋图

⑥ 加腋梁板方案（消防车区域）

混凝土等级 C35，柱子 500mm×500mm，板最小配筋率 0.25%，附加恒载 1.2×18+0.6=22.2kN/m^2，活载 22.5kN/m^2。

配筋图如图 5-34～图 5-36 所示。

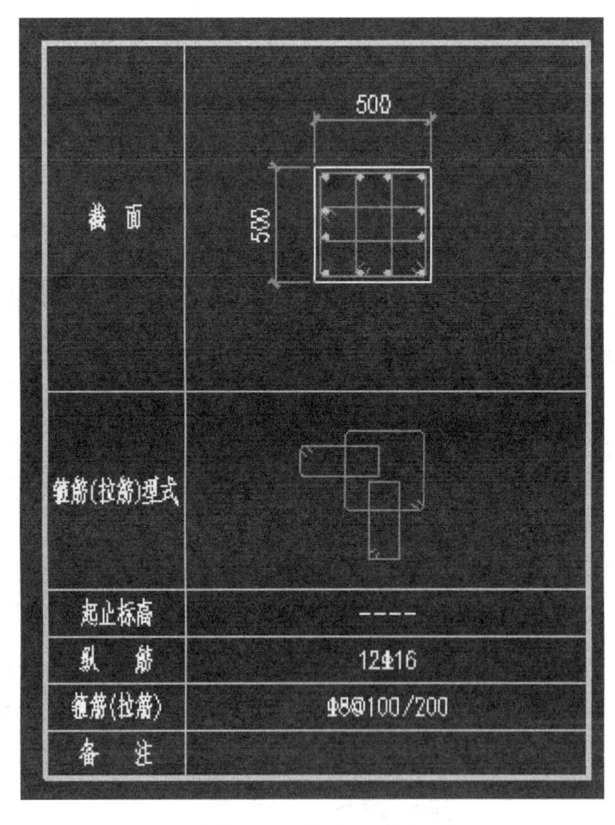

图 5-33　柱子配筋图

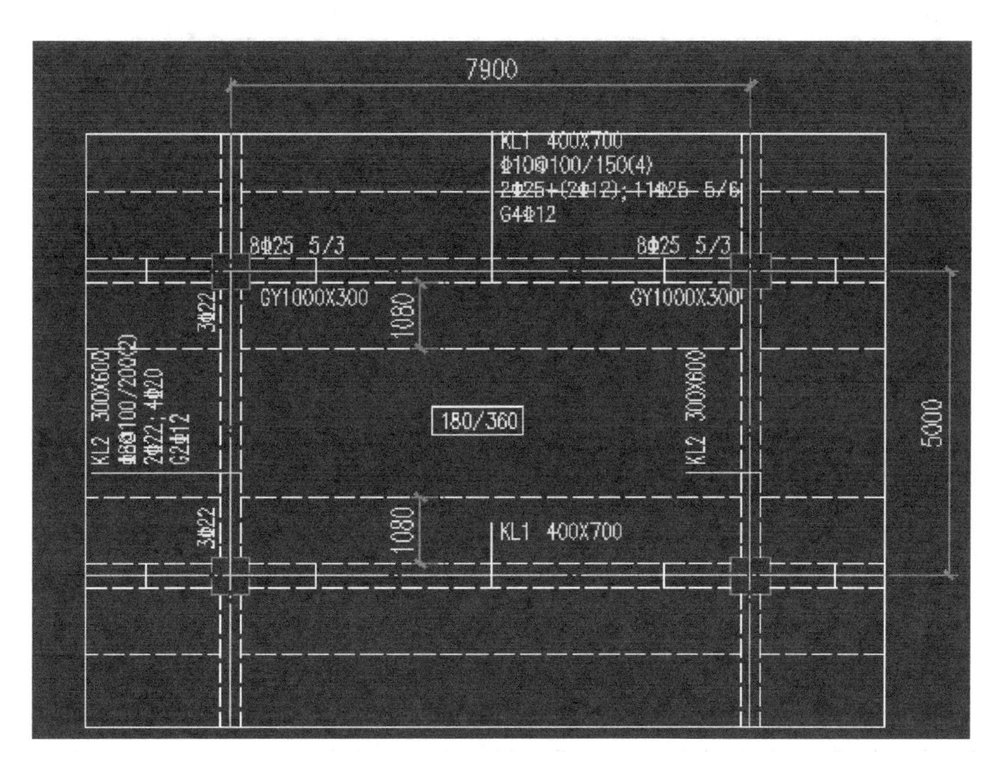

图 5-34　加腋梁板方案梁配筋图

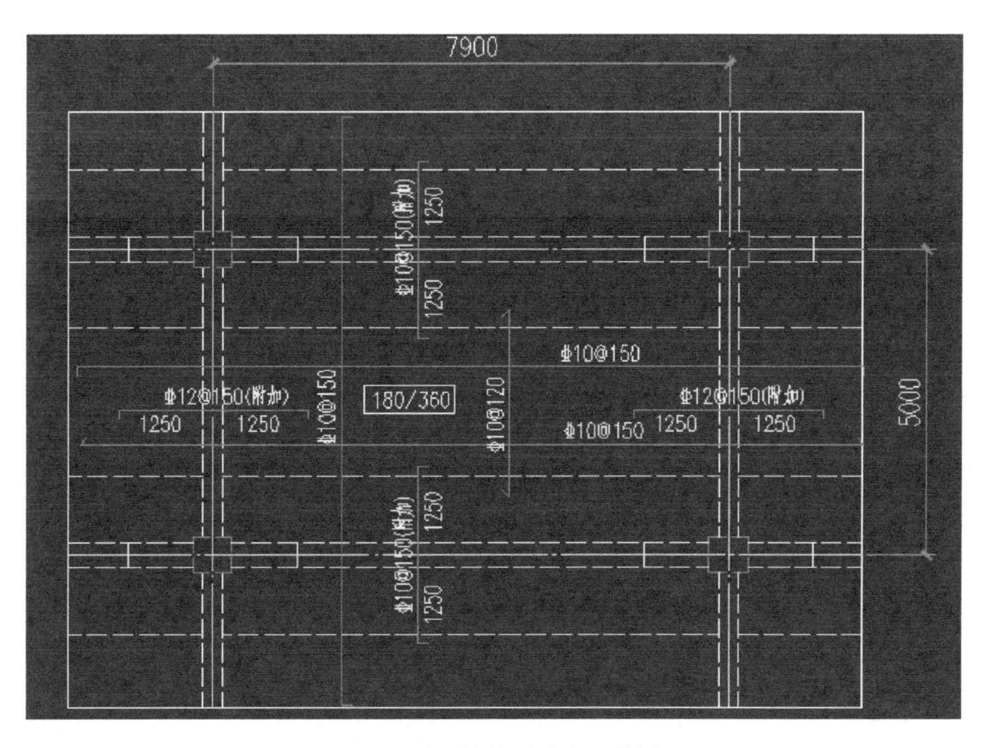

图 5-35　加腋梁板方案板配筋图

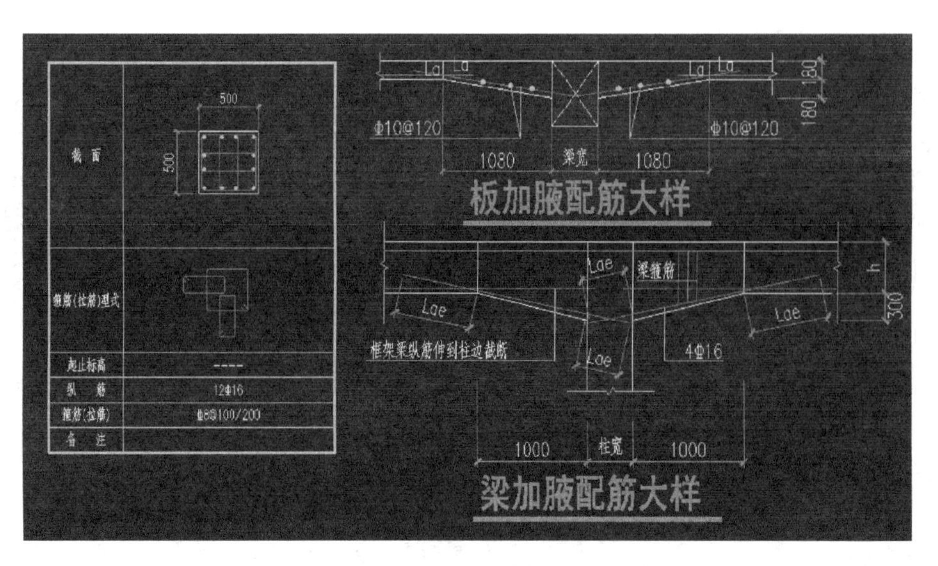

图 5-36 加腋配筋大样

⑦总结（表 5-2）

地下室方案对比 **表 5-2**

	方案	名称	重量（t/m^2）	单方造价（元/m^2）
非消防车区域	X 向单次梁单向板	钢筋	41.6	345
		混凝土	0.290	
	Y 向双次梁双向板	钢筋	42.6	348
		混凝土	0.283	
	加腋梁板	钢筋	38.6	329
		混凝土	0.290	
消防车区域	方案	名称	重量（t/m^2）	单方造价（元/m^2）
	十字梁双向板	钢筋	61.1	455
		混凝土	0.297	
	加腋梁板	钢筋	50.4	400
		混凝土	0.305	

注：混凝土综合单价为 400 元/m^2，钢筋单价为 5.5 元/kg。

根据以上对比分析可以看出，非消防车区域采用加腋梁板楼盖方案比较 X 向单次梁楼盖节省造价约 5%（约 16 元/m^2），比较 Y 向双次梁楼盖节省造价约 5.5%（约 19 元/m^2）；消防车区域采用加腋梁板楼盖方案比较十字梁楼盖节省造价约 12%（约 55 元/m^2），同时加腋楼盖模板更省。综上所述，建议消防车及非消防车区域均采用加腋梁板楼盖方案。

（4）某工程地下室方案论证（3）

本项目地下室为一层。采用基本柱网 8.1m×8.1m，大部分覆土 1.2m，局部覆土 1.5m，室外道路最低点标高为 33.500，地下室顶板结构顶标高为 33.800。地下室顶板与室外地面的高差很小，根据现场场地条件，选取地下室顶板做为结构嵌固端，同时并满足侧向刚度比的要求。

地下室覆土 1.2m，走消防车，柱网 8.1m×8.1m，平时荷载作用下，可选用的楼盖形式如下：

1）无梁楼盖方案（带柱帽柱托）；

2）明梁实心加腋大板楼盖方案；

3）单向双次梁（主梁加腋）楼盖方案（非消防车区域）；

4）井字梁楼盖方案（走消防车区域）。

① 方案一

无梁楼盖方案（带柱帽柱托），混凝土等级 C35，柱子 600mm×600mm，板厚 400mm（图 5-37）。

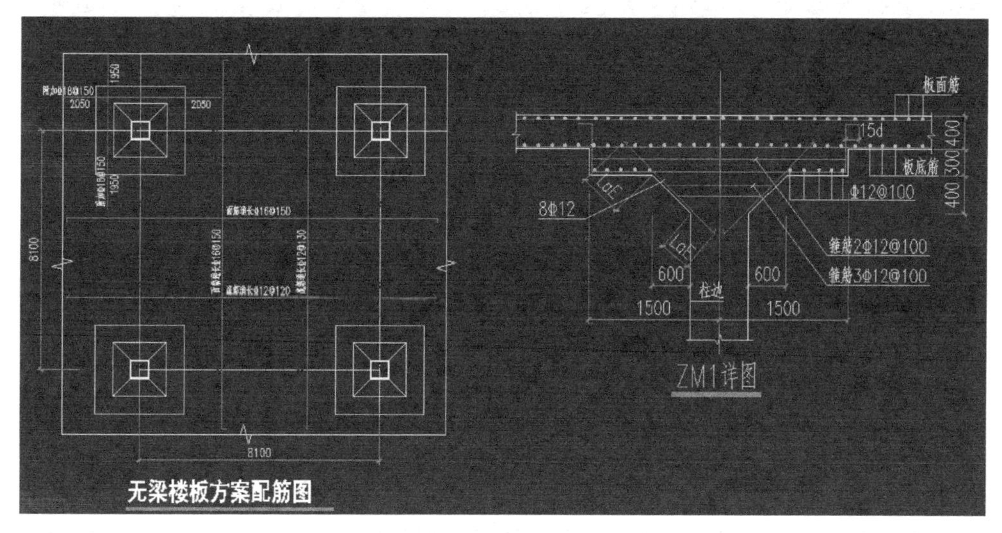

图 5-37　无梁楼板方案配筋图

② 方案二

明梁实心加腋大板楼盖方案，混凝土等级 C35，柱子 600mm×600mm，板厚 250mm/400mm（图 5-38）。

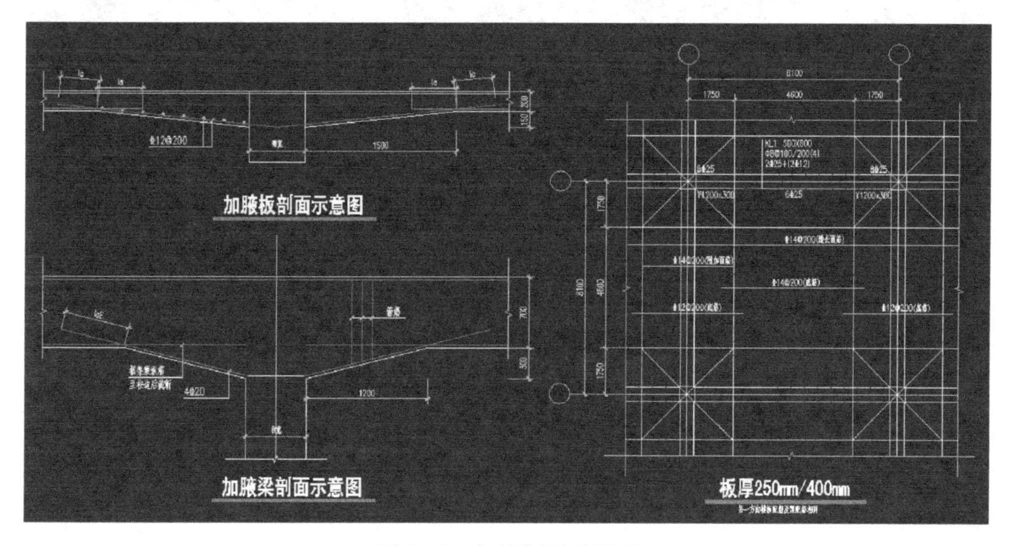

图 5-38　加腋剖面示意图

③ 方案三

单向双次梁（主梁加腋）楼盖方案，非消防车区域，混凝土等级 C35，柱子 600mm×600mm（图 5-39）。

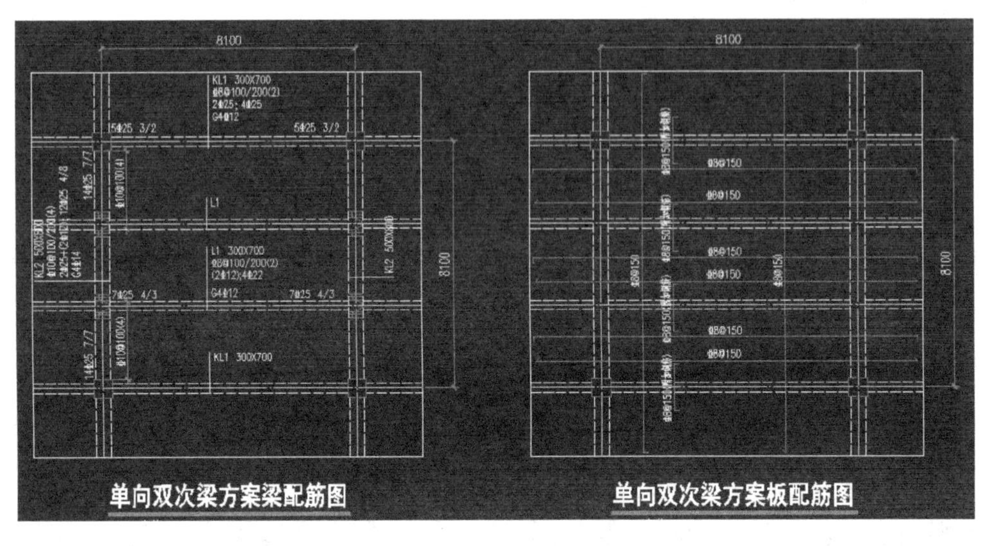

图 5-39　单向双次梁方案配筋图

④ 方案四

井字梁楼盖方案，走消防车区域，混凝土等级 C35，柱子 600mm×600mm（图 5-40）。

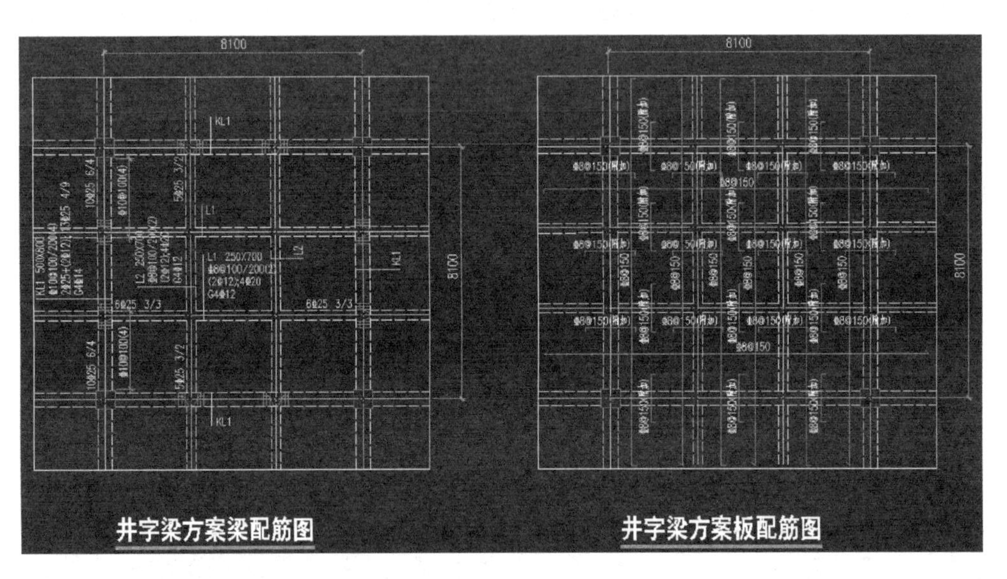

图 5-40　井字梁方案配筋图

根据以上结果，对四种楼盖体系、梁、板混凝土及钢筋进行经济比较，预估统计如表 5-3 所示。

经济比较 **表 5-3**

8.1m×8.1m 地下车库					
方案	单位	无梁楼盖	大板框架	主次梁	井字梁楼盖
钢筋用量	kg/m^2	38.68/51.04	42.2	45	61.2
钢筋单价	元/kg	5.5	5.5	5.5	5.5
混凝土用量	m^3/m^2	0.364/0.464	0.342	0.273	0.282
混凝土综合单价	元/m^3	400	400	400	400
楼盖钢混凝土造价	元/m^2	359/466	368.9	357	450

以上对比分析可以看出，非消防车区域采用双次梁单向板楼盖方案比较无梁楼盖节省造价约 1%（约 2 元/m^2），但是无梁楼盖比单向板楼盖节省层高 250mm；消防车区域采用井字梁楼盖方案比较无梁楼盖节省造价约 3.5%（约 16 元/m^2），但是无梁楼盖比井字梁楼盖节省层高 250mm，同时无梁楼盖模板更省，施工更方便。综上所述，结合节省层高、节省模板，减少钢筋加工量，施工快捷等综合效益因素，建议消防车及非消防车区域均采用无梁楼盖方案。

一般地下车库净高不小于 2200mm，一般以 2300mm 为宜。机电高度 600mm，地面含找坡的面层厚度约 100mm。本工程目前人防地下室层高 3.500m，柱网 8.1m×8.1m，覆土 1200mm，走消防车主梁（针对大板框架和普通梁板结构）梁高 800mm，无梁楼盖板厚 400mm。如采用有梁楼盖，有梁楼盖的层高＝100 面层＋2200 净高＋600 机电＋800 梁高＝3700mm＞3500mm；如采用无梁楼盖，无梁楼盖还需考虑 150mm 的机电安装高度（从安装角度考虑），无梁楼盖层高＝100 面层＋2200 净高＋600 机电＋150 安装高度＋400 结构板厚＝3450mm＜3500mm。

5.3.2 某工程基础选型案例

1. 工程概况

本工程为一栋 3 层的框架混凝土临时结构，无地下室。处于填方区，填土厚度平均 5～8m，最大轴力约 3600kN。

结合本工程的初步地质勘察报告，销售中心处于填土区，底板下主要为填土层、粉质黏土，然后就是强风化砂岩，由于填土层厚度太厚达 5～8m，因此浅基础方案难以实现，建议采用桩基础。

首层地面下为新填土，未完成自重固结，因此首层做结构板，不考虑土对底板的反力，板按普通层荷载传导到基础上。根据地勘报告，地下水位较深，不用考虑地下水浮力的作用。

2. 基础选型及优劣性分析：

根据结构方案，结合本工程的详细地质勘察报告，对本工程基础选型及优劣性分析如下：

（1）人工挖孔桩

优点：① 人工相对机械便宜，施工成本较低；

② 桩端持力层便于检查，质量容易保证，桩底沉渣宜控制；

③ 容易得到较高的单桩承载力，可以扩底，以节省桩身的混凝土用量。

缺点：① 受地下水位影响较大，地下水位较高时，施工要注意降水排水；
② 存在透水性较大的砂层时不能采用；
③ 施工时要注意对地下管线及周围沉降的观察；
④ 人工作业有一定风险，施工时应采取严格的安全保护措施；
⑤ 受雨期雨天的影响比较大。

（2）钻（冲）孔灌注桩：

优点：① 地下水位较高时，不用降水即可施工，基本不受雨期雨天的影响；
② 机械施工；
③ 施工时对周围的现状影响较小；
④ 钻孔桩可以灵活选择桩径，降低浪费系数。

缺点：① 桩底沉渣难以处理，桩身泥土影响侧摩阻力发挥；
② 在中风化岩层很难扩底，单桩承载力难以提高，（如能满足一定扩底尺寸，单桩承载力可以达到人工挖孔桩的要求）；
③ 废弃泥浆不环保，现场施工环境差。

（3）旋挖成孔灌注桩：

优点：① 施工安全可靠；
② 成孔质量保证；
③ 施工速度快；
④ 环保清洁；
⑤ 成本相对钻孔桩要经济。

缺点：① 扩底困难，桩端扩孔直径相对人工挖孔桩要小，和钻孔桩类似；
② 护壁性相对较差；
③ 成孔机械自重大，对场地要求比较严格。

（4）高强预应力混凝土管桩

施工方便，施工速度较快，经济性相对其他桩基较好，如通过试桩确定承载力，承载力较理想，但锤击成桩时有较大噪声，需要进行桩身完整性和桩身承载力检测，检测周期相对较长。同时，预制管桩配桩难以合适，有部分截桩浪费，同时还有部分废桩会增加成本。

本工程特点：

① 新近平整场地，填土层很厚，未完成自重固结，平均 5～8m，填土下粉质黏土较薄，下为强风化砂岩，岩顶埋深仅 6～10m。

② 本工程范围强风化层顶标高比较平坦，没有大的起伏，较均匀，厚度约 4～8m。

③ 地下水主要为上层滞水，没有强透水层。

④ 中风化砂岩埋深较深，比强风化层深 4～8m。

⑤ 单桩承载力不大，最大约 3600kN。

⑥ 前期仅施工售楼部，桩数量极少，没有规模效应。

分析：

综合以上情况，填土层较厚，且有负摩阻，如果采用预应力管桩基础，以强风化板岩为持力层，则桩长约 8～12m，仅计算承载力不高，需做试桩确定承载力，但需扣掉负摩阻力，单桩承载力偏低，同时由于前期施工售楼部量小，预估不超过 50 根管桩，设备进出费用高，且试桩检测时间周期长，因此管桩在本项目中没有明显优势。

如果采用人工挖孔桩，一柱一桩，桩端落于强风化层上，桩长约 6～10m，且可根据承载力人工扩底，且无强透水层，安全性和承载力也有保证。

钻冲孔桩和旋挖桩由于扩底能力有限，在强风化中承载力不高，且设备进出场费用高，因此此工程中经济性不如人工挖孔桩。

由于中风化埋深较深，强风化层较厚 4～8m 厚，因此选择在强风化层扩底，比落入中风化中可减短 4～8m 桩长，更节省成本。

强风化层桩端阻力标准值为 4000kPa，直径 800mm 桩身承载力最多能承受扩底到 1600mm（承载力达到 4000kN），800mm 直径桩身刚好满足本项目要求，经济性好。

3. 建议及结论

综上所述，建议：本工程采用人工挖孔桩基础，持力层选为强风化泥质粉砂岩，根据柱底轴力在持力层进行扩底，以获得和桩身混凝土强度相匹配的最大承载力。

5.4 制图习惯

绘制施工图时，有一个习惯最重要：制作块。一般层高表要制作成一个块，竖向构件一个块，水平构件中梁线、洞口线、文字等一个块、轮廓线及索引一个块、轴线＋轴线标注＋内部次梁定位线一个块、板配筋及文字一个块、梁平法施工图一个块。做成以上块后，如果另一层的施工图和块中的施工图不一样，则把块炸开（x 命令），修改后，再按照以上原则重新制作块（block 命令）。

制作成块的好处是逻辑思路很清晰，并且不容易出错误，能提高出图与修改图纸的效率。

6 盈建科软件中常见其他功能与分析

6.1 建模（现浇结构）

6.1.1 无梁楼盖建模

布置虚梁或者暗梁的作用：生成楼板；指定柱上板带的布置位置，软件自动生成的柱上板带就是沿着虚梁或者暗梁布置的。

无梁楼盖中设置柱帽时，可在建无梁楼盖中设置柱帽时，可在建模的楼板布置菜单下柱帽；软件可布置的柱帽形式有 3 种：柱帽、柱帽+托板、托板，如图 6-1 所示。

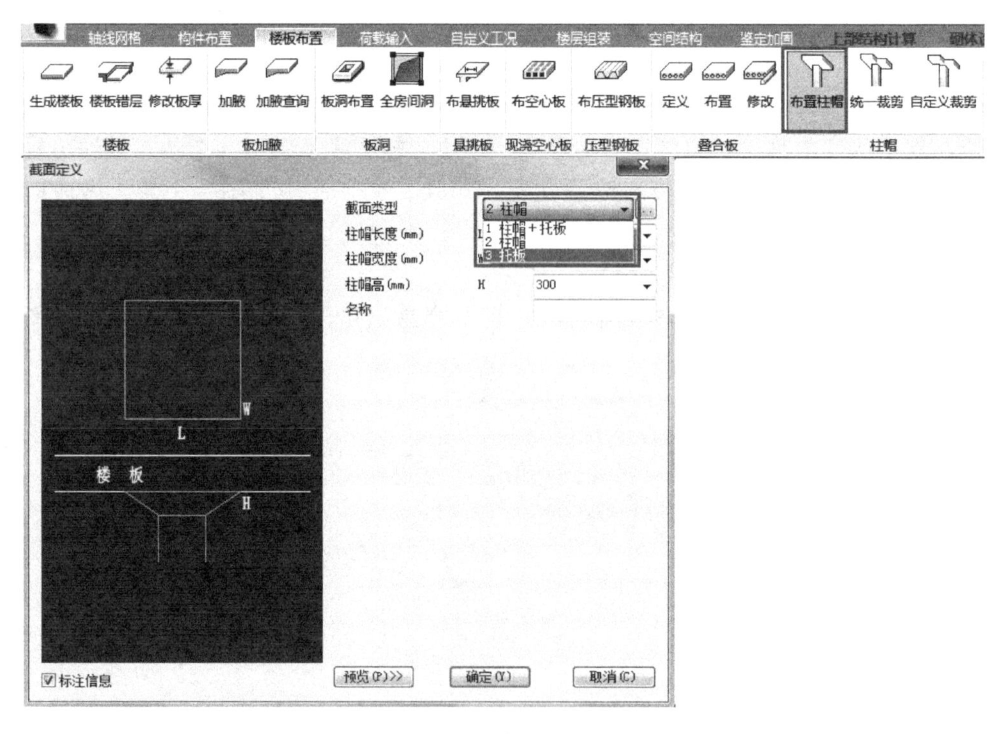

图 6-1 布置柱帽

在计算之前，应把楼板定义为弹性板 6，即可真实地计算楼板平面内和外刚度。地下室楼板强制采用刚性假定：因无梁楼盖多布置在地下室，因此在计算无梁楼盖时，此项注意不能勾选。

可在楼板施工图中完成无梁盖配筋设计；无梁楼盖仅支持有限元方式计算，软件可考虑柱帽影响，将处按照变厚度板计算。

建模时，点击“楼板布置-自定义裁剪”，点击布置处的无梁楼盖柱帽，可以对边跨的柱帽进行裁剪，如图 6-2 所示。

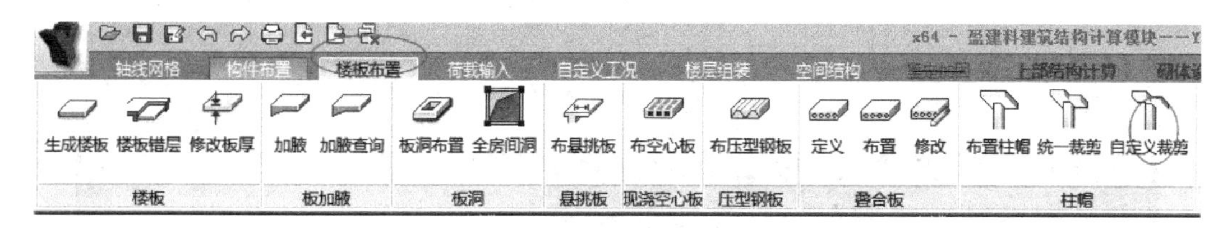

图 6-2　自定义裁剪

6.1.2　盈建科中的一些常用的功能

在盈建科屏幕的下方，可看到一些图形按钮，点击 1，可弹出“截面显示设置”的对话框；点击 2，可显示模型的平面图；点击 3，可显示模型的轴测图（三维图）；点击 4，模型中的文字变大；点击 5，模型中的文字变小，如图 6-3 所示。

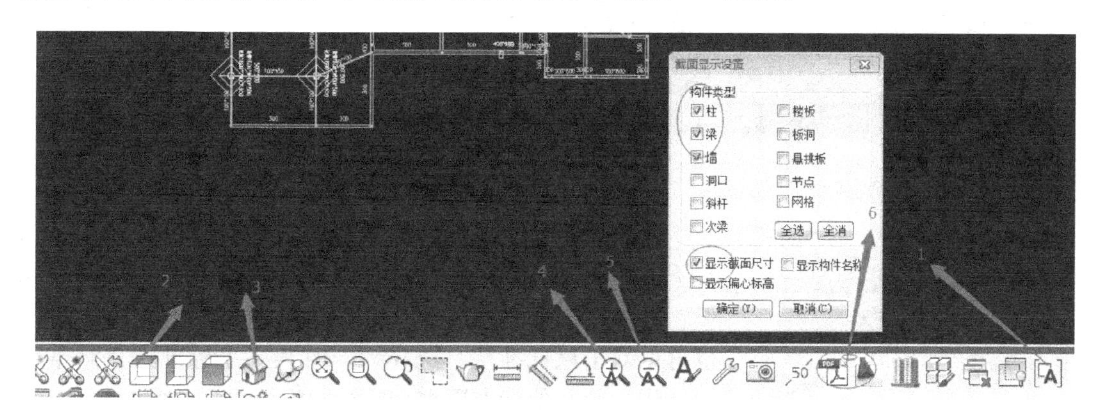

图 6-3　屏幕下方图形按钮

在屏幕的右上方，可对楼层进行切换，查看全楼模型，如图 6-4 所示。

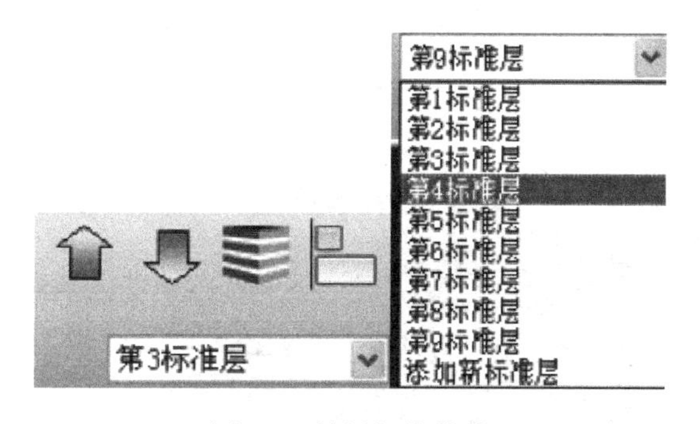

图 6-4　楼层切换菜单

点击，删除标准层，即可完成指定标准层的删除，如图 6-5 所示。

在平面的右上方选择第 2 标准层（图 6-6），点击“楼层组装—插标准层”，在图 6-7 中选择第 3 标准层，即把第 2 标准层插入到原第 3 标准层的前面，原第 3 标准层变成了第 4 标准层。

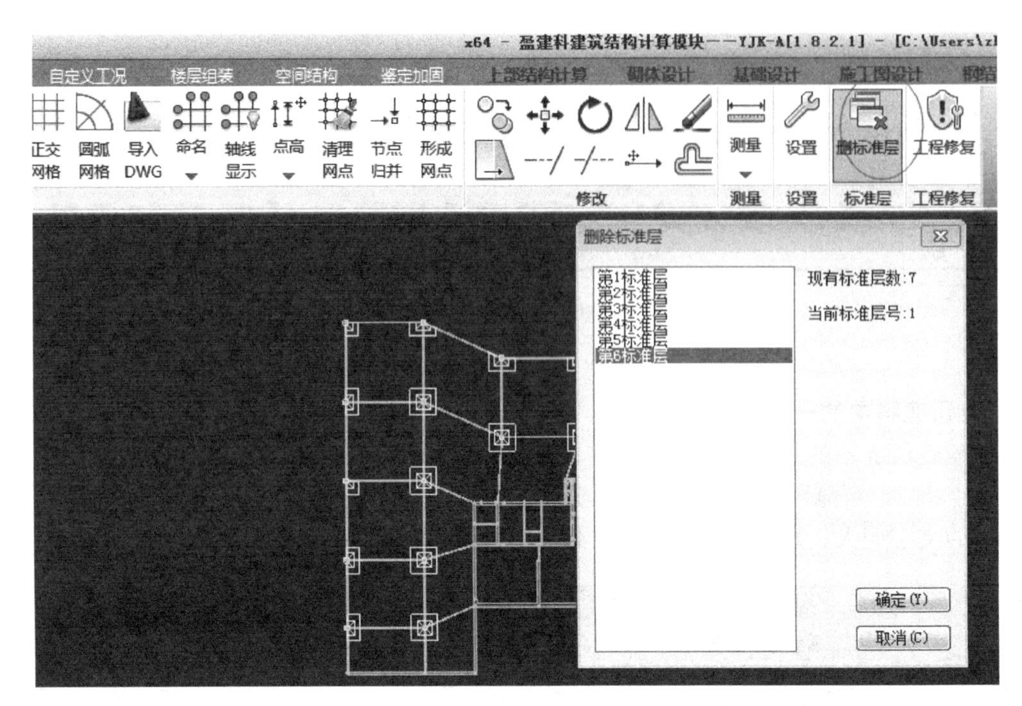

图 6-5　删除标准层

图 6-6　标准层选项

如果要进行不同标准层的同一个操作，可以在屏幕的右下方，点击画圈中的按钮，程序会自动弹出“层间编辑设置”对话框，可以选择要进行操作的标准层，点击添加，也可以双击该标准层。选择后，对某一个标准层进行某一个操作，则其他标准层也会进行同样的操作。完成操作后，一定要记得点击“全删”，否则会批量操作以后程序操作，如图 6-8 所示。

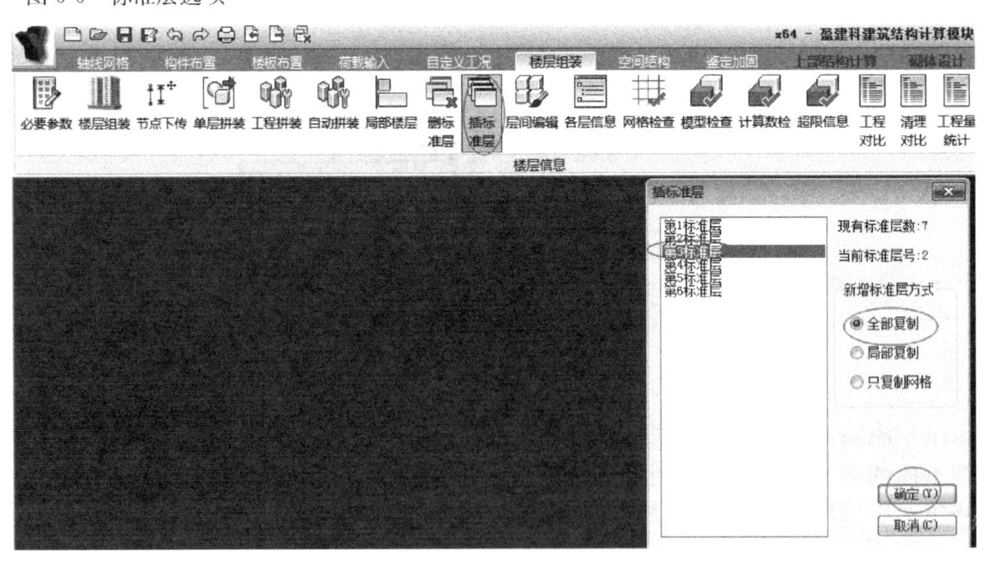

图 6-7　插标准层

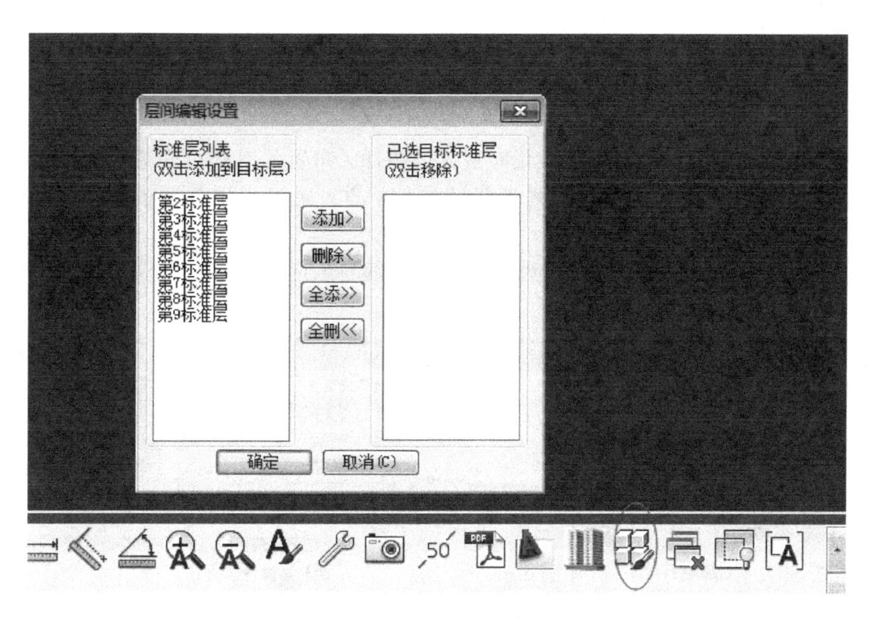

图 6-8　层间编辑设置

6.2　基础设计（现浇结构）

6.2.1　抗拔锚杆建模

返回到【基础建模】进行抗拔桩数量的估算，在总参数中勾选上抗拔桩数量图的参数，如图 6-9 所示。

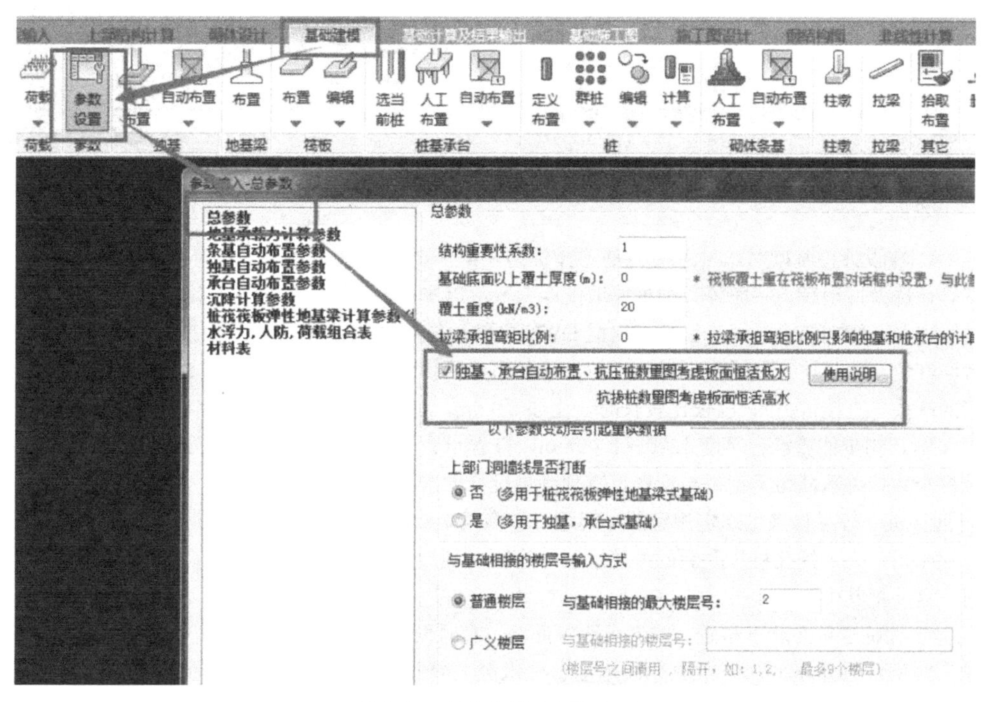

图 6-9　基础建模/参数设置

注：1. 定义抗拔桩或抗拔锚杆，设置好抗拔承载力，点击桩数量图，选择抗拔，程序会在每个墙柱下显示所需要的抗拔桩的数量，抗拔桩数＝(上部荷载－高水位支座力)÷抗拔承载力，如图 6-10、图 6-11 所示。

2. 根据柱下显示的所需抗拔锚杆的数量布置抗拔锚杆。布置的时候可先选择群桩布置对大部分区域进行布置，然后选择定义布置，对局部区域进行单点。灵活运用各种布置方式可以提高工作效率。

3. 点击“基础计算及结果输出-桩刚度”，可以修改抗拔桩的抗压及抗拉刚度。

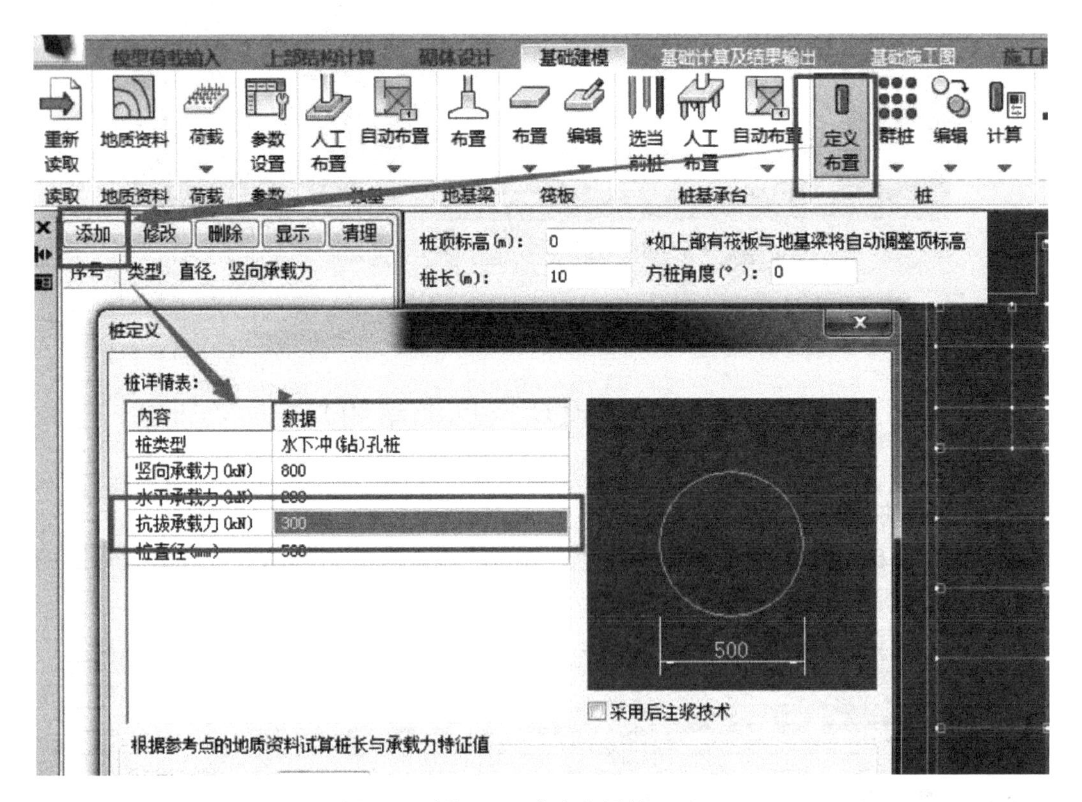

图 6-10　定义布置桩

注：1. 在设计桩基础时，最主要的是选择桩型，第一要保证安全性及施工环境，第二才是经济性，进场费等；选择桩型后，一般可以根据提取的内力（可以多建一层，桩基础留有设计余地），然后把墙底或者柱底内力：标准组合，恒＋活，导出成 DWG 文件，复制到底层墙柱平面图中，把计算结果变成黑色或者洋红色，做成块。然后根据计算出的桩承载力特征值做除法，一般一根剪力墙下布置两根桩（尽量在墙的端头，直接传力），墙长比较长时，比如 4～6m，也可以布置三桩。画完桩承台布置图后，然后导入到 YJK，初步估算承台厚度 1200～1700mm，查看承台计算结果及桩反力验算结果，然后进一步对承台及桩个数，桩承载力类型进行调整，直到满足设计要求。

2. 灌注桩一般尽量满足规定规定的桩间距，最多减小 $0.5d$，如果实在不能满足，则要减小 1/2 甚至更多的侧摩阻。人工挖孔桩扩底后的外轮廓尺寸间距一般要不小于 500mm，最好大于 1000mm。当隔得太近时，需要把其中的一个桩施工完成后，再对另一个桩进行施工。

3. 为了让桩尽量在墙下布置，或者承台保证墙，有时候承台要拉长、做宽。对于基础设计，最重要的就是：力及力的分配、基床系数、桩刚度、桩承载力特征值、地基承载力特征值、选取合适的计算方法。

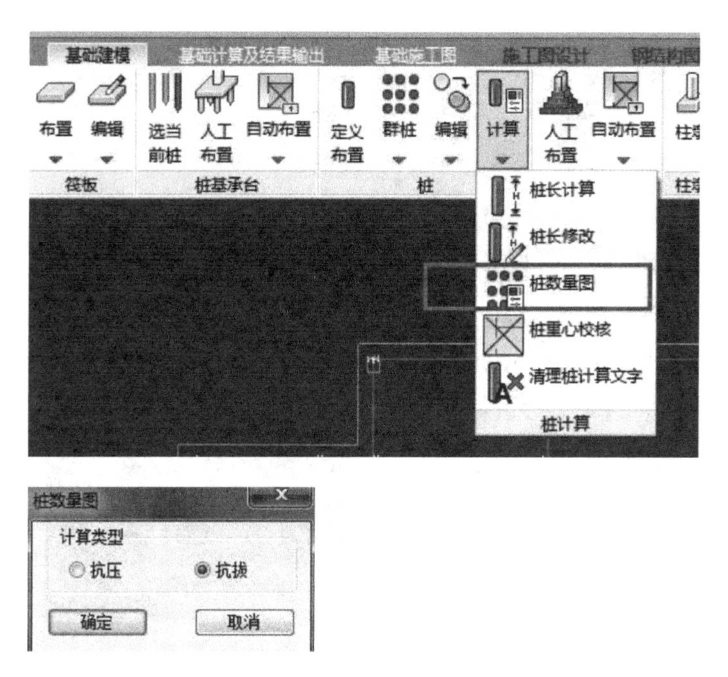

图 6-11　桩数量图

注：1. 点击“群桩”，可以选择合适的方式布置抗拔桩。也可以导入抗拔桩（DWG）。

2. 点击“辅助工具-统一修改标高”，可以手动修改桩顶及其他构件的标高值，如图 6-12、图 6-13 所示。

3. 对于桩如果有水必须要有抗拔桩刚度，不考虑水，抗拔桩刚度可以不输入。抗拔锚杆的抗压刚度必须输入为 0。锚杆可以在桩定义中以锚杆的形式定义。

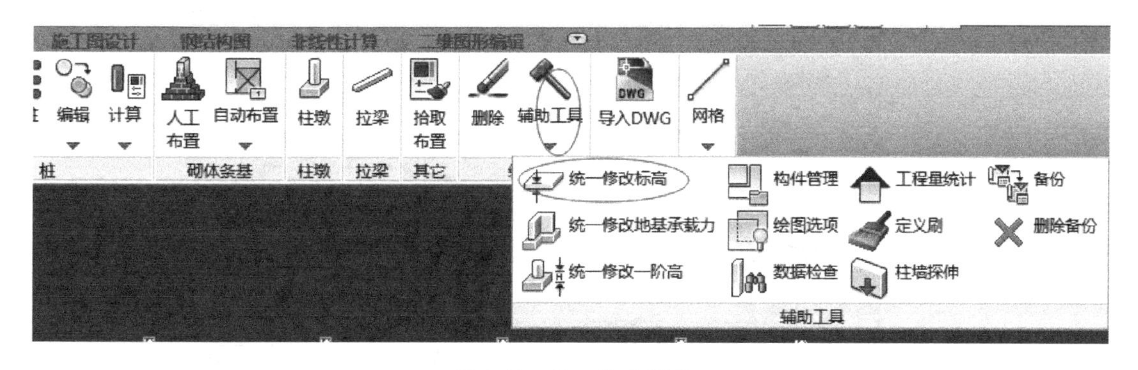

图 6-12　统一修改标高

6.2.2　任意布置筏板

为适应不能通过围网格自动生成筏板的情况，YJK 基础提供了【任意轮廓】方式，见图 6-14。所以筏板的建模并不依赖于网格，所以不存在需要为布置筏板而增加网格的情况。

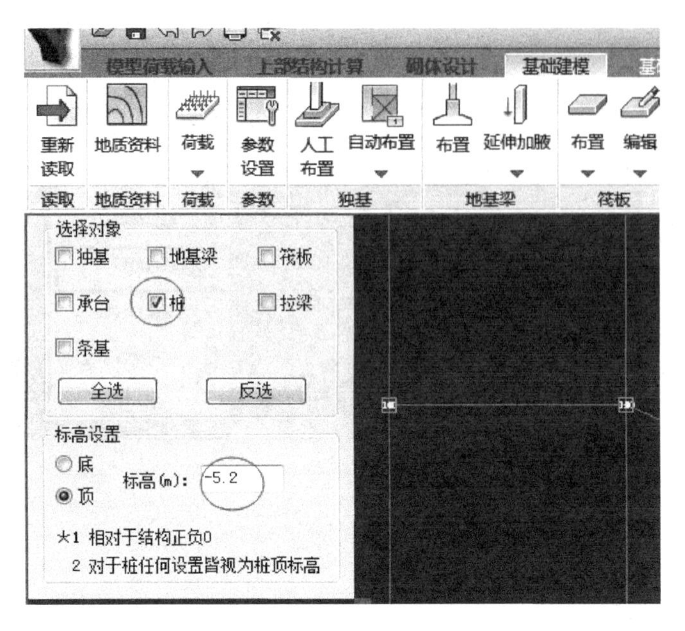

图 6-13 统一修改标高（1）

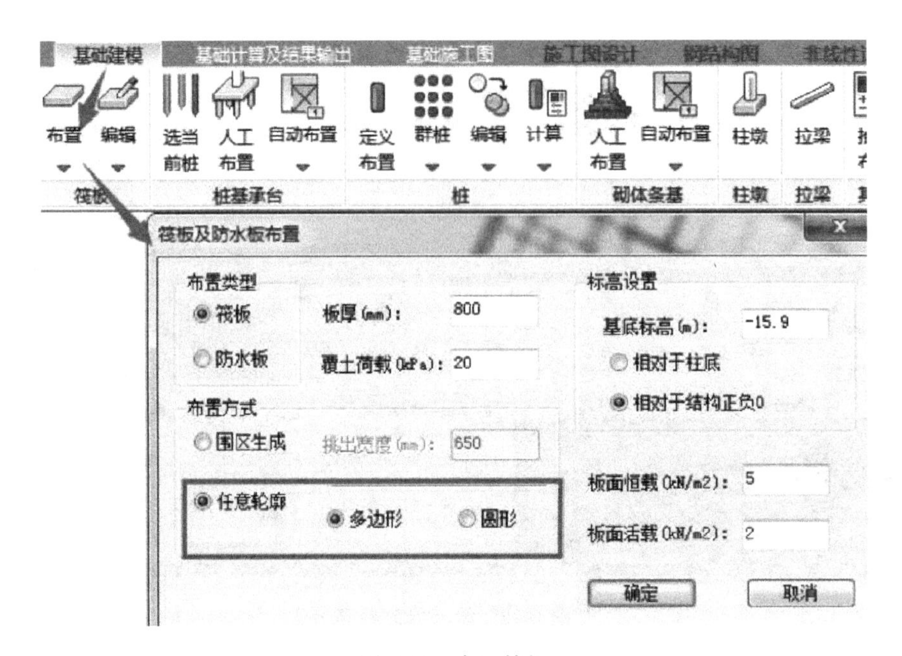

图 6-14 布置筏板

6.2.3 不同基础计算模型选取

不同基础计算模型选取如图 6-15 所示。

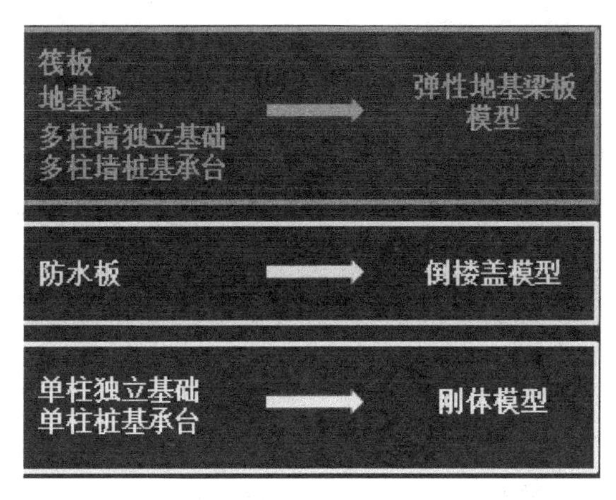

图 6-15　计算模型选取

6.3　装配式结构

装配式结构，主要在于预制楼板的定义。点击“楼板布置-叠合板（定义）”，弹出对话框，如图 6-16 所示；点击布置，按照实际工程填写参数，然后在标准层中点击楼板，选择方向，即可完成叠合板的布置（图 6-17）。

图 6-16　叠合板定义对话框

注：1. 板宽根据实际工程填写，一般不超过 3000mm（运输要求），板厚一般至少 130mm（60＋70 现浇），方便走管等；点击添加，即可完成叠合板的定义。

2. 现在也有的结构设计人员经过对比，认为现阶段的软件计算叠合板不是太准确，在传统设计中计算。假设叠合板的厚度为 60（底）＋70mm，板的四个面筋还是按照 130mm 双向板计算，主要受力方向的底筋（短跨）按 130mm 的单向板计算；拼接部位的附加筋（预制板拼接部位的附加面筋）按 70mm 的双向板计算，这样计算会偏于保守设计，是保证两个薄弱部位不破坏（预制板拼接部位、预制板与现浇层的拼接部位）。

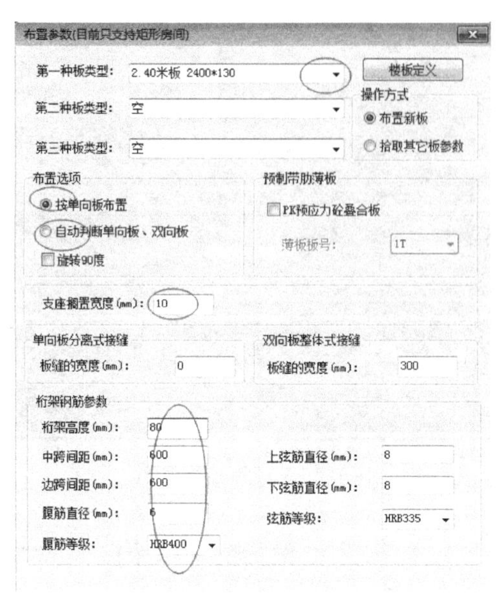

图 6-17　布置参数

注：1. 程序自动判断单向板、双向板的原则：按照所需布置房间的长宽比判断，长宽比>3 时，按照单向板排布；长宽比≤3 时，按照双向板排布。

2. 点击“施工图设计-板施工图”，进入楼施工图菜单；点击“参数设置”，选择“叠合板参数”，填写相关的参数，并填写前几项参数，如图 6-18 所示。

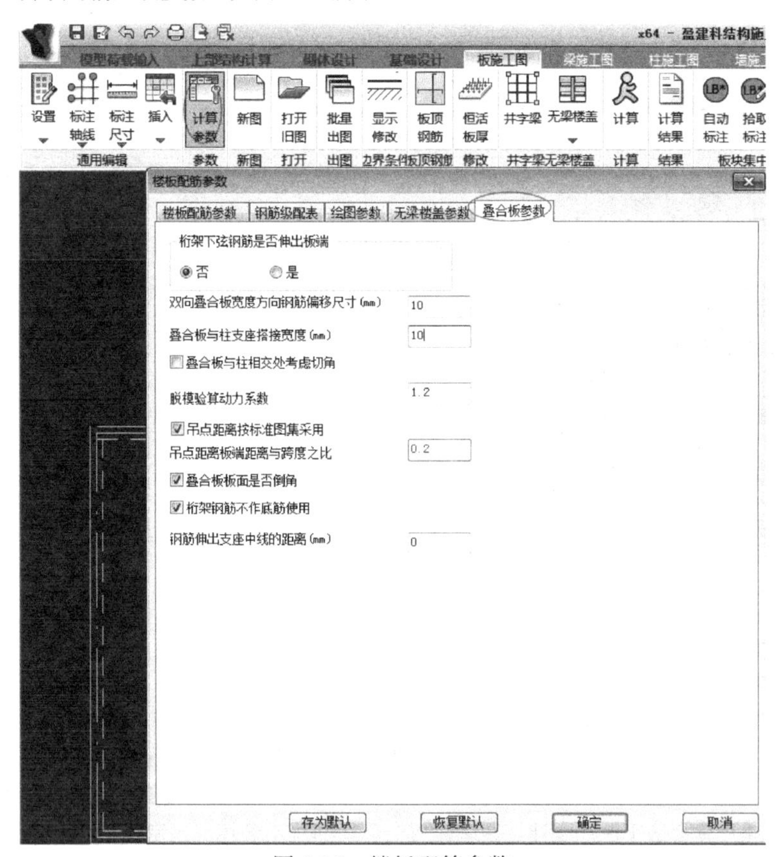

图 6-18　楼板配筋参数

注：1. 叠合板房间的内力计算和配筋计算的操作流程和普通现浇楼板相同。按房间为单元进行计算，可选择手册算法或有限元算法。软件的配筋计算按照叠合板厚度加现浇层厚度的总厚度进行。对叠合板底板施工安装时，应设置临时支撑。对于按照单向板布置的房间，对叠合板配筋和板搭接方向的支座负筋按照单向板房间计算，但是对于按单向板布置房间的垂直于板搭接方向的支座负筋仍采用双向板房间计算的结果。

2. 对于按照双向板布置的房间，对叠合板配筋和各方向的支座负筋按照双向板房间计算。叠合板房间的计算结果的显示和查询和普通现浇楼板房间相同。可使用楼板平法图方式画出各房间和支座的楼板配筋图。该图中，跨中板底钢筋表示的是叠合板底板的实配钢筋两个方向的直径和间距；叠合板房间后浇部分的支座配筋则需要依据该图表达的结果。

3. 计算完成后，可点击“预制构件施工图-参数-重新绘图-指定（预制梁、预制柱、预制墙）”，框选要定义为预制构件的构件，即可完成预制构件的定义，如图 6-19 所示。

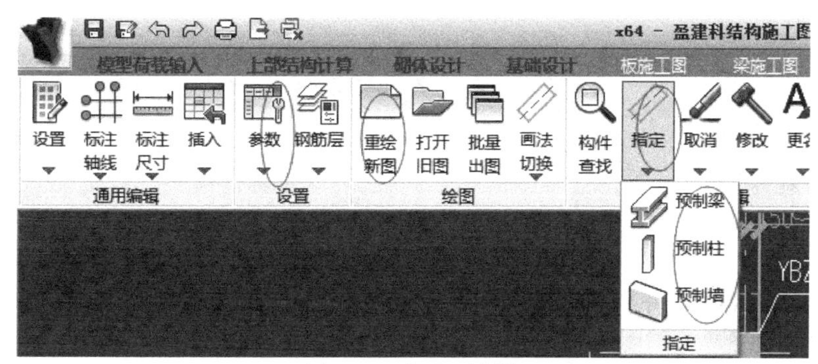

图 6-19　指定预制构

注：点击“二维详图”-预制梁详图等，即可自动完成预制构件的绘制（图 6-20）。

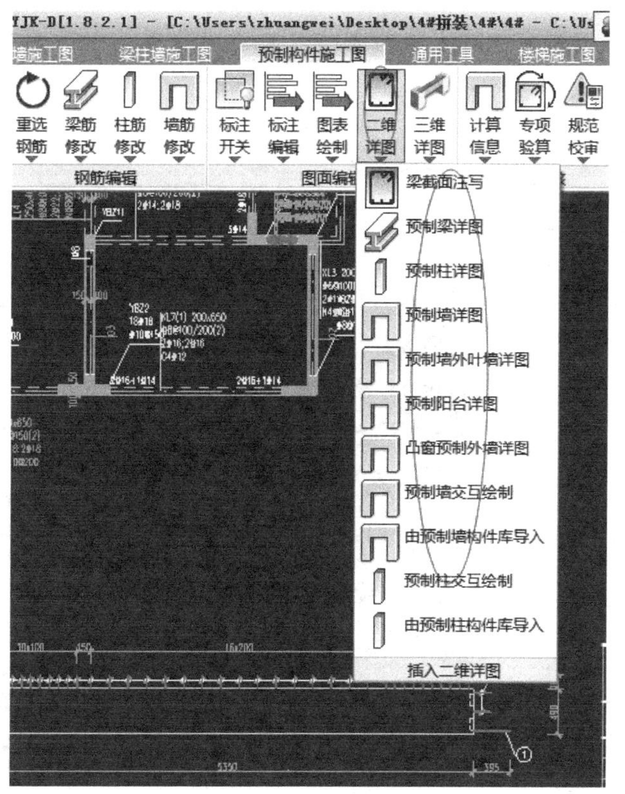

图 6-20　二维详图

6.4 防水板设计

1. 防水板的布置

布置防水板时，对于防水板的底标高及板面恒活荷载可暂时不设置。基础底标高在防水板、承台、独基等基础构件都布置完成后统一进行修改，提高建模的工作效率（图 6-21）。

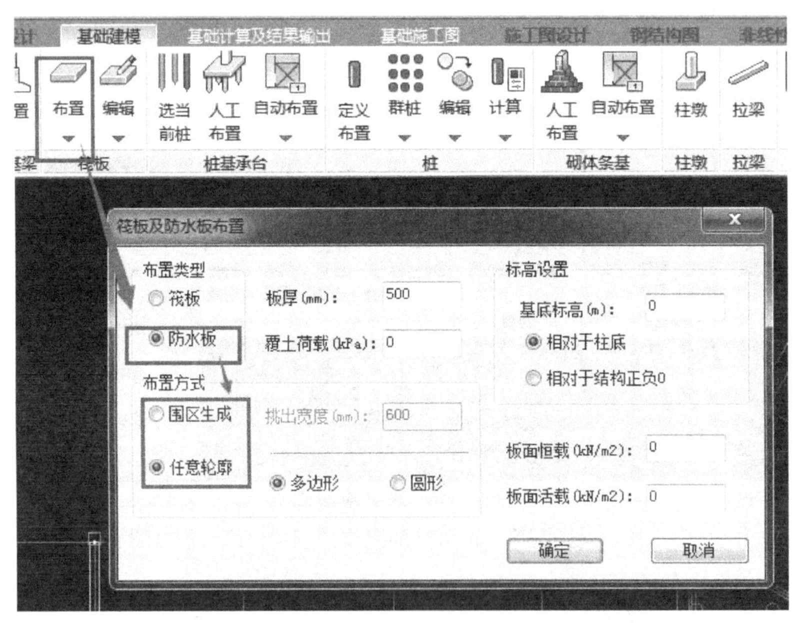

图 6-21 防水板布置

布置完成后如需修改可以在编辑中进行修改等操作（图 6-22）。

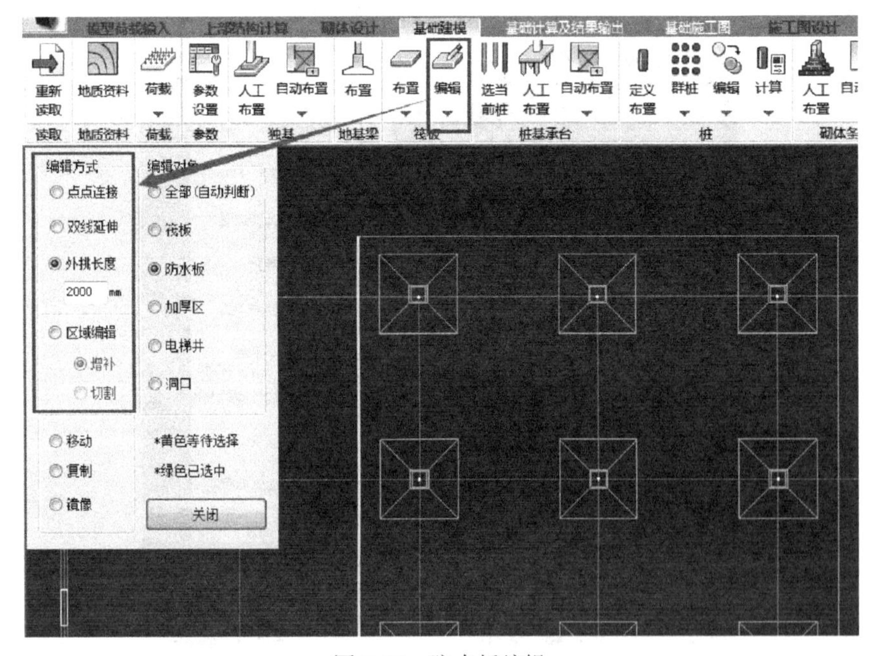

图 6-22 防水板编辑

双击防水板边线可以对防水板的板厚、类型、恒活荷载等参数进行修改（图 6-23）。

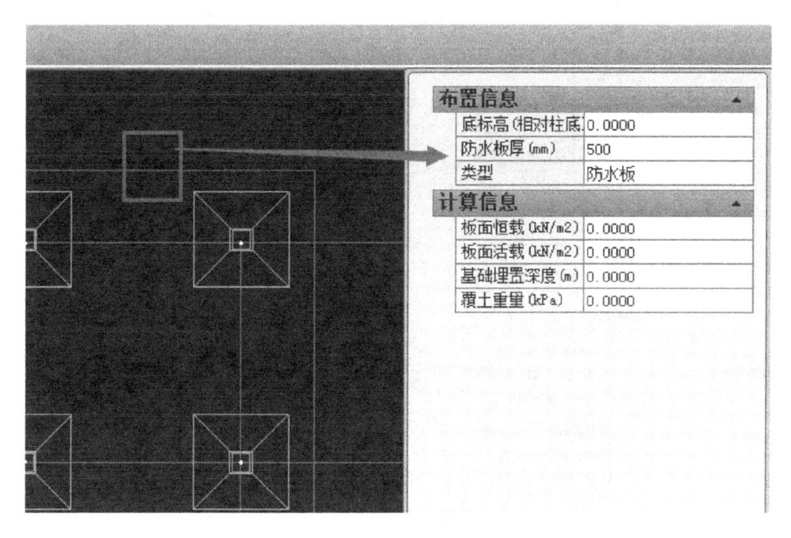

图 6-23　防水板修改

2. 生成数据。

基础模型布置好后，进入到基础计算模块，设置计算参数并生成数据（图 6-24）。

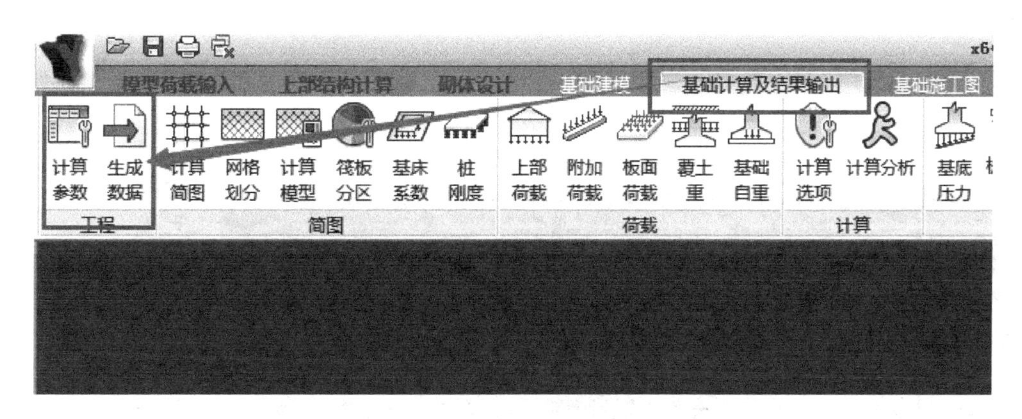

图 6-24　基础计算及结构输出

防水板参数需要注意的两个地方：一是防水板上的恒活及其自重是否需要传递到独基、承台，如果需要传递的话，就勾选上防水板荷载所有组合传递到基础；二是涉及高水的抗浮计算，需采用筏板模型才能真实地考虑局部抗浮等问题，此种情况不建议使用防水板模型进行计算（图 6-25）。

3. 局部荷载修改

生成数据后，进入到防水板设计菜单，可以查看防水板的网格划分情况，局部修改防水板的恒活荷载。即图 6-26 中的前处理方框部分。

4. 计算。

点击《计算分析》，对布置的基础进行计算（图 6-27）。

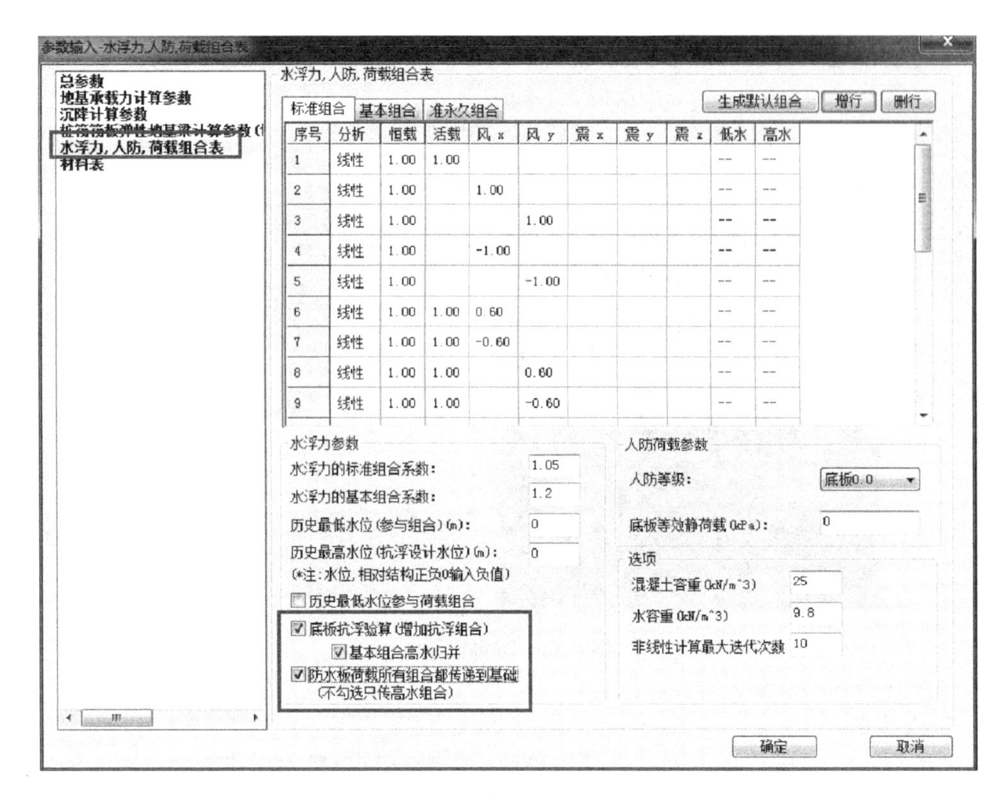

图 6-25　参数输入-水浮力等

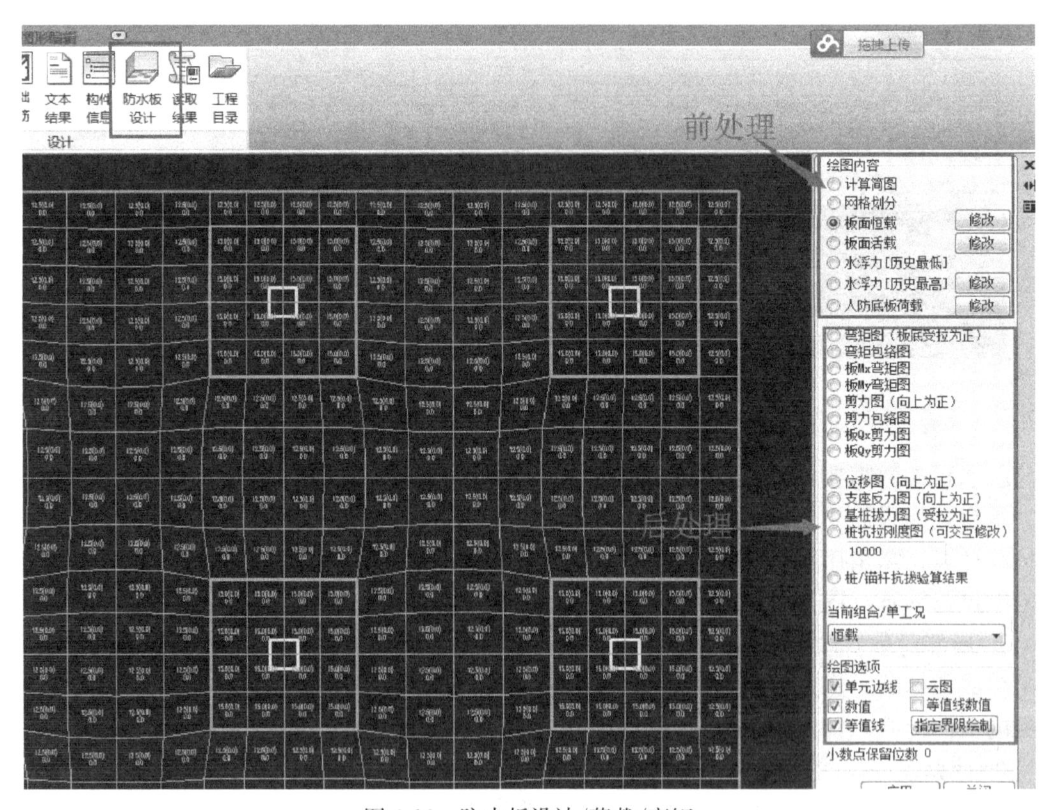

图 6-26　防水板设计/荷载/弯矩

5. 结果查看

对防水板的内力等结果的查看，在防水板菜单下进行，即图 6-26 中的后处理方框内。防水板的配筋在基础配筋菜单的防水板下查看，如图 6-28 所示。

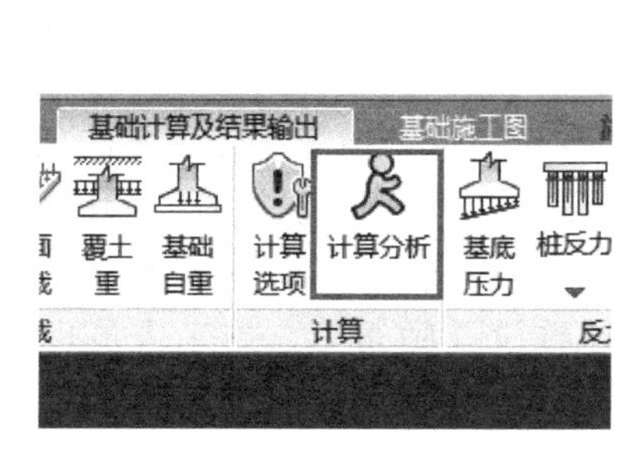

图 6-27　计算分析

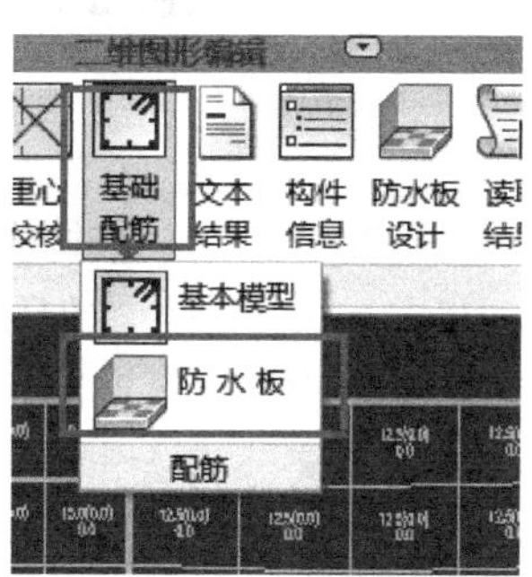

图 6-28　基础配筋

除防水板外的其他基础类型，则在这个菜单下查看。其他基础的配筋结果则在基本模型下查看（图 6-29）。

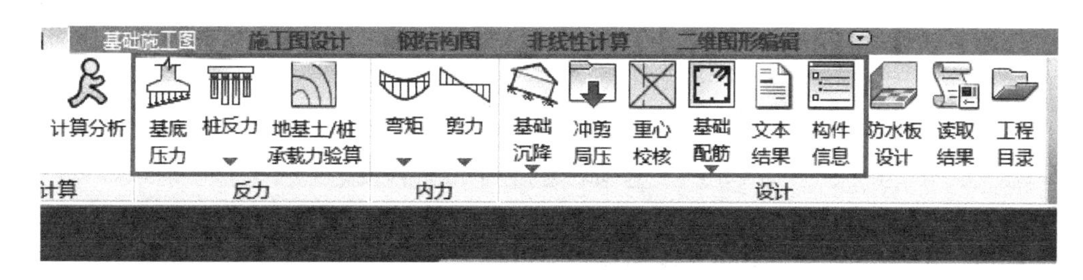

图 6-29　计算后结果查看

7　基础设计中的简化

结构设计的本质是变形协调。结构的存在，在风、地震等作用下的变形协调。中国建设了这么多房子，基本上大同小异，但每个建筑都与其他建筑有不同的地方。在设计时，要找到不变的点，比如结构布置是调刚度，刚度与配筋是互相变化的，如果为了优化，设置太多的不同构件截面，区分得太细，会导致设计师很累，施工人员也很累。大多的时候，是抓不变，比如梁截面种类不要太多，能归并的尽量归并，让配筋去协调与变化，如果同时变或者变化太多，或者抓不住不变点，人的思维会很乱，设计效率会降低。

基础设计时，最大的难点就是变。土承载力大小的变（土分不同层）、土的深度的变、不同项目总荷载的变，为了取得一个经济与安全及施工质量的平衡关系，是需要对比分析及经验的。如果上部结构坐落在很浅的承载力很高的土上，该土在水平方向上没有变化，这是最理想的一种状态，土的开挖及运输成本也低，设备费用也低，基础的混凝土及钢筋用量也低。

7.1　基础设计中的不变

基础设计中不变的是力平衡。比如独立基础中：p(地基反力)$\times A$(面积）与柱下轴力 N 的大小关系；比如，筏形基础中 p(地基反力)$\times A$(面积）与轴力 N 的大小关系；比如，桩基础中总轴力大小 N 与 p(单桩反力)$\times n$(桩个数）的关系，基本上都是一种平衡关系，做除法。由于地基反力在变，土的弹簧刚度不同，上部竖向构件的支座关系有多个，需要引入弯矩进行有限元计算。

7.2　土的变化及承载力大小变化的关系

（1）实例1

根据本次勘察结果，参照《建筑地基基础设计规范》GB 50007—2011、《建筑桩基技术规范》JGJ 94—2008 等有关规程规范，结合地区建筑工程经验，场地内各地层相关工程特性指标建议采用表 7-1、表 7-2 中的数值。

岩土参数表　　**表 7-1**

地层＼指标	承载力特征值 f_{ak}(kPa)	压缩模量 E_s（MPa）	天然重度 γ(kN/m^3)	固结快剪标准值		临时放坡坡度允许值（高宽比）
				内摩擦角 φ(°)	凝聚力 c(kPa)	
人工填土①	(60)	(3.0)	18.0	10.0	12.0	1∶1.75
耕植土②	(60)	(3.0)	18.0	10.0	12.0	1∶1.75
粉质黏土③	180	6.5	18.5	20.0	25.0	1∶1.25

续表

地层＼指标	承载力特征值 f_{ak}(kPa)	压缩模量 E_s (MPa)	天然重度 γ(kN/m^3)	固结快剪标准值		临时放坡坡度允许值（高宽比）
				内摩擦角 φ(°)	凝聚力 c(kPa)	
粉质黏土④	(60)	(3.0)	18.0	10.0	12.0	1∶1.75
全风化灰岩⑤	200	7.0	19.0	22.0	28.0	1∶1.25
强风化灰岩⑥	280	60 *	21.0	40（似内摩擦角）		—
中风化灰岩⑦	2000	—		80（似内摩擦角）		—

注：括号内数值仅供地基处理使用。带 * 者为变形模量。

桩基设计取值表 **表 7-2**

地层＼指标	钻（挖、冲）孔灌注桩		地基土水平抗力系数的比例系数 m 值（MN/m^4）	抗拔系数 λ
	桩的极限侧阻力标准值 q_{sik}(kPa)	桩的极限端阻力标准值 q_{pk}(kPa)		
人工填土①	—	—	10	—
耕植土②	20	—	10	—
粉质黏土③	60	—	35	0.7
粉质黏土④	40	—	12	0.5
全风化灰岩⑤	60	1100	35	0.7
强风化灰岩⑥	140	2200	140	0.8
中风化灰岩⑦	500	12000	500	0.9

注：1. 当采用表中桩基数值时，桩长应满足规范要求；建议进行一定数量的试桩校核；
2. 人工填土负摩阻力系数建议按 0.30 取值。

（2）实例 2

按广东省标准《建筑地基基础设计规范》DBJ 15-31—2003 和国家标准《岩土工程勘察规范》GB 50021—2001（2009 年版），结合地区经验，各岩土层承载力特征值 f_{ak} 和压缩模量 E_s 等指标建议采用表 7-3、表 7-4 数值。

场地内各岩土层的岩土力学参数建议值 **表 7-3**

地层名称及成因代号		状态	承载力特征值 f_{ak}(kPa)	压缩模量 E_s(MPa)	变形模量 E_o(MPa)	凝聚力 c(kPa)	内摩擦角 φ(°)	饱和抗压强度标准值
Q^{ml}	杂填土①	松散	—	3.7	—	25.3	23.8	—
Q^{mc}	淤泥质黏土②$_1$	软塑	60	4.06	8	24.8	27.0	—
Q^{mc}	砾砂②$_2$	中密	80	4.06	8	24.8	27.0	—
Q^{mc}	粉质黏土②$_3$	可塑	120	4.06	8	24.8	27.0	—
Q^{el}	砾质黏性土③	可～硬塑	180	4.65	33	22.2	25.1	—
$\gamma_5^{2(3)}$	强风化花岗岩④$_1$	半岩半土状	650	5.28	120	23.0	25.8	—
	中风化花岗岩④$_2$	块状为主	1600	—	—	—	—	—

注：采用上表数值宜通过现场静荷载试验校核。

钻（冲）孔桩侧阻力特征值 q_{sa} 和端阻力特征值 q_{pa} 建议值 表 7-4

地层名称及成因代号		状态	钻（冲）孔、桩侧阻力特征值 q_{sa}(kPa)	钻（冲）孔桩的端阻力特征值 q_{pa}(kPa)	
				桩入土深度（m）	
				≤15	>15
Q^{ml}	杂填土①	松散	—	—	—
Q^{mc}	淤泥质黏土②1	软塑	8	—	—
Q^{mc}	砾砂②2	中密	17	—	—
Q^{mc}	粉质黏土②3	可塑	20	—	350
Q^{el}	砾质黏性土③	可塑～硬塑	25	350	450
$\gamma_5^{2(3)}$	强风化花岗岩④$_1$	半岩半土状	65	900	1200
	中风化花岗岩④$_2$	块状为主	120	6000	

7.3 不同土的深度变化

由图 7-1、图 7-2 可知，不同的土层沿着 Z 方向分布是高低起伏变化的，相邻勘测孔（一般间距为 20～30m）之间的同一土层有 2～3m 的高差可能更大或者更小。拿到地勘报告的 CAD 文件后，首先应查看“勘探点平面布置图”，然后找到对应点的剖面图。可以先用 CAD 测量最左边的距离段与 CAD 中测量数据的对应比例关系，比如 57～54 在 CAD 中的测量距离为 10mm，在 CAD 中 10mm 对应的实际项目中的土深是 3m，则在 CAD 中 1mm 对应的实际项目中的土深是 0.3m，可以用此“0.3m”的换算比例去测量相邻勘测孔某土层的标高变化及不同土层的厚度；独立基础设计时，往往要指定某个标高为持力层，如果是框架结构，不做地下室，不用做防水板，独立基础持力层起伏的高差在 0.5m 以内时，一般可以换填处理，将底标高定位同一标高（最底点取）；如果独立基础持力层起伏的高差比较大，且范围比较大，比如大于 1m 时，底标高可以不定，让施工人员自己去挖，只写明需进入持力层 200～300mm，不应超挖，若局部基底土有松动，应将松动部分予以清除并换填垫层，如图 7-3、图 7-4 所示。对于大地下室，均要做防水板，独立基础的顶标高一般已经定死了，根据工程统计，大部分工程的独立基础底标高均落在持力层

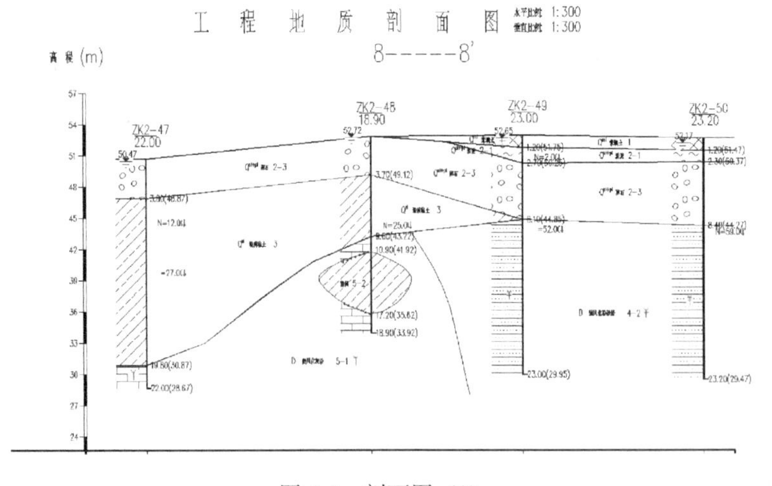

图 7-1 剖面图（1）

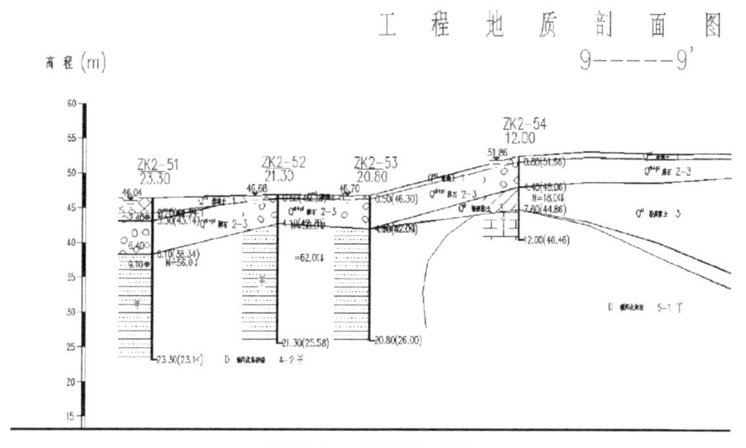

图 7-2 剖面图（2）

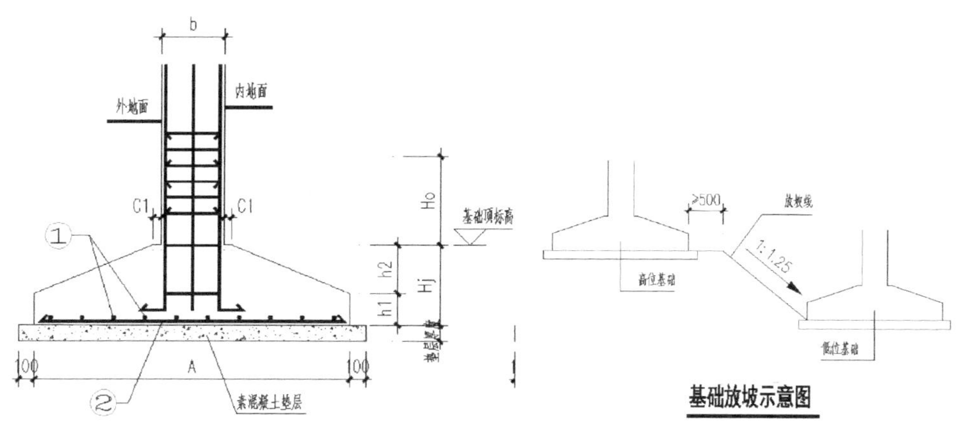

图 7-3 独立基础示意图

图 7-4 基础放坡示意图

内，如果没有落在持力层内，独立基础底标高与持力层之间的距离在 1～2m 内，且范围不大，可以换填处理，如图 7-5、图 7-6 所示；如果高差太大，可以做桩基础，承台顶标高与防水板顶标高一致，如图 7-7 所示。有时候地下室底板之间也有高差，承台标高跟着底板低的走，然后补充大样，如图 7-8 所示。

对于没有地下室的框架结构，有时候为了找到持力层，首层柱子的高度会很大，比如 5～6m，可以首层设置拉梁（在软件中多建一层、开洞），或者设置短柱。当设置短柱时，具体可参考王允锷的文章“短柱基础在多层框架结构中的应用”。

带地下室的结构，一般承台顶标高或者独立基础顶标高，都跟着防水板顶标高走。

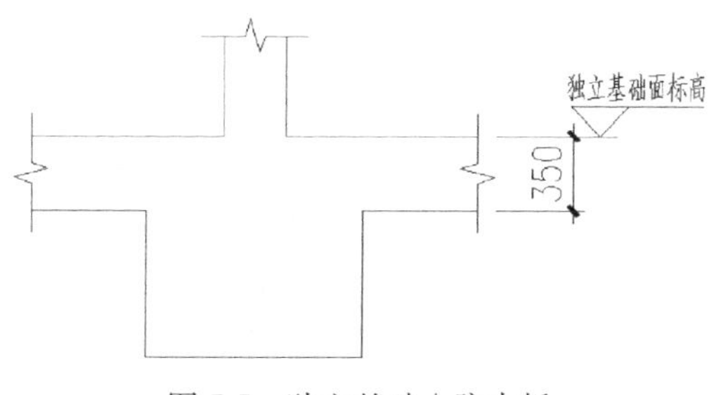

图 7-5 独立基础＋防水板

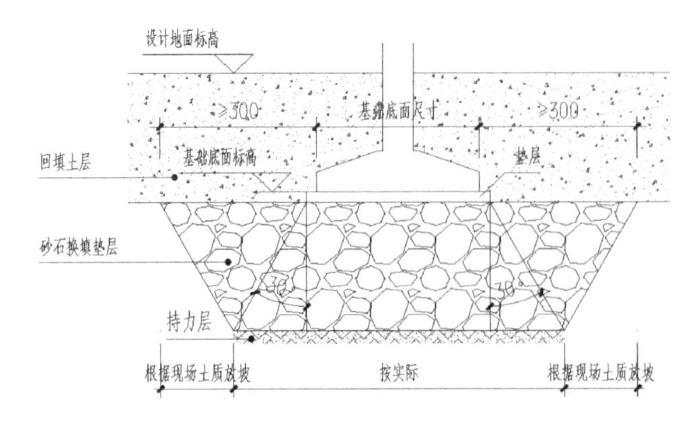

图 7-6　换填垫层示意图

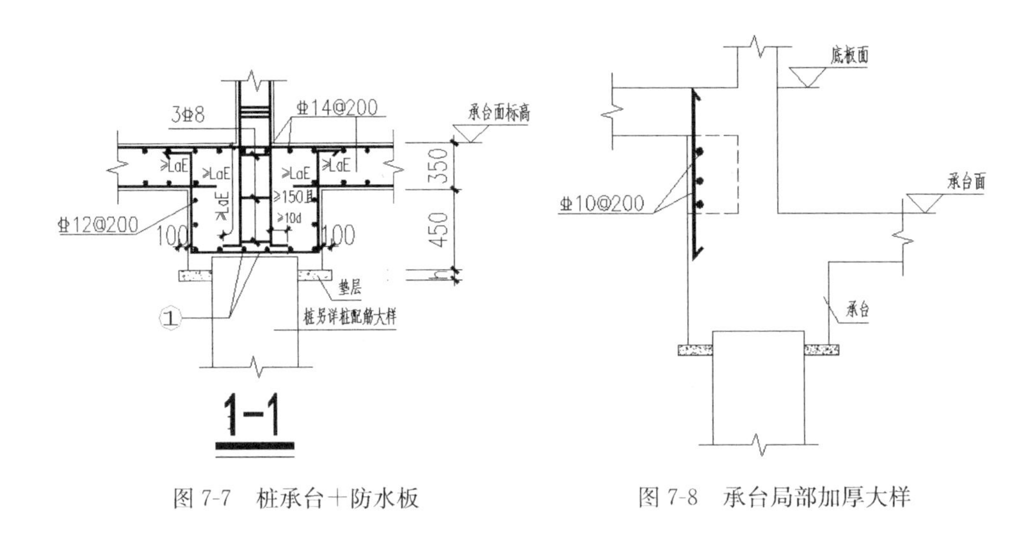

图 7-7　桩承台＋防水板　　　　图 7-8　承台局部加厚大样

7.4　上部荷载与基础类型的变化关系

上部结构层数不同时，比如 3 层、7 层、12 层、20 层、30 层，荷载差别比较大时，根据表 7-1 可知，一般土从浅到深，承载力特征值也是越来越大，由几十到 200 左右，到 2000 左右，到 6000 左右。所以为了维持力的平衡，层数越多时，需要找到更好的持力层或者采用桩基础（侧＋端摩阻）去平衡更大的力，于是采用独立基础、筏板基础、地基处理、预应力管桩、灌注桩等。

可以简单地估算，假如采用独立基础，尺寸 2m×2m，修正后的承载力特征值为 200kPa，如果只受压力，则可以承受的最大柱底轴力设计值为 800kN；假如采用筏板基础，修正后的承载力特征值为 250kPa，上部结构每层按面荷载 15kN/m^2 估算，则可以承受的结构层数大概为 15 层，假设为框架结构，柱距 8m×8m，则可以承受的最大柱底轴力设计值约为 14000kN；某 30 层的高层剪力墙住宅，假设采用灌注桩，承载力特征值为 10000kN，某片剪力墙下布置 2 根该灌注桩，则该片剪力墙下的轴力设计值估算约为 20000kN。从以上分析可知，层数越高，竖向构件底部的轴力设计值越大，采用的基础形式承载力越高，分别从独立基础到筏板基础，到桩基础。

7.5 不同基础类型与经济性的变化关系

根据经验，经济性关系为：独立基础>筏板基础>地基处理>桩基础。但是由于地基处理的深度不同，地基处理的费用也比较大，应把基础处理与桩基础方案进行经济性对比分析。

7.6 关于桩型的选择

一般地勘报告都有建议值，对于预应力管桩，只针对受力不大，且土不好的框架结构，用于剪力墙住宅时，由于其空心，抗剪切能力差，层数太高时，不宜采用；且预应力管桩用公式计算其承载力特征值时，一般都比较小，远远小于做静载实验的承载力特征值，一般应根据静载实验值选用。对于灌注桩，比如旋挖桩或者冲孔灌注桩，其计算基本一样，钢筋及混凝土用量也基本相同，如何选择，主要取决于施工过程中的矛盾平衡。而采用人工挖孔桩时，虽然可以同时挖，但深度不宜太大，否则即使降水，工人的安全也不能保证。

（1）桩型选择实例 1

旋挖钻机成孔灌注桩，穿透能力强，可以穿透各岩土层，根据场地的工程地质条件，可以扩底。桩基施工过程中注意控制桩底沉渣及桩身质量；该桩施工速度快，桩基施工时现场的泥浆用量少，对环境污染程度有限，其经济性和速度优于正反循环的钻孔灌注桩、长螺旋钻孔桩、人工挖孔桩。旋挖桩施工，施工可行，在注意控制桩底沉渣和桩身质量的前提下，质量可靠。桩基施工不存在挤土效应。设计、施工应注意的问题：采用旋挖桩，桩基设计施工时还应注意四个方面以确保施工质量：①桩径和垂直度；②桩底沉渣厚度；③混凝土质量和浇灌质量。

钻孔灌注桩是以机械作业，具有强度高，施工工艺成熟，施工简单、方便；施工时振动较小、无地面隆起或侧移，可在有地下水的条件下成孔成桩，不需要降水或设置止水帷幕，穿透能力强，对周边建筑物危害小。与预制桩相比，灌注桩具有不受地层变化限制，不需要接桩和截桩等特点。钢筋笼、混凝土可集中加工、配送，也可以现场加工，作业方便。但钻孔灌注桩噪声较大，费用较高，工期较长，可能会产生大量的泥浆垃圾，处理难度大，对环保要求高，为隐蔽工程，孔底沉渣清除和桩身质量控制难度较大，对现场道路的通行标准有要求，在城镇繁华区夜间施工有限制。本拟建场地地面平坦，临近道路，交通较方便，钻孔灌注桩机基本可到位施工，采用冲孔灌注桩施工时，因场地存在厚度较大的填土层，及时做好泥浆处理。

水泥土深层搅拌桩是以机械搅拌成桩，可在有地下水的条件下成桩，不需要降水或设置止水帷幕，施工方便，成本低、振动小、无污染、无地面隆起、不排污等优点，而且不会使地基侧向挤出，对周边建筑物危害小。缺点是桩身质量控制难度大等，承载力较小，桩身质量将成为影响单桩承载力的主要因素，成桩后需要 7～10d 以上保养期，一般不能立即开挖土方。

拟建场地采用深层搅拌桩施工的噪声、振动对周边环境影响稍小，周边环境及地质条件适合采用水泥深层土搅拌桩。采用水泥深层土搅拌桩应防止缩径。

桩基施工过程中的弃渣、弃浆对施工场地环境有不利影响；施工振动产生的噪声对周邻场地环境有不良影响，桩基施工应尽量避免在休息时间进行并采用隔声、减震等措施。桩基施工过程将产生噪声、振动、粉尘、泥浆、尾气、固体废弃物，对环境造成污染，需采取措施减少或杜绝污染。

根据拟建建筑物荷载要求，设计地面标高、施工场地岩土工程地质条件和周边环境条件，拟建高层建议采用旋挖钻机成孔灌注桩和钻（冲）孔灌注桩，单层建筑可考虑采用水泥土搅拌桩和钻（冲）孔灌注桩，设计单位可根据需要择优选用。

（2）桩型选择实例2

基于上面对各岩土层性质的分析，场地上部松散软弱土层，不经处理不宜做建筑物基础持力层。拟建建筑物包括主楼、裙楼及地下室三部分，其中主楼高为7～22层，荷载大，对地基承载力的要求高；裙楼高为1～2层，地下室1层，荷载不大，对地基承载力要求不是很高，但要考虑沉降问题，地下室需考虑水浮力作用。拟建建筑物基础选型具体建议如下：

主楼、裙楼、地下室建议采用承载力高的基础形式。

人工挖孔桩较经济，但场地松散软弱土层较厚，安全性差，不建议采用。

预应力管桩具有施工快、成桩质量好等优点，但场地岩层埋深浅，而且拟建有一层地下室，桩长较短，不能充分发挥预应力管桩的承载力，场地岩层面局部起伏较大，由上部较软弱土层直接进入较硬岩层，预应力管桩施工易出现断桩、倾斜等不良影响。

钻（冲）孔灌注桩具有单桩竖向承载力高、桩长易控制等优点，但成本相对预应力管桩较高，时间较长，场地松散软弱土层较厚，容易塌孔、缩径，超灌，地面沉陷，且需解决泥浆排污问题，须保证孔底清渣质量及混凝土灌注质量。如采用钻（冲）孔灌注桩，宜以④-5层中风化灰岩作桩端持力层，桩长及桩径根据设计的荷载确定。

综上，场地优先使用钻（冲）孔灌注桩，施工过程中要做好护筒、泥浆护壁等措施，防止塌孔、缩颈等；如采用预应力管桩基础，由于桩长不足，宜降低桩设计承载力值，且施工中采取相应措施，避免断桩等情况，建议审慎使用。

7.7 承台布置的变化

（1）承台布置时，如果是一片墙，则布置承台并不难，可以布置成单桩承台、两桩承台、三桩承台等，如图7-9、图7-10所示。难的是多片墙时布置承台，布置原则还是不变，总荷载做减法，满足最小桩间距，承台形心与剪力墙形心基本一致（可允许适量的偏差）。

（2）当有多片剪力墙时，承台布置往往要根据具体的情况具体分析，比如用一个多桩承台托起多片墙，如图7-11、图7-12所示。

（3）当有多片剪力墙时，有时候可能会运用到组合承台的形式，比如两桩承台＋两桩承台；四桩承台＋三桩承台等。有时候承台与承台打架时，可以布置成非常规的承台，只要满足桩间距及桩距离承台边的最小距离即可（图7-13～图7-15）。

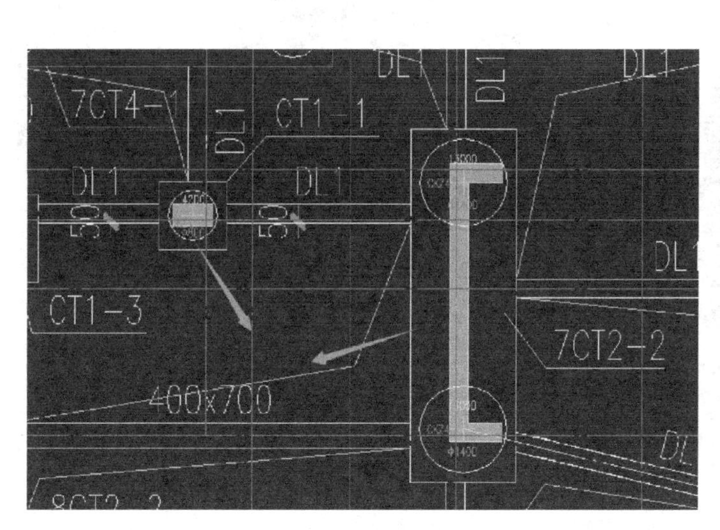

图 7-9　承台布置 1

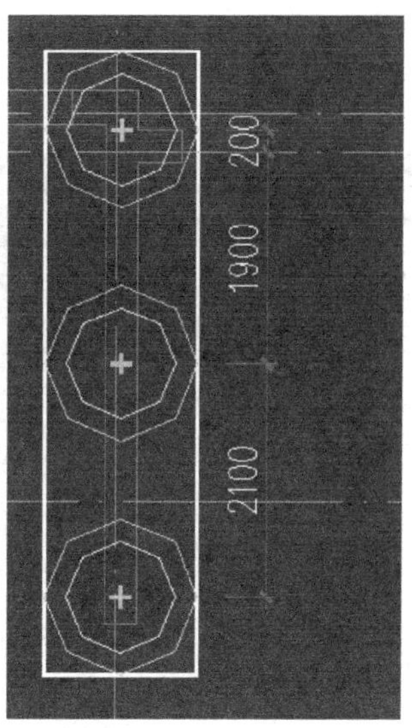

图 7-10　承台布置 2

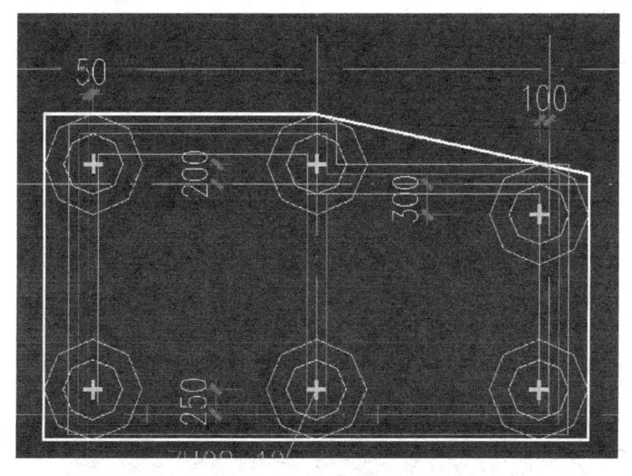

图 7-11　承台布置 3

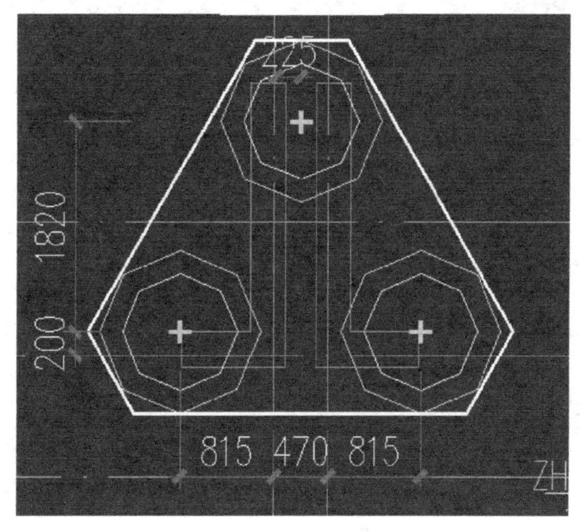

图 7-12　承台布置 4

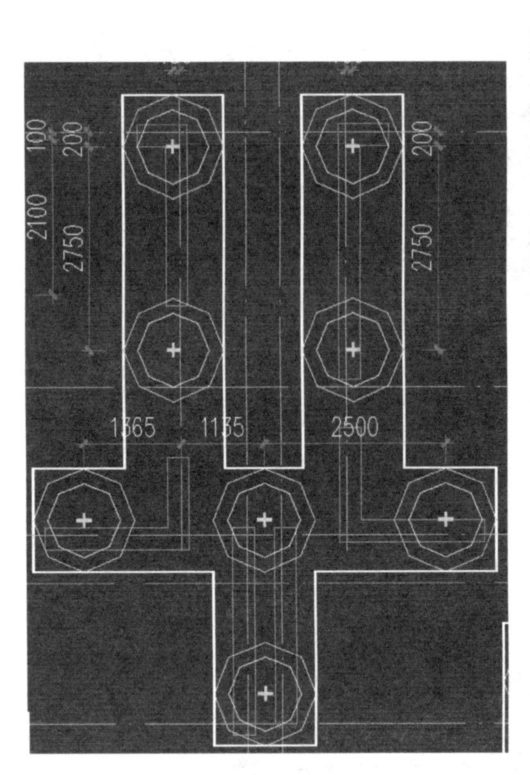

图 7-13　承台布置 5

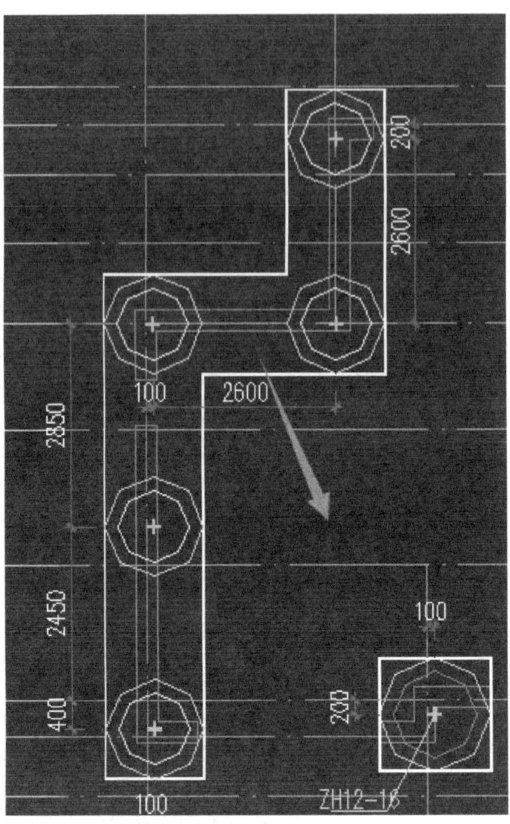

图 7-14　承台布置 6

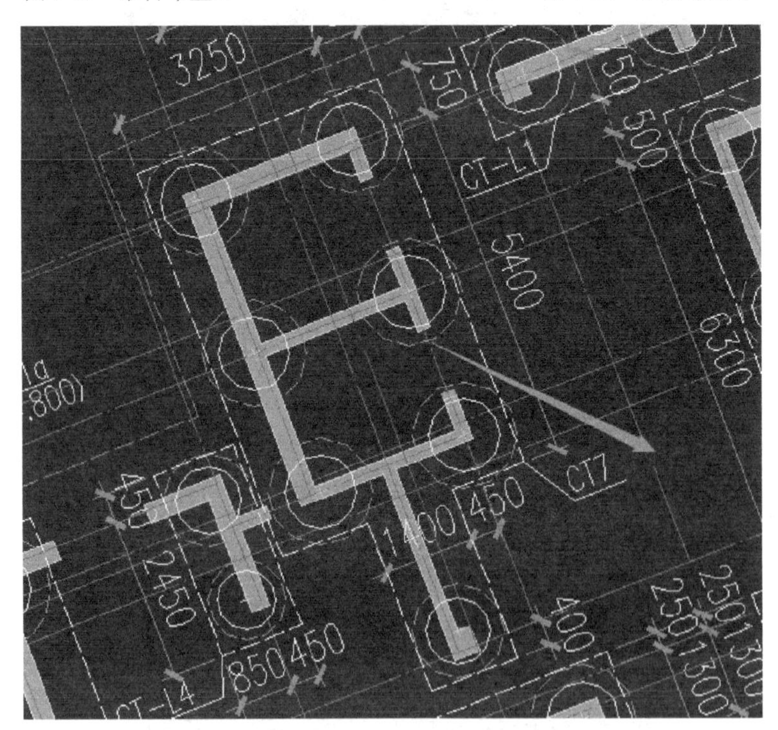

图 7-15　承台布置 7

8 结构设计与相关专业的联系

(1) 基坑支护条件

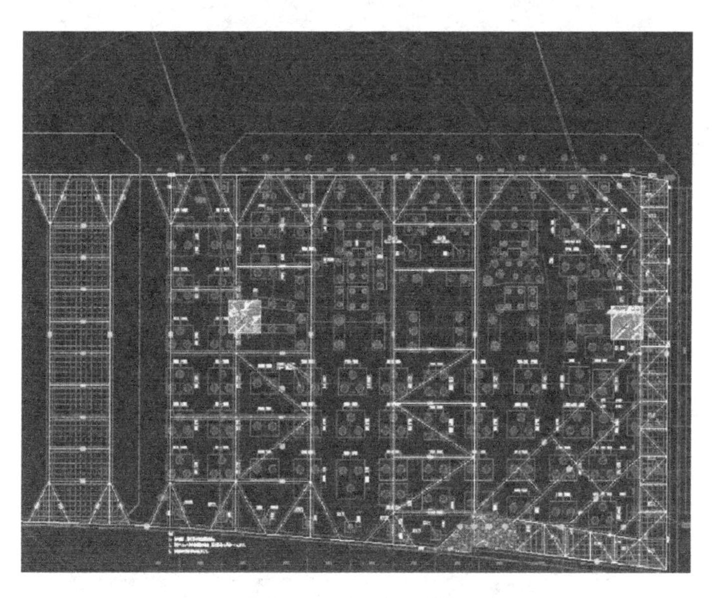

图 8-1 基坑支护条件

注：设计前期应收集基坑支护条件，含边界信息，支护形式，支护构件与工程构件的相互关系。出图前期宜收集塔吊基础信息。

(2) 内支撑立柱

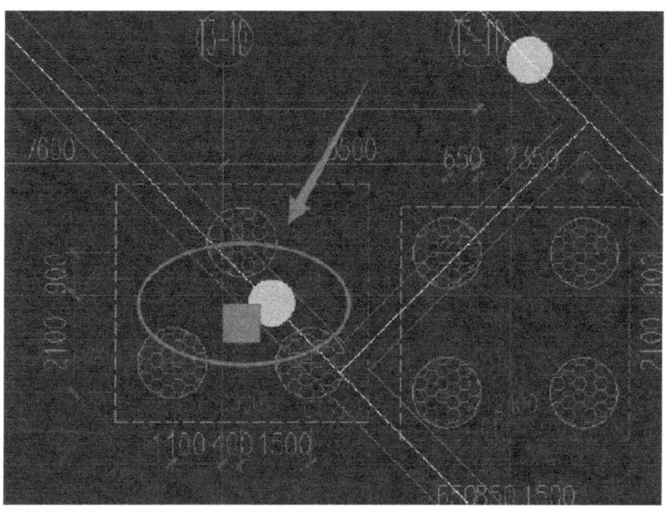

图 8-2 结构柱与基坑支护立柱相碰

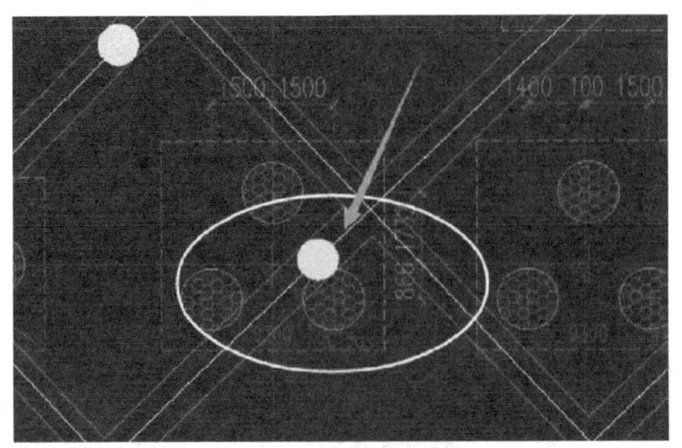

图 8-3　工程桩与基坑支护立柱桩相碰

（3）工程桩与塔吊基础相碰

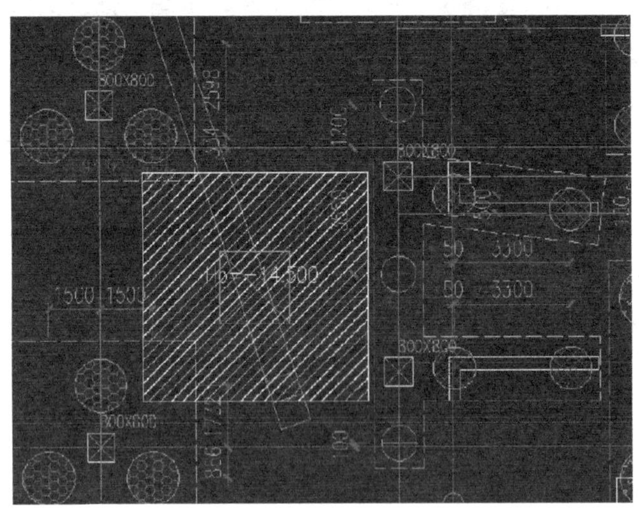

图 8-4　工程桩与塔吊基础相碰

（4）核心筒集水坑

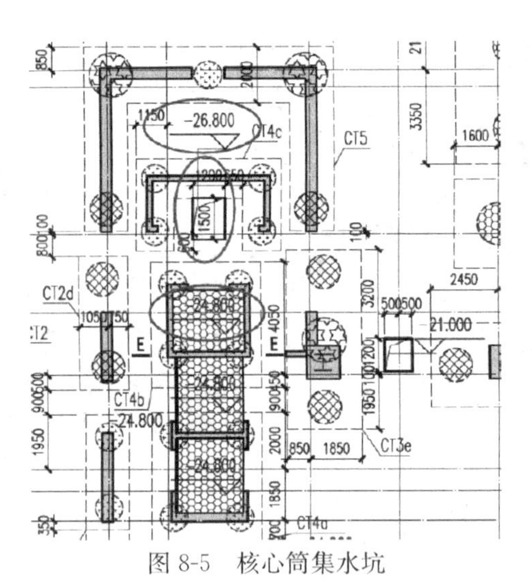

图 8-5　核心筒集水坑

注：电梯基坑关联的集水坑，尽量布置在核心筒范围内，以免基坑开挖过大面积的坑中坑。

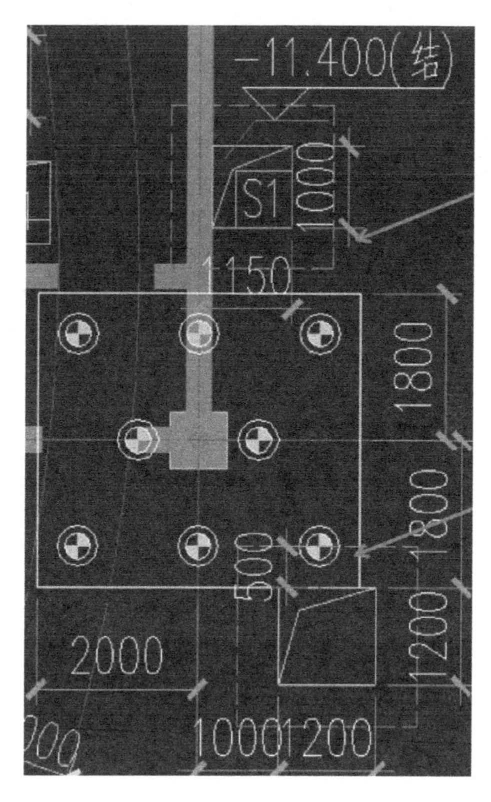

图 8-6　集水坑侧壁碰桩

（5）底板建结标高相差过大

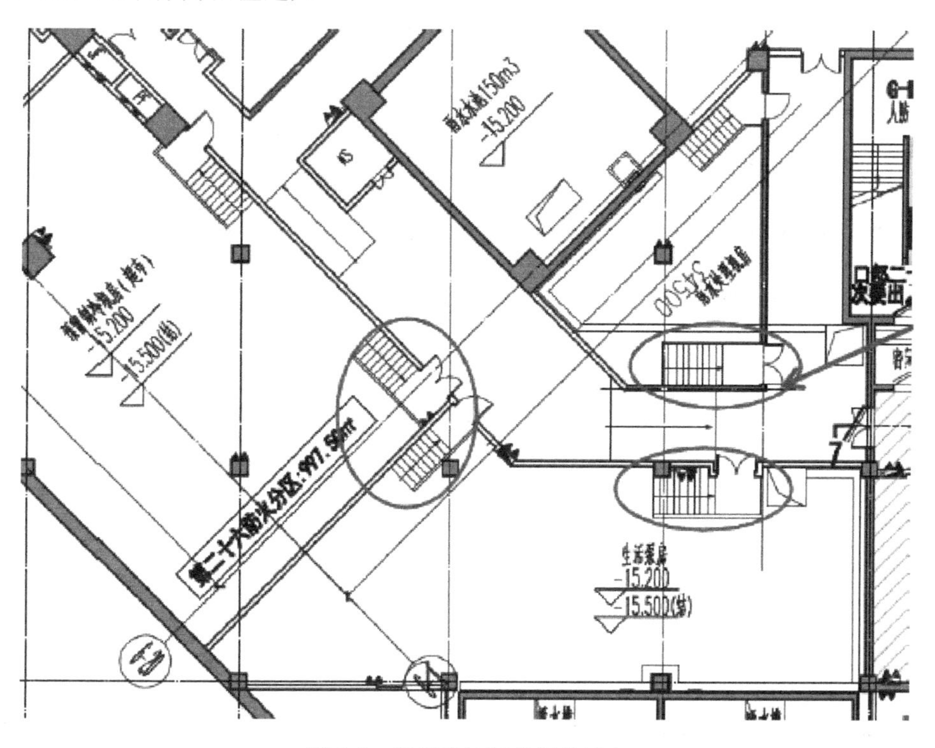

图 8-7　底板建结标高相差过大

（6）通道预留筋不足

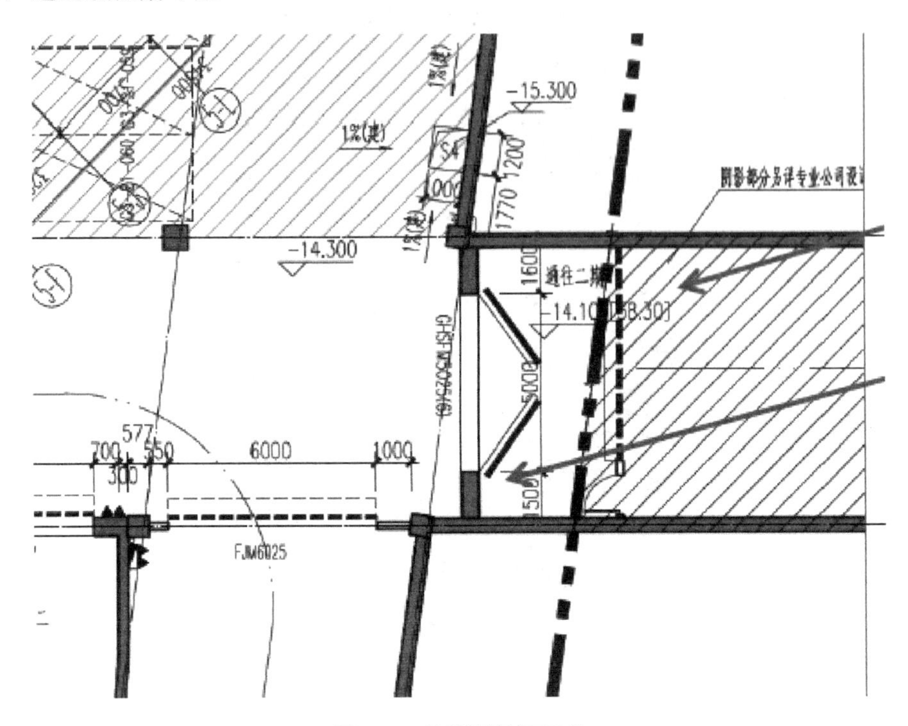

图 8-8 通道预留筋不足

注：连接位置的预留筋应充分考虑各种不利工况。

（7）货车通道净高不足

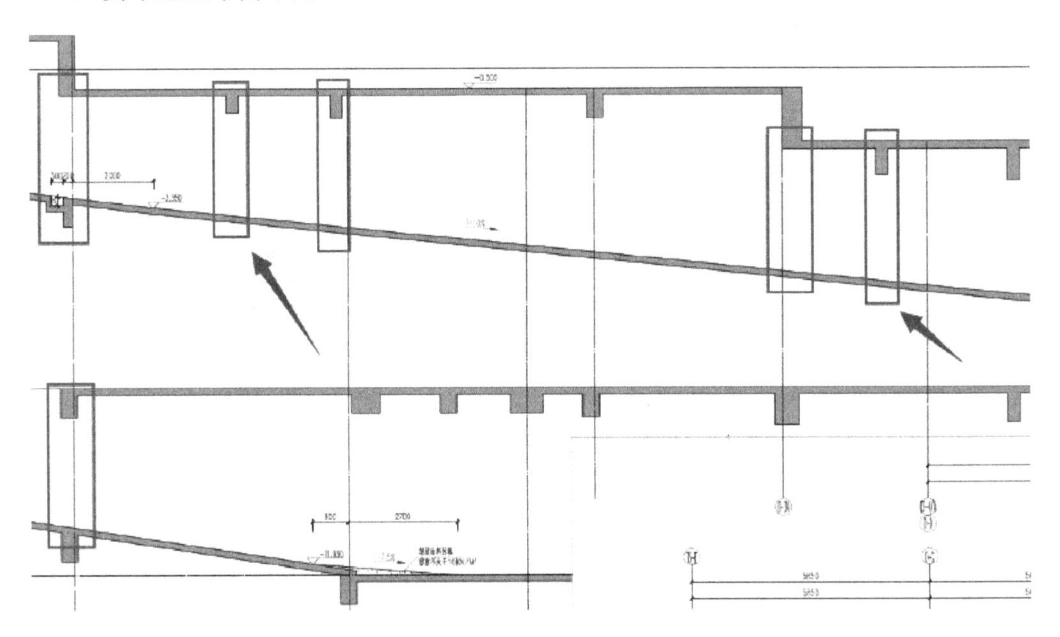

图 8-9 货车通道净高不足

注：通道上方结构梁高，建筑剖面图多半与结构模板图梁位置及截面不符，需结构工程师复核。通道上方是否有集水坑、电梯坑、覆土要求较高的降板。

(8) 幕墙首层与结构连接

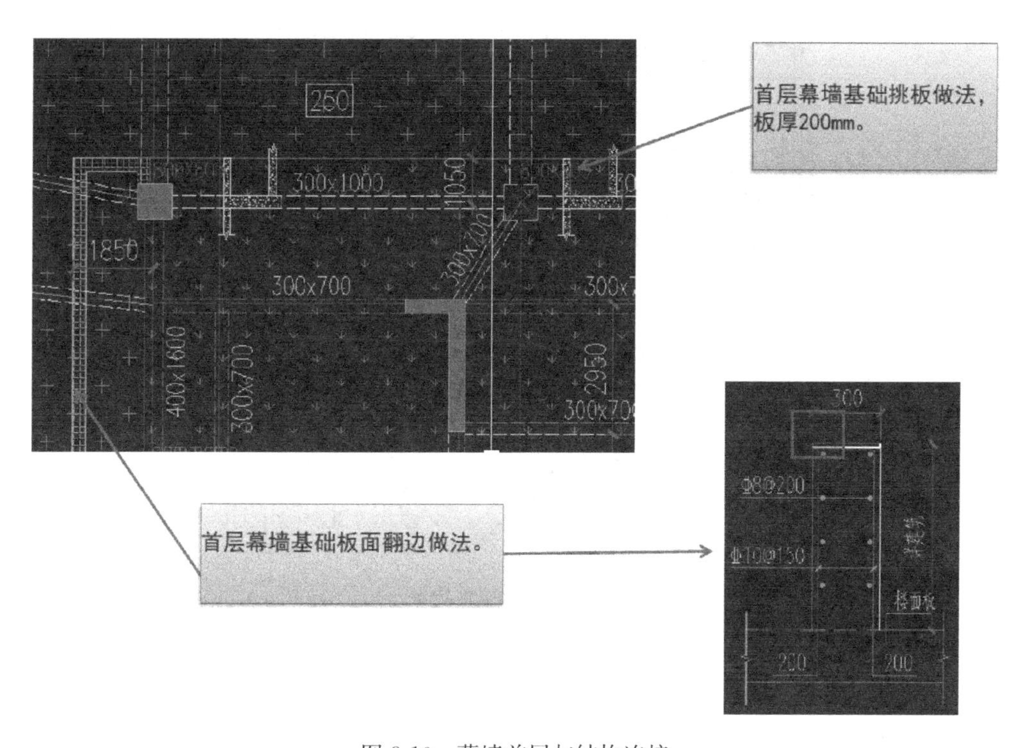

图 8-10　幕墙首层与结构连接

(9) 高速电梯单筒活塞效应

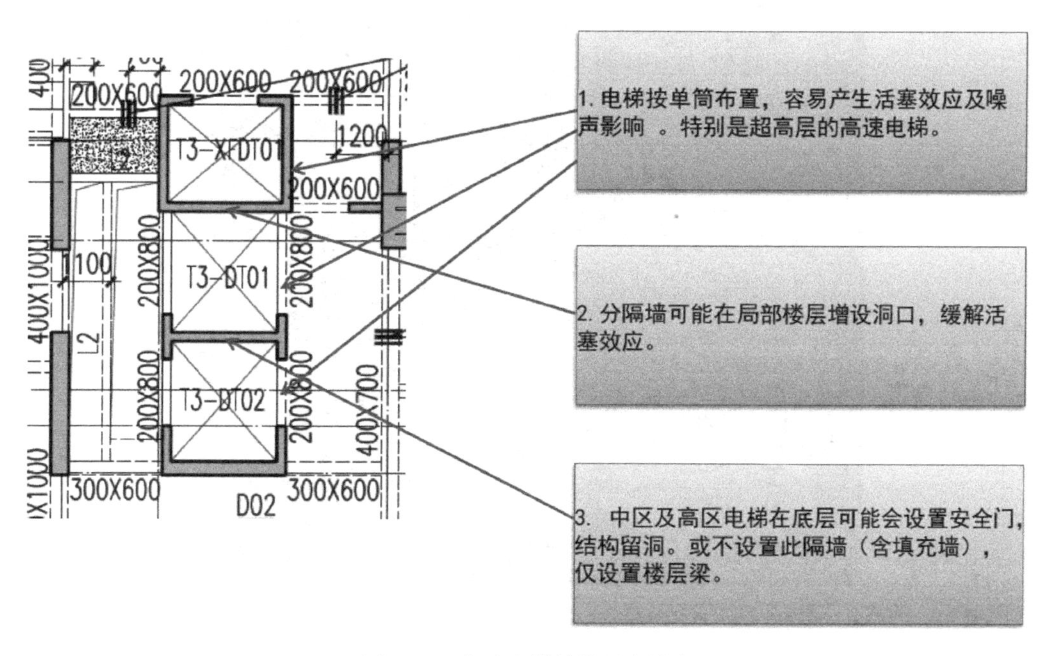

图 8-11　高速电梯单筒活塞效应

（10）电梯隔墙的取舍

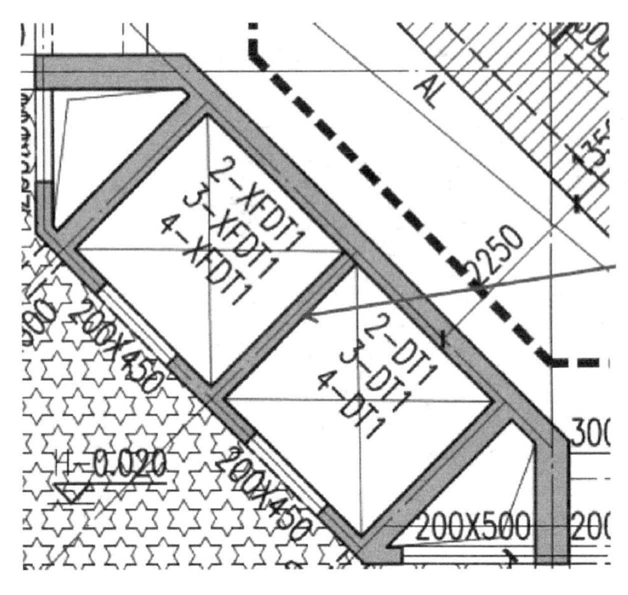

图 8-12　电梯隔墙的取舍

注：消防电梯与客厅中间需要封堵，甲方建议混凝土现浇，否则工人砌筑不太安全。建议设计前与甲方沟通好。建议设计时不考虑隔墙的刚度。结合建筑及电梯厂家及甲方要求，最终确定隔墙的做法。

（11）电梯厅的建筑要求

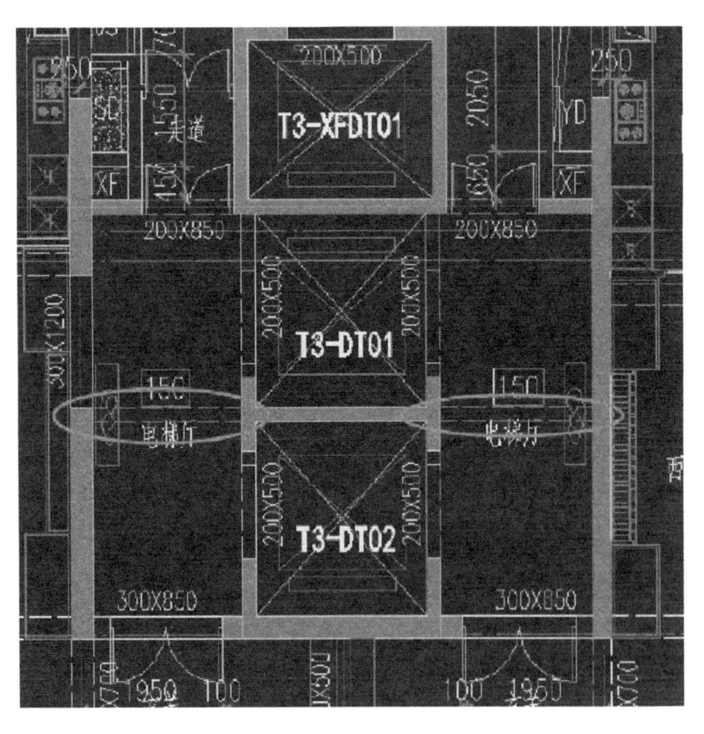

图 8-13　电梯厅的建筑要求

注：电梯厅属公共空间，一般情况下建筑专业不希望设置结构梁。

（12）入户大堂的建筑要求

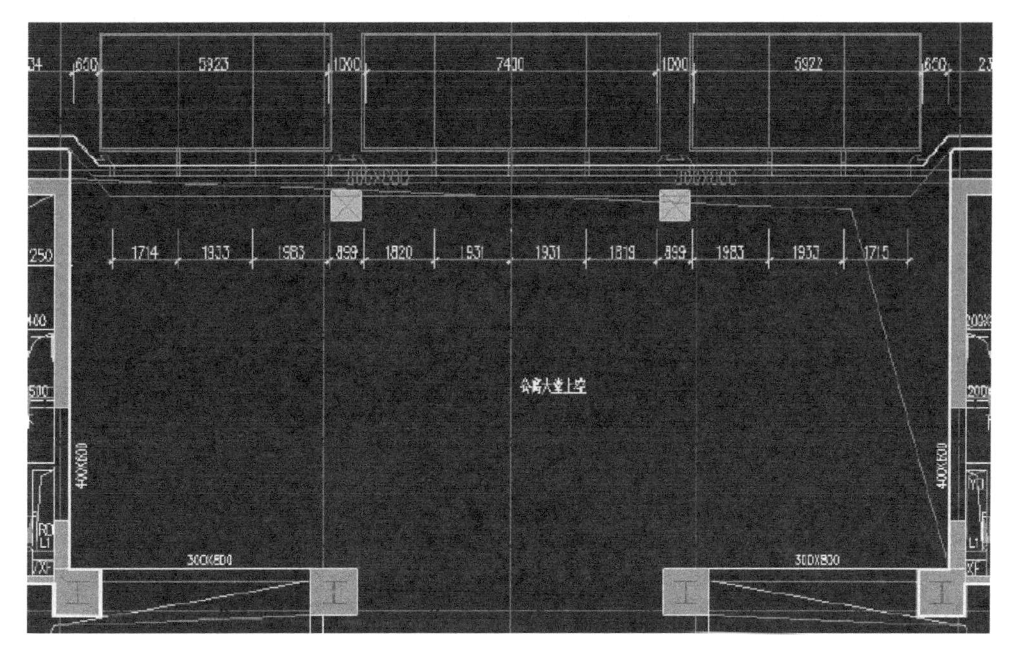

图 8-14　入户大堂的建筑要求

注：大堂品质较高，通高时一般不设置中间层结构梁。

（13）电气管线

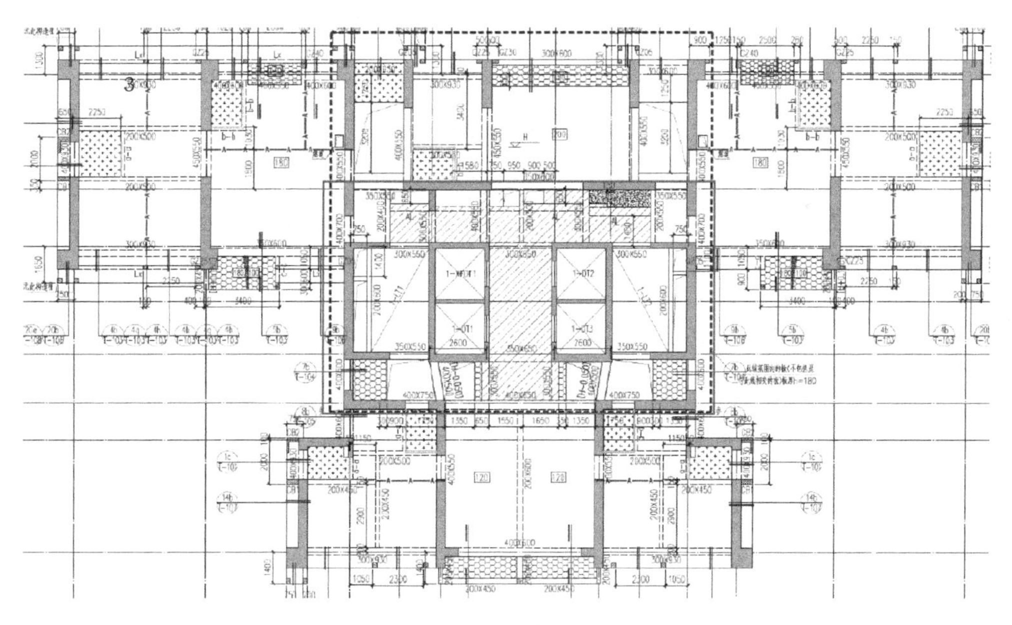

图 8-15　电气管线

注：核心筒区域走廊板内可能埋设大量电气管线，楼板适当加厚，配筋拉通以防沿管方向开裂。

9 新地震区划图对工程造价影响

1.《中国地震动参数区划图》GB 18306—2015 已颁布，并于 2016 年 6 月 1 日开始实施：A. 取消了不设防地区，全国最低设防烈度为 6 度；B. 全国设防参数整体上适当提高。峰值加速度 0.1g 及以上地区面积：由 49%上升到 58%。特征周期 0.40s 地区面积：由 24%上升到 27%；0.45s 地区面积：由 31%上升到 32%。

《建筑抗震设计规范》GB 50011—2016（讨论稿）地震作用的调整：A. 结构动反应放大系数的最大值 β_{max}，由 2.25 提升至 2.5。B. 地震作用下荷载分项系数修改增大：γ_G 由 1.2 调至 1.3；γ_{Eh} 由 1.3 调至 1.4；γ_{Ev} 由 0.5 调至 0.6。

2. 所有城镇的地震作用设计值总体提高 26%，其中 6 度设防城镇提高 35%，7 度设防城镇提高 22%。对结构成本的影响，通过对不同变化情况 30 层住宅结构模型的计算，分析统计出来的结果如表 9-1 所示。对具体项目的影响如表 9-2 所示。

结构成本的影响 **表 9-1**

序号	范例地区	2010 版规范（Ⅱ类场地）			2016 版规范（Ⅱ类场地）			用钢量	
		原烈度	原特征周期	30 层模型用钢量（kg/m^2）	新烈度	新特征周期	30 层模型用钢量（kg/m^2）	增量（kg/m^2）	增幅
1	赣州	非抗震		40	6 度区	0.35	44.3	4.3	10.7%
2	常热、南宁	6 度区	0.35	43	7 度区	0.35	45.5	2.5	5.9%
3	邢台	7 度区	0.35	46	7.5 度	0.35	50.3	4.3	9.4%
4	潍坊、天津	7.5 度区	0.35	47	8 度	0.35	55.3	8.3	17.6%
5	唐山、北京	8 度区	0.35	49	8 度区	0.4	53.6	4.6	9.4%
6	泰州、盐城	7 度区	0.35	46	7 度区	0.4	47.1	1.1	2.4%
7	福州	7 度区	0.4	47	7 度区	0.45	48.5	1.5	3.2%
8	区划无改变	6 度区	0.35	43	6 度区	0.35	43.2	0.2	0.5%
	区划无改变	7 度区	0.35	46	7 度区	0.35	47.1	1.1	2.3%
	区划无改变	8 度区	0.35	49	8 度区	0.35	51.1	2.1	4.2%
	区划无改变，Ⅲ类场地	6 度区	0.45	45	6 度区	0.45	45.6	0.6	1.3%
	区划无改变，Ⅲ类场地	7 度区	0.45	48	7 度区	0.45	51.3	3.3	6.8%
	区划无改变，Ⅲ类场地	7.5 度区	0.45	49.5	7.5 度区	0.45	53.7	4.2	8.5%

注：经造价工程师测算，土建造价增加约 4%～8%，风控区域几乎无增加。

项目的影响 **表 9-2**

序号	项目所在地	旧规范（Ⅱ类场地）		新规范（Ⅱ类场地）	
		原烈度	原特征周期	新烈度	新特征周期
1	黄山、随州、衡东、衡阳、道县、怀化、湘潭、浏阳、衢州、台州、萍乡、安义、宜春、信丰、赣州、瓮安县、铜仁市、仁怀市、遵义市、南充	非抗震		6 度区	0.35
2	吴江、无锡、苏州、南通、常热、池州、麻城、杭州、嘉兴、青岛、泰安、哈尔滨、昭通、六盘水市、龙里县、黔江、钦州、南宁	6 度区	0.35	7 度区	0.35
3	阳江、邢台、攀枝花、平果、临高	7 度区	0.35	7.5 度	0.35
4	滨海新区、潍坊、海城、楚雄、曲靖	7.5 度区	0.35	8 度	0.35
5	张家口怀来县、潮州、宿迁、安阳、安阳、唐山、太原、西安、海口、文昌	8 度区	0.35	8 度区	0.4
6	邯郸丛台、上海嘉定、上海淀山湖、揭阳、扬州、盐城、泰州、琼海、澄迈	7 度区	0.35	7 度区	0.4
7	徐州、厦门、福州、淄博、张掖、成都	7 度区	0.4	7 度区	0.45
8	区划无改变	6 度区	0.35	6 度区	0.35
		7 度区	0.35	7 度区	0.35
		8 度区	0.35	8 度区	0.35
	区划无改变（Ⅲ类场地）	6 度区	0.45	6 度区	0.45
		7 度区	0.45	7 度区	0.45
		7.5 度区	0.45	7.5 度区	0.45

3. 对策

A. 选地时优选建筑抗震有利地段，尽量选Ⅰ、Ⅱ类场地，避开Ⅲ、Ⅳ类场地。

B. 建筑方案中单体建筑的体型尽量规整，平面长宽比、竖向高宽比不宜过大。

C. 高烈度区可采用“隔震”“耗能减震”技术。

D. 精细化设计，上部结构采用高强钢筋，逐步推行四级钢

10 常用CAD命令及小插件使用

10.1 常用CAD命令

10.1.1 编辑修改命令

E：删除
CO：复制
MI：镜像
O：偏移
AR：陈列
M：移动
RO：旋转
SC：缩放
S：拉伸
LEN：直线拉长
TR：修剪
EX：延伸
BR：打断
CHA：倒角
F：倒圆角
X：分解
U：恢复前此次操作
MA：匹配属性（刷属性）
DI：两点距离
AA：测量面积和周长

10.1.2 绘图命令

PO：点
L：直线
XL：射线
PL：多段线
ML：多线
SPL：样条曲线

POL：正多边形
REC：矩形
C：画圆
A：绘圆弧
DO：圆环
EL：椭圆
RBG：面域
MT：多行文本
T：文本输入
B：定义块
I：插入块
W：定义块保存硬盘中（外部块）
DIV：等分
H：填充
LE：引线

10.1.3 视窗缩放命令

P：窗口移动
Z＋空格＋空格：实时缩放
Z＋选择对象：局部放大
Z＋P：返回上一视图
Z＋A 或＋E：显示全图

10.1.4 尺寸标注命令

DLI：线性标注
DAL：对齐标注
DAN：角度标注
DRA：半径标注
DDL：直径标注
DCE：中心标注
DOR：点标注
TOL：标注形位公差
LE：快速引出标注
DBA：基线标注
DCO：连续标注
D：标注样式 尺寸资源管理器
DED：编辑标注
DOV：替换标注系统变量

10.1.5 CTRL 快捷键命令

CTRL+1：修改特性　特性窗口 CH

CTRL+2：设计中心

CTRL+O：打开文件 OPEN

CTRL+N、M：新建文件

CTRL+P：打印文件

CTRL+S：保存文件

CTRL+C：把对象复制到剪切板上

CTRL+V：粘贴剪切板上的内容

10.1.6 常用 F1～F12 功能键命令

F1：帮助

F2：文本窗口

F3：对象捕捉开关

F8：正交开关

10.1.7 其他重要的操作

（1）对齐命令

如图 10-1 所示，输入对齐命令 al，点击要对齐的图框，单击右键，点击图框中的第一个源点 1，再点击对齐直线的源点 1；点击图框中的第二个源点 2，再点击对齐直线的源点 2；最后，点击回车键，再次点击回车（不基于对齐点缩放对象），如图 10-2 所示。

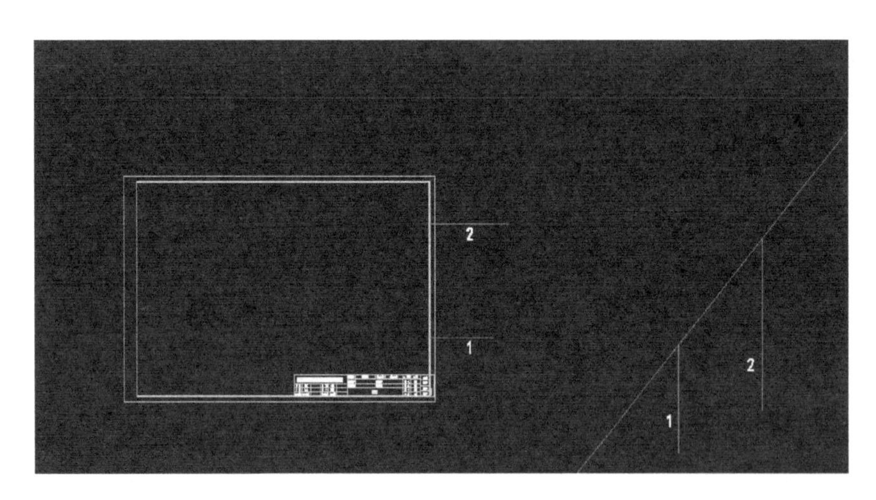

图 10-1　对齐操作界面

（2）工具-选项

点击“工具-选项-显示”点击“颜色”，可以选择屏幕中的颜色，比如黑色或者白色，如图 10-3、图 10-4 所示。

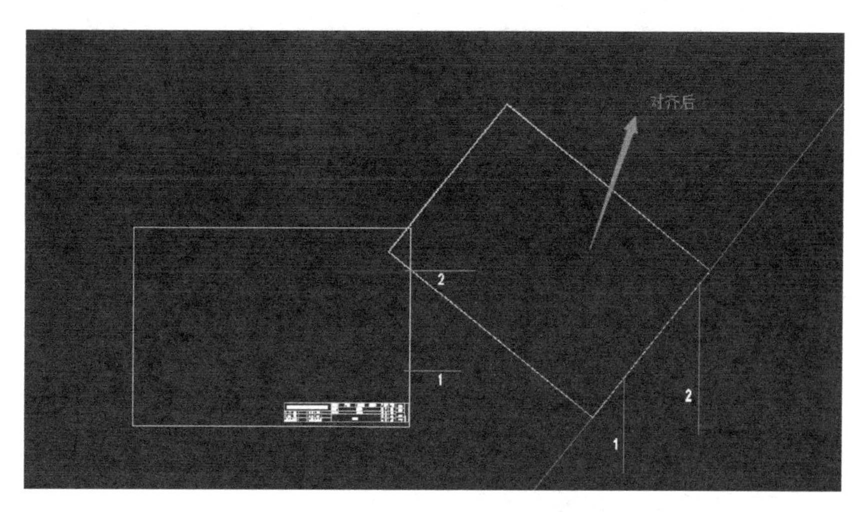

图 10-2　对齐操作后的图形

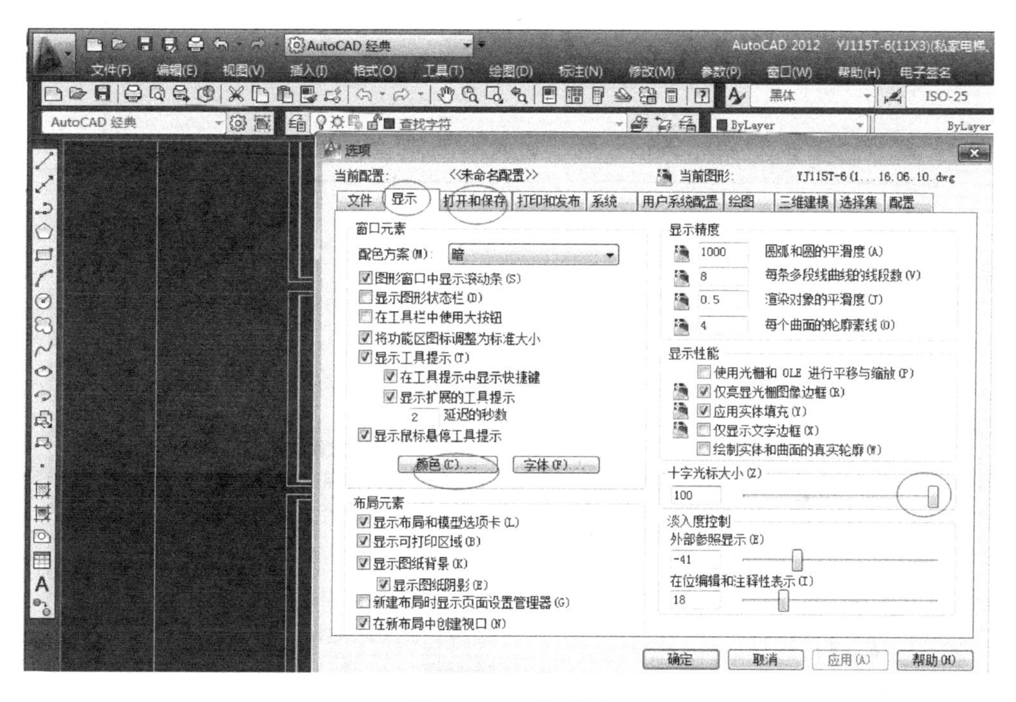

图 10-3　工具-显示

点击“保存”，选择相应的保存 CAD 版本，如图 10-5 所示，一般选择保存一个低版本，方便所有的 CAD 版本软件都能打开该图纸。

（3）查找

点击“编辑-查找”，在弹出的对话框中填写，查找内容与替换内容，然后点击画圈中的“1”，框选整个图形或者文字范围，即可完成查找与替换操作（图 10-6）。

（4）多个视口（一般两个窗口）

点击“视图-视口-两个视口 2”，在屏幕的右下方选择：垂直 V，如图 10-7、图 10-8 所示。

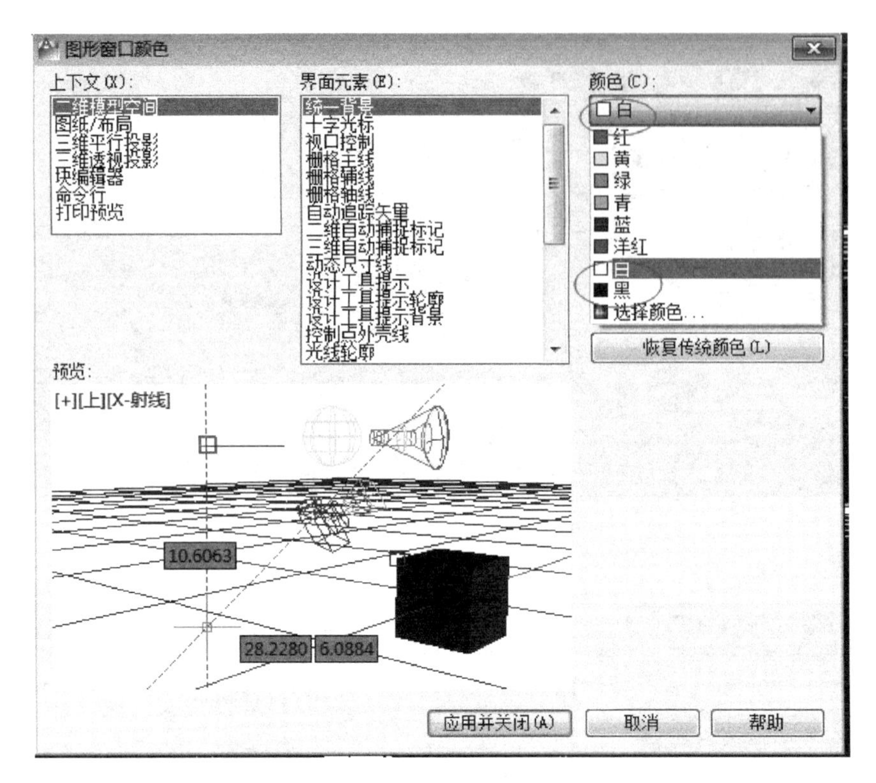

图 10-4　图形窗口颜色

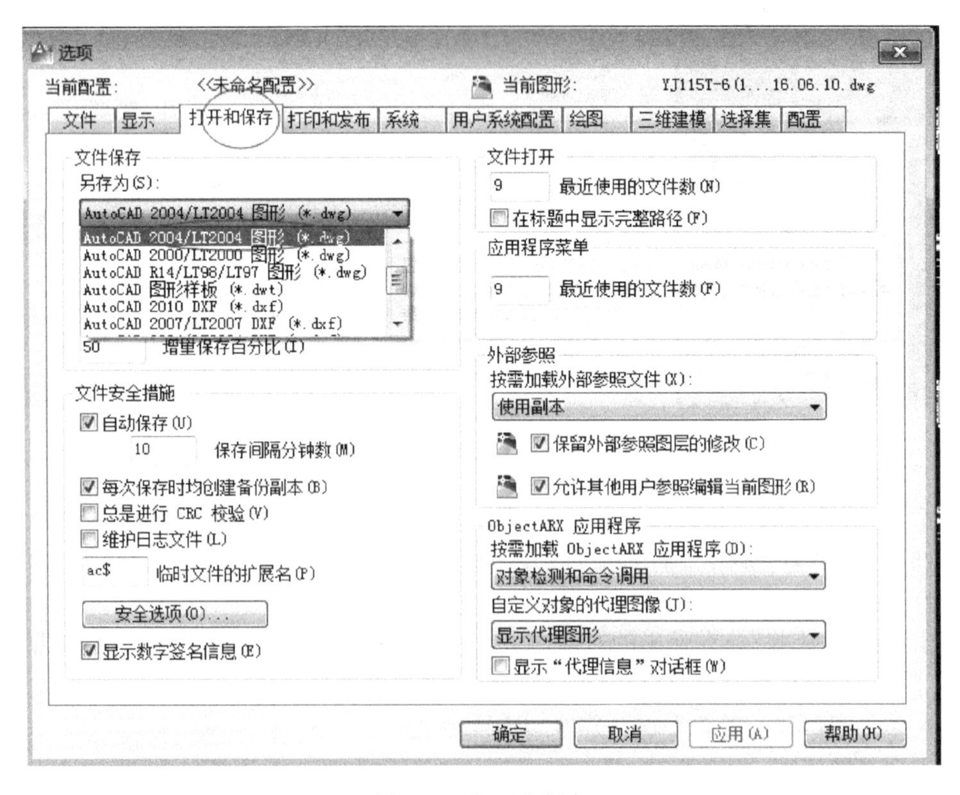

图 10-5　打开和保存

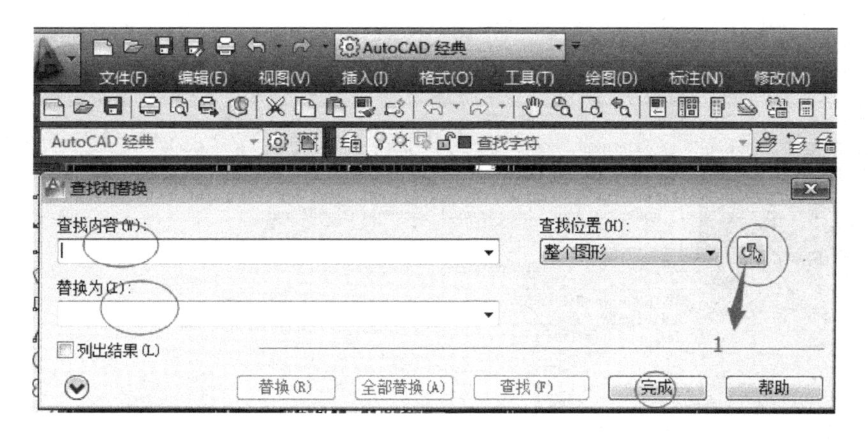

图 10-6　查找

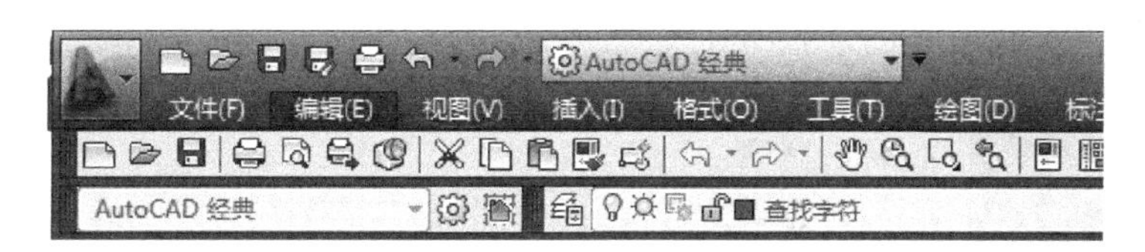

图 10-7　视图操作界面

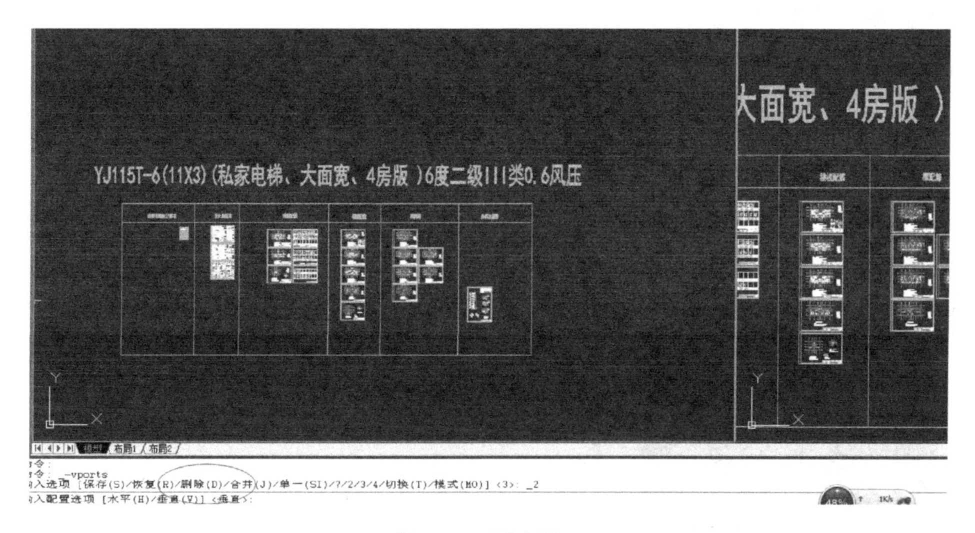

图 10-8　两个视口

注：一般选择两个视口，可以方便左边查看，右边修改。

（5）修改 CAD 快捷键

点击“工具-自定义-编辑程序参数”，如图 10-9 所示。

（6）加载应用程序

点击“工具-加载应用程序”，选择要加载的插件，选择该插件后，点击“加载”，即可完成此操作界面的插件加载操作，如图 10-10 所示；但是这样有一个缺点，每次重新打开 CAD 时，插件都要再加载一次，可以点击图 10-10 中的“内容”，在弹出的对话框中选择“添加”，选择要添加的插件，即下次重启 CAD 时，程序会自动加载这些插件，如图 10-11 所示。

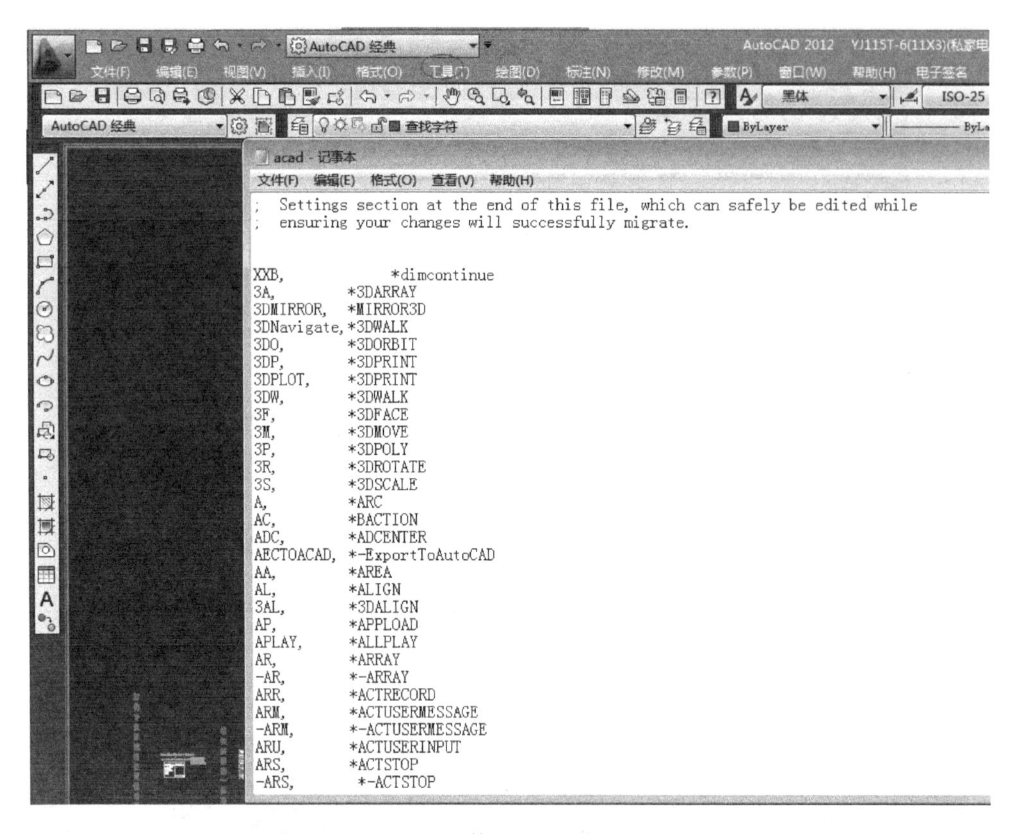

图 10-9 修改 CAD 快捷键

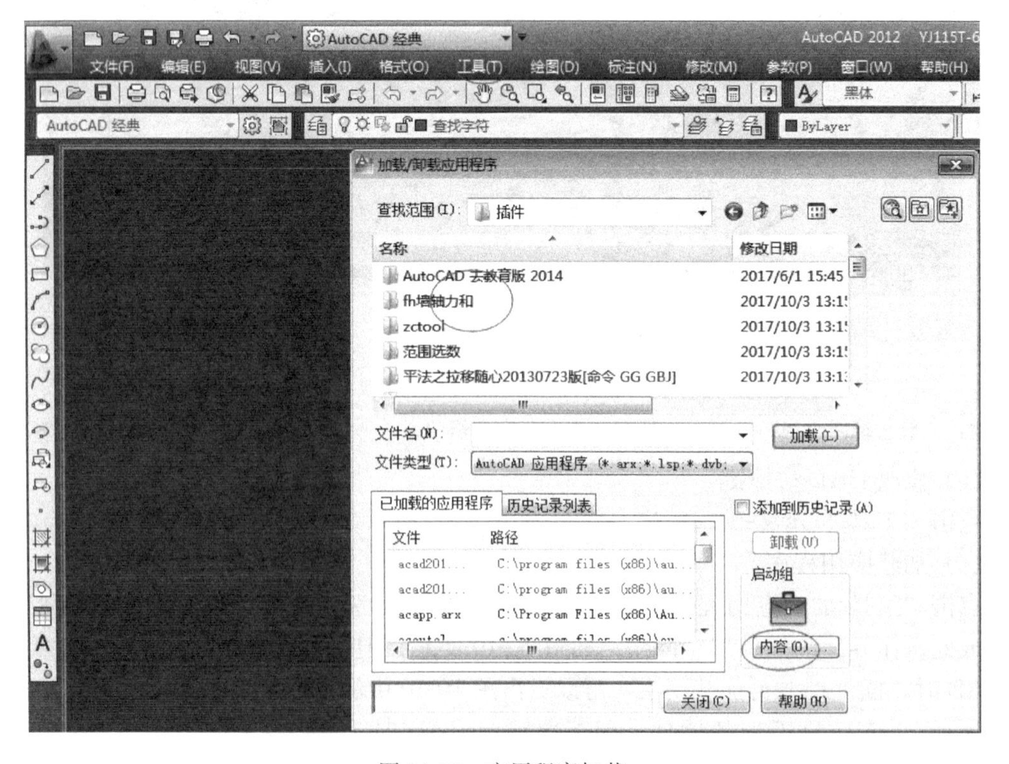

图 10-10 应用程序加载

图 10-11　添加插件“组”

10.2　常用小插件使用

(1) zc.VLX

首先加载该插件，先将 PKPM 板配筋文件转换为 CAD 图形，在 CAD 的命令栏中输入：zcss，过滤 PKPM 板配筋结果中超出指定数值的配筋值，如图 10-12、图 10-13 所示。

(2) FWXS 范围选数.VLX

首先加载该插件，快捷键 FWXS，即“范围选数”汉字拼音首字母。输入快捷键后 CAD 命令文本窗口会出现如图 10-14、图 10-15 所示内容。

该 LISP“输入下限”与“输入上限”范围内所有数值均被选中（包含上下限值）。

(3) 屠夫画桩

首先加载该插件，输入快捷命令“HZSZ”，如图 10-16 所示，按照项目要求填写相关的参数，如果要布置三桩，则可以输入：3ZZ，选择要布置桩承台的柱子后，程序会让操作者选择承台的方向，如图 10-17 所示。

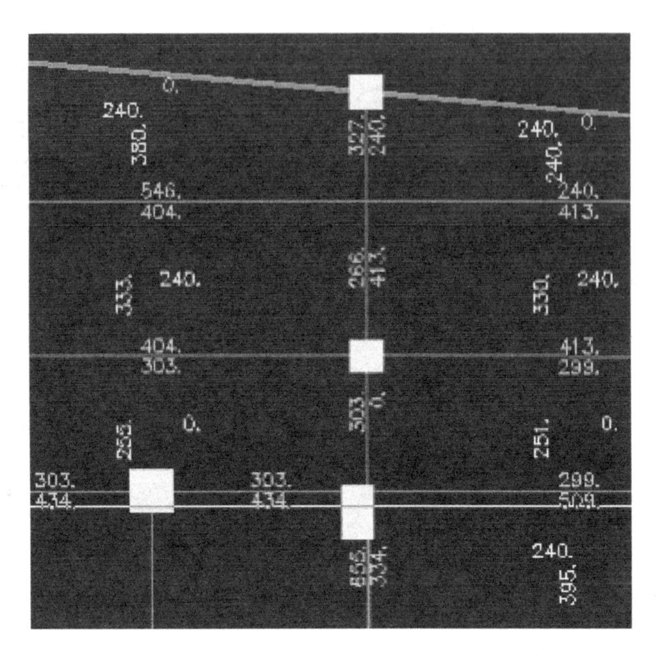

图 10-12 PKPM所出板配筋图

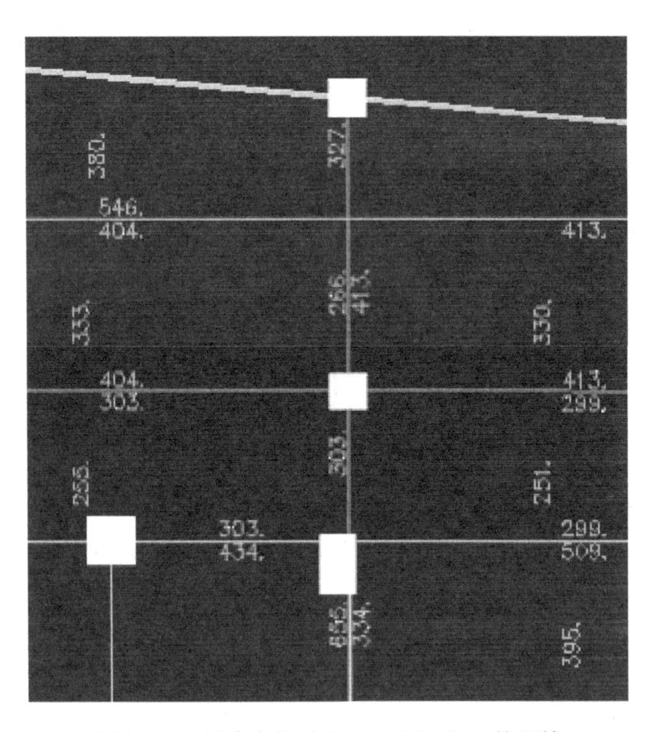

图 10-13 过滤出超过 251（φ8@200）的配筋

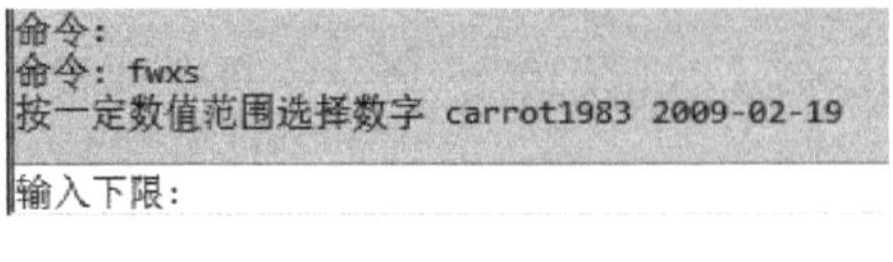

命令:
命令: fwxs
按一定数值范围选择数字 carrot1983 2009-02-19
输入下限:

图 10-14 范围选数下限

输入上限:

图 10-15 范围选数上限

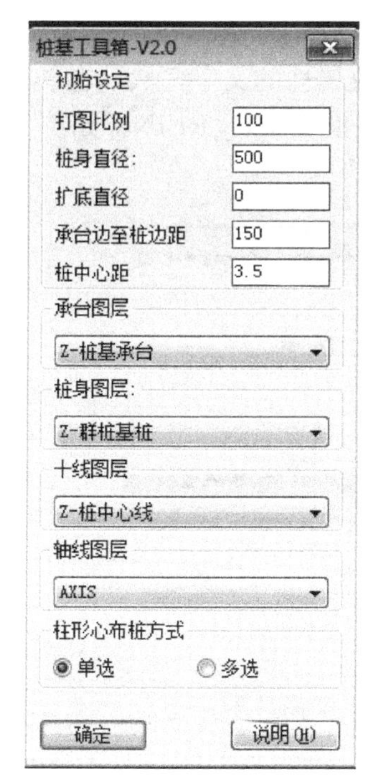

图 10-16　屠夫画桩参数设置

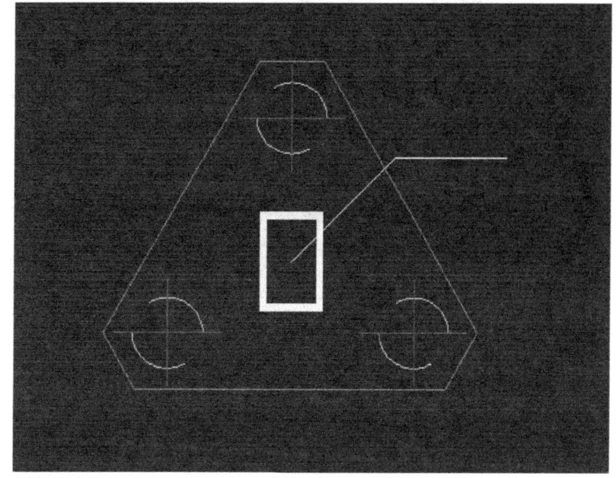

图 10-17　布置三桩承台

注：1. 本程序对图层有要求，轴线层限制在常用的两个图层，AXIS DOTE。

2. 桩参数设置调用命令为：hzsz。

3. 轴线布桩命令为：桩数+z 如 3z 为在轴线交点上布三桩承台。

4. 柱形心布桩命令为：桩数+zz 如 3zz 则为在柱形心上布三桩，此时要注意柱范围内要有轴线交点

5. 快速删除桩及标注的命令为：ez　当要修改桩时可用此命令，常规的 1～9 号桩修改都可用快捷键。删除不要的桩，再重布桩及定位，比修改要快。eb（只能选择桩定位）删除桩定位标注。

6. 统计桩数的命令为：zs　程序已考虑消重了后的结果。

7. 做桩表的命令为：zb　此程序用于承台有编号想做桩表，根据习惯选择使用（我们一般是二桩编 CT2。

编号同桩数，如同桩数有区别，再加后缀；可以统计桩数与 ZS 生成的桩对比）

8. 桩标注的命令为：zbz，此程序用于桩的定位，要注意桩承台范围内一定要有轴线交点，此程序用于桩定位是相当的快，结合 TSSD 的标注重叠处理那是相当的好，可以单选，也可以框选，一步到位。

9. 无承台外框桩定位 zzz；轴线及桩图层重设 hzsz；指定桩径填充 ztc；将内力移动至柱形心 dqz（用于求合力形心及标合力大小）；求合并标出合力形心 qhl；墙柱形心 zxx；画桩中心线 zx。

10. 桩编号 zbh；承台编号，按桩数编 bct；桩填充变比例 bbl；求群桩形心 qzx；查找相同文字 lxcz；椭圆桩定位 bty；尺寸调整 tt；桩形心与墙柱形心对齐 zjdq（用于单选）；如果多选的话用 plzjdq（批量桩基对齐）-注意承台外框要包住柱，批量选承台外框添加承台编号，编号原则为 CT+桩数　plbct。

（4）［CR］插入计算书 2008. VLX

首先加载该插件，输入快捷命令“CR”，按照程序要求选择要插入的计算书，即可。

（5）cb 快速建块 . VLX

首先加载该插件，输入快捷命令“CR”，按照程序要求框选要制作成块的图形即可。一般不用操作者自己编号，如果用 CAD 制作块命令“block”，需要操作者自己进行块的编号，块太多时，很容易出错。

（6）修改文字属性 Chtext（平法标准）

首先加载该插件，输入快捷命令“CHT”，框选要修改属性的文字，然后在屏幕的下方选择：J 对齐-L 左；H 字高：300，W 宽度 0.7；S 字型 TSSD_REIN，如图 10-18、图 10-19 所示。

模型 布局1 布局2
选择对象:
确认所选的图元 -- 请稍候. 找到
351 个文字图元.
H字高/J对齐/I位置/R旋转/S字型/T文字/U退回/W宽度:

图 10-18　选择参数对话框（1）

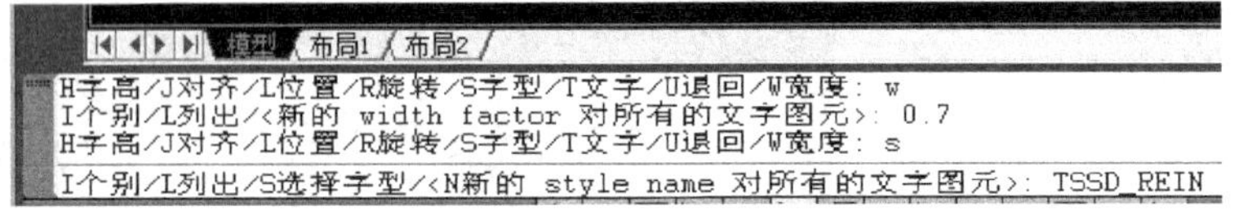

图 10-19　选择参数对话框（2）

（7）Dzxx 求取多柱形心 V20090807. VLX

首先加载该插件，输入快捷命令“DZXX”，选择要生成形心的柱子，按 ENTER 键，程序即可自动生成柱子的形心。

（8）layer（层选择）

首先加载该插件，输入快捷命令“2”，点击要选择的图层，即该图层全部选择出来，其他图层都隐藏了，输入快捷命令“3”，及全部图层又显示出来。

（9）vf 图纸清理

首先加载该插件，输入快捷命令“vf”，即程序可以自动对该图纸进行清理，一般清理后的 DWG 图纸大小很小，如果不清理，DWG 图纸大小可能有几兆或者更大。

（10）y 墙柱工具—20140730. VLX

首先加载该插件，输入快捷命令“DHK”，会弹出参数设置对话框，如图 10-20 所示；点击“程序命令说明”，按照程序说明，分别输入“TCHZB”，即可自动生成柱表；然后把要绘制边缘构件的封闭图形复制到柱表中，输入 s4，即自动放大 4 倍；然后输入 YXZ，程序会自动对齐配筋，画出边缘构件的大样图；输入“XZB”，程序会自动计算其箍筋、纵筋的配筋率。如图 10-21 所示。

（11）×人工具箱 5. 8. VLX

首先加载该插件，输入快捷命令“Y”，会弹出选择对话框，如图 10-22 所示。

（12）梁重编号程序-CBH. VLX

首先加载该插件，输入快捷命令“CBH”，选择对象，输入要编号的梁前缀，比如 KL、WKL、L 等，按照程序提示，输入起始编号，输入编号的顺序，如图 10-23 所示。

（13）平法之拉移随心 20130723 版［命令 GG GBJ］. VLX

首先加载该插件，输入快捷命令“gg”-s，弹出参数设置对话框，如图 10-24 所示，根据实际工程项目填写该参数，然后用鼠标左键点击要移动的文字或者图层，程序即可自动进行移动，如图 10-24 所示。

墙柱工具-20140714倾情奉献

计算设置：(箍筋一级)

砼强度等级： C35

配箍特征值： 0.12

配箍率系数： 1.0

纵筋配筋率： 0.5

强制箍筋间距(cm)

10cm 15cm 20cm

画图设置：

打印比例： 100

绘图比例： 25

点筋线宽： 0.25

箍筋线宽： 0.30

纵筋间距： 201

保护层厚： 25

短肢间距： 251

墙柱标高： -0.100~3.900

输出选项

手动选点箍筋放样

自动选点箍筋放样

图中分布点筋实心

图中标出箍筋长度

图中不标大样尺寸

配箍率计入重叠箍

箍筋转角画法圆角

箍筋等级

一级钢强度： 360

全用一级钢

全用二级钢

全用三级钢

保存参数

读取参数

箍筋直径(注意格式)

8 10 12 14

纵筋直径(注意格式)

12 14 16 18 20 22 25

画箍方式

全部拉钩

全部箍筋

间隔拉钩

纵筋等级

一级钢

二级钢

三级钢

画墙柱方式

单选 多选

点取图层：

柱框图层

纵筋图层

箍筋图层

柱表图层

输入图层：

COLU_TH

REIN

REIN

tab

图中量取：

柱表宽度：

柱表高度：

字符行高：

输入数值：

7000

12000

1000

程序更新入口：

进入同是土木人论坛

进入作者168网盘

注意事项：(程序免费，后果自负。) 作者信息：(雨夜屠夫 QQ:5001201)

1:结果显示中(1)(2)(3)表示箍筋等级为一二三级钢的值.

2:内、外箍计算要求配箍方式为Φ12@100(外箍) Φ10@100(内箍)模式.

3:内、外箍须每个肢的外箍均要指定，否则计算不对.

4:本程序均以来一级钢来计算配箍率的，其它等级均以此数值换算后计算.

5:执行完DHK命令后，命令行会显示配箍率，画图前请确认.

6:此程序可用于新老规范关于一级钢强度不同值的剪力墙暗柱绘制及计算;用于输入构造箍筋时用

7:当同时指定箍筋强制间距及箍筋直径只为一种时，程序不计算;按单一直径及间距标注.

8:此版本可按实际输入的保护层画图;且增加了计算核心区面积时以箍筋内表面计算核心区面积

9:此版本增加计入重叠箍筋计算的模式，实际绘图中可能箍筋肢距不等分，有计算误差，不建议使用

10:此版本增加柱外框层、柱表框层及钢筋层的图中指定，参数的传递须用同一个版本。

确定　程序命令说明　原位程序说明

图 10-20　墙柱工具参数设置对话框

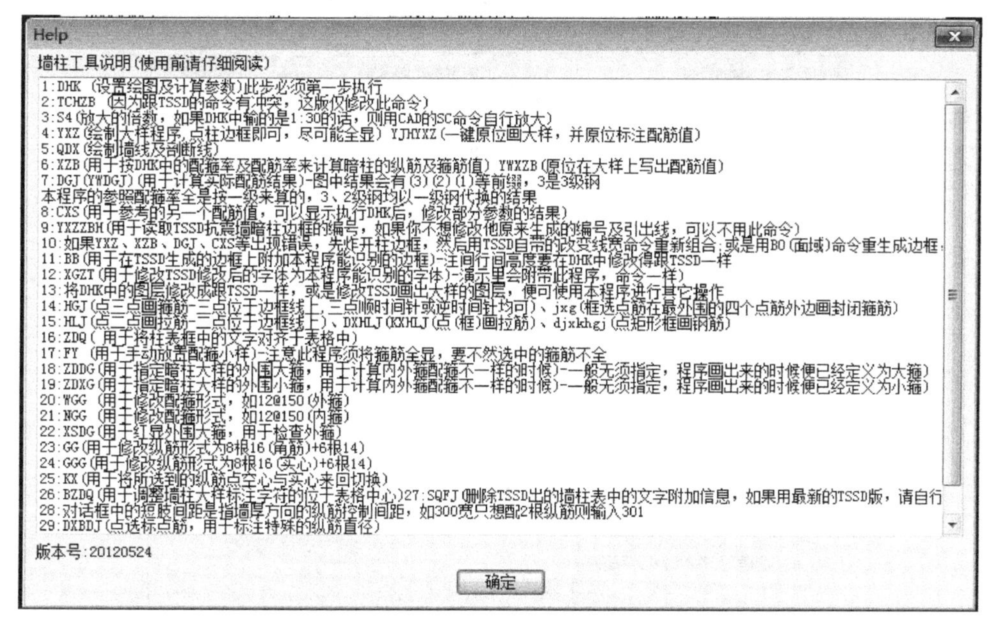

图 10-21　程序命令说明

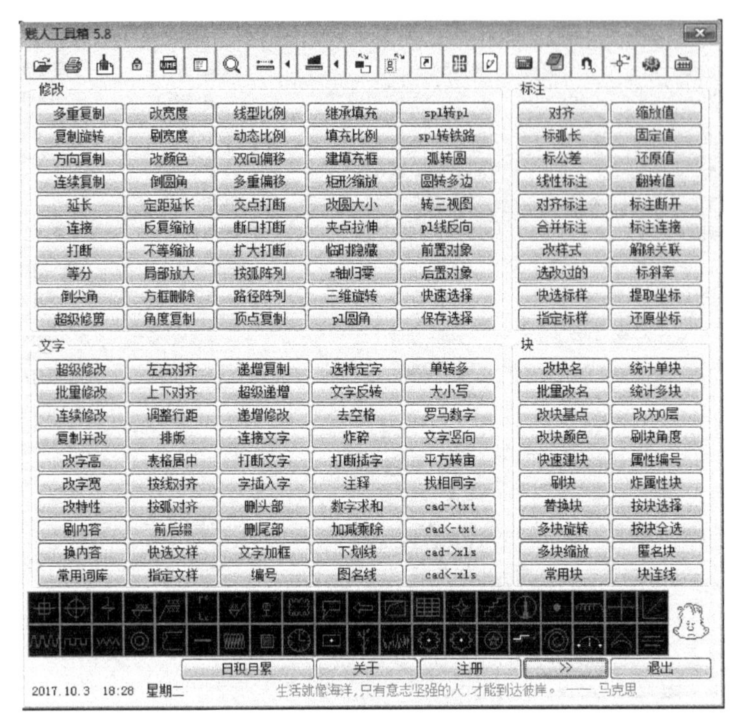

图 10-22 ×人工具箱

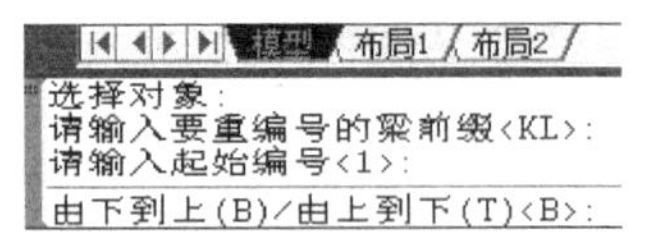

图 10-23 梁重编号程序-CBH. VLX

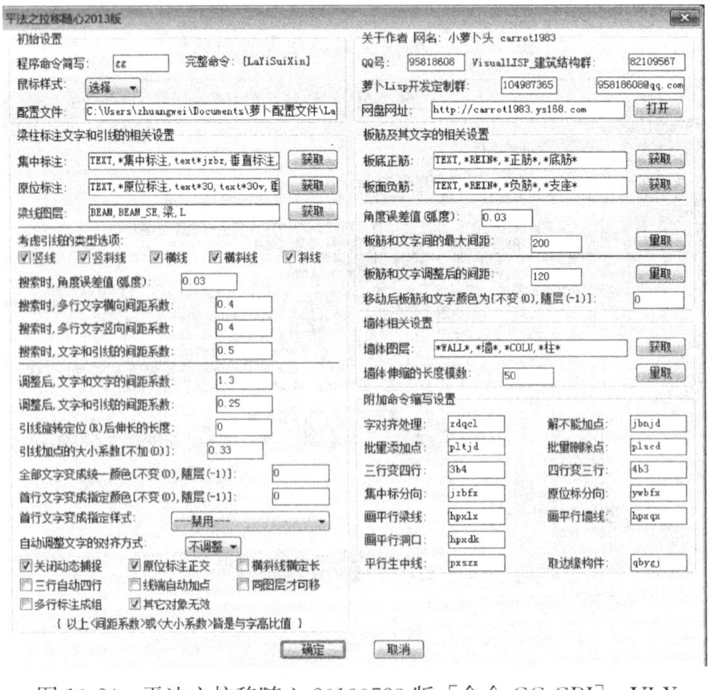

图 10-24 平法之拉移随心 20130723 版［命令 GG GBJ］. VLX